JN440674

**Coastal Defences**
Processes, Problems and Solutions

# 해안보호

피터 W. 프렌치 지음 | 유근배 옮김

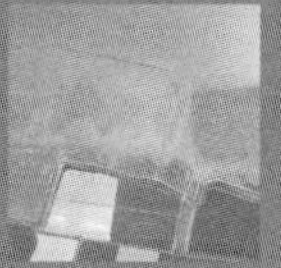

**국립중앙도서관 출판시도서목록(CIP)**

해안보호 / 지은이: 피터 W. 프렌치 ; 옮긴이: 유근배. -- 파주
: 한울, 2007
p. ; cm. -- (한울아카데미 ; 920)

원서명: Coastal defences: processes, problems and solutions
원저자명: French, Peter W.
참고문헌과 색인수록
ISBN 978-89-460-3665-9 93980(양장)
ISBN 978-89-460-3666-6 93980(학생판)

538-KDC4
627.58-DDC21 CIP2007000181

# Coastal Defences

Processes, problems and solutions

**Peter W. French**

London and New York

COASTAL DEFENCES: PROCESSES, PROBLEMS AND SOLUTIONS
by Peter W. French

1970년대 말 지도교수이셨던 고박동원 교수님을 따라 서해안의 이곳저곳을 기웃거리면서 소중한 체험을 할 수 있었다. 서해안의 대부분 지역이 교통오지였고, 해안선 곳곳에 철조망과 해안초소가 설치되어 있어 개발은 물론 접근조차 어려웠다. 지금은 거대한 공장이 들어있는 충남의 독곶리를 비롯해서 신두리 일대는 거의 자연상태의 해안사구가 펼쳐져 있었다. 대규모 간척사업도 진행되고 있었지만 천연상태의 간석지를 곳곳에서 관찰할 수 있었다. 바르하노이드 옆의 민가에서 잠자고 사구를 파서 만든 우물의 물을 마시고 그 물로 세수도 했다. 겨울에도 선생님께서는 이른 아침 냉수마찰을 하셨다. 인간과 자연의 상생이 연출되어온 현장이었다.

유럽의 해안은 인간과 바다가 사투를 벌여온 현장이라는 느낌을 지울 수 없다. 미국의 해안은 다양한 지형과 함께 다양한 인간과 자연의 상호작용(문화지형학)을 보여주고 있다. 뉴저지 해안의 몇몇 자치읍에서는 해안제방과 목도로 철저히 인공화된 해안을 만날 수 있다. 이 때문에 해안의 인공화를 Newjerseyzation이라고 부른다. 조지아의 해안에서는 과거 2백년 이상 인간의 간섭을 받지 않은 채 자연작용이 지배하고 있는 해안지형을 관찰할 수 있다. 그런가하면 노스캐롤라이나 해안에서는 해안제방을 금지하고 자연작용이 해안을 지배하도록 입법화를 추진한 노력의 결과로 복구된 해안을 만날 수 있다.

해안지형은 다양한 요소로 구성되어 있는 매우 섬세한 환경이다. 자연조건이 동일하더라도 문화현상, 즉 인간의 이용방식에 따라 해안현상은 크게 다르다. 해안지형은 지구환경변화, 예컨대 온난화와 해수면상승, 또는 생물상의 변화를 민감하게 반영한다. 해양생태계와 육상생태계의 특성을 모두 갖추고 있다. 이 때문에 해안지형은 파랑의 특성 몇 가지 측면, 또는 퇴적물(표사)의 통계적 특성 몇 가지로 대표될 수 없다. 몇몇 통계적 특성을 바탕으로 모의실험하고 호안구조물을 설계하는 행위가 해안에 어떤 결과를 초래해 왔는가는 세계의 해안 곳곳에서 찾을 수 있다. 더욱이 세월이 갈수록, 소득이 높아질수록 인간의 해안이용욕구는 더욱 높아져 왔다. 이 때문에 해안관리정책에는 세심한 배려가 필요하다.

지난 20여 년간 우리나라 해안에서는 유럽의 수백 년간의 호안역사가 집약적으로 연출되었다. 천연의 간석지와 해안사구가 간척되고 관광지가 되면서 수많은 일화를 만들었다. 백수십 년 전 보스톤의 백베이에서 일어났던 소금먼지 소동이 시화지구를 비롯한 몇몇 간척지에서 발생했고, 해안제방으로 직선화된 해운대와 국립공원 안면도 백사장해수욕장에서는 사빈이 심각하게 침식되기도 했다. 1990년대 초 간척사업의 문제가 나타난 후, 습지전문가가 폭증했던 것처럼, 안면도의 해안사구훼손이 사회적 문제로 거론된 이후 갑자기 사구전문가들이 곳곳에서 나타났다. 인터넷에 떠도는 미시간의 호안사구(湖岸砂丘) 홍보자료가 해안사구지대 개발사업의 환경영향평가서에 개발논거로 인용되기도 했고, 다양한 단편지식이 난무했다.

이런 저런 이유로 현실의 해안문제를 외면해 왔다. 그러나 해안에 관한 균형잡힌 시각을 소개해야 한다는 강박관념이 떠나지 않았다. 자료를 정리하던 즈음에 프렌치 교수의 저작을 접했다. 그리고 오랫동안 친구로 지내온 럿거스 대학 지리학과(해안해양연구소) 노버트 슈티교수가 자신의 연구와 연구지역을 집약한 책을 보내주었다. 프렌치 교수의 책은 이론과 실제에 관한 일반론이다. 슈티 교수의 저작은 이론과 실제를 지역현장에서 규명한 지역지리학적 해안지형학으로 그 속에는 해안을 치열하게 살아가는 전문가와 지역

주민, 지방정부의 거버넌스(governance) 즉, 참여민주주의가 담겨있다. 두 권 모두 꿈속에서도 기획하던 내용이었고, 특히 슈티 교수의 책은 우리 사회에서 십여 년 후에나 가능한 것이기 때문에 나의 책을 일단 미루고 이들의 책을 소개하기로 했다. 어언 사오 년 전의 일이다. 게으름으로 차일피일하다가 안식년을 얻어 꼭 이십 년 전(1986년) 학창시절을 마무리하던 조지아 대학에서 두 책의 번역을 마쳤다.

이 책은 해안관리에 관한 폭넓은 시각을 제시하고 있다. 호안의 한두 분야 기술에 깊이 몰입해 온 분들이나 해안을 공부하기 시작한 학생들에게 적합한 책이라고 판단된다. 역자의 능력이 부족해서 원저의 몇몇 부분은 심히 난해하였다. 해안은 지리학, 지질학, 해양학, 해안공학 등 다양한 분야에서 공부하기 때문에 다루는 현상도 분야마다 관점의 차이가 있고, 하나의 현상에도 여러 용어가 사용되고 있어 역자의 주관을 배제하기 어려웠다. 예컨대, 해양공학에서 사용하는 연안표사는 연안퇴적물로, 소단(berm)을 범으로 정리하였다. 내용과 지리적 범위가 폭넓고, 원저자와 역자의 언어감각이 다르기 때문에도 오역이 있을 것이다. 오역은 발견될 때마다 고칠 것이나, 강호제현의 질정을 고대하는 바이다.

교정과 타이핑으로 도움을 준 윤아영 양, 신영호 군, 류호상 군, 김성환 박사에게 고마움을 표한다. 이문이 박해 보이는 이 책의 출간을 선뜻 응해주셨을 뿐만 아니라 원고 도착을 오래 참아주신 도서출판 한울의 관계자 여러분께 심심한 감사를 전한다.

2006년 가을

미국 조지아 대학의 작은 연구실에서

유근배 식

21세기에 진입하면서 해안관리가 중요한 주제로 다가왔다. 콘크리트제방으로 퇴적물을 가두는 것과 같은 전통적인 사고와 기술로는 더 이상 해안을 효율적으로 관리할 수 없게 되었다. 해안이 자연작용에 따라 유지되고 퇴적물과 퇴적물 이동에 중점을 둔 관리가 요구되고 있다. 그러나 새로운 사고에 대한 저항, 즉 전통적인 방식으로 해안을 이용해 온 거주자들이나 관광업자, 개발업자들의 저항도 만만치 않다. 해안제방을 통해 주택과 시설물의 범람을 막아온 이들에게는 새로운 사고방식이란 도대체 못마땅한 것이다. 해안관리 당국은 해안의 자연작용 이전에 해안관리의 실제문제를 생각하기 시작해야 한다. 인간과 해안의 상호작용, 즉 해안의 경제문제, 새로운 호안기술이 미치는 생태적 문제, 호안의 의사결정이 해안지역사회에 미치는 사회적 영향 등을 심각하게 고려해야 한다.

이 책에서는 이들 주제에 관련된 논의를 다루고 있다. 첫째, 자연작용에 따라 해안선을 운행하도록 관리하는 방안과 가능한 한 호안계획에 연성기법을 채택하는 방안에 관해 간략히 소개한다. 그러나 오랜 기간 지속되어 온 해안개발, 개발시설로 말미암아 연성기법을 적용할 수 없는 경우가 많고, 이 때문에 개선된 경성기법의 적용도 필요하다. 둘째, 해안관리문제는 폭넓게 다루어져야 한다는 논점을 부각하고 있다. 호안정책은 생태적 영역을 넘어서서 광범위한 부분에 영향을 미친다. 경성기법이거나 연성기법을 막론하고 인위적 호안전략에는 자연작용뿐만 아니라 해안에 관련된 사람들을 고려해야 한다.

이 책에 거론된 해안기술은 저자의 개인적 경험을 바탕으로 한 내용이며, 주로 영국과 미국에서 적용하고 있는 것이다. 사실, 일반적 호안기술은 이 책의 주요 관심내용이 아니다. 호안기술 자체, 또는 호안이 시공되는 해안사업구역보다는 더 포괄적인 주제, 즉 해안과 사람들의 문제가 이 책의 목적이다. 이 책은 해안관리와 해안기술을 공부하는 사람들을 목표로 저술되었다. 왜 호안이 시행되는가라는 근본적인 질문의 답은 해안과 사람의 관계에서 찾을 것이다. 해안관리의 해답도 여기서 찾을 수 있다. 곧, 해안관리란 인간과 해안의 상호작용에 관한 것이다. 그렇다면, 전통적인 시각을 벗어나 다른 관점에서 해안문제를 조명할 수 있을 것이다.

2006년 9월

피터 프렌치

한 권의 교과서 안에 제시된 엄청난 양의 정보를 혼자서 만들 수 있는 사람은 없을 것이다. 학술지나 단행본 등에서 제시된 자료에서 대부분의 정보를 얻지만, '회색빛의' 문헌들, 즉 도서관에 자리 잡고 있는 방대한 분량의 미발간 자료들, 해안관리당국이나 계획가, 비정부기구 등이 보유하고 있는 문서들도 많은 정보를 제공한다.

이 책을 준비할 때 이와 같은 자료들을 살펴보았다. 늘 그런 것은 아니었지만 중요한 정보와 근거자료를 얻는 경우가 많았다. 미발간된 정보에 대해서는 본문에서 "개인적인 의견교환" 혹은 "미발간보고서" 등으로 출처를 밝혔으며, 그들이 교신에 시간을 내어준 데 대해 특별히 감사하는 바이다. 특히 아래에 열거한 사람들과 단체들에 감사한다. 이들이 제공해 준 정보로 더 좋은 사진과 사례연구, 더 나은 근거자료들을 실을 수 있었다.

- 노스 웨일즈의 환경국은 디나스 딘레 사업에 대해 미발간된 정보를 제공해 주었다(제4장 돌제와 도류제).
- 로더 자치구 위원회의 스티븐스 씨는 페어라이트 코브 이안제 건설사업에 대한 사후 평가 보고서와 설계내역 자료를 제공해 주었고, 사진 5.4를 사용할 수 있도록 허락해 주었다(제5장 해식애의 안정화).
- 애런 자치구의 레이 트레이너 씨는 엘머 도제 건설사업에 대한 사후 평가 보고서와 설계내역 자료를 제공해 주었다(제6장 연안 구조물).
- 케임브리지 대학교의 항공사진부는 사진 6.3의 사용을 허락해 주었다(제6장 연안 구조물).
- 번머스 자치시 위원회의 닐 터너 씨는 번머스 양빈사업과 관련된 미발간

된 자료를 제공해 주었으며 몇 가지 세부사항과 질문에 대해 개인적인 응답을 해주었다(제7장 양빈).

- 런던대학교 로열 할러웨이 칼리지 지질학과의 켄 파이 교수는 사진 8.3a와 b를 제공해 주었다(제8장 사구조성).
- 케임브리지대학의 항공사진부는 사진 9.2의 사용을 허락해 주었다(제9장 개펄환경의 퇴적유도기법).

위에 언급한 이들 외에 런던대학교 로열 할러웨이 칼리지 지리학과의 저스틴 자키노에게 진실로 감사를 드린다. 그는 부실하게 작성한 메모에 불과한 것들을 의미 있는 도표로 변모시키는 놀라운 일을 해주었다. 또한 수 메이에게는 사진에 대해 조언을 하고 도와준 데 대해 감사한다. 마지막으로 런던대학교 로열 할러웨이 칼리지와 랭커스터대학교 지리학과의 동료 교수들에게 이 책을 쓸 때 그들이 베풀어준 후원에 대해 감사를 표한다.

차례

## 표 차례

## 그림 차례

## 사진차례

## ❙ 상자글

# 제1부 개 관

제1장

# 해안보호

## 1. 도입

해안선은 해양과 육상 환경의 경계, 즉 육지와 바다가 만나서 이루는 선이다. 해안선을 단순한 지리적 사상(事象)으로 볼 수도 있으나, 사실 해안선은 복잡다기한 내용을 포함하고 있다. 바다와 육지가 끊임없이 상호작용을 일으키고, 침식현상과 퇴적현상이 역동적으로 전개되는 동적 환경이다. 자연적인 작용뿐만 아니라 인위적인 원인으로 촉발되는 해안작용은 다양한 시간 척도에 걸쳐서 일어난다(표 1.1). 역사적으로 인류는 호안구조물(護岸構造物)을 이용하여 침식현상에 대처해왔다. 이는 한마디로 육지와 바다 사이의 경계를 고정시키려는 노력이라고 요약할 수 있다. 사람들의 인식 속에서 해안선은 그 자리에 그러한 형태로 존재하고 있어야 하는, 즉 변화되어서는 곤란한 사상으로 각인되어 있었다. 그러나 최근 이러한 인식에 대해 의문이 제기되고 있으며, 해안관리에 대한 이해가 근본적인 변화를 겪고 있다.

이와 같은 인식 변화를 견인해 온 것은 해안작용에 대한 이해를 확장시켜 온 연구결과들이었다. 1960년대 해수면상승이 해안지형에 미치는 영향을 고찰했던 브룬의 연구가 대표적인 사례라고 하겠다. 최근에는 각국의 해안연구가 국가적 차원에서 기획되고 있으며, 해역을 중심으로 한 국제적 연구도

표 1.1. 해안변화의 시간축척(French, 1997).

| 절대시간 | 인간활동 | 해안작용 |
|---|---|---|
| 수천 년 | – | 빙하나 지각변동에 의한 해수면 변동에 대한 해안선 변화 |
| 수백 년 | 거주지 이전 | 역사적인 기록이 남아있는 해안선 변화<br>– 도회, 촌락지의 침식 |
| 수십 년 | 호안 | 서식지의 형성과 소멸, 호안조치에 따른 해안선의 변화, 침식-퇴적주기 |
| 년 | 호안/해안관리<br>해안개발 | 호안조치에 따른 해안선의 변동, 연안 표사이동 |
| 월 | 인파 효과<br>(산업/관광) | 계절적인 해안선 변동, 해안단면 조정, 해안 침식/퇴적 |
| 주 | 인파 효과,<br>방재 조치 | 해안단면 조정, 조석주기, 해안침식/퇴적 |
| 일 | 해일방재조치 | 폭풍해일, 호안시설의 붕괴, 해빈의 굴식 |
| 시 | 하수, 오물투기 | 조석주기, 안충 퇴적물이동, 폭풍작용 |
| 분 | | 파랑과 연안류의 작용, 해식애의 붕괴 |
| 초 | | 퇴적물 입자의 운동 |

흔하다. 예컨대, 영국에서 추진하고 있는 연구사업으로 지역적인 단위사업 수준을 넘어서는 광범위한 해역에서 해안프로세스와 해안인공구조물의 상호작용을 연구하는 프로그램이 좋은 예이다. CAMELOT(Coastal Area Modelling for Engineering in the LOng Term)이라는 이 연구는 해안모형을 현장에 적용시키는 것으로 장기적인 해안변화를 관리하기 위한 것이다(MAFF 1993). 현장적용실험연구는 영국의 유력한 연구위원회가 지원하는 LOIS(Land-Ocean Interaction Study)의 일환으로 수행되고 있다. 이 연구를 통해서 해빈단면과 연안해저지형 변화(nearshore bed change) 연구에 활용될 수 있는 COSMOS-2D나 COSMOS-3D와 같은 해안 모형이 개발되었다. 그밖에 PISCES 모형은 해안거동(coastal behavior)을, BEACHPLAN은 장기간에 걸친 해안선 위치의 변화를 모의할 수 있는 모형이다. 이와 유사한 연구 프로그램으로 유럽연합이 지원하는

MAST(MArine Science and Technology initiative)가 있는데, 이는 미국의 연구기관, 특히 노스캐롤라이나 듀크 대학의 해안모니터링 프로그램과 밀접한 관련을 가지고 있다.

이러한 연구 프로그램의 성과로 말미암아 해안 작용에 관한 이해가 점차 확장되었다. 해안의 한 부분에서 일어나는 현상이 인접한 해빈에 미치는 영향을 퇴적물의 공급이나 이동의 관점에서 이해하게 되었다. 이로 인해 해안 어느 한 부분을 보호하는 행위가 다른 부분에 미치는 영향을 고려하는 등 해안시스템 전반을 고려한 전체적 접근(holistic approach)이 해안보호 과정에 적용될 수 있는 근거가 마련되었다. 예컨대, 침식이 진행되고 있는 해식애 전면에 해안제방을 구축한다면 침식은 방지할 수 있지만, 침식지로부터 퇴적물이 공급되지 않아 하류지역의 퇴적물수지에 영향을 주게 된다. 해식애로부터 공급되는 퇴적물이 하류 해안지형의 퇴적물수지에서 중요한 부분을 차지한다면 문제는 심각해진다. 해안제방은 퇴적물 공급을 차단하게 되고, 이는 하류에 위치한 해안이 침식을 받는 결과를 불러온다. 한 부분의 침식문제 해결이 다른 부분에서 침식문제를 일으킨다(그림 1.2).

해안보호가 갖는 의미는 이해관계에 따라 큰 차이가 있다. 산업단지, 관광시설, 주택단지 등 상이한 토지이용에 따라 다양한 의견이 나온다. 해안주민에게는 주택이나 사업체를 해수범람이나 해안침식으로부터 지키는 일이 절박하며, 해안제방이나 이와 유사한 인공구조물을 설치하여 해안선을 고정시켜 해진(海進)을 막는 것이 무엇보다 중요하다. 그러나 해안관리당국은 전혀 다른 이해를 가지고 있다. 가능한 한 해안을 자연상태로 유지하는 것, 즉 자연상태에서 퇴적물이 쌓이고, 자연상태에서 해안이 유지되도록 하는 것을 최선으로 간주한다. 어느 의견이 옳은가에 대한 평가는 여러 가지 요소에 달려있다. 첫째는, 지가(地價)이다. 둘째는, 해안의 특성이다. 해안의 자연성(自然性, naturalness)의 문제는 이 책에서 계속 제기될 것이다. 해안보호, 또는 인간이 해안과 상호관계를 맺을 때는 언제나 어느 정도의 인공성(人工性), 인위적 개입이 일어날 수밖에 없고, 이것은 해안프로세스와 해안지형(형성작용)의 변화를 일으킨다. 전 세계의 해안에 걸쳐 인위적 간섭이 있다면, 자연해안이란 무엇인가? 좀 더 철학적으로 묻는다면, '자연해안'이라는 것이 아직도 남아있는가?

일반적으로 해안은 인구밀집지역이다. 거주인구도 많지만, 여름철 관광객과 같이 잠시 머무르는 인구도 많다. 골드버그의 추계에 따르면, 세계인구의 50%가 해안선으로부터 1km 이내에 거주하고 있다(Goldberg, 1994). 따라서 해안지역은 곳에 따라 고밀도 개발이 이루어지고 이러한 지역은 지가가 높다는 것은 쉽게 이해될 수 있다. 이러한 지역에서 개발지를 바다로부터 보호하는 것은 심각한 문제이고, 호안구조물이 주요한 수단이 되어왔다. 그러나 한적한 작은 마을이나 독립농장이 분포해 있는 지가가 낮은 해안에서는 고비용의 호안구조물이 적절하지 않다. 이러한 이유 등으로 최근에는 호안구조물에 대한 비판적 견해가 확산되고 있다. 이러한 경향은 해안관리에서 호안구조물의 구축여부를 주요한 논쟁거리로 부각시키고 있다. 저밀도개발이 나타나는 해안에서는 토지재산상의 손해가 있더라도 퇴적물공급이 유지되도록 해안을 자연상태로 방치하는 경우가 늘어나고 있다.

## 2. 해안보호의 역사적 배경

육지와 바다의 경계가 매우 역동적이고 끊임없이 변화하는 것이라면, 오늘날 해안에서 발견되는 대규모 개발은 어떤 이유로 추진되었는가? 축적된 지식을 바탕으로 이루어지는 요즈음의 개발사업 의사결정과정과 과거의 개발논리를 동일한 잣대를 가지고 평가할 수는 없다. 과거에 이루어진 개발은 역사적 문제로 보아야 할 것이다.

애초에 호안구조물(護岸構造物)의 목적은 간척농지(干拓農地)의 범람을 막는데 있었고, 개발지나 시설을 보호하려는 것이 아니었다. 그 증거는 세번(Severn) 하구에서 발견되는 10세기 로마-영국의 간척지, 네덜란드 해안의

12세기 간척지, 13세기 모어컴(Morecambe) 만 간척지, 17세기의 노포크 해안 간척지, 17세기 네덜란드 바덴 해 인근의 간척지 등에서 찾을 수 있다. 그러나 국제교역이 늘어나고 산업화가 진전되면서 항구를 확장해야 할 필요가 발생했다. 값싸고 평탄한 토지와 산업용수의 확보를 위해서 간척지를 개발하기 시작했고, 세월이 흐르면서 간척사업이 점차 증가해 왔다. 이러한 개발은 산업경제의 기초를 마련하기 위한 것으로 국가적 필요에 의해 추진되었다. 산업발전은 항만과 항구의 개발을 수반했고, 이는 석호, 하구, 만입지형 등과 같은 외해의 파랑으로부터 보호받는 해안지형에 큰 영향을 미치게 되었다. 대량의 용수가 필요한 산업체 건설에는 해안이 이상적인 입지였다. 이러한 개발은 간척사업이나 준설사업을 통하여 자연해안을 크게 변모시켰다. 당시에는 미처 깨닫지 못했지만, 자연해안에 인공구조물이 무리하게 들어서면서 현재 우리가 당면하고 있는 해안문제가 배태되었다(French 1997, 이 책의 제4장). 물론 항구나 항만은 국가 산업경제의 기반시설로 그 필요성은 아무도 부정할 수 없다. 따라서 산업시설을 포함시켜 해안 전체를 조화롭게 유지해 나가는 관리전략이 필요하다.

간척지와 항구의 개발로 해안이 인위적으로 변형되기 시작했는데, 19세기 초부터 해변 유림과 해변 위락지가 유행하기 시작했다(Goodhead and Johnson 1996). 해변의 쾌적성을 즐기고 이를 여가활동에 이용하려는 경향은 해안에 또 다른 악영향을 미치게 되었다. 유럽에는 19세기에, 그리고 미국에는 20세기 초에 위락지가 본격적으로 개발되기 시작했다. 20세기 말까지 여가시간이 늘어나고 물질적 풍요가 구가됨에 따라 관광시장이 크게 성장했고, 해안지역의 관광시설도 크게 증가하게 되었다. 이러한 경향은 해안의 자연환경을 더욱 변모시켰다(French 1977, 이 책의 5장).

해안 위락시설이 증가됨에 따라 해안지역에 많은 호안문제(護岸問題)가 늘어나고, 이를 해결하는 데 많은 재원이 필요하게 되었다. 하워드 등은 미국 해안의 호안문제를 다루고, 개발로 말미암아 점차 늘어나는 해안문제를 해결하기 위해 얼마나 많은 재원이 필요한가를 보여주고 있다(Howard et al., 1985).

더욱이 호안구조물 중에는 인접해안에 침식을 심화시켜 새로운 문제들을 일으키는 경우가 많다. 심한 경우에는 호안구조물 자체가 보호하려는 바로 그 시설과 재산의 침식 원인으로 작용한다.

그러나 이러한 비판이 늘 옳은 것은 아니다. 해안에 전반적으로 퇴적이 일어나 바다 쪽으로 성장해 나갈 때에는 해안개발이나 간석지 일부의 간척이 문제가 되지 않는다. 이러한 경우, 새로 형성된 토지를 개발에 이용하는 것은 이해할 수 있다. 그러나 실제로 간척을 하고 해안제방을 쌓는 것은 인위적으로 해안선을 바다 쪽으로 옮기고 간척지에 사회기반시설을 갖추는 것이다. 결국 미래에는 해안선의 위치변화가 일어나지 않도록 호안시설을 설치해야 할 것이다. 해안에서는 침식과 퇴적의 순환이 주기적으로 일어난다. 침식으로 해빈이 줄어들면, 개발지가 침식 위험에 노출되고 이에 따라 호안구조물의 수요가 증가한다.

## 3. 해안선 고정의 문제점

경성호안구조물(硬性護岸構造物, hard defences)의 주요 문제는 호안시설이 일단 구축되면 해안선을 그 자리에 고정시킨다는 것이다. 해안선은 정적인 구조가 아니다. 다양한 시간 축척에 걸쳐서 해수면, 파후(波候), 그리고 계절의 변화에 따라 해안선은 바다 쪽으로, 육지 쪽으로 이동한다. 해안선의 유형에 따라 이동 정도가 다르다. 사구해안은 해빈과 퇴적물을 주고받으면서 계절적 변동을 나타내는데, 해안제방으로 퇴적물의 이동이 차단된다면 사구-해빈 시스템의 역동적 안정성은 유지될 수 없다. 해식애로 구성된 해안에서는 해안 퇴적물수지의 문제가 중요하다. 호안구조물의 설치로 말미암아 해식애로부터 공급되는 퇴적물이 줄어든다면, 하류에 위치한 해안은 심각한 영향을 받는다.

해안선의 고정이 일으키는 문제점을 요약하면 다음과 같다.

- 중장기적으로 해수면 변동에 적응하지 못한다[해안압착(海岸壓搾), 또는 해빈폭의 축소coastal squeeze].
- 해빈-사구 사이의 상호작용이 중단된다.
- 퇴적물수지에 퇴적물의 입력이 중단된다.
- 바다에 면한 전면 해빈(fronting beach)의 불안정성이 증대된다.

이러한 문제점들은 해안시스템의 안정성을 저하시킨다. 이러한 문제를 안고 있는 해안시스템이라도 동적 균형을 유지하려는 경향이 있기 때문에 침식이 발생한다. 해안선은 해수면상승에 반응하여 변화를 일으킨다. 인위적으로 그 변화를 억제하는 경우에는 심각한 문제가 발생한다. 전 세계적으로 해안선 고정의 문제를 겪고 있는데, 이들 지역에서는 해수면의 상승으로 해안의 불안정성이 더욱 커지고 있다. 불안정성 가운데 가장 심각한 것은 해안압착이다. 호안구조물 전면의 바다 쪽에 전개되어 있는 해빈의 폭이 좁아지는 이른바, 해안압착은 이 책의 10장에서 상세하게 설명하고 있다. 브룬의 법칙은, 해수면상승이 일어나는 환경에서 동적 균형상태의 해안을 유지하기 위해서는 그림 1.1과 같이 해빈-근안의 단면을 육지 쪽으로, 즉 위쪽으로 조정해야 한다는 것을 말하고 있다. 이것은 제2장에서 설명할 것이다. 비개발 해안이나 호안구조물이 설치되지 않은 경우에는 별다른 문제가 없지만, 경성호안구조물을 설치하여 해안선이 육지 쪽으로 이동할 수 없는 경우에는 새로운 해수면 조건과 균형을 이룰 수 없어 불안정성이 커진다. 이러한 해안에서는 해빈의 퇴적물이 사라지는데, 특히 관광지에서는 심각한 문제가 아닐 수 없다. 필키와 와이트(Pilkey & Wright, 1988)는 이러한 문제를 심도 있게 다루었다. 퇴적환경과 해양생물의 서식환경이 축소될 뿐만 아니라 해안프로세스도 심각한 문제에 직면한다. 호안구조물이 없는 해안에서는 폭풍이 다가오면, 연안쇄파대의 폭이 육지 방향으로 확장된다. 반면에 해안제방이 설치된 곳에는 육지 방향으로 충분히 확장되지 못하기 때문에 쇄파대의 프로세스가 좁은 범위에 집중된다. 이러한 현상은 해안제방이 설치되어 있는

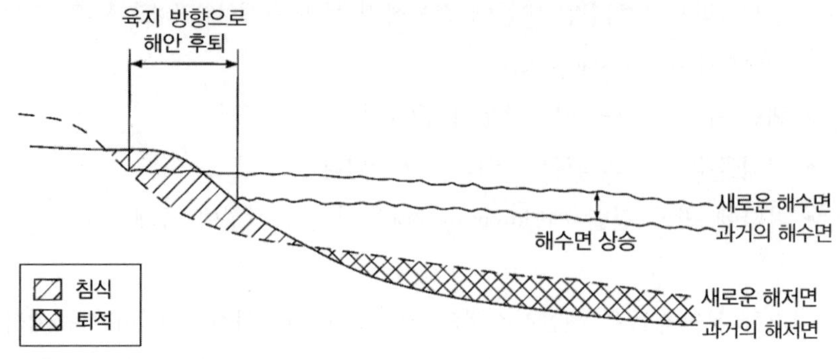


그림 1.1. 해수면상승과 해안후퇴 현상(브룬의 법칙)
해빈단면의 육지 방향 이동과 상승에 주목할 것.

해안과 자연해안이 인접해 있는 경우에 뚜렷이 확인된다. 해안제방이 설치된 해안의 퇴적물 손실이 훨씬 크다. 해안제방이 있는 해안에서는 연안류, 파랑반사, 이안류, 압력경사로 인한 해수유동이 증가하고 이로 말미암아 폭풍기간에 퇴적물 손실이 증가되는 것으로 알려져 있다.

바람이 거센 해안에서는 사구와 해빈의 상호작용이 중요하다. 이 상호작용으로 말미암아 해빈은 여름과 겨울의 파랑 상황(regime) 변화에 역동적으로 반응한다. 관련된 내용은 '8장 사구조성'에서 상세히 다룬다. 이러한 맥락에서 보면 경성호안구조물은 해빈과 사구 사이의 퇴적물 교환을 막는다. 파랑이 잔잔한 여름에는 퇴적물이 사구로 이동하는 데 제약을 주고, 바다가 거친 겨울에는 사구에서 깎인 모래가 해빈으로 공급되는 작용을 억제한다. 이 결과 해빈이 겨울철 단면으로 변할 때 필요한 모래가 사구에서 공급되지 못하고 해빈 상부에서 공급된다. 해안제방이 있는 사구해안에서는 해빈단면을 조정해줄 퇴적물이 부족하기 때문에 폭풍이 내습하는 시기에 심각한 문제가 발생한다(Oertel 1974). 이러한 현상은 해빈 윗부분을 축소시키고, 종국에는 이 부분의 퇴적물을 고갈시킨다. 오버워시(overwash)[1]가 일어나 안정성이 위

1) 오버워시(overwash)란 전빈(foreshore)을 치고 올라간 물이 범이나 사구, 구조물의

협받는 사주섬도 이와 유사한 문제를 가지고 있다. 노스캐롤라이나 아웃터뱅크에서 해안 방향으로 공급되는 퇴적물의 39%가 오버워시에 의해 이동한다는 인맨과 돌랜(Inman & Dolan, 1989)의 연구결과는 이와 맥을 같이한다.

절벽해안(해식애)의 관리과정에서 경성호안구조물은 침식방지에 효율적이다. 해안제방이 주로 사용되는데, 제방은 파랑과 해식애의 상호작용을 차단하며 이는 침식의 중난을 의미한다. 문세는 해식애로부터 침식된 물질이 퇴적물수지에 유입되는 것을 막는다는 것이다. 이것은 잠재적으로 해빈의 유실로 이어진다.

과거에 이루어진 해안개발사업 가운데 어쩔 수 없이 보호되어야 할 시설이 있다. 예컨대, 핵발전소와 같은 경우가 그렇다. 영국 해안에는 14개의 핵발전소가 세워져 있고, 이 가운데 9개는 해안저지대이거나 해안침식의 발생 가능성이 높아 호안시설이 필요한 곳에 입지하고 있다(French, 1997).

역사적으로 볼 때 우리 시대의 해안관리자들은 어쩔 수 없이 많은 재원이 소요되는 호안구조물의 문제를 과거로부터 넘겨받았다. 인간은 자연환경의 주인이고 과학은 모든 문제의 해결책을 마련할 것이라는 과거 세대의 믿음은 근거가 없다. 이러한 믿음은 해안에 근접하여 구조물을 설치하게 만들었고, 이로 말미암아 경성호안구조물을 필요하게 했고, 많은 돈을 소비하게 했다. 확실한 것은 이러한 일이 지속될 수는 없다는 사실이다. 이로 인해 새로운 인식이 나타나기 시작했다.

## 4. 최근의 경향

영어권 국가에서 호안(護岸, coastal defence)을 논의할 때, 그 목적과 내용에

---

정점을 넘어가 바다로 다시 흘러내리지 않는 것을 가리킨다. 이에 대해 백워시(backwash, 쳐내림)는 쳐올라간 물이 전빈을 따라 다시 바다로 되돌아 흘러내리는 현상을 말한다.

표 1.2. 다양한 호안에 대한 서로 다른 접근법과 관련 기법

| 경성호안 | 연성호안 | 정책적 접근 |
|---|---|---|
| 해안제방 | 양빈 | 건축규제, 토지이용규제 |
| 방파제 | 사구조성 | 실비용 보험 |
| 피복공 | 퇴적작용 활성화 | 전체적 관리 |
| 돌제 | 해안선조정 | |
| 돌망태, 보람 | 해빈배수 | |
| 이안제 | 방치 | |
| 하드 포인트 | | |
| 피복석 | | |

따라 몇 가지로 구분할 수 있다. 호안이라는 용어가 가장 흔하게 사용되지만, 배후지를 보호하기 위해 해안이나 하구를 따라 축조한 구조물 일반을 가리키는 것으로 잘못 사용되기도 한다. 호안은 대체로 두 가지로 나눌 수 있다. 하나는 배후지의 범람을 방지하기 위한 구조물로 침수방지시설(flood or sea defence)이라고 할 수 있다. 다른 하나는 배후지의 침식, 또는 포락(浦落)을 방지하기 위한 구조물로 호안시설(coastal protection)이라고 부를 수 있다. 범람과 침식을 함께 방지하기 위한 구조물도 흔하기 때문에 곳에 따라 혼용되거나 혼동을 일으키고 있다.

대체적인 분류가 해안구조물의 주요 유형을 구분하는 목적에는 유용하지만, 구조물이 다양하고, 구조물의 유형에 따라 침식이나 범람을 해결하는 방법도 다르다. 이 책의 각 장에서 특정한 구조물 유형을 집중적으로 논의하게 될 것이다. 자세한 논의에 들어가기에 앞서 해안관리의 초점이 되고 있는 경성호안구조물과 연성호안구조물로 나뉘는 기본적 분류를 이해하는 것이 필요하다(표 1.2). 경성호안은 파랑에너지를 감소시켜서 배후지와 바다가 서로 작용하지 못하도록 간석지에 경성구조물을 설치하는 것을 가리킨다. 이러한 구조물은 해안선을 그 자리에 고정시켜서 해안의 유연성을 저하시킨다. 이러한 사정은 해수면상승이나 해안 폭풍의 변화와 같은 외적 변화를 수용하는 능력을 소멸시킨다. 반면에, 연성호안은 자연적인 환경과 퇴적물을 이용하

여 파랑작용을 감소시킨다. 해빈의 고도를 높이거나 염습지의 폭을 확장하는 연성호안 방법은 파랑의 활동을 현저히 저감시키며, 해안제방과 같은 경성호안에 비하여 그 비용도 현저히 낮다.

제2차 세계대전 이전에는 '해안보호'하면 해안제방이나 돌제(突堤)와 같은 경성호안구조물을 설치하는 것으로 여겨졌다. 이것은 해안프로세스를 제대로 이해하지 못한 소치였다(Fleming 1992). 세계대전 이후, 지식의 축적으로 이론적 모형이 정교해지고 이를 바탕으로 해안프로세스에 관한 이해가 높아지면서 경성호안에 대한 의문이 제기되었다. 해안프로세스에 관한 지식의 발전을 주도한 이론모형 가운데 앞서 소개한 CAMELOT이나 MAST가 대표적이었다. 1970년대 초반에 미국의 국립공원 당국은 해안선을 인위적 간섭 없이 자연상태로 유지한다는 이른바 방치정책(do-nothing)을 채택하였다. 경성호안이 배후지를 보존하지만 구조물 전면의 해빈과 인접 해안에 미치는 악영향이 오히려 보존효과를 압도할 수 있기 때문이다. 당시에는 전향적인 정책이었으나, 1980년대에 들어서면서 여러 국가에서 전통적인 경성호안 정책에 대한 회의가 일어나고 환경을 심각하게 고려하는 연안계획이 보다 보편화되기 시작했다(Pilkey & Wright, 1988). 그러나 이러한 정책의 변화가 올바르게 뿌리를 내리지 못했다. 선통적 방법에 애착을 갖고 있는 학자들은 경성호안이 확실히 문제를 가지고 있지만 그렇다고 부작용도 명확한 것은 아니라는 주장을 계속했다. 1980년대에는 이와 관련하여 중요한 연구결과가 나오기 시작했다. 연구결과를 요약하면, 해안제방에서 바다 쪽으로 파랑에너지가 반사됨에 따라 해빈의 침식이 집중적으로 일어나고, 침식은 해빈퇴적물을 연안류나 근해 방향으로 이동시켜 해빈의 고도를 낮춘다. 즉, 해안제방과 같은 물리적 장애가 없다면 해빈의 유실이 일어나지 않는다는 것이다. 이를 증명하는 자료들이 여러 곳에서 나타났다. 남 웨일즈의 포스콜에서는 해안제방 건설 이후 75년 동안 해빈의 고도가 3m나 낮아졌고, 해안제방의 기저부가 패여 나가서 결국에는 무너져 내렸다(Madge 1983). 온타리오 호에서도 파랑작용의 증가로 호빈(湖濱)이 낮아져 호안제방이 10년 내에 70%, 30년 내에 96%가 유실되었다(Davidson-Arnott & Keier 1982). 그 외에도 해안제방이 초래하는 부정적인 예는 많다. 그러나 해안제방을 불가피하게 채택하는 경우도 있다. 이러한 맥락에서 환경에 미치는 부정적 영향을 줄일 수 있는 경성호안기법이 개발되고 있는데, 이것은 현실적으로 매우 중요하다.

경성호안 구조물 가운데 대표적이라고 할 수 있는 돌제는 연안류를 따라 이동하는 퇴적물의 양을 줄여 하류 해안의 퇴적물을 고갈시킨다. 절벽해안에 호안시설을 설치했을 때 일어나는 퇴적물수지 변화를 설명했던 앞의 예와 유사하다. 그림 1.2a에서 해식애의 침식으로 공급되는 퇴적물이 연안류를 통해 해안을 따라 이동하고 이것은 연안류가 흘러가는 하류 지역의 해빈을 성장시킨다. 해식애는 침식을 받아 후퇴하고 하류의 해빈은 바다 쪽으로 성장하는 데, 그림에서는 사취(砂嘴)의 형태로 나타난다. 경제적 관점에서 건강한 해빈은 하류의 주거지를 보호하고, 관광객에게 친수시설을 제공하며, 하구에서는 항구를 보호한다. 이러한 관점에서 해식애에서 일어나는 침식은 관광경제의 측면에서, 또 해안주택지의 안전 확보에서 긍정적 의미를 갖는다. 해식애 상단부에 위치한 주거지는 시간이 지나면서 해식애의 후퇴로 위협을 받기 때문에, 호안시설의 설치 여부를 결정해야 한다. 해식애 전면에 해안제방을 설치하면 해식애의 후퇴는 억제할 수 있다. 그러나 연안류를 포함한 해안프로세스가 여전하고 해식애를 침식하는 데에 사용되었던 파랑에너지가 더 이상 침식에 소비되지 않기 때문에 높은 에너지 수준의 해안프로세스가 진행된다.

이 현상을 등식으로 요약하면 다음과 같다.

총 파랑에너지 = 침식에 사용되는 에너지 + 퇴적물 이동에 소요되는 에너지

이 등식에서 총 파랑에너지가 불변이고 해식애의 침식에 소비되는 에너지 항이 0이라면, 퇴적물 이동에 소요되는 에너지가 증가하게 된다. 결국, 이전에 퇴적이 일어나던 해식애 하류의 해빈에서 침식이 일어나기 시작하고, 이

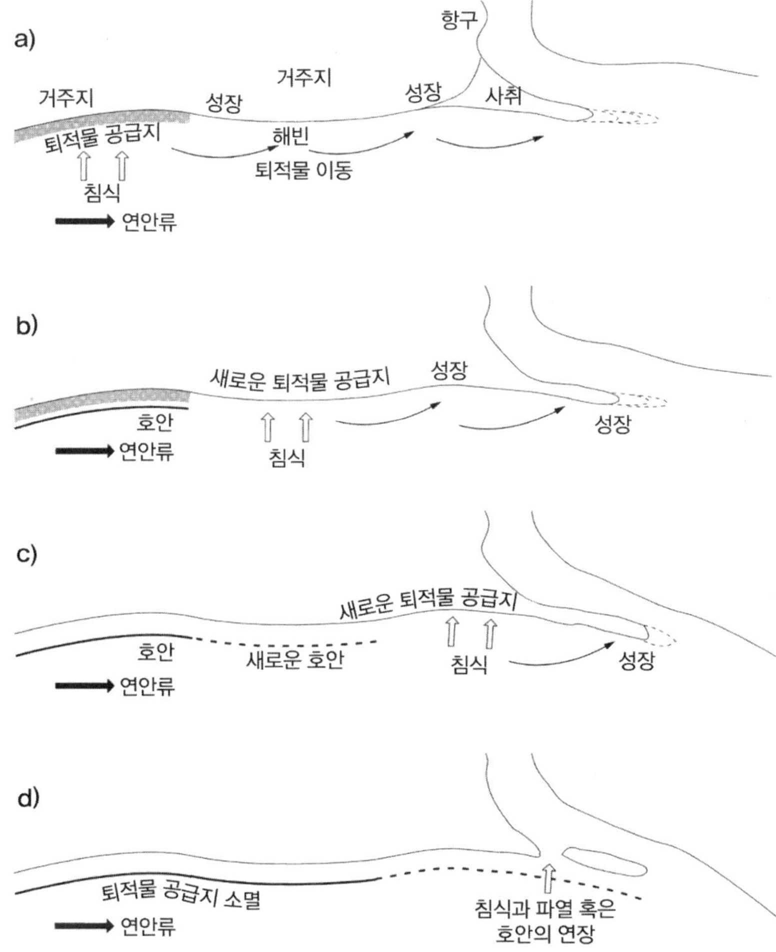


그림 1.2. 호안구조물과 해안침식 시나리오
침식을 막기 위한 호안시설이 연장되면서 침식 집중지가 연안을 따라 이동한다(French, 1997).

부분은 퇴적물의 주요 공급처로 변한다.

해안제방이 축조되기 전에도 침식된 해빈 물질이 연안류를 따라 이동했지만, 해식애에서 발생하는 사태(沙汰)로부터 주기적으로 유입된 물질이 주로 이를 충당하고 대체했을 것이다. 그러나 해안제방이 퇴적물의 공급을 억제하면 해빈의 퇴적물 재고는 빠른 속도로 고갈된다. 시간이 지나면 해빈의 퇴적물이 모두 연안하류로 유실될 것이다. 위의 등식으로 돌아가서 생각해 보자. 더 이상 운반할 퇴적물이 사라지면, 에너지가 침식 항으로 집중할 것이다. 그러나 해빈에 침식될 물질이 없기 때문에, 하류 부분의 어느 곳에서 침식이 집중적으로 일어나고 과거에 보호받던 주택지나 그 밖의 토지이용이 훼손될 것이다. 침식문제는 전혀 달라지지 않은 채 고스란히 인접지역 관리 당국으로 떠넘겨지는 셈이다. 새로운 침식지에도 호안시설이 필요하게 되고 (그림 1.2c), 이러한 과정은 해안선의 말단부까지 — 그림 1.2의 경우 해안선의 말단부에 사취가 위치 — 계속 진행된다(그림 1.2d). 그림 1.2에서 이러한 연속이 종국에 가서는 항구를 위협하게 되고, 결국 또 다른 호안구조물이 설치될 것이다. 일단 해안의 한 부분에 호안구조물을 설치하면, 호안사업은 그 하류를 따라 연속해서 진행되고, 결국에는 해안선 전체에 걸쳐 호안시설이 들어서게 된다. 공사비도 문제지만 관광지로서의 질은 크게 낮아진다.

위와 같은 가상적 시나리오는 전통적 방법의 문제를 잘 드러내고 있다. 호안시설이 연속되어야 한다는 문제는 다음과 같은 질문을 제기한다. 애초의 침식문제를 다른 방법으로 접근할 수는 없는가? 그리고 최초의 호안시설이 일으키는 문제를 저감시킬 수는 있는가? 한걸음 물러서서 문제의 근본적 원인을 추적한다면, 문제의 전반을 다른 시각에서 바라볼 수 있다. 해식애의 침식이 호안시설을 설치하게 만들었다. 침식은 사실 단속적인 현상이다. 해식애에서 사태가 일어나 토석이 기저에 쌓이면, 해식애가 일단 더 이상 침식되지 않는다. 시간이 지나면 파랑이 퇴적물을 운반하여 해식애의 기저부가 다시 노출되고 이 부분에 파랑에너지가 집중되면 낙석이 다시 쌓인다. 바로 이 부분에 문제의 원인을 찾을 수 있다. 해식애의 후퇴를 막는다는 목적을 그대로 유지하면서 해빈의 침식문제를 해결할 수 있는 방안은 바로 양빈(beach feeding or nourishment)이다. 양빈은 주기적으로 퇴적물을 공급하여 해식애의 침식을 억제하고 해안선을 안정시키는 대안으로, 해안 전체를 콘크리트로 치장하는 경성호안에 비해 공사비용이나 유지관리비용, 미관에서 효율적이다. 두 번째 대안은 해식애 상단에 위치한 주택이나 시설이 훼손되더라도 아무런 조처를 취하지 않고 해식애가 후퇴하도록 방치하는 것이다. 논쟁의 여지가 있지만, 해식애의 침식산물이 하류의 해안 여러 곳에서 주요한 주택지나 시설을 보호하는 경우에는 이 정책을 널리 채택하고 있다. 영국의 홀더니스 해안에서 일어나는 활발한 침식은 영국의 해빈뿐만 아니라 북해 연안의 여러 나라 해안에 중요한 퇴적물 공급원이다(de Ruig & Louisse, 1991).

위의 예에서 보듯이 어떤 문제에도 상이한 접근방법들이 있다. 어떤 방법을 채택할 것인가는 대체로 경제적 요소에 좌우되고, 그 지역의 해안관리전략도 중요한 요소이다. 흔히 침식문제가 일어난 후에 호안 기법을 정한다. 이러한 대증적(對症的) 해안관리에서 일반적으로 채택되는 방법이 경성호안이고, 하류로 이어지는 침식문제의 상황은 그림 1.2에서 보는 바와 같다. 이 시나리오에서는 침식문제가 일어날 때마다 새로운 호안구조물로 대응해나가고 있다. 이에 대한 대안은 잠재적인 문제점을 사전에 상세히 예측하는 것이다. 퇴적물 공급이 감소한다는 사실을 예상하고 이것을 양빈과정의 한 요소로 간주한다. 이러한 적극적이고 전향적인 접근이 바로 연성호안의 특징이다.

경성호안이 해안선에 미치는 악영향이 널리 알려지면서 육지와 바다 사이에 물리적 방벽을 쌓는 문제가 해안정책 관점에서 활발히 논의되고 있다. 브램튼은 해안보호에서 해빈이 담당하는 핵심적인 기능이 인식되면서 해안기술자들이 연성호안기법을 택하게 되는 과정을 잘 기술하고 있다(Brampton, 1992). 해빈은 지형의 조절을 통해 파랑의 입사 에너지를 꾸준히 흡수하여 해빈 후면으로 전달되는 압력을 줄인다. 이러한 과정은 짧은 기간에도 잘 나타나는데, 겨울과 여름에 걸쳐서도 해빈단면의 형태변화가 나타난다. 즉, 해빈이 겨울에는 평탄해지고 여름에는 경사가 급해진다. 그림 1.3은 홀더니스 해안의 해빈단면이 계절에 따라 변하는 모습을 보이는데 겨울철의 단면이 더 평탄하다. 이것은 원빈에서 실제 겨울철 해빈단면의 고도가 여름철 단면에 비해 높은 것에서도 확인할 수 있다. 이는 해빈 윗부분에서 바다 쪽으로

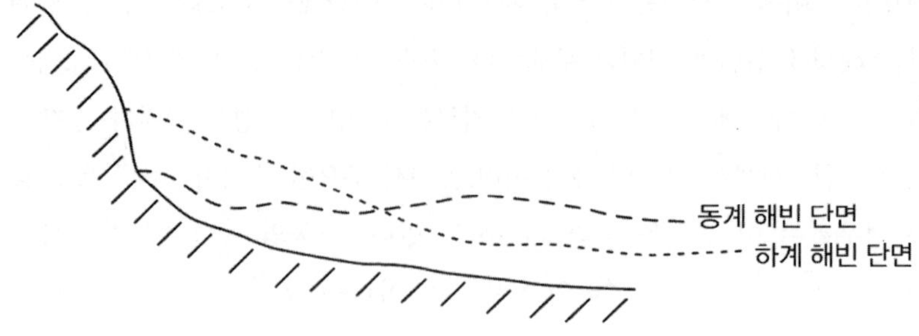


그림 1.3. 동계와 하계의 해빈단면
영국 홀더니스 해안의 딤링턴의 자료를 토대로 함(Pethick, 1992에서 수정)

퇴적물의 이동했음을 나타내는 것이다. 해빈단면의 조정으로 파한(波限, wave base)은 바다 쪽으로 이동하고, 파랑이 퇴적물 표면과 접촉하는 거리도 증가하기 때문에 파랑에너지를 소산시키는 면적도 늘어나게 된다(이 책의 제7장).

1990년대까지 해안기술자들은 경성호안의 효율에 대해 꾸준히 의문을 제기해 왔다. 처음에는 자연적 프로세스에 반하지 않고 조화를 이루는 구조물의 필요에 논의가 집중되었다. 논의의 한 측면은 유지될 수 있는 자연적 해안선을 확보하는 것이고, 두 번째 측면은 비용이다. 경성호안구조물은 비용이 많이 든다. 구조물의 수명은 건설기법과 구조물이 위치한 해안의 에너지 상황(energy regime)에 따라 좌우된다. 피어스는 영국 해안에서 구조물의 수명 문제를 부각시켰다(Pearce, 1993). 보수에만 1991년에 5천 8백만 파운드가 소비되었지만, 보수 수요를 감당할 수 없어 재정적으로 심각한 문제를 안고 있다. 그렇다고 해서 연성호안에 비용이 없는 것은 아니다. 양빈을 통해 해빈을 조성하거나 해안제방을 철거하는 것도 비용이 든다. 그러나 경성호안에 비해 비용이 적고, 유지나 관리비용도 적다. 비용을 절감하기 위해 호안에 피복석(被覆石)을 사용하는 경우가 늘어나고 있다. 피복석이 진정한 의미에서 연성인지 경성인지는 불분명하지만, 해안을 거력으로 덮는 것은 비용절감을 택하고 있다는 증거이다. 여러 해안에서 피복석 호안을 적용하고 있다. 제체 기저부의 세굴방지를 위해 법면 끝부분을 보강하거나 염습지의 측면침식을 방지하기 위해 피복석을 부가적인 호안구조물로 사용하기도 한다.

연성기법이 점차 널리 받아들여지고 해안 보호수단으로 인기가 있다고 가정하더라도 해안관리자들은 자기의 관할구역에서 연성 기법이 과연 더 효율적인가에 대해서는 여전히 의문을 갖고 있다. 채택여부는 다음 3가지 요소로 판단된다.

• 지형요소

경성구조물로 중단된 배후지 침식은 곳에 따라 다시 일어날 수 있고, 침식으로 발생하는 퇴적물은 해빈이나 해안선의 다른 부분에 사용될 수 있다. 배후지의 지가가 낮은 곳에서는 경성호안구조물을 제거하여 침식이 일어나도록 한다. 침식산물을 퇴적물수지에 유입시켜 해빈이 형성되도록 한다.

• 재정요소

해안제방을 수명 50년으로 설계하면 1km당 백만에서 5백만 파운드가 필요하다. 이 정도의 재원을 소비하여 호안시설을 갖출 만큼 지가가 높은 해안지역도 있지만, 대부분의 해안은 그렇지 않다. 양빈을 통하여 해빈을 인위적으로 조성하는 등의 연성호안기법으로도 적절히 보호될 수 있다.

• 환경요소

호안을 목적으로 사구나 염생습지와 같은 자연환경을 만들면 야생조수의 서식지가 형성된다. 전 세계 여러 나라에서 개발사업, 해수면상승, 해안압착 등으로 자연생태자원이 사라지고 있기 때문에, 이러한 손실을 보상할 수 있는 새로운 서식지 조성은 매우 바람직하다. 더욱이 자연환경은 미래의 해수면 변동에 적절한 대응하기 때문에 경성호안구조물의 수리와 관련된 부가적 비용을 절약할 수 있다.

1990년대 초에 경성기법에서 연성기법으로 비중이 옮아갔다. 전 세계에 걸쳐 경성호안의 부정적 영향과 관련된 과학기술서적이 계속 출간되면서, 이러한 경향은 1990년대 내내 지속되었다. 그러나 21세기에 들어서면서 연성호안기법에 관련된 주제들도 재조명되기 시작했다. 해안선조정(managed realignment)이나 퇴적활성화기법(enhanced sediment accretion)과 같은 연성호안에도 문제가 있고, 이러한 발견이 의사결정의 계획과정에 고려되어야 한다는 주장이 나오고 있다. 이러한 측면은 이 책에서 앞으로 여러 차례 논의될 것이다. 경성기법이나 연성기법의 사용에는 모두 어느 정도의 인공성이 해안환경에 개입될 수밖에 없고 이것은 프로세스의 변형으로 이어진다.

연성호안을 수용하지 못하는 사람들이 있다는 것에 주목할 필요가 있다. 가장 중요한 문제 가운데 하나가 침식해안 또는 범람위험이 있는 해안지역의 주민들에게 그들의 주택이나 사업체를 효율적으로 보호할 수 있는 방안은 콘크리트 제방보다 해빈에 모래를 공급하는 양빈이나 염습지 조성이라는 것을 확신시키는 일이다. 이러한 지역에서는 안전에 대한 주민이나 지역사회 구성원의 인식이 중요하다. 주민에게 학습기회가 미처 주어지지 않았다면 주민들은 콘크리트 제방 뒤에서 사는 것이 해빈 뒤에서 사는 것보다 더 안전하다고 느낀다. 주민들이 여전히 이해하지 못한 상태에서, 문제의 지역에서 멀리 떨어져 거주하는 계획가나 관리인들에 의해 의사결정이 일어난다면 안전문제는 계속 제기될 것이다. 이것은 홍보와 교육의 문제이고 계획과 공공 협의과정에서 다루어져야 할 사안이며, 해안계획이나 해안관리에서 새로운 관심분야로 떠오르고 있다.

지금까지의 논의를 요약하면, 해안제방이나 돌제 등의 경성호안에서 자연적 프로세스를 이용하는 연성호안으로 전환하는 경향이 뚜렷해졌다. 경성구조물이 과거에는 정당화되었으나, 여러 해안개발지구에서 이러한 시설의 축조 이후 침식문제가 발생했다. 해가 지나면서, 경성구조물은 이뿐만 아니라 장기적인 문제도 야기시킨다는 것이 드러나고 있다. 이러한 문제는 경성호안기법을 채용했던 당시에는 해안의 프로세스에 대한 충분한 과학적 지식이 없었다는 데에서 기인한다. 실제로 우리는 아직도 해안작용에 관한 기초적 문제 가운데 많은 것을 이해하지 못하고 있기 때문에, 새로운 지식이 생산되면 현재 널리 적용하고 있는 연성호안기법도 다시 평가되고 그 내용도 변할 것이다. 연성 기법이 적용되면서 벌써 문제점이 발견되고 있기 때문에 이 과정에 이미 들어섰다고도 볼 수 있다.

기법이 다양하고 논쟁도 많지만, 해안보호사업은 점증적으로 해안환경을 염두에 둔 방향으로 진행되고 있다. 경성호안구조물이 세워지더라도, 국지적 환경을 충분히 고려한 이후에 그 구조물이 그 지점의 문제에는 최적이라는 판단에서 의사결정이 이루어지고 있다. 현재 우리는 해안의 프로세스에 대해 과거보다 더 잘 이해하고 있기 때문에 경성호안에서도 그 악영향을 저감시키는 방향으로 노력하고 있다. 그러나 해안관리에서는 가능한 한 단순한 방법이 가장 효율적인 것이다. 즉, 해안이 스스로 안정성을 찾도록 내버려두는 것이다. 이 방법은 현재 영국의 홀더니스 해안에서 채택하고 있다. 부드러운(침식이 잘 되는) 빙퇴석으로 이루어진 해식애를 침식되도록 방치하여 바다로 침식산물이 들어가도록 허용하고 있다. 해식애 상단에 농장이나 가옥이 있더라도 저밀도 개발지역이면 이 정책을 채택한다. 그러나 고밀도 개발지역의 비싼 주택지가 있다면 다른 접근이 채택된다. 이 지역의 지가를 고려하여 제방이나 돌제와 같은 경성호안이 이루어진다. 같은 해안의 연장선상에서, 경성호안과 연성호안의 상호작용이 잘 나타나는 예가 되고 있다. 여기에서 그림 1.2에서 나타나는 연속 침식 시나리오를 가지고, 경성호안지구가 하류의 비보호 해안지구의 침식을 가속화시킬 것이라는 논쟁이 일어나고 있다.

해안을 자연상태로 방치하는 정책(doing nothing policy)을 채택할 수 있는 지역은 제한적일 것이다. 그러나 적용할 수 있다면, 자연과 가장 유사한 방법으로 해안을 관리하기 때문에 자연성을 가장 많이 갖춘 해안을 유지할 수 있는 최선의 해안관리 방안이 될 것이다. 이 전략은 서식처 보존과 비용의 관점에서 효율적이며, 해안지역사회 전체의 관점에서도 더 큰 경쟁력을 마련할 것이다. 이러한 가치관을 갖는다면 해안작용을 고려한 관리를 도모하기 때문에, 경성호안이나 연성호안에서처럼 반복되는 건축과 유지비용이 줄어들어 장기적으로 건전한 투자로 나타난다. 이 접근을 채택하는 과정에서 해안관리자들은, 무엇이 '자연적'인가라는 주요 질문에 직면하게 된다. 개발 과정을 오래 겪은 국가에서는 호안시설의 역사가 길고 '자연성'은 이미 오래 전에 사라졌다고 할 수 있기 때문이다. 따라서 파랑, 조석, 바람 등과 같은 해안의 국지적인 자연프로세스에 순응하는 해안관리를 도모하는 것이 최선이다.

## 5. 이 책의 구조

이 책의 목적은 전 세계 해안에 걸쳐 채택되고 있는 호안 전략의 다양한 유형들, 이들에서 비롯되는 문제점, 그리고 이러한 문제점의 극복 방안 등에 관한 독자들의 이해를 돕는 것이다. 각 장은 동일한 체제를 갖추고, 특정한 호안의 방법론, 문제점, 편익, 채택 이유, 그리고 사례연구를 다루고 있다. 또한, 자세히 다루지 못한 사례들은 표로 정리하여 필요에 따라 독자가 흥미를 가지고 계속 추적할 수 있도록 하였다.

이 책은 4부로 구성되었다. 서론에 해당하는 제1부는 두 개의 장으로 구성되어있는데, 제1장은 호안의 배경에 깔린 인식을 소개하고 제2장은 전략의 선택에서 중요한 의미를 갖는 기초적 자연 작용을 설명한다. 이 책의 목적과 페이지의 제한을 고려할 때, 해안프로세스에 관한 상세한 설명은 페씩(Pethick, 1984), 카터(Carter, 1988), 핸섬(Hansom, 1988) 등의 저서를 참조하는 것이 좋을 것이다. 이 책은 해안에 관련된 모든 문제보다 호안기법에 관련된 문제에 집중할 것이다. 해안의 전반적 문제에 관해서는 빌스와 스펜서(Viles & Spencer, 1995)를 참조하는 것이 좋을 것이다. 다만, 2장에서는 해안선의 기능에 관한 설명을 통해 이 책의 나머지 부분에서 논의되는 개념을 이해할 수 있도록 했다.

제2부는 전통적 호안기법을 다루고 있다. 해안제방과 피복공, 돌제와 도류

제, 해식애 안정화 기법, 파랑에너지 저감을 위한 이안제 등이 주요내용이며, 문제점의 지적에도 불구하고 호안에서 여전히 중요한 기법으로 채택될 수밖에 없는 상황도 설명된다. 제3부에서는 전통적 호안기법의 문제점을 해결할 수 있는 연성호안기법을 다룬다. 각 장에서는 양빈, 인공사구조성, 퇴적활성화기법, 인공습지조성, 해안선조정 등을 설명한다. 제4부에서는 건축규제, 보험 등과 같은 해안보호에 적용이 가능한 그 밖의 방법들을 논의한다. 이러한 기법이 적용될 수 있는 곳에서는 개발수요가 없고, 이 때문에 호안문제가 발생하지 않는다. 취약한 해안에서는 개발 자체가 현실성이 없는 것으로 평가되는 원가계산 체계를 가지고 있기 때문이다. 마지막 장에서는 이 책의 주요 쟁점들과 이러한 쟁점들이 나타나는 해안을 다룬다.

제2장

# 해안프로세스와 호안관리

## 1. 도입

해안의 한 지역을 꾸준히 방문해보면, 해안선은 고정되어 있지 않고 수시로 변한다는 것을 알 수 있다. 이러한 변화는 다양한 시간 규모에 걸쳐 일어난다(표 1.1). 빙하작용이나 조륙운동과 같이 해수면 변동을 유발하는 대규모 사건들에 대한 반응으로 해안선의 변화가 일어나기도 한다. 이런 경우 해안지형을 형성했던 지형 프로세스들은 사건 당시와 같은 방식으로 작용하지 아니한다. 이렇게 형성된 지형은 '물려받은' 지형, 또는 '화석화된' 지형이라고 부를 수 있다. 이와는 달리 해안선의 변화가 폭풍과 같이 보다 작은 규모의 사건이나 파랑과 조석에 대한 반응으로 일어날 수도 있다. 이 과정들은 퇴적물을 운반해 오거나 퇴적물을 다른 곳으로 이동시키는 작용을 한다. 이런 경우, 나타나는 변화는 현재의 해안프로세스에 의해 발생한 것이다. 과거의 프로세스에 의해 형성된 지형과 현행 프로세스의 지형을 구별하는 것은 해안의 이해에서 가장 기초적인 부분이다. 이 책은 주로 이러한 작은 규모의 현생 프로세스와 이와 관련된 사건을 다룬다. 조수가 들어올 때마다 파랑은 해안지형을 변모시킨다. 기상현상의 관점에서 보면, 고요한 날에 비해 폭풍은 큰 에너지의 파랑을 끌고 들어와서 해안선에 커다란 변화를 일으킨다. 관리

문제가 제기되는 것은 위와 같은 자연적인 프로세스들이 인간의 활동에 영향을 주기 시작할 때부터이다. 자연적인 프로세스가 인간의 활동에 영향을 주게 되면 사람들은 관광이나 거주, 산업 등과 같은 인간의 활동을 지속시키기 위한 대응을 요구하게 된다.

현재의 해안은 변해 가는 임시적인 지형이다. 깎이고 쌓이는 것은 자연현상이다. 때때로 바다는 사퇴와 같이 거대한 모래 퇴적체를 형성하기도 하고 개펄을 퇴적시키기도 한다. 이것은 퇴적물의 양이 넉넉할 때 일어난다. 사람들이 돈이 필요할 때까지 은행에 임시로 돈을 예치해 두는 것처럼, 바다는 퇴적물 수지의 적자가 발생할 때까지 퇴적물을 퇴적물 저장고에 보관해 둔다. 이런 이유로 해안은 끊임없이 변하며 퇴적물은 끊임없이 한 곳에서 다른 곳으로 이동한다. 핵심은 퇴적물 저장고라는 개념이다. 사람들은 해안지형을 해빈, 사구, 염습지 등으로 묘사하곤 한다. 이러한 표현도 좋지만, 경험이 풍부한 해안관리자는 '퇴적물 저장고'라고 부를 것이다. 이러한 맥락에서 해안사구를 해빈 윗부분에 잠시 쌓여있는 모래더미로 볼 수 있다. 마찬가지로 염습지는 점토와 실트의 저장고이며, 사취는 모래와 자갈의 저장고이며, 해식애마저도 잠재적 해빈 퇴적물의 저장고로 간주할 수 있다. 이러한 저장고들은 바다의 지형작용에 의해 성장할 때도 있고(예를 들어 사구가 성장하거나 염습지가 바다 쪽으로 성장하는 경우, 사진 2.1a), 바다에 퇴적물이 필요하면 재배치되기도 한다.

자연적인 침식/퇴적의 반복 현상은 항상 있는 일이다. 사진 2.1a와 2.1b는 이런 사실을 잘 보여준다. 두 사진은 모어캠 만 켄트 강 하구역에 있는 염습지를 보여준다. 사진 2.1a에서는 염습지가 바다 쪽으로 빠르게 성장하는 반면, 사진 2.1b에서는 염습지가 육지 쪽으로 후퇴하고 있다. 지리적으로 볼 때 이 두 지역은 하구역에서 서로 마주 보는 지점에 위치하고 있다. 대비되는 침식/퇴적 조건은 하구역 내에 위치한 조수로의 주기적인 평행이동으로 인해 발생한다. 조수로가 실버데일(사진 2.1b)에 위치하고 있을 때는 염습지가 침식된다. 이 지점이 창조와 낙조가 집중되는 지점이 되기 때문이다. 결과적으로

사진 2.1. 퇴적물 순환 특성. 북서 잉글랜드 모어캠 만 켄트 하구역에 위치한 염습지의 침식과 퇴적

a) 켄트 하구역 서부해안의 켄츠 뱅크에 위치한 스파르티나(벼과에 속하는 대표적인 염습지 식생 중 하나. 영어로는 보통 Cordgrass라고 부른다 — 역자주) 염습지. 퇴적작용이 우세함.

b) 켄트 하구역 동부해안의 실버데일에 위치한 염습지. 수직단애 형태로 평행하게 침식이 진행되고 있음.

하구역 건너편의 켄츠 뱅크 부근은 조수 에너지의 영향을 거의 받지 않으므로 퇴적물이 쌓인다. 시간이 흘러 수평이동이 일어나 조수통로가 현재의 반대편으로 이동하게 되면 침식/퇴적 환경이 뒤바뀐다(Pringle, 1995). 이런 지역 근처에 거주민이 있을 경우, 이와 같은 자연적인 주기로 침식이 발생하여 호안관리 문제가 대두되기도 한다. 해안의 지속적인 이용을 위해 자연적인 프로세스에 개입하게 되면, 자연적인 프로세스는 변화되거나 중지된다. 즉, 인위적 개입이 발생하면 해안은 부자연스러운 상태에 놓이게 되며 자연적인 프로세스가 더 이상 정상적 기능을 갖지 않는다. 바다는 지속적으로 자연적인 '평형' 상태로 돌아가려고 하고 인간은 끊임없이 이를 저지해야 하기 때문에 바로 이 지점에서 이른바 '자연과의 투쟁'이란 고색창연한 표현이 나오게 된다. 성공적인 해안관리의 요체는 이러한 갈등을 줄이는 데 있다.

자연적인 프로세스가 해안관리에 영향을 미칠 수 있다는 점을 이해하기 위해서는 먼저 해안의 역동적인 변화를 유발하는 기본적인 요소, 즉 파랑, 조석, 바람을 살펴보아야 한다.

## 2. 파랑의 중요성

파랑이 해안지역에 미치는 가장 기본적인 효과는 에너지의 공급이다. 이렇게 유입된 에너지는 퇴적물의 침식과 운반의 원인이 된다. 또한 파랑은 일련의 흐름을 발생시킨다. 해안에 평행 방향으로 일어나는 흐름과 해안에 수직 방향으로 일어나는 흐름은 파랑에 의해 발생하는 흐름으로 퇴적물 이동에서 중요한 역할을 한다. 이런 측면에서 파랑은 해안 환경을 구성하는 주요 기작의 하나라고 할 수 있다. 파랑의 물리적 성질을 자세히 기술하는 것은 이 책의 목적이 아니다. 이런 사항은 페씩(Pethick, 1984), 카터(Carter, 1988), 코마(Komar, 1998)에 잘 나와 있다. 우리가 주목할 것은 파랑이 해안보호에 영향을 미치는 행태이다. 파랑은 형태가 변화할 뿐 물 자체가 움직이는 것은 아니라는 점을 이해하는 것이 중요하다. 파랑이 움직일 때 물은 원형 혹은 타원형의 경로에 국한된다(그림 2.1). 심해에서는 물분자의 움직임이 원형이지만 마찰력이 증가하는 바닥으로 다가갈수록 물분자의 움직임은 타원형으로 변해간다. 해안으로 다가갈수록 이러한 왜곡은 점차 심해지며 마침내 타원형의 운동이 지속될 수 없는 지점에 이른다. 이 때 파랑은 부서지기 시작하며 물과 파랑에너지가 쇄파대 혹은 궁극적으로 해빈으로 유입된다. 파랑은, 이런 일이 발생할 때 해빈지형은 물론 해빈 위 또는 해빈 뒤의 호안구조물과 상호작용을 시작한다.

그림 2.1에서 보는 바와 같이 심해에서는 파랑의 원운동이 수심이 깊어짐에 따라 소멸되어 특정한 깊이[이를 파랑의 깊이(wave depth)라 하며 대략 파장의 2분의 1에 해당한다] 이하에서는 아무런 운동도 일어나지 않는다(Carter, 1988; Hansom, 1988). 퇴적물 이동의 관점에서 보면 파랑의 깊이 이하에서는 퇴적물 입자의 이동을 유발시킬 수 있는 물의 움직임이 없기 때문에 퇴적물이 해빈지역으로 공급될 수 없다. 바다가 점점 얕아짐에 따라 파랑의 원운동이 소멸되는 지점이 해저와 맞닿게 된다. 이 지점에서 물과 퇴적물의 경계면 상의 일부 물분자들은 운동을 여전히 유지하는데 만일 충분한 에너지를 가지고 있다면 퇴적물 이동이 일어날 수 있다. 이러한 지점을 파한(波限, 혹은 波底面, wave base)이라 하며 여기에서부터 해안까지 이르는 영역의 해저부가 파랑의 운반작용을 통하여 해안으로 퇴적물을 공급할 수 있기 때문에 퇴적물 공급지라고 할 수 있다. 파한이 위치하는 깊이는 파랑의 규모에 따라 달라질 수 있다. 폭풍이 불 때 발생하는 것과 같이 규모가 큰 파랑일수록 수괴에 더 많은 교란을 초래하며 파랑의 운동이 더 깊은 지점까지 영향을 미쳐서 파한의 깊이가 깊어지고 퇴적물의 이동이 일어나는 지역이 확대된다. 이것을 '폭풍파한(storm wave base)'이라고 한다. 잔잔한 상태에서는 파한이 얕고 퇴적물 이동지역의 범위도 작아진다. 이를 '정상 파한(normal wave base)' 혹은 '파한'이라고 한다. 이것은 그림 2.1에서 확인할 수 있다. 정상 파한과 폭풍 파한 사이에 위치한 퇴적물은 폭풍이 불 경우에만 이동될 수 있다.

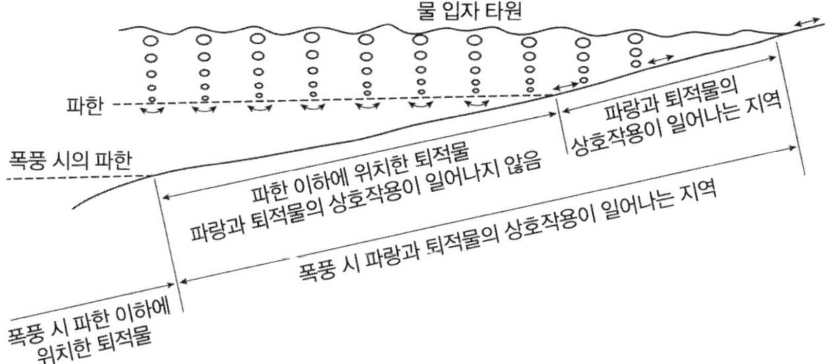


그림 2.1. 파한(波限)과 퇴적물 이동

파저면이 증가함에 따라 파랑의 운동과 상호작용하는 해저의 규모에 주목할 것.

그림 2.1로부터 해안지역에서 파랑의 작용이 일어나는 경우 퇴적물이 이동될 수 있다는 것을 알 수 있다. 한 가지 중요한 제한 요인은 파랑으로 공급되는 에너지가 퇴적물의 이동을 유발할 만큼 충분히 커야 한다는 것이다. 자갈 해빈은 크고 무거운 퇴적물 입자로 구성되어 있기 때문에 퇴적물을 움직이려면 사빈의 퇴적물을 움직일 때보다 더 많은 파랑에너지가 요구된다. 마찬가지로 점토를 움직이는 데는 점토의 응집력으로 인해 실트를 움직일 때보다 더 큰 파랑에너지가 요구된다. 이 원리는 흡취속도(entrainment velocity)와 퇴적물의 입경 간의 관계를 측정한 휼스트롬(Hjulstrom, 1935)에 의해 밝혀진 것이다. 휼스트롬의 연구에 힘입어 카터(Carter, 1988)는 퇴적물 흡취, 유황(flow regime)과 해저의 전단응력의 변화에 따라 이 프로세스가 어떻게 변화되는지에 대해 상세히 논의하고 있다. 난류는 바닥면의 조도에 따라 변화될 수 있다. 모래 기질은 일반적으로 자갈 기질에 비해 보다 '부드럽다.' 핵심적인 인자는 전단응력이다. 전단응력이 해저에서 퇴적물 입자를 움직일 만큼 충분히 클 경우 입자의 이동은 시작된다[보다 자세한 설명을 위해서는 카터(1988)를 살펴보라].

파랑이 해안에 다가옴에 따라 파랑의 에너지는 퇴적물의 이동이 일어날 수 있는 해저면에 영향을 미친다. 퇴적물의 유형은 흡취와 이동에 영향을 미친다. 파랑이 해안으로 이동됨에 따라 해저경사는 급해지고 수심은 점차 얕아진다. 파랑이 해안으로 다가오면 파고가 점차 높아진다. 이러한 현상은 에너지 보전법칙과 함께 파랑과 바닥 퇴적물 간의 마찰력에 의해 발생한다. 마찰력은 파랑의 상부보다 퇴적물과 접촉이 일어나는 하부에서 더 크기 때문에 파한에서 견인력이 더 커지는 반면 유속은 수면이 더 빠르다. 수면의 유속이 바닥의 유속보다 커지면 파랑이 깨어지고 붕괴한다. 하지만 이것은 매우 단순한 시각이다. 호른(Horn, 1997)은 1990년대 해안연구의 발전과정을 요약하는 글에서 쇄파대에서 발생하는 작용의 복잡성과 바닷물과 해저지형의 상호작용으로 인해 다양한 변이의 파랑작용이 발생하는 기작을 정리하였다. 코마(Komar, 1998)는 또한 물과 퇴적물의 상호작용에 대한 연구동향을 광범위하게 분석하고 있다.

쇄파의 형태는 해빈 퇴적물의 집적에서 중요한 역할을 한다. 파랑은 몇 가지 방식으로 분류될 수 있으나(Street and Camfield, 1966; Galvin, 1968), 갈빈(Galvin)이 제시한 구분법이 가장 널리 사용되고 있다. 갈빈의 구분법에 따르면 파랑은 세 가지 주요 유형(그림 2.2) 중 하나로 분류될 수 있다(Carter, 1988). 붕괴파(spilling wave)란 파 마루가 불안정해질 때까지 파랑이 성장한 뒤 물보라를 일으키며 붕괴하는 파랑이다. 권파(plunging wave)란 파랑의 해안 쪽 면이 수직이 될 때까지 자라다가 전면부에서 부서지지 않은 상태에서 앞으로 말리는 파랑이다. 쇄기파(surging)란 마친 권파처럼 성장하다가 붕괴파처럼 붕괴되는 파랑이다. 붕괴파와 쇄기파는 해안 쪽으로 퇴적물을 이동시키는 힘이 강하며 권파는 바다 쪽으로 퇴적물을 이동시키는 힘이 강하다. 표 2.1은 세 가지 파랑의 특징을 상세하게 보여주고 있다. 일반적으로 파랑이 부서질 때 해안 쪽으로 퇴적물을 이동시키는 힘이 강하면 퇴적물을 해빈으로 밀어 올리게 되며 바다 쪽으로 퇴적물을 이동시키는 힘이 강하면 퇴적물을 해빈에서 바다 쪽으로 이동시키게 된다.

이미 언급한 바와 같이 퇴적물과 해수 간의 접촉면에서 마찰이 증가하면

a) 붕괴파

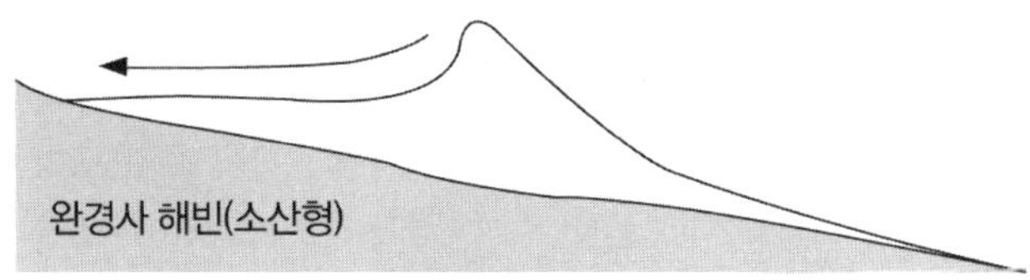


b) 권파

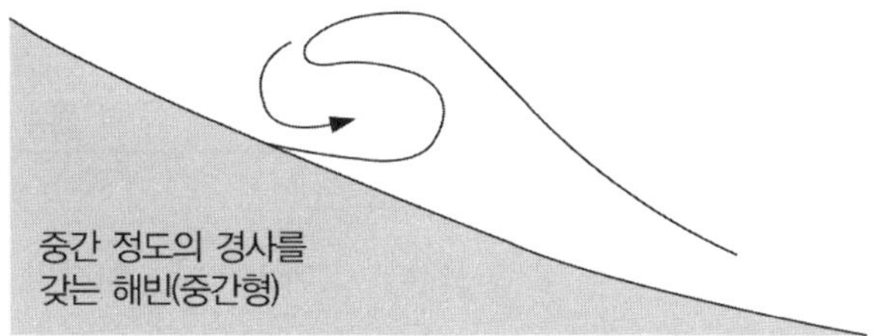


c) 쇄기파

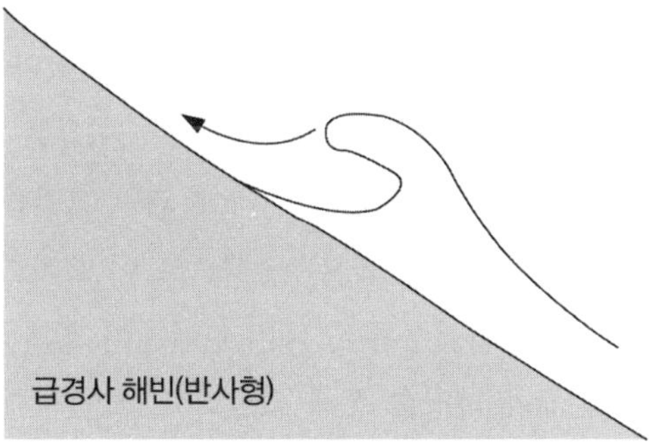


그림 2.2. 파랑의 유형과 해빈의 형태

a) 완경사의 소산형(消散形) 해빈에서 발생하는 붕괴파(崩壞波, spilling wave)
   완경사 해빈의 소산형
b) 중간형 해빈에서 발생하는 권파(券波, plunging wave)
   중간 정도 경사의 해빈의 중간형
c) 급경사의 반사형 해빈에서 발생하는 쇄기파(碎寄波, surging wave)
   급경사 해빈 반사형

표 2.1. 파랑의 유형에 따른 해안지형의 특징과 주요 프로세스

| | 붕괴파 | 권파 | 쇄기파 |
|---|---|---|---|
| 파랑의 반사 | 낮음 | 중간 | 높음 |
| 해빈의 유형 | 소산형 | 전이형 | 반사형 |
| 해빈단면 | 완만 | 경사짐 | 급경사 |
| 해빈의 너비 | 넓음 | 중간 | 좁음 |
| 퇴적물 이동 | | | |
| 연안 이동 | 낮음 | 중간 | 높음 |
| 해안에 수직이동 | 높음 | 중간 | 낮음 |
| 이동 양식 | 부유 | 혼합 | 지표이동 |
| 퇴적물 구성 | 실트/모래 | 모래 | 모래/자갈 |
| 비사 이동 | 일반적 | 드묾 | 없음 |

파한 윗부분의 파랑의 속도를 감소시킨다. 코마(1998)는 해저의 마찰력뿐 아니라 쇄파과정에서 많은 에너지가 유실된다는 점을 지적했다. 물론 쇄파는 종종 해수와 퇴적물 간의 마찰력에 의해 유도된다. 생각해 보면 비용이 많이 드는 해안제방은, 부분적으로 파랑이 큰 에너지를 유지한 채 해안에 도달하여 침수와 침식을 일으키기 때문에 요구되는 것이라고 할 수 있다. 만일 이 에너지를 감소시킬 수 있다면 해안제방을 설치해야 하는 이유는 사라진다. 만일 파랑이 파한을 지난 후 보다 긴 거리를 지나게 되면 그만큼 더 많은 에너지를 잃게 된다. 해빈의 폭을 증가시키는 방식으로 이 효과를 얻을 수 있다. 해빈의 폭이 길어지면 길어질수록 수심은 얕아지며 결과적으로 더 많은 파랑에너지가 마찰과 쇄파 과정을 통해 소실되고 그만큼 해안제방의 필요성은 줄어든다. 다시 말해 해빈환경의 퇴적물 체계(regime)를 조절하여 해안으로 유입되는 파랑에너지를 감소시킬 수 있다. 이는 경성호안의 필요성을 줄일 수 있는 방법이기도 하다(7장 참조).

위에서 설명한 과정들은 해안에 수직방향으로 일어나는 퇴적물 이동을 결정한다(Carter, 1988). 파랑이 천수역에서 속도가 줄어드는 것을 감안한다면 감속률은 수심이 낮아지는 정도에 따를 것이다. 만일 해빈 전체에 대해 수심이

낮아지는 비율이 일정하다면 파랑의 속도 역시 균일하게 감소되어 파랑이 해안에 평행한 형태를 유지할 것이다. 그러나 실제로는 퇴적물의 표면기복은 평평하지 않으며 파랑 또한 해안선과 어떤 각도를 이루며 접근하는 경우가 많다. 파랑 가운데 깊은 수심을 지나는 부분은 얕은 수심을 지나는 부분보다 더 빨리 이동하게 된다. 파속의 속도 차이로 인해 파랑은 수심이 얕은 수역 쪽으로 굴절하게 된다. 만에서는 일반적으로 만입중앙부로 갈수록 수심이 깊어지고 헤드랜드(곶)로 다가갈수록 수심이 얕아진다. 이로 인해 파봉선이 헤드랜드 쪽으로 굴절된다. 얼핏 보면 이는 헤드랜드 쪽으로 파랑에너지가 집중되어 침식이 발생하는 것을 나타내는 듯 보인다. 그러나 헤드랜드는 만입부에 비해 침식에 대한 저항력이 강하기 때문에 헤드랜드로 남아있다는 점을 기억할 필요가 있다. 중요한 점은 이와 같은 해안을 따라서 혹은 퇴적물 표면의 기복이 파랑의 집중을 유발하는 해안의 경우, 파랑 집중지의 공간적 변이가 존재하며 특정부분이 다른 부분보다 보다 높은 수준의 파랑 활성도를 보인다는 것이다. 따라서 공간적으로 파랑집중이 일어나 일련의 파랑구배가 형성된다. 이는 연안류를 형성시키는 데 중요한 역할을 하며 결과적으로 해안에 수직한 방향 혹은 평행한 방향으로 일어나는 해저면의 퇴적물 이동에서 중요한 의미를 갖는다. 해안선에서 위와 같은 작용이 일어나는 것을 보여주는 여러 사례들이 있다. 먼크와 테일러는 캘리포니아 라호야에 위치한 침수협곡으로 인해 파랑이 집중되는 현상을 보고했고(Munk and Traylor, 1947) 로빈슨은 외해에 존재하는 사퇴로 인해 발생되는 파랑의 집중현상으로 영국의 이스트 앵글리안 해안을 따라 침식이 가속화되고 있음을 밝혔다(Robinson, 1980).

연안류에 의해 퇴적물이 이동한다는 것을 보다 자세히 설명하기에 앞서 언급해야 할 사안이 있다. '일차' 파랑이 해안으로 접근하면서 대부분의 에너지를 잃어버리지만 일련의 '이차' 파랑 — '경계파(edge wave)'라 부른다 — 이 형성된다. 해안지형학자들은 아직도 경계파에 대해 충분히 이해하지 못하고 있다(Carter, 1988). 경계파는 쇄파대(surf zone)에 국한되는 것처럼 보이며 일차

파랑의 에너지가 소실되는 과정에서 일차 파랑의 에너지 일부가 경계파로 전달되면서 발생한다. 혼은 경계파가 경사진 해빈에서 해안선에 수직방향으로 발생하며 해안에서 최대진폭을, 바다로 나아갈수록 진폭이 작아진다고 설명한다(Horn, 1997). 비록 복잡하기는 하나 경계파가 해안지형과 해안보호 전략에서 중요한 위치를 차지하는 이유는 경계파가 해안에 접근하는 다른 일차파랑과 일으키는 간섭현상 때문이다. 경계파는 사실상 정상파와 같은 거동을 보이며 파의 중첩법칙[the physical law of wave harmonics(Carter, 1988; Davis 1996)]에 따라 경계파와 일차파랑의 마루가 일치하는 경우 입사하는 일차파랑의 파고를 증폭시킨다고 하였다(Davis, 1996). 파랑의 증폭은 파랑이 해안에 미치는 충격을 증가시켜 해빈단면의 변화를 유발하며 더 많은 양의 퇴적물을 이동시킨다. 외해로 열려 있는 해안의 경우 경계파와 일차파랑의 간섭은 사주나 첨상 사주, 워시오버 등과 같은 복잡한 해빈 지형을 일으키기도 한다(Holman and Bowen, 1982).

파랑이 해안선에 비스듬히 다가올 때 해안에 평행한 방향으로 해빈 퇴적물의 순이동이 유발된다. 파랑은 부서져 접근각 방향으로 해빈 위로 밀려 올라왔다가 해안에 수직인 방향으로 되돌아간다(그림 2.3). 파랑이 해빈으로 올라올 때(쳐오름) 육지 쪽으로 퇴적물을 이동시키며 바다로 돌아갈 때(쳐내림)는 해빈 아래쪽으로 퇴적물을 이동시킨다. 파랑의 쳐오름과 쳐내림 방향은 퇴적물의 이동방향과 같으므로 파랑이 해안에 비스듬한 방향으로 접근할 때 파랑의 활동에 의해 해안을 따라 퇴적물이 이동하게 된다. 만일 쇄파의 에너지가 퇴적물을 부유 상태로 이동시키기에 충분하다면 퇴적물의 이동률은 경우에 따라 달라질 수 있으나 순이동 방향은 동일하다. 그러나 쳐내림이 강하게 일어나는 경우 부유 퇴적물은 쳐오름과 쇄파대의 범위를 넘어 바다 쪽으로 이동하게 된다. 이러한 퇴적물은 일시적으로 해빈에 퇴적될 수 없다. 폭풍이 불 때 이런 현상이 탁월하게 일어난다. 폭풍이 불면 해빈 퇴적물이 정상파한을 지나 정상파한과 폭풍파한 사이의 지점으로 이동될 수도 있다(용어에 대해서는 그림 2.1을 참고).

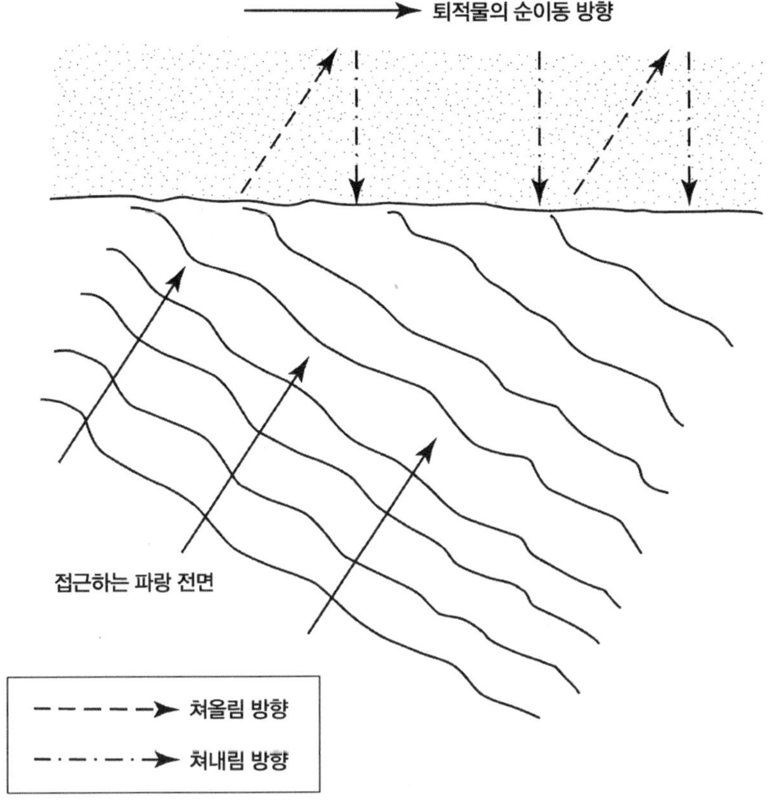


그림 2.3. 파랑이 해안선에 비스듬히 입사하는 경우 쳐올림, 쳐내림 방향과 퇴적물 이동 방향

쳐내림은 언제나 해안선과 수직방향으로 이루어지므로 경사지게 유입되는 파랑은 퇴적물의 연안이동을 유발한다.

대부분의 해안보호 문제는 연안류가 간섭을 받아 바닥짐(bedload) 형태의 퇴적물 이동이 간섭을 받기 때문에 일어난다. 해빈을 형성하거나 호안구조물 뒤편에 쌓이는 퇴적물은 연안류에 의해 이동된다. 연안류가 간섭받지 않는 경우 바닥짐 형태로 퇴적물 공급지에서 빠져나간 퇴적물을 다시 채우는 데는 문제가 없다. 호안구조물이 설치되면(그림 1.1.), 퇴적물 공급지에서 퇴적물이 빠르게 고갈되어 순침식 상황이 발생하게 된다. 연안류에 의한 퇴적물의 이동은 계속 진행되지만 퇴적물 공급지에 빠져나간 퇴적물을 다시 채울 수 없기 때문이다.

이제까지 진행된 파랑 프로세스에 대한 간략한 설명을 통해 어떤 해안에서 침식이 주로 일어나는지 또 어느 곳에서 퇴적이 주로 일어나는지를 파랑의 유형이나 퇴적물량에 따라 어떻게 판단할 수 있는지 알게 되었을 것이다. 앞서 우리는 파랑의 프로세스를 기술하는 간단한 방정식을 사용했다.

(파랑의 총 에너지) = (침식 에너지) + (퇴적물 운반 에너지)

만일 파랑이 운반할 만한 퇴적물이 없다면 파랑에너지의 대부분은 침식에 사용될 것이다. 파랑이 운반할 만한 퇴적물이 풍부하다면 침식에 사용되는 에너지는 작거나 거의 없을 것이다. 이것은 대부분의 해안침식에서 발견되는 주기적 속성을 설명해 준다. 예를 들어 해식애의 침식률은 보통 $x$m/년의 형태로 표현되지만 실제로 해식애의 침식주기는 불규칙하다. 어느 겨울에 해식애 사태가 일어났다면 그 후 수년간은 더 이상 사태가 일어나지 않는다. 그 이유는 위의 방정식이 말해준다. 해식애 사태는 더 이상 침식될 해빈 퇴적물이 남아있지 않을 때 일어난다. 만일 사태가 일어나서 많은 양의 퇴적물이 해식애 기저부에 쌓여있다면 대부분의 파랑에너지가 퇴적물을 인근 해안 혹은 외해로 운반하는 데 사용된다. 해빈 퇴적물이 모두 이동되면 다시 파랑에너지는 해식애를 침식시키는데 사용되며 새로운 침식이 발생한다. 물론 이것은 파랑의 에너지가 해식애를 침식시키기에 충분할 경우에 발생할 것이다. 경암으로 구성된 해식애는 퇴적물의 공급이 위와 같은 방식으로 이루어지지는 않는다. 경암으로 이루어진 해식애 전면에 위치한 해빈은 퇴적물을 다른 곳에서 공급받아야 한다. 그렇지 않을 경우 암반의 파식대면이 드러나게 될 것이다. 경암으로 구성된 해식애은 해안 퇴적물수지에 기여할 만한 퇴적물을 공급하지 않기 때문에 절벽에서 공급되는 퇴적물의 대부분은 연암절벽으로부터 이동한 것이다.

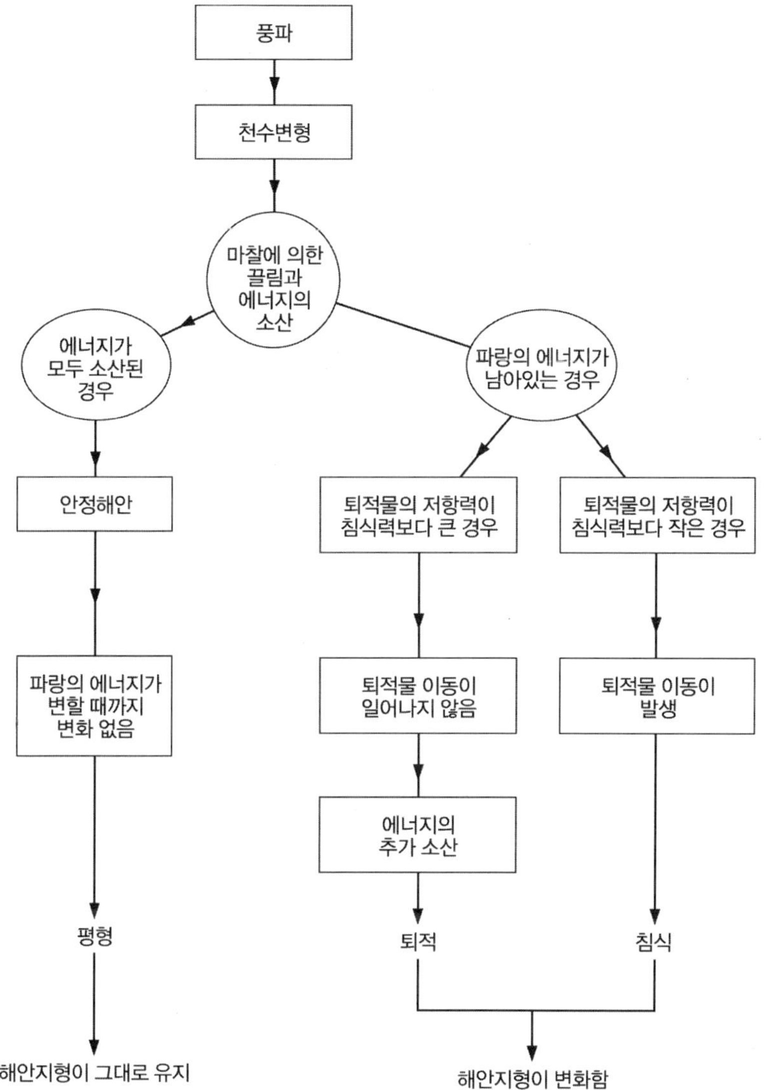


그림 2.4. 파랑에너지와 퇴적물 이동, 해안지형의 관계

파랑에너지의 소산 정도가 해안의 침식과 퇴적 혹은 안정 여부를 결정하는 요소임을 주의하여 보라(French, 1997).

물리학의 기본법칙에 따르면 파랑에너지는 파고의 제곱에 비례한다. 따라서 폭풍이 불면 파고가 높아짐에 따라 파랑에너지도 증가한다. 더 많은 퇴적물이 침식·이동될 수 있어 폭풍 전후로 해안지형의 변화가 발생한다. 바다가 잔잔할 경우 위 방정식의 좌변이 감소하므로 퇴적물의 침식·운반에 사용될 수 있는 에너지도 줄어든다. 아주 잔잔할 경우 파랑의 에너지가 작아 퇴적물 간의 응집력만으로도 침식에 저항할 수 있다. 연약한 해식애도 침식을 받지 않는다.

요약하면 이제까지 파랑이 해안지형을 형성하는 기작과 함께 유연하고도 '환경친화적인' 방법으로 파랑에 의한 침식이나 지형변화를 막을 수 있는 몇 가지 방안들을 살펴보았다. 파랑에 의한 해안선의 변형정도는 에너지, 퇴적물의 양 등에 따라 달라진다. 만일 파랑이 충분한 에너지를 가지고 있지 않다면 퇴적물은 이동하지 않을 것이며 파랑이 에너지를 잃어감에 따라 퇴적이 일어나게 될 것이다. 반대로 만일 에너지 수준이 퇴적물의 저항력에 비해 크다면 침식이 일어날 것이다. 파랑에너지와 해안지형의 관계는 그림 2.4에서 볼 수 있다. 파랑이 해안에 접근해 옴에 따라 파랑에너지는 줄어든다. 만일 모든 에너지가 소진된다면 어떤 변화도 일어나지 않으며 해안의 형태는 그대로 유지된다. 만일 파랑이 해빈에 부딪힐 때까지 에너지가 남아있다면 에너지의 수준에 따라 침식 여부가 결정된다.

## 3. 조석의 중요성

외해로부터 보호받고 있는 해역에서는 해저가 얕기 때문에 또는 사취나 사주와 같은 퇴적체들이 방어하고 있기 때문에, 파랑 작용을 거의 받지 않는다. 이런 경우 파랑에너지가 해안지형을 형성하는 주요인자로 작용하지 않는 반면, 조석에너지가 중요해진다. 해안지형 과정은 새로운 환경조건을 반영하게 된다. 특히 실트나 점토가 퇴적물의 대부분을 차지하고, 개펄, 염습지,

맹그로브 습지, 삼각주 등과 같은 환경이 형성된다. 마찬가지로 호안구조물도 고에너지 조건에 노출되는 기회가 작아진다. 조석작용이 일어날 때 최대 에너지의 수준은 밀물과 썰물의 중간 즈음에 발생하고(French, 1997을 보라), 호안구조물의 규모가 작다. 예를 들면, 콘크리트 해안제방 대신 흙 제방이 사용될 수 있다.

조석 프로세스 위주의 수역은 퇴적물의 입경이 미세하기 때문에 해안퇴적작용에서 부유하중이 중요하다. 파랑 작용 위주의 수역은 파랑의 힘과 유형이 해빈에 공급하는 퇴적물의 양을 좌우하지만, 조석 작용 위주의 지역에서 퇴적량에 영향을 주는 주 인자는 침수기간, 즉 조수에 잠겨있는 시간 혹은 갯골과의 근접성이다. 저조위와 가까운 퇴적물 표면은 조수가 밀려들어올 때부터 잠기기 시작하여 조수가 거의 다 빠져나갈 때까지 잠겨있다. 따라서 저조위 주변의 퇴적물 표면은 고조위에 인접한 지역의 퇴적물 표면에 비해 더 오랫동안 더 깊이 잠겨있게 된다. 이러한 요인은 염습지 등과 같은 식생의 성장과 퇴적률에 반영된다. 그러므로 고도가 들고 나는 조수에 비해 높으면 그만큼 퇴적되는 퇴적물의 양이 적어지며 퇴적되는 속도도 느려진다. 세번 하구역에서 수행된 연구(French, 1996)는 3곳의 퇴적물 표면—서로 구별되는 염습지 표면—에서 이와 같은 특징을 잘 보여주고 있다. 가장 고도가 낮은 지역(조수에 가장 오랫동안 잠겨 있는 지역)의 퇴적률은 12.1mm/a, 중간 지역의 퇴적률은 6.4mm/a, 고도가 가장 높은 지역(조수에 잠겨있는 시간이 가장 짧은 지역)의 퇴적률은 2.3mm/a이다(그림 2.5). 고도가 낮은 지역에 위치한 염습지의 퇴적률이 더 높기 때문에 시간이 지남에 따라 고도가 낮은 지역에 더 많은 퇴적물이 쌓여 고도차이가 점차 줄어든다. 갯골이 존재하는 지역의 경우에는 염습지 표면의 퇴적 양태가 (갯골이라는) 새로운 형태의 퇴적물 운송 체계의 특징을 반영한다. 즉 갯골을 따라 상당량의 퇴적물이 고도가 높은 지역에 위치한 염습지에 직접 운반되는 것이다. 프렌치 등은 북부 노포크 해안의 사례를 들어 이를 밝히고 있다(French et al., 1995). 이 지역은 고도가 가장 낮은 염습지뿐 아니라 갯골에 가까운 지역에서 퇴적률이 높게 나타난다.

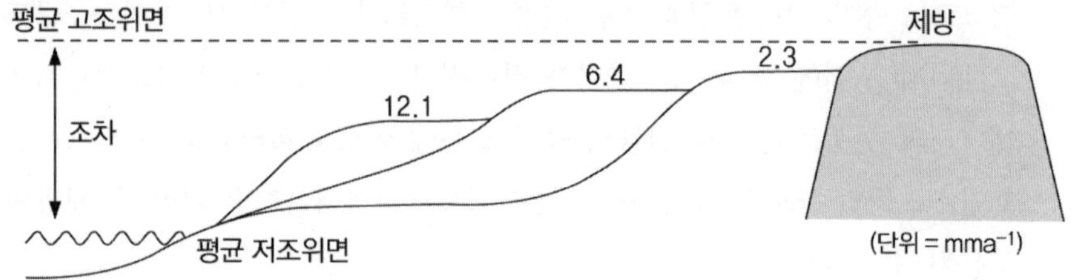


그림 2.5. 염습지 고도와 퇴적률

남서부 잉글랜드 세번 하구역에서 얻은 자료에 근거함(French, 1997).

개펄의 퇴적물 집적은 부유하중의 퇴적만으로 진행되는 것은 아니다. 맥케이브는 저먼 바이트에서 진행된 일련의 연구들을 상세히 소개하고 있다(McCave, 1970). 이 지역의 퇴적률이 창조 시 발생하는 퇴적으로만 설명되기에는 너무 크다는 사실을 발견했는데, 개펄의 표면 바로 위쪽으로 점성이 높은 얇은 층이 존재한다는 것이 밝혀졌다. 퇴적이 단지 물이 정체되었을 때에만 일어나는 것이 아니라 점성이 높은 얇은 층에서 조석주기 동안 거의 계속적으로 일어난다. 이 연구에서는 퇴적률을 1.7mm/a~2.7mm/a로 추산했다. 이 추산값은 점성이 높은 얇은 층의 퇴적물 농도가 2mg/l~3.2mg/l로 나타난 것에 근거를 둔 것이다.

위에서 언급된 것과 같은 작용들이 인간 활동의 영향력 밖에 위치한 것이라고 생각하고 싶을지 모른다. 그리고 어느 정도는 그렇다. 조수가 들고 나는 것을 변화시킬 수는 없지만(방조제의 건설을 통해 조수의 출입을 변화시킬 수 있으나 이것은 예외에 속한다), 조수가 들고 나는 속도와 수심을 바꿀 수는 있다. 이 두 가지 요인들은 퇴적률과 해안보호에서 중요한 위치를 차지한다. 조수는 보통 하루에 두 번 들어오고 나간다. 어떤 지역은 조수가 하루에 한 번 들어오고 나가고, 흔치는 않으나 출입횟수가 네 번인 경우도 있다. 즉, 24시간 동안 대략 12시간 간격으로 조수가 들고 나간다. 대칭적인 조석의 경우 5시간에 걸쳐 조수가 밀려와서 약 1시간가량 고조위면을 유지하며 다시 5시간에 걸쳐 조수가 나가고 약 한 시간가량 저조위면을 유지한다. 그러나 조석주기가 보다 복잡한 양상을 보일 수도 있다. 조수가 수심이 낮은 수역(연안이나 하구역)으로 유입되는 경우 해저의 기복, 담수의 유동, 해안지형 등에 의해 발생하는 단주기의 분조에 의해 왜곡이 일어날 수 있다. 대칭적인 조석주기가 비대칭적으로 변하여 밀물은 3.5시간 동안, 썰물이 6.5시간 동안, 정수기는 각각 고조위 시와 저조위 시 1시간 동안 진행될 수 있다. 이러한 현상은 해안보호의 관점에서 매우 중요한 함의를 지닌다. 밀물과 썰물이 얼마나 오래 지속되는 것과는 관계없이 각각의 조석주기 동안 조석에 의해 들고 나가는 물의 양은 동일하기 때문이다. 만일 밀물과 썰물이 서로 다른 시간 간격으로 발생한다면 들고 나가는 물의 양은 일정하므로 보다 짧은 시간동안 발생되는 경우 조류의 속도가 더 빠르다. 위의 사례에서 보자면 하구역에 조수가 밀려와서 채워지는 시간은 3.5시간, 조수가 빠져나가는 시간이 6.5시간이다. 이렇게 되기 위해서는 창조류와 낙조류의 속도, 즉 에너지가 서로 달라야 한다. 이 경우 밀물이 더 짧은 시간동안 발생하므로 하구역은 보다 짧은 시간 동안 채워지며 조수의 흐름은 더 빨라지게 된다. 조수가 더 빠르게 흐르면 에너지가 더 크기 때문에 운반할 수 있는 퇴적물의 양이 보다 많아지게 되며 결과적으로 하구역으로 유입되는 퇴적물의 양이 많아지게 된다. 반대로 썰물이 일어나는 시간이 짧은 경우에도 동일한 논의를 적용시킬 수 있다. 이 경우는 하구역에서 유출되는 퇴적물의 양이 많아질 것이다. 조수의 비대칭 외에도 조금/사리 조석주기 또한 하구역에서 유사한 효과를 유발한다. 사리 때 조수의 진폭이 커지면 조금에 비해 더 많은 양의 물이 하구역으로 유입된다. 그러므로 조수의 속도도 여기에 따라 변하게 된다. 모어캠 만의 경우 사리 때 조류의 속도는 1.3m/s에 달하며(Aldrige, 1997), 머시와 디의 경우는 각각 2.5m/s, 1.5m/s에 달한다(Taylor and Parker, 1993).

창조가 우세한지 낙조가 우세한지의 문제는 하구역의 지형에 의해 결정되지만 자연적인 요인에서 기인한 것으로 볼 수 있다. 그러나 하구역에서 해안보호를 위해 취한 조치, 즉 해안제방의 건설, 간척, 준설 등은 선착장 개발이나 방조제 건설등과 함께 하구역의 자연지형을 변화시켜서 밀물과 썰물의 형태를 변화시킬 수 있다. 이는 퇴적물의 유출입량의 변화를 초래한다. 이런 사례는 아일랜드 남부에서 찾아볼 수 있다. 이 지역은 간척에 의해 로스레어만과 말라하이드가 위치한 더블린 만의 조수체계가 변한 곳이다(Orford and Carter, 1985; Carter, 1988; Orford 1988). 퇴적이 우세하던 지역에서 침식이 우세하도록 하구역을 변모시키면, 호안구조물과 관리가 필요한 상황으로 바뀔 수 있다.

조수의 우세에 변화를 초래하는 것뿐 아니라 하구역의 양안에 해안제방을 설치하는 것은 물이 흘러야 할 지역을 제한시키는 결과를 초래할 수 있다. 만일 해안제방으로 인해 물이 보다 좁은 하도에 국한되어 흐르면 폭이 좁아지는 대신 수심이 깊어진다(French, 1997). 이러한 수심의 변화는 간석지의 퇴적현상에 영향을 미칠 수 있다.

## 4. 바람의 중요성

외해에 노출된 몇몇 해안에서는 바람도 중요한 위치를 차지한다. 환경조건에 따라 바람은 해빈으로부터 육지 쪽으로 퇴적물을 이동시킬 수 있다. 육지 쪽으로 이동된 퇴적물이 쓰레기나 구조물, 식생과 같은 장애물을 만나 쌓이면 사구를 형성한다. 이런 일이 일어나려면 몇 가지 요인들이 전제되어야 한다. 첫째 넓고 경사가 완만한 사질 조간대가 있어야 한다. 둘째, 조차가 커야 한다. 세 번째, 노출된 모래를 건조시켜 퇴적물을 육지 쪽으로 이동시키기에 충분하도록 지속적인 해풍이 불어야 한다. 아마도 첫 번째 조건이 해안을 따라 사구를 형성시키는데 가장 중요한 제한요인이 될 것이다. 바람은 외해에 노출된 해안이라면 어디에서나 존재하지만 사구지형은 그렇지 않기 때문이다. 하구역의 세립질 퇴적물의 경우도 응집력 때문에 이러한 현상을 억제한다.

모래가 사구로 이동되기 위해서는 풍속이 퇴적물 입자의 운동을 일으켜야 한다. 퇴적물 입자의 이동이 시작되는 것은 세 가지 요인에 의해 결정된다.

첫째는 풍속이다. 풍속이 4~5m/s 정도가 되어야 모래 입자를 이동시킬 수 있다. 물론 모래가 빠르게 이동하기 위해서는 풍속이 20m/s를 넘어야 한다(Bagnold, 1954; Pethick, 1984). 둘째 모래의 수분함량이 중요하다. 젖은 모래는 마른 모래에 비해 응집력이 커서 모래입자의 이동이 일어나기가 어렵다. 조차가 중요한 것은 이 때문이다. 퇴적물이 건조되기 위해서는 긴 시간 동안 대기 중에 노출되어야 하기 때문이다. 잭슨과 노드스트롬(Jackson & Nordstrom, 1998)은 미국 뉴저지 주의 와일드우드에서 수행한 연구에서 이 점을 보여주었다. 그들은 강우가 비사에 미치는 영향을 연구했는데, 비가 오는 동안은 퇴적물의 수분함량이 7%에 달하고 비사이동률이 14.1kg/m/h인 반면, 비가 온 뒤 4시간이 지나 모래가 마르면 수분함량이 4%로 감소하고 비사이동률이 140.2kg/m/h로 크게 증가한다는 사실을 알아냈다. 비록 이러한 차이는 강우에 의한 것이고 조수의 범람에 의한 것은 아니지만, 풍속이 거의 일정하다고 간주할 수 있는 상황에서 퇴적물의 수분함량이 증가할 때 바람에 의한 퇴적물의 운송에 어떤 영향을 미치는지를 분명하게 보여주고 있다. 쿰베인과 슬랙(Kumbein & Slack, 1956)은 퇴적물에 존재하는 수분과 퇴적물의 수분함량이 퇴적물 이동에 미치는 영향으로 인해 사구에 유입되는 퇴적물의 80% 정도는 후빈, 즉 평균 고조위면부터 사구 말단부 사이의 공간, 즉 폭풍이나 극조위 시에만 침수되어 퇴적물이 장기간 건조상태를 유지하고 있는 공간에서 이동된 것이라고 지적한다. 따라서 이런 공간이 넓을수록 사구성장에 필요한 퇴적물을 공급하는 지역이 넓다. 퇴적물 입자 이동의 시작을 조절하는 세 번째 요인은 해빈에 존재하는 모래입자의 크기이다. 퇴적물의 이동은 퇴적물 입경의 제곱근에 좌우된다.

일단 모래의 이동이 시작되면 모래 입자는 탁월풍의 방향으로 이동한다. 모래의 이동은 일반적으로 '샐테이션'이라고 불리는 과정을 통해 진행된다. 모래입자는 지표면 위로 '튀었다가' 떨어지면서 지표에 위치한 다른 입자들을 움직인다. 모래입자가 모래구름 혹은 모래폭풍의 형태로 연속적으로 이동하는 것은 풍속이 특별히 클 경우에만 가능하다. 대부분의 퇴적물은 샐테이션을 통해 이동하며 이 때 퇴적물 입자는 대략 지표로부터 1m 정도에 이르는 범위 내에서 이동하다가 다시 지면으로 떨어진다. 만일 우리가 인공적으로 모래의 퇴적을 촉진시켜 사구를 조성하고자 한다면 공급되는 대부분의 퇴적물이 지면에서 1m 정도의 높이 안에서 움직인다는 점을 기억해야 한다.

퇴적물 이동을 유발시키는 요인을 검토한 이후 고려해야 할 필요가 있는 것은 육지 쪽으로 이동한 퇴적물이 배사구(胚砂丘)를 생성하게 되는 기작이다. 샐테이션이 중지되는 경우는 바람이 잦아드는 것이다. 바람이 잦아드는 것은 기상 요인에 의해 발생할 수 있다. 이 경우는 샐테이션으로 이동하는 모래입자 전체가 균일하게 이동을 멈춰 해빈 위에 새로운 모래층을 형성하게 된다. 이 자체만으로는 사구를 형성할 수 없다. 사구가 형성되기 위해서는 국지적으로 풍속이 떨어져 퇴적이 일어나야 한다. 이렇게 되기 위해서는 바람의 흐름을 막아 난류를 일으키는 소규모 장애물이 있어야만 하며, 장애물 주변에 공기 정체가 발생하여 모래가 퇴적될 수 있어야 한다. 이러한 패턴은 장애물의 후면 혹은 식생 다발의 후면에서 발생한다. 이러한 조건이 갖추어지더라도 사구가 생성된다고 할 수는 없다. 장애물이 모래에 파묻히면 장애물이 더 이상 바람의 흐름을 막지 못하기 때문에 모래가 퇴적되지 않기 때문이다. 모래가 지속적으로 퇴적되려면 모래가 퇴적되는 것과 장애물의 높이가 보조를 맞추어야 한다. 그러므로 무생물 장애물은 사구의 성장을 유발하는 데 유용하지 않다. 그러나 성장률이 퇴적률보다 큰 식생은 사구의 성장에 유용하다. 이와 같은 사실을 자연상태의 해빈환경에서 고찰하면 사구관리 도구들을 개발할 수 있다. 바람이 부는 방향으로 무생물 장애물을 설치하면 모래의 집적을 증진시킬 수 있다. 일단 사구의 성장이 이루어지면 사구를 안정화시킬 수 있는 식생을 식재하여 모래의 퇴적과 보조를 맞출 수 있도록 해 주어야 한다. 그렇게 되면 이 퇴적체는 배사구로 발전하고 이어 성숙한 사구로 발달하게 될 것이다.

## 5. 해안 퇴적물수지의 개념

파랑, 조석, 바람에 대한 앞 절의 논의들로부터 퇴적물과 퇴적물이동이 해안선의 안정에서 차지하는 의미를 알 수 있다. 해안선 관리 방법을 결정하기 위해서는 얼마나 많은 퇴적물이 이용가능한지, 퇴적물이 어디에서 공급되는지, 어디에 저장되는지, 어떻게 유출되는지에 대해 알아야만 한다. 이러한 요인들을 식별하는 것을 '퇴적물수지'라고 부른다. 퇴적물수지의 이해가 해안보호 전략의 요체이다. 모든 '수지'가 그렇듯이 퇴적물수지도 퇴적 시스템에 유입되는 양, 저장량, 유출량을 측정하는 것이다. 그러나 퇴적물수지는 결정하기가 쉽지 않다. 퇴적물의 유입/유출량을 추정하는 것이 어렵기 때문이

표 2.2. 퇴적물수지 연구 사례

| 나라 | 연구자 | 연구 지역 |
|---|---|---|
| 호주 | Chapman(1981) | 골드 코스트 |
| 브라질 | Alison et al.(1996) | 아마파 코스트 |
| | Barcellos et al.(1997) | 세파티바 만 |
| 캐나다 | Jordan and Slaymaker (1991) | 브리티시 콜롬비아 |
| | MacDonald et al.(1998) | 뷰포트 대륙붕 |
| 멕시코 | Cruz-Colin and Cupul-Magana (1997) | 바자 캘리포니아 |
| 네덜란드 | van Rijn (1997) | 중부 연안역 |
| 뉴질랜드 | Gibb and Adams (1982) | 사우스 아일랜드 |
| 영국 | Bray et al.(1995) | 사우스 코스트 |
| | Clayton (1980) | 이스트 앵글리안 |
| | Mason and Inman (1966) | 홀더니스 |
| | Vincent (1979) | 이스트 앵글리안 |
| 미국 | Allen (1981) | 샌디 훅 (뉴저지 주) |
| | Bowen and Inman (1966) | 캘리포니아 남부 |
| | Kana (1995) | 롱 아일랜드(뉴욕 주) |
| | Marcus et al.(1993) | 체사피크 만 |
| | Pierce (1969) | 캐롤라이나 북부 |
| | Stapor (1971) | 플로리다 남서부의 펜핸들 |
| | Stone and Stapor (1996) | 멕시코만 |

* 자세한 내용은 책 뒤편의 문헌목록을 참고)

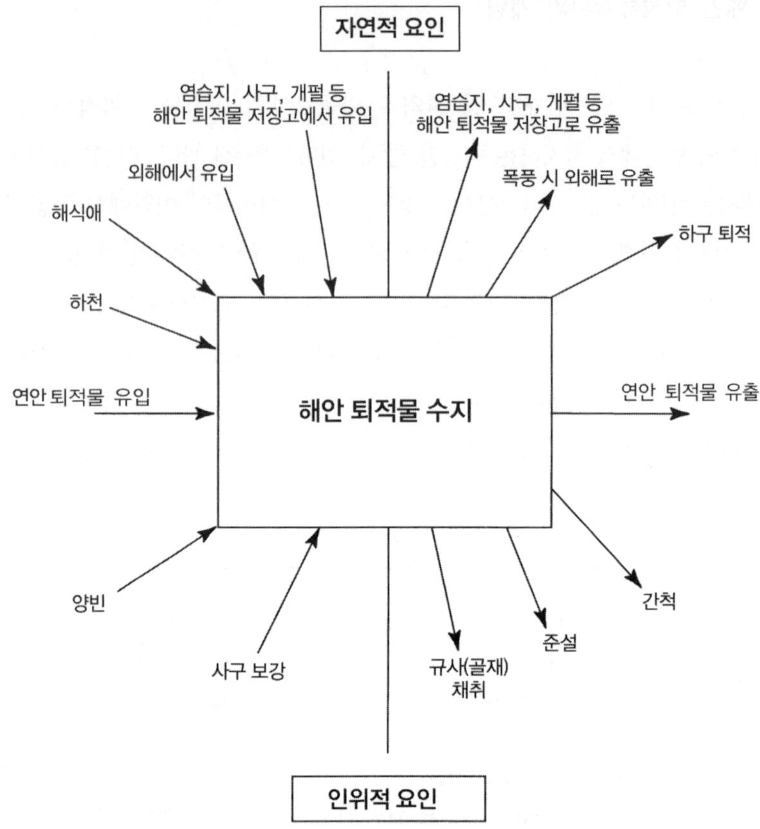


그림 2.6. 해안 퇴적물수지와 일반적 요인

각각의 요소는 해안지역에 따라 중요도가 달라진다.

다. 특히 외해빈에서 유입되는 양과 외해빈으로 유출되는 양을 측정할 때 특히 어렵다. 그러나 퇴적물수지를 파악하려는 시도가 이루어졌고 그런 연구 결과들 중 일부가 표 2.2로 정리되어 있다. 그림 2.6은 일반화된 퇴적물수지를 나타내며 주요 퇴적물 유입과 유출 경로를 지시한다. 각각의 퇴적물 공급원과 유출 경로의 중요성은 해안선마다 다르며 모든 경로가 모든 경우에 다 적절한 것은 아니다. 예를 들어 해식애의 경우 절벽의 후퇴율이 평균 1~2m/년에 이르는 영국의 홀더니스 해안에서는 중요한 퇴적물 공급원일 수 있으나 대다수의 지역에서 해식애가 퇴적물 공급에 기여하는 부분은 미미하다(Mason and Hansom, 1988). 하천이 해안 퇴적물수지의 퇴적물 공급 경로로 중요한 위치를 차지하며 전 세계 해안에 공급되는 퇴적물의 90% 이상이 하천 기원이라는 연구가 있다(Hansom, 1988). 비록 이 수치가 커 보이지만 하천에 의한 퇴적물 공급은 위도에 따라 다르다. 즉 저위도 지역에서는 하천에 의한 퇴적물 공급이 주를 이루지만 중위도의 경우 하천의 퇴적물은 비교적 덜 중요하다. 하지만 이러한 주장을 통해 알 수 있는 것은 해안퇴적물 문제가 모두 해안에서 비롯되는 것은 아니며 내륙에서 기인할 수 있다는 것이다. 고위도 지역의 경우 하천의 퇴적물 공급은 빙하퇴적물로부터 공급되는 양에 따라 달라질 수 있다. 기타의 중요한 퇴적물 공급원으로 연안류에 의한 퇴적물 공급, 외해빈으로부터 유입되는 퇴적물, 양빈을 통한 인위적인 퇴적물 등을 들 수 있다.

유출경로에는 연안류에 의한 유출, 외해 유출, 퇴적물 저장고로의 이동 등이 있다. 파랑에 관한 논의에서 본 바와 같이 폭풍이 불 때 퇴적물은 정상파한 이하의 외해지역으로 유출될 수 있다. 이는 많은 분량의 퇴적물이 일시적으로 퇴적물수지에서 손실로 기록될 수 있음을 말한다. 마찬가지로 바람에 의해 사구로 이동되거나 개펄, 염습지로 이동되는 퇴적물도 단기적인 손실로 간주될 수 있다. 인위적인 요인에 의한 손실로는 골재채취, 준설, 간척 등이 있으며 이미 논의한 바와 같이 퇴적물 저장고로 이동한 양은 바다가 퇴적물을 잠시 저장해 둔 것으로 간주할 수 있다.

퇴적물수지는 아래의 등식으로 나타낼 수 있다.

유입된 퇴적물의 부피 = 저장된 퇴적물의 부피 + 유출된 퇴적물의 부피

호안을 위해서는 퇴적물수지가 상세히 계산되어야 한다. 퇴적물수지가 불균형을 나타내기 쉽기 때문이다. 예를 들어 하천이 해안 퇴적물수지의 주요 퇴적물 공급원으로 가정된다고 할 때 댐 건설이 퇴적물의 이동을 억제하여 퇴적물수지에 중대한 영향을 미칠 수도 있다. 대표적인 사례로 아스완

댐의 건설로 인해 나일 강 삼각주에 공급되는 퇴적물의 양이 연간 1억 2천 4백만 톤에서 5천만 톤으로 줄었고(Stanley and Warne, 1983) 아코솜보 댐 건설이 완료되자 볼타 삼각주에 유입되는 하천 퇴적물이 99.5% 줄어든 경우를 들 수 있다(Ly, 1980). 에브로 삼각주에 유입되는 하천 퇴적물도 연간 4백만 톤에서 40만 톤으로 줄었다(Marino 1992). 론 삼각주의 경우는 하천 퇴적물 공급이 90% 정도 줄었다(Viles and Spencer 1995).

마찬가지로 해식애의 침식을 방지하는 구조물을 설치하는 것과 같이 해안 침식을 방지하려는 호안 계획이 해안퇴적물수지의 관점에서 볼 때에는 퇴적물 공급원을 차단하는 과정이 될 수 있다. 이 경우 퇴적물수지를 일정하게 유지하기 위해서는 손실분을 보상할 만한 공급원을 찾아야 한다. 이와 같은 사례는 서섹스 지방의 페어라이트 코브에서 찾아볼 수 있다(보다 자세한 설명을 보려면 상자글 5.2를 참조하라). 해식애의 침식 과정으로부터 유입되는 퇴적물의 양은 연간 14,250$m^3$에 달했으나 연속제를 설치한 이후 연간 4500$m^3$로 감소하였다. 이는 퇴적물 공급이 68% 감소한 것을 의미한다.

만일 대체할 만한 공급원을 확보할 수 없는 경우 아래의 상황이 발생한다.

유입되는 퇴적물의 부피 < 저장되는 퇴적물 부피 + 유출되는 퇴적물 부피

이것은 퇴적물수지의 관점에서 볼 때 순손실을 의미하며 침식우세 환경으로 변화되는 것을 나타낸다. 이러한 맥락에서 연성호안이 퇴적물수지의 관점에서 유리하다. 해안제방은 퇴적물수지에서 공급원을 제거할 수 있고 돌제는 연안류 하류로 운반되는 퇴적물을 제한할 수 있다. 그러나 양빈과 같은 연성호안 기법은 퇴적물수지의 주요 퇴적물 공급경로를 활용하여 다른 지역에서 발생하는 퇴적물 손실을 인위적으로 보상한다.

## 6. 해수면 변동의 문제

지금까지 해안지형을 변화시키고 퇴적물을 이동시키는 해안작용을 간단하게 살펴보았다. 특히 해빈의 형태, 해식애의 침식, 그리고 파랑 사이의 연관성을 중점적으로 고찰하였다. 한편 중장기간에 걸친 해안작용과 호안 관리는 또 다른 요소에 좌우된다. 지금까시 해안을 현재의 해안작용이 일어나는 곳으로 간주해 왔다. 그러나 파랑, 조석, 바람에 대한 추정치를 기초로 호안구조물을 설치하려면 바다에서 실제로 벌어지는 일에 대한 예측이 포함되어야 한다. 이 점에서 가장 중요한 것은 전 지구적 차원의 평균해수면 상승이다. 해수면이 상승하게 되면 수심이 증가하고 파한도 깊어진다. 이것은 해안으로 접근하는 파랑이 이전보다 더 큰 에너지를 지니게 되어 더 많은 퇴적물을 침식시키고 운반시킬 수 있다는 것을 의미한다. 마찬가지로 수심이 깊어지면 하구역에서 밀물과 썰물 과정에서 교환되는 해수의 양이 증가하여 창조류와 낙조류의 유속이 증가한다.

브래이 등은 해수면상승을 2050년까지 23cm, 2100년까지 48cm까지 발생할 것으로 예측하고 있다(Bray et al., 1997). 연간 약 4mm씩 해수면이 상승하는 것을 의미한다. 여기에 제시된 수치는 전 지구적인 해수면상승치이기 때문에 국지적·지역적 편차를 고려할 필요가 있다. 국지적·지역적 편차에 가장 중요한 것은 해수 체적의 변화로 발생하는 전 지구적인 해수면 변동과 지각운동량 사이의 상대적인 관계이다. 육지가 가라앉고 해수면이 상승하는 지역의 해안은 융기하는 지역의 해안에 비해 더 큰 규모의 해수면상승을 경험할 것이다. 지반의 침강이 일어나는 대표적인 예는 최근에 퇴적물이 두껍게 퇴적되어 압축과 탈수가 일어나는 삼각주 지역이다. 예컨대 미시시피 삼각주는 연간 10mm에 달하는 해수면상승이 일어나고 있다(Day et al., 1995). 여러 해안 환경에서 관측된 값을 기초로 한 해수면상승 추정치가 표 2.3에 정리되어 있다. 육지를 덮고 있던 빙하가 제거된 이후 지반이 융기하는 지역의 경우 지각평형 작용에 의한 지반 융기가 일어나고 있는데, 지반의 융기율이 해수면

표 2.3. 세계 여러 지역에서 얻은 해수면상승 추정치

| 국가 | 위치 | 상승률 (mm/년) | 기간 | 자료 |
|---|---|---|---|---|
| 아르헨티나 | 부에노스 아이레스 | 1.5 | 1905~1988 | Douglas (1997) |
| | 쿠에쿠엔 | 0.8 | 1918~1982 | Dennis et al. (1995b) |
| 방글라데시 | 벵갈 만 | 3.3 | 2000~2100 | Castro-Ortiz (1994) |
| 캐나다 | 할리팩스, 노바 스코셔 | 3.03 | 1896~1995 | Shaw et al. (1998) |
| | 퀘벡 | 0.75 | 1940~1989 | Shaw et al. (1998) |
| 중국 | 전국 | 1.2 | 1900~2000 | Wang (1989) |
| | 강소성 북부 | 5.0 | 2050년까지 | Chen (1997) |
| | 주강 삼각주 | 8.0 | 2050년까지 | Chen (1997) |
| | 양츠강 삼각주 | 9.0 | 2050년까지 | Chen (1997) |
| | 황하 삼각주 | 6.0 | 2050년까지 | Chen (1997) |
| 덴마크 | 에스비에르그 | 0.82~1.38 | 1901~1969 | Shennan and Woodworth (1992) |
| 이집트 | 나일 삼각주 | 5.0 | 현재 | Day et al. (1995) |
| 프랑스 | 브레스 | 1.4 | 1880~1991 | Douglas (1997) |
| | 에브로 삼각주 | 1.0~5.0 | 현재 | Day et al. (1995) |
| | 마르세이유 | 1.2 | 1885~1991 | Douglas (1997) |
| | 론 삼각주 | 1.0~5.0 | 현재 | Day et al. (1995) |
| | 론 삼각주 | 2.1 | 1905년 이후 | Suanez and Provansal (1996) |
| 이태리 | 베네치아 석호 | 8.0 | 현재 | Day et al. (1995) |
| 네덜란드 | 북해 연안 | 2.0 | 1900~1985 | den Elzen and Rotmans (1992) |
| | 북해 연안 | 1.5~2.0 | 20세기 | van Malde (1991) |
| | 북해 연안 | 0.73~2.53 | 1901~1987 | Shennan and Woodworth (1992) |
| 뉴질랜드 | 오클랜드 | 1.3 | 1904~1989 | Douglas (1997) |
| | 웰링턴 | 1.7 | 1901~1988 | Douglas (1997) |
| 노르웨이 | 베르겐 | 0.74~1.18 | 1928~1986 | Shennan and Woodworth (1992) |
| | 스타방게르 | 0~0.42 | 1928~1986 | Shennan and Woodworth (1992) |
| 세네갈 | 다카르 하버 | 1.4 | 1943~1965 | Dennis et al. (1995a) |
| 영국 | 애버딘 | 0.54~0.98 | 1901~1988 | Shennan and Woodworth (1992) |
| | 어본머스 | 0.25~1.07 | 1925~1980 | Shennan and Woodworth (1992) |
| | 도버 | 1.6~3.0 | 1961~1987 | Shennan and Woodworth (1992) |
| | 이스트 앵글리안 | 3.75~6.25 | 1990~2030 | Clayton (1989b) |
| | 포스 하구역 | 4.3 | 1990~2012 | Shennan (1993) |
| | 로스토프트 | 0.45~1.81 | 1956~1988 | Shennan and Woodworth (1992) |
| | 머시 하구역 | 5.3 | 1990~2050 | Shennan (1993) |
| | 뉴린 | 1.7 | 1915~1991 | Douglas (1997) |
| | 포츠머스 | 5.0 | 1962~1987 | Woodworth (1987) |
| | 솔런트 | 4.0~5.0 | 1896~1996 | Cundy and Croudace (1996) |

| | | | | |
|---|---|---|---|---|
| | 템즈 하구역 | 6.8 | 1990~2050 | Shennan (1993) |
| | 워시 | 6.3 | 1990~2050 | Shennan (1993) |
| 미국 | 체사피크 만 | 2.7 | 1700년 이후 | Lisle (1986) |
| | 멕시코 만 | 2.0~2.5 | 1938~1993 | Warren and Niering (1993) |
| | 키 웨스트 | 2.2 | 1913~1991 | Douglas (1997) |
| | 미시시피 삼각주 | 10.0 | 현재 | Day et al. (1995) |
| | 노스 캐롤라이나 | 1.9 | 1940년대~1980년대 | Hackney and Cleary (1987) |
| | 샌 디에고 | 2.1 | 1906~1991 | Douglas (1997) |
| | 샌 프란시스코 | 1.5 | 1880~1991 | Douglas (1997) |

* 각 추정치는 상승률 계산에 사용된 자료의 조사지역과 기간에 유의하여 해석해야 한다.

상승률을 초과하여 결과적으로 해수면이 하강하는 것으로 나타나고 있다. 노르웨이 베르겐(+0.73mm/년)과 스타방게르(+0.42mm/년)(Shennan and Woodworth, 1992), 캐나다의 퀘벡 지방 (0.75mm/년)(Shaw et al., 1998) 등이 모두 이러한 이유로 해수면의 하강이 일어나고 있는 지역이다.

해수면상승 문제는 다양한 측면을 지니며 폭넓은 범위의 환경문제를 일으킨다. 이 책의 관점에서 볼 때, 해수면상승이 일어난다는 것은 고조위가 보다 높아지고, 파한이 보다 증가하며 해안에 유입되는 에너지가 보다 높아진다는 것을 의미한다(보다 자세한 평가를 위해서는 Dolotov, 1992를 참조하라). 달리 말하면 호안구조물이 저항해야 하는 에너지가 증가하며, 만일 해안작용에 인위적인 간섭이 지속적으로 일어나 해안선이 새로운 해수면에 적응할 수 없다면 해안 환경은 비평형 상태를 갖는다. 이 문제는 정치·경제적인 지위와 관계없이 전 세계의 해안 저지대에 공통적인 문제로 매우 심각하다. 현재 우리가 지니고 있는 호안 방식을 해수면상승에 유연하게 대처하기 위해서는 해수면상승에 대한 해안 지역의 반응을 이해하는 것이 중요하다. 화석화된 해안을 연구하여 마지막 빙하기 이후 홀로세 동안 일어난 해수면상승에 대해 해안선이 어떻게 반응했는가를 이해함으로써 이 문제에 대한 이해가 어느 정도 가능해졌다.

이미 많은 나라에서 해안선을 보호하는 시스템을 갖추고 있다. 이러한 시스템은 해수면상승의 대비에 도움이 될 것이다. 그러나 대부분의 시스템은 개선이 필요하다. 만일 개선할 수 없거나 비용이 너무 많이 든다면 해안지역의 인구와 토지이용을 재조정하여 해당되는 지역이 침수되도록 방치하는 등의 보다 파격적인 조치가 필요할 것이다. 해수면상승문제는 단순히 바다가 더 깊어진다는 데 그치는 것이 아니다. 해수면상승이 가속화되는 조건에서 해안 침식은 이전보다 급속하게 일어난다. 이로 인해 해빈과 염습지가 제거되고 배후지가 범람의 위협에 더 노출되게 된다. 이러한 문제들을 해결하기 위해서는 완전히 새로운 호안구조물을 건설하든지 아니면 현재의 토지이용을 포기해야 할지 모른다. 어떤 지역에서는 토지를 포기하는 것이 전혀 문제가 되지 않을 수 있는 반면, 네덜란드와 같은 나라들의 경우에는 육지가 바다에 침수되도록 허용한다는 것은 수용할 수 없는 대안이다. 국토의 대부분이 이미 해수면 아래에 위치하기 때문이다. 해안선을 따라 광범위한 호안구조물을 갖추고 있는 많은 나라들은 또한 하구에 위치한 대도시를 범람으로부터 보호하기 위해 주요 하구역을 가로지르는 하구언을 건설해야만 한다. 영국의 경우 탬즈 강 하구언은 1000년 주기 홍수에 견디도록 건설되었으나 1982년 완공된 이후 1988/1989년 겨울까지 총 33번 수문을 닫았다. 이는 거의 2년에 한 번 꼴에 해당한다.

재정적인 여유가 있는 선진국들의 전형적인 해수면상승 대책은 마을이나 도시의 보호를 염두에 둔 호안구조물의 건축이다. 그럼에도 불구하고 이와 같은 호안구조물의 건축비용은 여전히 중요하다. 버비와 넬슨에 따르면, 미국의 경우 2100년까지 해수면이 1m 상승할 경우, 총 1025km의 해안에 추가로 호안구조물을 설치해야 한다(Burby & Nelson, 1991). 이와 같은 수치는 부유한 국가에게도 커다란 재정적 부담이다. 방글라데시는 값비싼 호안구조물을 설치할 만한 자원을 지니고 있지 못한데, 2100년까지 최고 345cm(56.2~345cm)에 이를 것으로 추정되는 해수면상승과 함께 점점 위력이 커지고 있는 폭풍해일의 위험에 직면에 있다(Castro-Ortiz, 1994를 보라). 방글라데시의 국토 대부분은 갠지스-브라마푸트라(Ganges-Brahmaputra) 삼각주 위에 위치하고 있다. 홍수를 피할 만한 고지대가 드물고, 앞에서 살펴본 바와 같이 지각평형에 관련된 지반운동이 큰 규모로 일어난다. 광대한 방글라데시 지역을 보호할 만한 재정적 자원이 충분하지 않다는 점과 21세기 중반까지 약 1m 정도 상승할 것으로 추정되는 해수면 변동을 고려할 때 방글라데시에서는 23,000㎢의 토지가 사라질 것이다. 일부 행정구역은 완전히 사라질 것이며 농지의 14%, 삼림의 29%가 소실될 것이다(Ince, 1990; Viles and Spencer, 1995). 대부분의 인구가 불가피하게 이주해야 하지만, 방글라데시 내에서 새로운 거주지를 찾기란 힘들 것이다. 해수면상승치 1m는 이 지역에서 현재 제시되고 있는 추정치들 중 중간 수준이다. 이것을 달리 표현하면 천 4백만 마리의 가축, 10만에 이르는 가구, 8천 개의 학교, 철도 1,500km, 도로 20,000km, 4,000㎢에 이르는 홍수림이 사라진다. 이것은 역사상 경험하지 못했던 대규모의 정치·사회적 혼란으로 이어질 수 있다.

#### 1) 해수면상승이란 무엇이며 어떤 의미를 지니는가

해수면상승은 육지와 해수면의 상대적인 고도의 변화이다. 해수면상승에 대한 인식은 과거 수십 년 동안 선정적인 언론매체의 추정치로부터 실측자료에 기초한 과학적인 예측치로 발전해 왔다. 1960년대 이래 예측모형과 자료의 신뢰성이 개선되어 왔고, 그 결과 해수면상승의 추정치는 점차 낮아지게 되었다. 최근의 추정치(Wigley and Raper, 1990)에 따르면 해수면은 2100년까지 연간 4~5mm 증가할 것으로 보인다. 다른 연구에 따르면 연간 1~2mm 증가하는 것으로 나타나 앞 추정치의 절반에 불과하다. 표 2.3에 나타난 바와 같이 부분적으로는 지역적인 특성과 측정방법의 차이로 예측치 사이의 불일치가 발생한다. 그러나 자료가 축적되고 모형이 더 정확해지면 해수면상승 추정치는 좀 더 신뢰할 만하게 될 것이다. 주목해야 할 것은 기존의 호안구조물과 해빈이 상승한 해수면에 대응하는 양태를 이해하고 새로운 호안구조물을 계획하는 과정에서 해수면 상승률이 매우 중요한 고려요소라는 점이다.

해안환경에 대한 이해가 아직 충분치 않기 때문에 기존 호안구조물과 해빈이 해수면상승에 대해 어떻게 반응하게 될지를 예측하는 것은 매우 어려운 작업이다. 확실한 것은 해수면상승이 일어나고 있다는 것과 해안지형과 서식지의 변화가 관찰되고 있다는 것이다. 이와 같은 변화는 단순히 폭풍해일 시의 수면 높이가 과거보다 높아진 것에 비해 호안구조물의 높이가 충분하지 않아 범람의 빈도가 증가하는 것을 의미할 수 있다. 예를 들어 베니스는 석호 내에 위치한 일련의 섬 위에 건축되었다. 이 지역은 언제나 해수면상승과 폭풍해일의 위협을 받아 왔으며 지하수 채취로 인한 지반침하의 증가로 더욱 악화되고 있다(Pirazzoli, 1991). 지난 세기에 비해 10~15cm 해수면이 상승했음에도 불구하고 세계 각지에서 침수로 고통 받는 지역이 증가하고, 범람 방지에서 호안구조물이 기대이하의 효과를 보이고 있다. 따라서 예측대로 해수면이 향후 40년 동안 13cm 더 상승한다면 이와 같은 문제가 더욱 크게 나타날 것이다. 해수면상승의 영향은 해안지형의 변화와 침식, 해안압착(coastal squeeze) 등과 관련되어 있기 때문에 이보다 훨씬 복합적일지도 모른다.

해수면상승은 보다 철저히 논의할 필요가 있다. 그러나 이 문제를 이 책의 전체적인 맥락에서 조망해 볼 때 해수면상승은 두 가지 문제를 일으킬 것으로 보인다.

호안구조물이 존재하지 않은 (연성) 해안의 경우 브룬의 법칙 혹은 기타 적응모형(다음 절을 보라)에 따라 해빈단면이 새로운 해수면에 적응하는 과정에서 불안정성이 증가하게 될 것이다. 이 경우는 서식지의 내륙 이동, 배후지의 유실 등이 일어날 것이다.

경성호안으로 고정된 해안의 경우는 해안압착과 서식지 변화가 가속화될 것이다. 이는 호안구조물 전면에 위치한 해빈 혹은 염습지에 영향을 미칠 뿐 아니라 퇴적물수지와 연안퇴적물이동에도 영향을 미칠 것이다. 또한 '고정된' 해안선을 따라 수심이 증가하기 때문에 호안구조물이 파랑의 공격에 노출되는 정도가 증가하고 해일에 의해 훼손될 가능성도 커진다.

위의 두 가지 쟁점은 이후의 장들에서 보다 자세하게 다루어질 것이다.

### (1) 브룬의 법칙

모든 해안지형은 해수면상승에 대해 서로 다르게 반응한다. 사주섬의 사구지형은 침식된 물질이 내륙방향으로 퇴적되는 과정을 통해 지형이 내륙으로 옮겨가는 롤-오버(roll-over) 형태로 이동하고, 염습지는 형태의 변화를, 해식애는 침식작용을 활발히 경험할 것이다. 이미 살펴본 바와 같이 모든 해안선은 그 유형이 어떻든지 간에 어느 정도 동적평형단면을 유지하고 있다. 해수면의 변화는 이와 같은 상태에 변화를 초래하여, 지형단면은 해수면상승 이후 동적 평형상태를 회복하기 위해서 내륙으로 이동한다. 즉 지형단면의 고도가 증가하고 좀 더 육지 쪽으로 이동한다(그림 2.7). 침식이 일어나고 해안선이 보다 내륙으로 이동하여 지형단면이 새로운 조석체계에 따라 재형성되는데, 조석체계와 지형단면의 상대적인 위치는 이전과 동일하다고 볼 수 있다. 이와 같은 과정을 브룬의 법칙이라고 부른다. 1962년 이와 같은 과정을 처음으로 정의한 노르웨이 해안학자를 따라 붙여진 이름이다(Bruun, 1962). 이 법칙이 한편으로는 후속 연구자들에 의해 계속 다듬어지고(Carter, 1988을 보라), 한편으로는 비판을 받았으나 일반적인 원리는 동일한 형태를 유지하고 있다. 브룬의 법칙(이것은 Carter, 1988에 제시된 바를 따랐다)은 수학적으로 다음과 같이 제시될 수 있다.

$$s' = \frac{zR}{x} \cdot \left[1 + \frac{r}{100}\right] \cdot \left[1 + \frac{c}{100}\right]$$

여기서 $s'$는 해수면상승분, $x$는 단면의 너비, $z$는 단면의 깊이, $R$은 해안선의 내륙이동(침식), $\left[1+\frac{r}{100}\right]$는 퇴적물의 구성과 관련된 상수, $\left[1+\frac{c}{100}\right]$은 유출되는 퇴적물(i.e. 외해 방향으로, 혹은 연안을 따라 발생하는 퇴적물 이동)의 양과 관련된 상수이다.

브룬의 법칙에 대한 비판은 대체로 브룬의 법칙이 단순하다는 데 기인한다. 예를 들어 브룬의 법칙은 연안방향으로 발생하는 퇴적물 이동을 고려하지 않는다. 이는 지형단면 조정을 추정할 때 퇴적물수지와 해안작용에서 중요한 역할을 하는 요소를 배제하는 것이다. 더욱이 퇴적물수지를 계산할 때 필수적인 퇴적물 이동 한계수심(closure depth)의 추정이 어렵다. 더욱 문제가 되는 것은 브룬의 법칙이 해수면상승에 의해 발생하는 지형단면의 변화에 시작과 끝이 있는 것처럼 오도한다는 것이다. 세계 각지의 해안에서와 같이 해수면상승이 지속적으로 일어나고 있는 상황에서는 지형단면의 변화에 시작과 끝이 없다. 이와 같은 문제에도 불구하고 브룬의 법칙은 해안선이 해수면 변동에 따라 어떻게 반응할 것인지를 어느 정도 이해할 수 있도록 해준다. 그림 2.7은 브룬의 법칙을 모식적으로 보여주고 있다. 즉 해수면이 상승하여 수심이 깊어질 때, 지형단면이 내륙 쪽으로, 위쪽으로 움직이는 것을 보여준다. 새로운 단면의 형성에는 해빈단면이 육지로 이동하는 것과 함께 수심이 깊어진다는 점을 고려해야 한다. 수심이 깊어지는 것을 보상하기 위해서는 단면이 보다 위로 이동하여 단면의 각 점이 상대적으로 이전과 동일한 수심을 유지해야 한다. 지형단면이 이와 같이 변화되면 정상 파한, 평균 고조면과 평균 저조면 등이 단면 형태에 대하여 동일한 위치를 유지하게 된다. 이렇게 되기 위해서는 해빈단면에서 침식된 물질들이 해저로 운반되어야 한다(그림 2.7). 니콜스는 브룬의 법칙을 이용하여 사질 해빈이 해수면상승 시나리오에 따라 어떻게 반응하는지 잘 보여주고 있다(Nicholls, 1998). 그의 연구는 침식된 해빈면으로부터 외해빈 쪽으로 이동하는 모래의 체적을 추정하였고, 이 값을 이용하여 양빈에 필요한 모래의 양을 계산하였다(7장을 보라). 그러나 보다 중요한 것은 해안선의 변화를 추산하는 것이 가능하다는 점이다. 미국에서 수행된 연구에 따르면 브룬의 법칙을 적용할 경우, 해수면이 1m 상승할 때 뉴저지 주의 시바이트와 메릴랜드 주의 오션시티에서는 해안선이 75m 가량 후퇴하는 것으로, 캐롤라이나 주의 사주섬에서는 약 200m가량 후퇴하는 것으로, 샌프란시스코에서는 300m 가량 후퇴하는 것으로, 플로리다에서는 약 1km 후퇴하는 것으로 나타났다(보다 자세한 논의는 Titus, 1986을 참조).

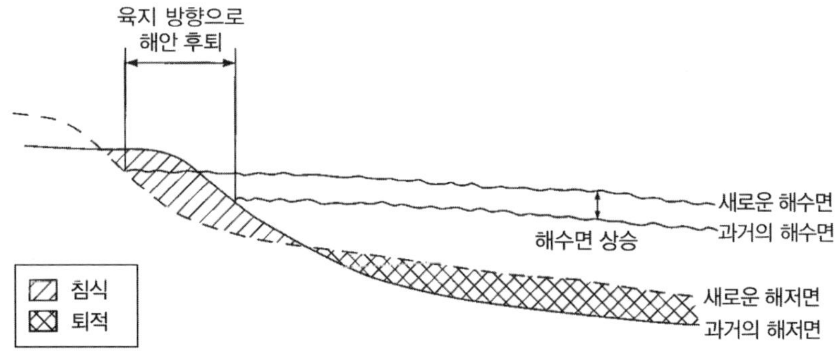


그림 2.7. 브룬의 법칙: 해수면상승하에서 발생하는 해안선 변화

(2) 해안의 롤-오버 모형(The roll-over model)

브룬의 법칙은 내륙 배후지로 이동할 수 있는 역동적인 해안선을 다루고 있다. 외해에 노출된 사주와 사주섬은 내륙 방향과 바다 방향에서 모두 바다와 접하고 있는 지형이다. 사주와 사주섬은 해수면상승이 일어날 때 사주가 침식되고 침식물질이 배후의 석호에 퇴적되는 과정, 즉 롤-오버 과정을 겪으면서 내륙으로 이동한다. 이와 같은 이동을 통해 사주와 사주섬은 수심과 조석에 대해 상대적으로 일정한 위치를 유지한다. 수심이 깊어지면 파한이 증가하여 해빈 전면부가 더 큰 파랑에너지에 노출된다. 이로 인해 퇴적물이 해빈면을 따라 위로 이동하거나 사주나 사주섬의 정상을 넘어 이동한다. 이런 작용은 어떤 면에서 보면 바람이 불 때 사구지대를 넘어 이동하는 비사, 또는 해빈이나 하상에 연흔을 생성시키는 물의 경우와 비슷하다.

브룬의 법칙과 같이 사주나 사주섬이 이동하는 속도는 해수면상승률과 해빈 전면부의 경사에 따라 결정된다. 카터(1988)는 이와 같은 관계를 다음과 같은 방정식으로 나타냈다.

$$\frac{\delta R_1}{\delta t} = \frac{\delta s'}{\delta t} tan\beta$$

여기서 $\frac{\delta R_1}{\delta t}$는 롤-오버에 의해 내륙으로 이동하는 속도, $s'$은 해수면상승분, $t$는 시간, $\beta$는 해빈 전면부의 경사를 의미한다.

브룬의 법칙과 함께 염두에 두어야 할 몇 가지 추가할 요인들이 있다. 첫째, 내륙 이동이 단순히 지형 자체가 서서히 내륙으로 이동하는 것만을 의미하는 것은 아니라는 것이다. 예를 들어 사주나 사주섬 등이 해안선의 롤-오버에 대해 서로 다른 저항력을 지닌 물질로 구성되어 있는 경우 이동률은 차이를 보일 수 있다. 이동이 매우 느리게 일어나는 경우, 사주나 사주섬이 침수될 수도 있다(다음 절을 보라). 또 다른 쟁점은 내륙 방향으로 일어나는 이동이 모두 해수면상승에 의한 것만은 아니라는 점이다. 코첼과 돌랜, 인맨과 돌랜, 펜스터와 돌랜(Kochel and Dolan, 1986; Inman and Dolan, 1989; Fenster and Dolan, 1993, 1994)은 모두 해수면상승 외에 사주섬을 내륙으로 이동시키는 요인들 가운데 특히 폭풍의 강도가 중요함을 지적한다. 그러나 이미 언급한 바와 같이 해수면상승이 일어날 때 발생하는 주요 효과 중 하나는 파한의 증가로 인해 폭풍 빈도와 강도의 증가이다. 그러나 이들 요인도 결국 해수면상승과 연결되어 있다고 말할 수 있다.

### (3) 침수 모형(The drowning model)

앞에서 언급한 바와 같이 해안지형이 해수면상승에 느리게 반응할 경우 해수면상승에 따라 평형 단면을 유지할 수 없게 될 것이다. 이런 경우 해안지형은 더 이상 존재할 수 없을 것이다. 사주섬이 매우 느리게 움직이는 지역에서는 수심이 증가하는 속도가 사주섬이 내륙으로 이동하는 속도를 초과하여 사주섬이 가라앉게 될 것이다. 하구역에서도 염습지가 해수면의 상승속도에 따라 지면고도가 높아지려면 퇴적물의 공급이 충분해야 한다. 만일 염습지 고도의 수직상승률이 해수면상승률보다 낮다면 범람의 빈도와 지속기간의 증가로 식물상이 불안정하게 될 것이다. 이로 인해 염습지는 하부 염습지의 식생군집으로 전환되고 마침내 개펄로 변할 것이다. 표 2.3을 보면 일련의 사례 연구에서 삼각주 지역의 해수면상승률을 언급하고 있다. 삼각주 지역은

사진 2.2. 영국 웨일즈 남부 해안의 세번 하구역 내 조간대 하부에서 발견되는 수목의 잔재

토탄층에서 발견되는 화분(花粉)은 이 지역이 과거 염습지 상부였으며 전이적인 담수 식생군집 지역이었음을 반영한다.

침강속도가 빠르기 때문에 침수와 역천이를 극복할 수 있는 식생의 능력이 특히 중요하다. 서식지가 침수되는 사례는 전 세계 해안선에서 보편적으로 확인되는 현상이다. 카터(1988)는 아일랜드 서부지역에서 중부 홀로세시기에 삼림이었던 지역이 현재 조간대로 변해 있음을 보고하고 있다. 도어셋 지방의 체질 해빈의 경우 현재 육지 쪽으로 롤-오버가 일어나고 있다. 해빈의 롤-오버로 인해 과거 자갈로 뒤덮여 있던 지역 아래로 담수호에서 형성된 토탄층이 드러났다. 앨런(Allen, 1993)은 세번 하구역과 브리스톨 채널의 연변에 잠겨버린 삼림이 존재한다고 보고했다(사진 2.2를 보라).

* * *

그러므로 파랑, 조석, 바람 작용의 변화는 해수면상승이 일어나는 조건 하에서 해안 서식지에 대해 다음의 세 가지 시나리오 중 하나를 유발할 수 있다.

a) 현재의 지형을 침식시켜 보다 내륙으로 이동
b) 외해에 위치한 지형이 보다 내륙으로 이동
c) 해수면상승에 빠르게 적응하지 못하고 침수

이 밖에 네 번째 모형으로 얼마간 바다의 영향으로부터 고립되어 있었던 '화석화된' 서식지에 관해서 생각해 보자. 이와 같은 환경에서는 해수면이 상승하고 파랑의 공격이 증가하면 해안 작용이 재개되어 퇴적물의 공급이 다시 일어날 수 있다. 전형적인 사례로 과거 해수면이 높았을 당시 형성되었다가 해수면이 하강한 이후 바다의 영향을 받지 못한 채 고립되어 있던 해식애를 들 수 있다.

### 2) 해수면상승이 해안보호에 주는 시사점

앞에서 해수면상승에 따른 해안지역의 기본적인 반응 양식과 파랑, 조석, 바람 등의 조건이 변화할 때 자연상태의 해안선이 지형변화를 통해 반응하는 양식 사이의 관계를 살펴보았다. 해수면이 높아지는 경향을 보일 경우 파랑과 조석, 바람 등의 조건도 함께 변한다. 수심이 깊어지고 파랑에너지가 증가함에 따라 해빈의 침식과 퇴적물의 유동성이 가중된다. 이와 같은 변화로 발생하는 충격은 해안선이 내륙으로 얼마만큼 이동할 수 있는가(브룬의 법칙)에 달려 있다. 해안선이 경성호안에 의해 고정되어 있는 지역에서 해수면상승으로 인해 에너지 수준이 높아지면, 이 수준에 적합하지 않는 퇴적물(예를 들면 세립질 퇴적물)은 외해 방향으로, 연안류를 따라, 또는 시스템 외부로 이동된다. 이것은 퇴적물수지의 손실을 의미하는 것이다. 세립질 퇴적물의 유출로 인해 퇴적물의 체적이 감소하고 해빈의 고도가 낮아지며 파한이 증가한다.

경성호안으로 보호되는 해안에서 흔하게 채택하는 대안은 해안제방을 높이는 것이다. 그러나 부어만 등(Boorman et al., 1989)에 따르면 현존하는 대부분의 해안제방은 더 이상 제방고를 높일 수 있을 만한 기초를 확보하지 못하고 있다. 이것은 현실적으로 해수면상승이 일어날 때 해안제방의 대부분은 개축이 불가능하며 결국 '수명을 다하게' 된다는 것을 의미한다. 결과적으로 해안제방은 점차 비효율적 수단이 될 것이다. 한편, 해안관리자들은 기존의 관리방식을 획기적으로 변화시킬 수 있는 기회를 만난 셈이다. 이러한 변화는 3부에서 다루게 될 연성호안 가운데 하나를 선택하는 형태로 나타날 것이다. 현재의 조건을 기준선으로 간주한다면 해수면상승이 일어날 때 적절한 호안 설비를 갖추는 데 동원될 수 있는 전략은 세 가지이다.

- 현재의 해안선을 유지하는 방안(해안제방의 증축, 기존 제방고의 상향 조정, 양빈 등)
- 해안선이 좀 더 내륙으로 이동할 수 있도록 허용(해안선 재조정, 방치 등)
- 해안선이 좀 더 바다 쪽으로 전진하도록 유도(잠제, 현가해빈 懸枷海濱)

각각의 대안들이 미치는 영향은 지역에 따라 달라질 것이다. 그러나 효과적으로 관리되기 위해서는 해안선이 해수면상승에 자연적으로 반응할 수 있도록 허용하는 대안을 채택해야 할 것이다. 이것은 궁극적으로 위에서 간략히 제시한 브룬의 법칙과 롤-오버 방식에 따라 호안선을 내륙으로 이동시킨다는 전략에 중점을 두는 것이다.

## 7. 정리

이 책의 주요 목표는 서로 다른 유형의 해안보호 방안이 해안선에 미치는 영향을 살펴보는 것이다. 따라서 지형형성작용의 핵심을 이해하는 것이 중요하다. 모든 지형형성작용을 충분히 논의한다는 것은 불가능하지만 이 장에서 제시한 개관으로도 다음 장에서 논의하게 될 각각의 해안보호 방안을 이해하는데 충분하다. 예를 들어 파랑의 작용을 이해해야만 비로소 해안제방이 해빈에 미치는 영향을 연구할 수 있고, 돌제(突堤: groyne)가 연안류에 의해 해빈의 고도에 미치는 영향을 알 수 있다. 마찬가지로 조석의 작용을 이해해야만 오시어댐(Osier dam)을 만들거나 해안제방을 제거했을 때 조석이 퇴적과 염습지 생성에 미치는 효과를 수긍할 수 있다.

보다 중요한 것은 각각의 호안구조물이 특정한 범위의 환경조건 하에서 작용하는 것으로 논의되고 있다는 사실이다. 그러나 해수면상승의 문제를 고려할 때 파랑과 조석, 바람의 작용이 시간에 따라 변화될 수 있다는 것과 각각의 호안구조물 혹은 해안보호 방안이 해수면상승을 염두에 두고 수립되어야 한다.

도입부에 해당하는 두 개의 장을 마치면서 독자들은 해안지형의 핵심 원리들을 이해할 수 있어야 하며, 호안구조물로 인해 발생하는 문제에 이 원리를 적용할 수 있어야 한다. 또한 각 원리와 세계 곳곳의 해안지역에서 발생하는 문제를 연계시킬 수 있어야 한다.

# 제2부 경 성 호 안 기 법

제3장 해안제방과 피복공

제4장 돌제와 도류제 :

해안선에 수직 방향으로 설치된 구조물

제5장 해식애 안정화

제6장 해양구조물 : 방파제와 제방

제2부에서는 전통적으로 해안보호에 적용해 온 기법을 살펴보기로 한다. 경성호안은 바다와 육지 사이에 견고하고 침투가 어려운 방벽을 쌓아 조석과 파랑의 에너지를 막아내는 것으로, 결과적으로 육지와 바다 사이의 상호작용을 차단하게 된다.

제1부에서 자연적 프로세스를 차단하는 구조물이 자연환경에 미치는 연쇄효과를 살펴보았다. 이러한 맥락에서 환경에 악영향을 미치는 구조물이 왜 광범위하게 설치되어 왔는가에 대해서 의문을 품는 것은 당연한 일이다. 이에 대한 대답은 논리와는 거리가 있다. 사람들이 해안에 문제가 발생하면 의당 그러한 구조물을 생각했고, 그것이 효과적인 대책이라고 여겨왔기 때문이다. 경성호안이 선호되어 온 이유를 정리하면 다음과 같다.

- 관습 – 시간을 두고 줄곧 시도되어 온 방법이기 때문에 퇴적물의 문제가 없다면 별다른 의심 없이 그대로 사용될 것이다.
- 주민이 느끼는 안전감 – (양빈과 같은 연성호안기법으로) 해빈의 보강이 배후지의 안전 확보에 효과가 크다는 것이 과학적으로 입증되더라도, 주민은 해안제방 뒤에서 더 큰 안전감을 느낀다.
- 배후지의 높은 재산가치 – 휴양시설이나 산업시설의 보호를 위해 확실하다고 느껴지는 물리적 방벽이 필요하다.
- 정치 – 유권자들은 경성호안이 더 안전하다고 느끼고 정치인들은 이것을 이용하려고 한다.
- 주도적인 호안정책을 채택하기 어려움 – 경성호안은 대응적인 것이기 때문에 일단 축조되면 문제가 발생하게 된다.*

경성호안이 현재에도 중요한 역할을 하고 있기 때문에, 경성호안에 대한

* 연성호안이란 우리나라에서는 새로운 것으로 일반의 상식차원에서 아직 확신이 가는 대안이 아니다. 더구나 이는 예방적이고 주도적인 정책이기 때문에 특별한 관심이 없는 한, 적용 자체에 관심을 두지 않고 있다 — 역자주.

이해, 즉 경성호안의 작용과 함께 경성호안구조물이 주변 환경과 어떻게 상호작용하는가를 이해하는 것은 매우 중요하다. 이러한 이해를 바탕으로 설계단계에서, 환경에 미치는 악영향을 막을 수 있는 개선안을 포함시킬 수 있고, 악영향이 불가피한 경우에는 저감시킬 수 있는 방안을 고려할 수 있다. 물론 이러한 목적이 달성되기 위해서는 상세한 과학적 지식과 현장, 특히 사업지구의 지역사정에 관한 깊은 이해(local knowledge)가 두루 필요하다. 과거와는 달리 최근에는 대학에서 탐구한 지식이 호안계획에 크게 활용되고 있다. 그러나 과학적 지식이라는 일반화된 해안프로세스 지식이 그 지역의 지형과 퇴적물이라는 독특한 환경에서 어떻게 적용되어야 하는가에 대해서는 밝혀지지 않은 것이 많고, 더구나 호안체계의 구체적 설계와 작동에 이 지식을 적용하는 것도 쉬운 일이 아니다.

본질적으로, 경성호안의 목적은 배후지를 침식으로부터 보호하는데 있다. 계속되는 논의를 위해서 다음의 두 가지 점을 명백히 밝혀둘 필요가 있다.

- 경성호안은 배후지를 보호하기 위해 설계된 구조물이지, 해안 전면의 해빈을 보호하기 위한 것이 아니다.
- 경성호안은 해빈*에 퇴적물을 공급하지 않고 다만 재분배할 뿐이다. 실제로 경성호안구조물은 퇴적물의 입력을 감소시키기 때문에 퇴적물수지를 맞추려면 새로운 퇴적물 공급원을 확보해야 한다.

제2부에서는 경성호안구조물의 주요한 영역을 네 가지로 나누어서 살펴본다. 경성호안은 바다로부터 입사하는 에너지를 차단하여 육지와 바다의 상호

* 여기에서 해빈은 해안을 보호하는 기능으로 간주된다. 폭풍해일이 몰려오면 해빈의 퇴적물이 침식을 받는 과정에서 폭풍해일 에너지를 저감시키고 폭풍기가 지나가고 모래가 밀려오면 해빈이 이를 저장하여 해빈고도를 높임으로써 육지를 보호한다. 이때 해빈의 퇴적물은 바다의 에너지를 조절하는 핵심이기 때문에 퇴적물의 수지를 맞추는 것이 관심의 초점이 되고 있다 — 역자주.

작용을 억제한다. 결국, 경성호안은 환경변화에 반응하지 못하는 정적 해안선으로 이끈다. 연안류 방향뿐만 아니라 해빈과 외해빈 사이의 퇴적물이동을 간섭하여 연안하류의 지역에서도 간섭을 일으킨다. 프레이밍(Fleming, 1992)이 지적한 바와 같이 과거의 경성호안의 가장 큰 문제점은 인접 해안에 미치는 영향을 고려하지 않은 채, 해당지점에 국한하여 문제를 해결하려 했다는 것이다. 퇴적물 공급처를 막아버리거나 해안을 따라 이동하는 퇴적물을 차단하는 구조물은 해안 퇴적물수지의 입력에 영향을 주어 다른 지점의 침식/퇴적체계에 간섭을 일으킨다. 이러한 영향은 그림 1.2의 시나리오에 요약되어 있고, 다음과 같은 문제를 일으킨다.

- 해안에 수직방향으로 움직이는 흐름에 의해 해빈의 물질과 정상파한보다 아래 부분에 저장(퇴적)된 물질이 지나치게 소모된다. 이는, 정적구조물(해안제방)이 파랑에너지의 반사를 일으키고 또 다른 호안구조물이 연안상류부로부터 퇴적물 유입을 차단함에 따라 해빈침식이 지나치게 발생하는 국면으로 이끈다.
- 해안에 수직방향인 돌제가 퇴적물을 가두고 이에 따라 물질의 공급이 일어나지 않아 해빈의 물질손실이 크게 일어난다.
- 경성구조물의 말단부에 과도한 침식이 일어나 물질손실률을 높이고 앞으로 호안문제를 일으킬 위험이 잠재해 있다.

제2부에서 다루는 경성호안구조물은 대부분 50년에서 100년 전에 설치한 것이기 때문에 수명이 다해가고, 이 때문에 배후지 보호기능도 현저히 떨어져 있다. 이러한 경성호안은 고비용이라는 점과 전 세계적인 해수면상승을 감안하면, 낡은 경성구조물이 연성호안으로 대체되는 경향을 쉽게 이해할 수 있다.

제3장

# 해안제방과 피복공

## 1. 도입

해안제방(sea wall)은 해안보호에서 가장 일반적인 형태이고, 해안 주민들이 가장 선호하는 방안이다. 육지와 바다 사이의 물리적 장벽을 통해 배후지를 침식과 범람(해일)으로부터 보호하는 것이기 때문이다. 더욱이 해안제방은 물리적으로 굳건하기 때문에, 호안 수준이 다른 방법에 비하여 더 높을 것이라고 인식하는 경향이 있다. 그러나 해안제방과 관련된 주요 문제는 해안제방이 한번 건설되면 해안선을 그대로 고정시켜 해수면상승과 같은 환경변화에 대해 해안선이 반응하지 못하도록 이끈다는 것이다.

해안보호의 역사는, 단순한 형태의 토담에서 오늘날의 정교한 콘크리트 혹은 블록 구조물로 변화해 온 해안제방의 역사라고 할 수 있다. 해안제방은 전 세계적으로 사용되며(예: 표 3.1), 다양한 유형의 해안에서 찾아볼 수 있다. 최초 제방을 통한 호안구조물은 침식을 방지하기 위한 것이기보다는 범람을 방지하기 위한 것이었다. 그러나 해안개발이 증가됨에 따라 토지가 침식되는 것을 막고 건축물의 세굴을 방지하는 구조물이 필요해졌다. 처음에는 수직형태의 제방이 최선의 방법이라고 여겨졌다. 한편, 영국에서는 20세기 초반

표 3.1. 해안제방의 영향에 관한 연구 사례

| 나라 | 연구자 | 연구 지역 |
|---|---|---|
| 불가리아 | Simeonova (1992) | 흑해 연안 |
| 독일 | Dette and Gartner (1987) | 질트 섬 |
| | Kunz (1987) | 노르데니 섬 |
| 하와이 | Fletcher et al. (1997) | 오하우 |
| 인도 | Baba and Thomas (1987) | 트리반드럼 코스트 |
| 포르투갈 | Granja (1995) | 북서 포르투갈 |
| | Granja and de Carvalho (1995) | 북서 포르투갈 |
| 영국 | Inglis and Kestner (1958a and b) | 워시 |
| | Madge (1983) | 포스콜 (웨일즈 남부) |
| | Carter (1988) | 포스콜 (웨일즈 남부) |
| | Roberts and van Overeem (1993) | 헌 베이 (켄트) |
| | Wood (1978) | 애버리스트위트 (웨일즈 서부) |
| 미국 | Basco et al. (1997) | 샌드브리지 (버지니아) |
| | Everts (1983) | 케이프 메이 시티 (뉴저지) |
| | Griggs and Fulton-Bennett (1987) | 산타 크루즈 (캘리포니아) |
| | Griggs and Tait (1988) | 몬테레이 베이 (캘리포니아) |
| | Griggs et al. (1994) | 몬테레이 베이 (캘리포니아) |
| | Hall and Pilkey (1991) | 뉴저지 |
| | Komar and McDougal (1988) | 오레곤 |
| | Morton (1988) | 텍사스 |
| | Pilkey and Wright (1988) | 여러 지역 |
| | Plant and Griggs (1992) | 몬테레이 베이 (캘리포니아) |
| | Shepard and Wangless (1971) | 오션 시티 (메릴랜드) |
| | Tait and Griggs (1990) | 몬테레이 베이 (캘리포니아) |
| | Wiegel (1964) | 산타 바바라 (캘리포니아) |

* 자세한 내용은 책 뒤편의 문헌목록을 참고

빅토리아 시대에 해안 휴양의 유행이 시작되었고 호안구조물과 병행하여 해안선을 따라 산책로를 조성하기 시작하였다. 산책로는 해빈을 따라 축조된 직립벽 아래의 해빈과 연결된다. 해안제방은 세굴(洗掘)을 통해 해안침식의 문제를 야기한다. 파랑이 해안제방에서 반사되기 때문이다. 장엄한 빅토리아 풍조로 말미암아 이러한 구조물이 기능적으로 문제가 있더라도 시각적으로 인상적인 것을 추구하도록 유도했다. 해안제방을 수직으로 건설하는 경향은 그 시대의 기술 축적에 힘입은 바가 크다. 부두를 지지하는 직립벽이 항구건설에 이용되었고, 이와 유사한 구조물이 개방 해안에도 적용했다(Fleming, 1992). 두 종류의 구조물은 각기 다른 목적을 갖고 있다. 항구의 제방은 선박의 정박과 하역을 위한 공간 확보가 목적이고, 해안제방은 홍수나 침식의 방지에 초점이 맞추어져 있다. 두 구조물은 모두 파랑을 억제하기 위한 것이다. 그러나 개방 해안에서는 해안제방으로 반사된 에너지가 퇴적물의 안정성에 악영향을 미쳐 해안제방과 그 앞에 위치한 해빈에 커다란 문제를 일으키지만, 항구에서는 이 문제가 중요하지 않다. 실제로 이는 부적절한 기술 전파라고 할 수 있다.

제2장에서 파랑, 조석, 그리고 바람의 변화에 따라 해안의 반응이 역동적으로 반응하는 것을 살펴보았다. 이는 해안이 시간에 따라 변할 수 있다는 것을 의미한다. 그런데 단단하고 정적인 구조물이 설치되고 해안선이 고정되면, 해안이 변화를 통해 적응할 수 있는 능력이 사라진다. 제방이 끝나는 지점에서부터 해안은 자연적인 조건에 대하여 자유롭게 반응한다. 해안의 일부분이 고정되어 있다면, 해안선 후퇴 조건 아래서는 자연 해안선이 육지방향으로 이동할 것이다. 이러한 프로세스로 인해 해안선이 평면적으로 지그재그 또는 톱니 형태를 띠게 된다. 이러한 현상은 구조물이 건설된 이후 해안선을 따라 자연적인 조정이 얼마나 일어났는지를 알려준다. 영국 북서부의 파일드 해안에서 이러한 현상의 예를 볼 수 있다(사진 3.1). 블랙풀의 해안을 따라 여러 가지 유형의 호안구조물이 설치되어 있다. 이러한 구조물은 블랙풀의 남쪽에서 끝나는데 이 지점은 행정구역의 경계와 일치하고 있다. 이어지는 연안하류의 해안선에는 해안사구를 배후로 둔 넓은 폭의 해빈이 자연스럽게 펼쳐진다. 자연상태의 해안선은 구조물로 보호된 해안보다 약 100m 정도 육지 쪽으로 들어와 있다. 사진 3.1을 보면 해안선이 구조물로 보호된 이래 비호안 지역의 사구가 육지 쪽으로 이동한 것이 어느 정도인지를 알 수 있다. 이는 이곳의 해안관리가 직면하고 있는 문제를 지시해 주고 있다. 호안구조물을 설치한 해안선이 구조물이 없는 해안보다 100m 이상 바다 쪽으로 돌출되어 있다고 할 수 있기 때문이다(상자글 3.1 참조). 호안구조물로 인한 해안선의

사진 3.1. 전형적인 해안제방의 말단효과

영국의 파일드 해안. 해안제방의 크기와 비교하면 말단부 침식의 범위와 육지부 이동의 규모를 알 수 있다. 영국 블랙풀의 사우스 쇼어 소재.

돌출 현상은 텍사스에서도 볼 수 있다. 이곳에서는 1901년에 구조물이 건설된 이후 육지 방향으로 해안선 이동이 급속히 일어났다(Davis, 1996 참조).

호안구조물로 인해 해안선이 고정되는 문제가 발생하기는 하였지만, 지가가 매우 높은 배후지에서는 해안제방이 큰 역할을 하고 있다. 제방을 설치하는 방법은 육지와 바다 사이의 상호작용을 막고 이로 인해 해안선이 육지 방향으로 이동할 수 있는 여지를 없애기 때문에 해안선은 자연상태에 비하여 바다 쪽에 자리 잡게 된다. 또한 해빈이 사라지고 구조물 유지에 많은 비용이 들며, 퇴적물수지에 악영향을 준다. 그러나 배후지와 시설의 가치가 해안제방이 초래하는 문제들을 보상하는 경우에는 여전히 해안제방을 유지한다. 이러한 경우, 가능한 한 악영향을 줄이는 것이 필요하다. 설계의 변화를 통하여 전면의 해빈에 미치는 영향을 줄이고 있다.

상자글 3.1.

**해안제방이 해빈에 미치는 영향: 영국 블랙풀의 사례**

영국 북서부의 파일드 해안에 위치한 블랙풀은 연간 약 천7백만 명의 관광객이 찾는 영국 최고의 관광 휴양지 가운데 하나로 알려져 있다. 이러한 맥락에서 넓은 사질 해빈이 위협받는다는 것은 중요한 문제가 된다. 최근 해빈의 높이(해빈고)가 비스팸(Bispham) 지역(지도 3.1)을 중심으로 크게 낮아지고 있다.

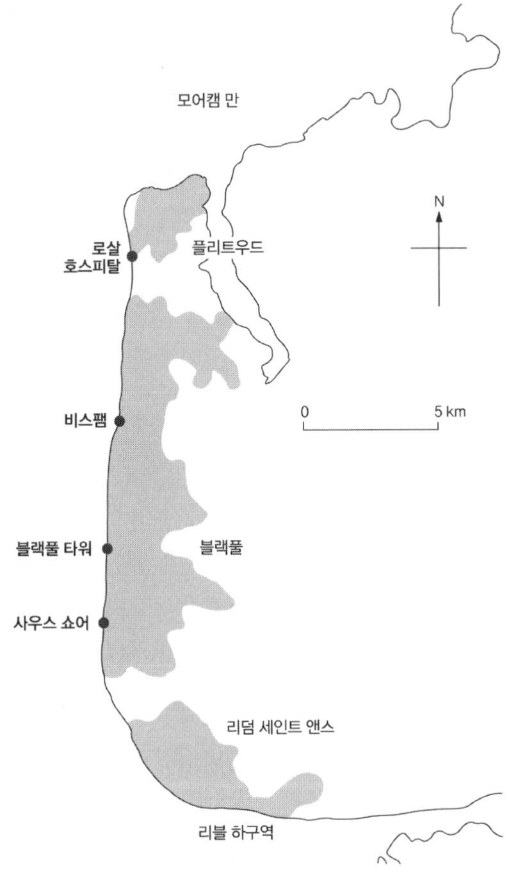


지도 3.1 파일드 해안

19세기에서 20세기에 이르는 기간 동안, 파일드 해안에서는 개발이 급속히 진행되었다. 해안선을 따라 관광시설이나 주거시설과 관련된 난개발이 발생하였다. 석호 전면에 위치한 고도가 낮은 사질해빈(이 때문에 "Black Pool"이라 불린다)과 빙하퇴적물로 구성된 고도가 높은 해식애가 번갈아 나타나는 해안에 난개발이 진행되었다. 개발은 대부분 육지에서 진행되었으나 침식률이 약 2m/년(Blackpool Borough Council, 1993)에 이를 정도로 해안의 후퇴가 빠르게 진행되었기 때문에 개발지역을 보호하기 위해서는 호안 활동이 필요했다. 첫 번째 해안제방은 1868년에 건설되었고 1937년까지 11km에 이르는 블랙풀 해안에 수직 콘크리트 제방과 블록 제방이 건설되었다. 1980년에 유지비용이 연간 백만 파운드에 이르러 영국의 어느 해안보다 높은 수준을 기록했다.

이러한 해안제방의 대부분은 수직형태이고, 수명이 다한 제방이 최근에 새로운 형태의 제방으로 대체되고 있다. 새로운 제방 건설에는 환경 영향이 크게 고려되었다. 특히, 이 장에서 제안하고 있는 많은 개선사항을 포함하고 있다. 파일드 해안에서 해안제방이 해빈에 미친 영향을 정리하면 다음과 같다.

- 해안제방의 건설은 퇴적물 공급지로서의 해식애 기능을 차단시켜 퇴적물 부족이 일어나게 한다. 따라서 퇴적물 저장소 기능을 하는 북쪽의 모어캄만과 외해 혹은 해빈 그 자체가 퇴적물 공급지가 된다.
- 수직 혹은 거의 수직형태의 해안제방이 파랑의 반사와 세굴을 초래한다.
- 모래파(sand wave)는 북쪽 방향과 남쪽 방향으로 동시에 일어나고 있다.
- 해수면상승과 이에 따른 해안선의 이동이 진행되고 있다는 것은, 현재의 해안선이 경성호안구조물에 의하여 고정되어 있고, 해안선이 쇄파대에 위치하고 있기 때문에 현재의 해안선은 불안정한 상태에 있다는 것을 의미한다(사진 3.1).

지역 내의 공급지로부터 퇴적물 유입이 중단되었고 연안류가 양쪽으로 나뉘기 때문에 해안선 중앙부분은 퇴적물 부족현상을 겪게 되었다. 새로 공급되는 퇴적물은 바다 쪽에서 육지 쪽으로 유입하거나 폭풍이 일어나는 때에 해빈의 다른 부분에서 유입하는 것에 국한되었다. 더욱이 이전에 축조한 수직 해안제방이 전빈에 파랑을 반사시켜 세굴 현상을 집중적으로 일으키고 있다. 이로 인해 흥미로운 현상이 발생하고 있다. 즉, 연안류 순환에 유입되는 새로운 퇴적물의 양이 적어짐에 따라 해빈의 중앙부분(비스팸 주변)이 전체 해안선의 퇴적물 공급지 역할을 담당하게 되었고, 이로 인해 해빈고가(그림 4.2 참조)가 크게 낮아지고 있다.

퇴적물의 부족과 세굴에 의한 해빈의 유실과 함께 또 다른 심각한 문제는 경성호안구조물이 해안의 변동에 적절한 반응을 일으키지 못하게 한다는 것이다. 그 결과 현재 제방이 설치된 해빈이 자연 해빈의 위치보다 약 100m 바다 쪽으로 나아가 자리 잡고 있으며, 이는 파랑에너지가 큰 쇄파대에 해안선이 위치해 있다는 것을 의미한다. 그 결과 에너지 수준의 강화로 말미암아 파랑반사에 따른 세굴이 더욱 심해졌다.

블랙풀의 해안선은 모래파 구조나, 해안도로에 문제를 일으키는 비사 등을 통해 알 수 있듯이 매우 동적이다. 동시에 퇴적물이 부족하고 부자연스러운 위치에 고정되어 있고, 파랑의 반사율이 높은 해안제방이 자리 잡고 있는 해안선이기도 하다. 이러한 세 가지 요인의 영향은 해빈에서 쉽게 관찰할 수 있다.

지방정부는 이와 같은 문제의 극복이라는 심각한 도전에 직면해 있다. 시설이 밀집된 해안선을 보호해야할 필요성이 있지만 해빈의 고도가 급속하게 저하될 위험도 해결해야 한다. 지방 정부는 현재의 해안선을 유지하는 정책을 채택하면서 동시에 침식 경향을 반전시킬 수 있는 연성호안기법을 고려하고 있다. 잠재적인 전략은 다음과 같다.

- 해안선을 고정하는 것은 단지 하나의 선택이라는 것을 받아들이고 문제의 원인을 해소한다. 기본적으로 높은 파랑반사율과 연안 하류의 퇴적물

손실이 주요한 문제다.

- 블랙풀 남부에서 최근 시도되고 있는(그림 3.1), 새로운 설계의 해안제방으로 대체하는 작업을 꾸준히 진행한다. 이는 이미 진행 중인 정책이다.
- 현재 해빈에 공급되고 있는 퇴적물의 공급지를 파악한다. 이 지역에서의 주요 공급지는 비스팸 지역(4장 참조)이다. 이 지역은 이미 남쪽으로 이동된 퇴적물을 이용하거나 리블만 입구 주위에 퇴적되어 있는 퇴적물을 이용할 수 있다. 이러한 퇴적물은 그 지역출처의 퇴적물인 동시에 해안 모래이기 때문에, 양빈의 퇴적물 기준을 만족시킬 수 있다(7장 참조).

이러한 전략이 파일드 해안 문제의 해결에 효과가 있겠지만 관광을 위한 쾌적성도 유지되어야 한다. 퇴적물이 파일드 해안을 따라 보다 아래 지역으로 이동하는 것도 고려사항 중 하나이다. 비록 파일드 해안 남쪽이 리블 하구역으로 막혀 있기는 하지만, 폭풍이 칠 때 하도변화가 발생하여 하구역을 가로질러 퇴적물의 공급이 일어날 수 있다. 만일 해안제방으로 인해 대규모로 퇴적물이 제거된다면 이와 같은 퇴적물 이동 패턴이 영향을 받을지 모른다.

## 2. 해안제방의 유형과 용도

해안제방은 배후지의 침식방지를 위해 파랑에 견딜 수 있도록 설계한다. 그러므로 해안제방의 설계는 각 해안선에서 나타나는 파랑에너지의 총량을 반영한다. 파랑을 구조물의 설계에 반영하기 위해서는, 구조물을 설치할 지역의 파랑에 대한 정보를 수집하는 것이 중요하다. 이를 위해 파랑 이론을 본격적으로 살펴볼 필요가 있으나, 이 책의 목적상 몇 가지 중요한 사항만 살펴보기로 한다. 제2장에서 파랑에너지가 파고의 제곱에 비례하기 때문에 파고가 구조물에 미치는 영향을 살펴보았었다. 구조물은 최악의 상황을 가정하여 설계해야 한다. 코마(Komar, 1998)는 이를 설계파(문헌에서는 종종 $H_{\max}$ 로 표시된다)로 표현하였는데 구조물 앞 수심과의 관계식으로 표현된다. 따라서 이를 이용하여 해빈 고도의 저하로 발생하는 문제를 밝히는 것이 가능하다. 해빈 퇴적물의 손실은 해빈 고도의 저하와 수심의 증가를 의미하며, 이는 설계파의 증가로 이어진다.

파랑 연구에서 중요한 것은 유의파고이다. 이 값은 바다의 상태에 따라 다르게 나타나는데, 일정 기간 동안 발생하는 파랑의 파고 중 상위 3분의 1을 평균해서 구한다. 이는 종종 1/3최대파, $H_{1/3}$ 혹은 $H_s$(Open University, 1989)로 표현된다. 이는 해안제방으로부터 반사되는 파랑을 예측하는 데 이용된다. 이러한 여러 가지 파랑변수들은 파후를 결정하는 데 사용된다. 파후는 파고, 파랑주기, 파향(파의 접근에 대한 정보를 준다), 그리고 해안에 입사하는 파의 빈도 등으로 구성되어 있다. 설계기술의 측면에서 보자면, 파후를 통해 연안퇴적물 이동(해빈을 낮추는 데 결정적인 역할을 한다)과 같은 퇴적물의 이동 방향을 나타내는 지시자를 얻어낼 수 있다.

파랑이 우세한 해안선은 저에너지로부터 고에너지에 걸쳐 있기 때문에, 호안구조물에는 낮은 흙 제방에서부터 큰 높이의 콘크리트 제방에 이르기까지 다양하다. 높은 파랑에너지에 직접 노출된 해안에서는 크고 단단한 수직의 해안제방이 필요하며, 때로는 피복공이나 사석을 적용한다. 반대로 넓은 해빈이나 염습지가 있는 곳에는 비교적 작은 파랑에너지를 받게 되어 소규모의 제방이 설치된다.

해안제방과 관련된 가장 근본적인 문제는 해안제방이 파랑에너지를 반사하는 경향에 있다. 설계 연구는 이것을 극복하는 데 초점이 맞추어져 있다. 최악의 상황은 반사 에너지가 입사파와 결합하여 정상파(standing wave)를 형성하고, 정상파가 제방 앞의 해빈을 침식하는 경우이다. 이것은 제방의 하부침식과 붕괴를 초래할 수 있다. 세굴로부터 제체기저부를 보호하기 위하여, 또한 반사파의 방향을 분산시켜 반사 에너지 저감시키기 위하여, 피복공(revetments: 제체 하부에 경사를 줌), 사석공(rip-rap: 불규칙하거나 서로 얽힌 블록을 제체기저부에 위치시킴), 피복석(armourstone) 등을 설치하기도 한다. 불규칙한

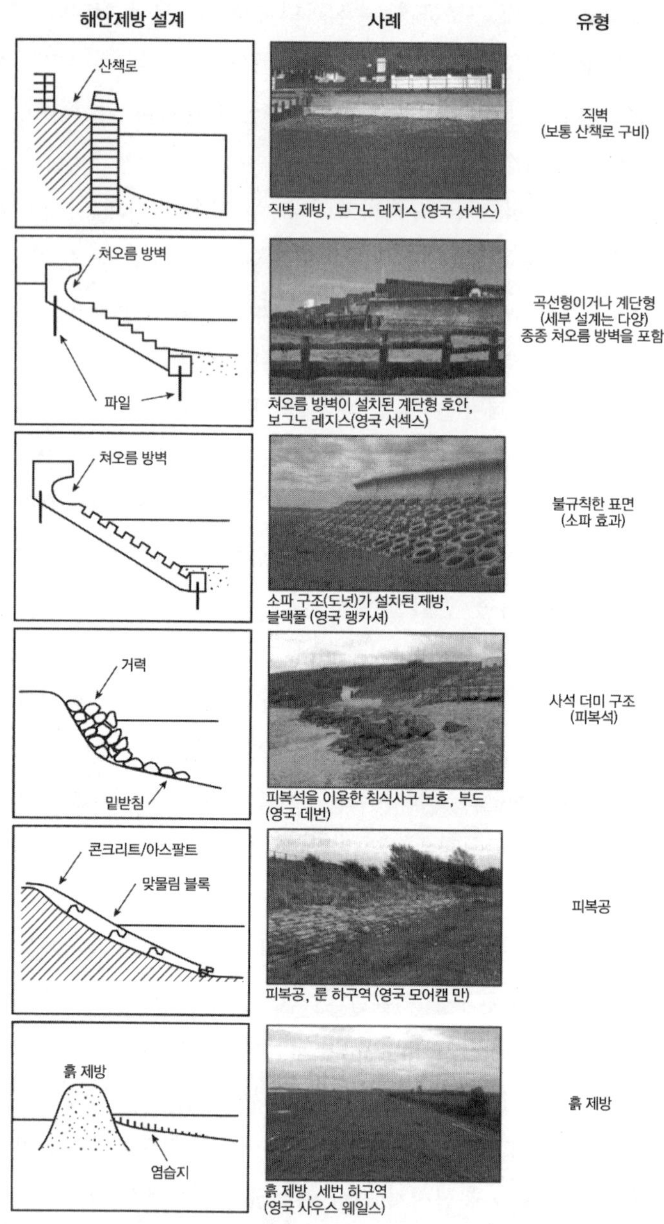


그림 3.1. 해안제방의 다양한 설계유형

개방해안에서는 경성 콘크리트 구조물이 전형적인 데 반해 보다 잔잔하고 조석이 우세한 지역에서는 피복공이나 흙 제방이 전형적이다.

표면에서 파랑에너지는 여러 방향으로 반사되고 일부는 흡수되어 해빈의 어느 지점에 집중하지 않게 될 것이다. 콘크리트 테트라포드나 큰 암석 블록의 사용도 이러한 분산효과를 높일 수 있다. 이와 같은 다양한 개선 방안을 통해 문제 지역에 적합하도록 제방을 설계하고 있다. 해안제방의 여러 가지 설계는 그림 3.1에 정리되어 있다.

마지막으로, 제방으로 인한 파랑 반사가 해빈의 유실을 일으킨다는 것은 근본적으로 재고할 필요가 있다. 해빈 유실의 원인을 해안제방으로만 볼 수 없는 경우가 많다. 어느 지점에 해안제방을 설치한다는 것은 원래 그 지점에 침식 문제가 있기 때문이다. 전면부의 해빈 침식이 부분적으로는 침식현상이 이전부터 진행되고 있기 때문일 수도 있다.

필키와 와이트(Pilkey & Wright, 1988)는 제방이 건설되기 이전부터 장기간의 침식프로세스에 따라 발생한 것에는 '수동적(passive)' 침식이라는 용어를 사용하였으며, 해안제방으로 발생한 새로운 침식프로세스는 '능동적(active)' 침식이라는 용어를 사용하였다. 베겔(Weggel, 1988)은 해빈침식이 능동적 침식프로세스에 따른 결과라는 많은 주장이 추측에 불과하고 풍부한 과학적 데이터를 통해 밝혀진 것이 아니라고 주장하였다. 그는 캘리포니아 산타크루즈(Santa Cruz)의 예를 들었는데, 이곳에서는 이전에 존재하지 않았던 해빈이 해안제방 설치 이후에 형성되었다. 필키와 와이트(1988)는 능동적 침식에 관한 논의를 해안제방 대논쟁(Great seawall debate)이라고 이름 붙였다. 다른 연구자들(예를 들면 Griggs et al., 1994; Morton, 1988)은 해안제방이 있는 해빈이 폭풍에 더 빠르고 큰 규모로 반응(급속하고 규모가 큰 침식)하는 반면, 빠르게 현상을 회복할 수 있고 정상적 기상 조건에서는 자연 해빈과 유사한 반응을 보인다고 주장한다. 즉 해빈마다 다르게 반응한다는 것이다. 나쁜 영향이 나타나지 않는 경우, 해안제방은 해안프로세스와 조화를 이루며, 침식되었던 퇴적물이 되돌아오고 반사가 전면의 해빈에 집중되지 않는다. 그러나 대규모의 해빈침식을 일으키는 해안제방은 자연에 거스른다는 것을 알 수 있다(표 3.2). 이는 앞서 언급한 착상을 지지해준다. 즉, 그 지역의 해안프로세

표 3.2. 해빈에 미치는 해안제방의 영향에 대한 연구 사례

| 연구자 | 나라 | 영향 |
|---|---|---|
| Basco et al. (1997) | 미국 | 해빈 부피의 계절적 변이가 증가.<br>제방이 없는 해빈에 비해 침식률 증가는 없음.<br>말단부 효과가 관찰됨. |
| Everts (1983) | 미국 | 말단부 효과, 연안류 상류부의 유사퇴적. |
| Fletcher et al. (1997) | 하와이 | 해빈 압착, 자연적인 침식 프로세스의 가속화<br>해빈 유실 |
| Granja and de Carvalho (1965) | 포르투갈 | 말단부 효과로 인한 해식애 침식률 증가<br>해빈고 저하 |
| Griggs and Tait (1988) | 미국 | 범 침식속도 증가, 말단부 효과 |
| Griggs et al. (1994) | 미국 | 말단부 효과 외에는 제방이 없는 해빈과 동일 |
| Hall and Pilkey (1991) | 미국 | 해빈폭 감소 |
| Madge (1983) | 영국 | 해빈고 감소, 제방 하단부 굴식 |
| Morton (1988) | 미국 | 폭풍 시 굴식 발생, 안충표사 이동 방해,<br>말단부 효과. 폭풍 시 침식률은 증가하나 평시 회복은 정상적임.<br>해빈고 저하 |
| Plant and Griggs (1992) | 미국 | 쳐내림 속도와 지속시간의 증가. 투수율의 감소<br>연안류 상류부의 유사 퇴적 |
| Tait and Griggs (1990) | 미국 | 굴식, 말단부 효과, 첨상지형 형성, 이안류 발생,<br>연안류 상류부의 유사 퇴적 |
| Wood (1978) | 영국 | 해빈고 저하, 해빈폭 감소 |
| Wood (1988) | 미국/캐나다 | 해빈폭 감소, 외해 사주의 거동 변화 |

* 자세한 내용은 책 뒤편의 문헌목록를 참조

스에 대한 상세한 지식을 통해 호안기능의 악영향을 최소화할 수 있는 구조물을 설계할 수 있다.

해안제방의 효율을 고려할 때, 기능도 염두에 두어야 한다. 해안제방은 침식으로부터 배후지를 보호하고 범람을 막기 위해 건설된다. 이를 고려했을 때 해안제방이 매우 효율적이라고 말하기 쉽다. 해안제방은 퇴적을 활성화시켜 해빈을 성장시키기 위한 것이 아니다. 몇몇 연구자들은(Weggel, 1988) 이러한 문제는 중요하지 않다고 주장하였다. 그들의 주장은 겉으로 보면 진실일

수 있지만 해안제방의 성과는 전체적인 관점에서 살펴보아야 한다. 해안제방은 침식을 막는 데는 적합하며 이것은 의심의 여지가 없다. 그러나 중장기적인 관점에서 보면, 세굴에 의한 제체기저부의 침식은 제방의 효율성을 낮춘다. 침식프로세스를 발생시켜 그 자체를 쓰러뜨리는 구조물을 성과가 높다거나 효율적이라고 할 수는 없을 것이다.

## 3. 해안제방이 해안에 미치는 영향

해안제방을 설치하면 침식문제는 해결할 수 있지만 침식의 원인 자체를 해결할 수는 없다. 해안제방의 영향을 살펴볼 때, 설치이전부터 지속적으로 작용해왔던 프로세스에 의한 영향과 해안제방 설치로 발생한 직접적인 영향을 구분하는 것이 중요하다[예를 들면, 필키와 와이트(1988)가 말한 수동적, 능동적 침식]. 이 분야의 많은 연구들은 구조물 전면의 해빈에 집중되어 왔다. 그러나 이는 문제의 일부일 뿐이다. 해안제방의 영향은 전면 해빈뿐만 아니라 제방의 말단부와 제방의 배후지역에서도 나타나며 퇴적물과, 해식애, 그리고 생태계와도 관련이 있다. 해안제방의 호안기능을 제대로 평가하기 위해서는 이러한 측면들이 모두 고려되어야 한다.

학술논문에서부터 일반문헌, 그리고 대중매체에 이르는 여러 분야에서 해안제방의 효율성에 대한 다양한 의견을 살펴볼 수 있다. 이들 분야는 모두 환경문제의 평가에서 각각의 역할을 가지고 있다. 여기에서 주민의 의견이 무시되어서는 안 된다. 그들은 과학적인 훈련을 받지 않았지만, 지역에 대해서 잘 알고, 여러 조건(계절별, 폭풍 시)에서 해빈이 어떻게 반응하는지에 대해 가장 잘 아는 사람들이기 때문이다. 해안제방의 영향을 평가할 때, 서로 다른 다양한 관점을 포용하고 균형 잡힌 논의를 이끄는 것이 중요하다. 해안제방은 다른 환경조건에서 다른 거동을 보이며, 같은 조건 아래에서도 설계가 다르면 다르게 반응한다. 따라서 각각의 사례연구는 해안 조건에 따라 적절하게 고려되어야 하고, 일반화된 자료를, 또는 외삽으로 추론된 논리를 어떤 지역에 적용할 때에는 주의를 기울여야 한다.

### 1) 전면 해빈에 대한 해안제방의 영향

해안제방의 영향들 중에서 세굴이 가장 많이 거론되어 왔고 출판된 자료 중에도 가장 많은 부분을 차지하고 있다. 타잇과 그릭스(Tait & Griggs, 1990)는 해안제방 앞의 해빈에서 관찰되는 일련의 현상을 다음과 같이 정리하고 있다.

- 세굴로 인한 골(trough)의 형성 – 해안제방의 전면에 해안선과 평행한 직선형의 와지(depression)
- 해빈단면의 침식 – 전면 해빈이 균일하게 낮아짐.
- 해빈 첨상 사주의 형성 – 반원형의 바다 쪽으로 열려진 만입 형태
- 이안류와 골의 형성 – 해안에 수직방향으로 형성된 와지
- 말단부 굴식 – 연안 하류방향으로 구조물이 끝나는 부분부터 해빈과 해안에 주동적 침식이 가중됨.
- 해안제방 상류 말단의 저류효과로 인한 모래 퇴적

이상의 논의에 관해서는 크라우스(Kraus, 1988)의 논평에 자세하게 정리되어 있다. 근본적으로 앞에 언급된 네 가지 사안들은 근본적으로 구조물로부터 발생된 파랑의 반사와 관련이 있으며, 반사파와 입사파 그리고 해빈 사이의 상호작용도 이와 연관되어 있다. 코마와 맥도갤(Komar & McDougal, 1988)은, 미국 오리건(Oregon) 주의 예를 들어 해안제방으로 발생하는 이안류가 해빈 침식의 중요한 기작으로 작용한다고 설명한다. 말단부 굴식는 반사 에너지가 해안제방 끝부분의 해빈에 집중되어 발생하며, 그 결과 인공적인 만입부가 형성된다. 마지막으로, 사진 3.1에서 보듯이 자연해안이 지속적으로 후퇴함에 따라 해안제방으로 보호되어 있는 해안은 바다 쪽으로 돌출하게 된다.

이 해안은 연안류를 따라 발생하는 퇴적물의 이동을 막고 상류에 퇴적시켜 하류의 퇴적물 부족을 야기한다. 즉, 돌제와 유사한 역할을 한다.

세굴 프로세스는 해빈고를 낮추기 때문에 해안제방 기저부의 퇴적물이 침식되는 결과를 초래할 수 있다. 1953년에 발생한 북해의 조석해일은 영국과 네덜란드의 양안에서 참혹한 수해와 인명손실을 발생시켰는데, 이때 제방 기저부의 세굴에 의해 해안제방이 무너져 내린 탓이 컸다(Hydraulics Research, 1992). 해안제방 붕괴의 약 11퍼센트는 하방세굴에 의해 일어났다는 주장이 있다. 카터(1988)는 문제의 예를 웨일즈의 두 곳에서 찾았다. 포스콜에서 1934년 해안 전체에 해안제방을 재건한 이후 75년 동안, 해빈이 3m가 낮아졌다. 애버리스트위트(Aberystwyth)에서는 1866~1867년에 해안산책로와 제방을 조성한 이후 해빈이 좁아지고 낮아졌다. 돌제와 사석을 포함한 복구 작업이 있었으나 효과가 없었다. 경성호안정책에서 보다 예방적이고 주도적인 접근을 채택하기 위해 영국 수리연구소(Hydraulics Research Institution)는 어떤 프로세스와 환경조건에서 세굴이 일어나는가에 대한 조사를 하고 있다. 이 연구의 목적은 세굴 문제를 악화시키는 조건을 사전에 제거하고, 해안제방 기저부에서 발생되는 파랑의 행태를 예측할 수 있는 설계지침을 만들어내는 것이다. 초기 연구 결과에 의하면 파랑과 세굴 사이에는 복잡한 관계가 있고, 같은 특성을 가진 파랑이라도 수심에 따라서 해빈 퇴적물에 매우 다른 영향을 줄 수 있다. 현실적인 용어로 번역하면, 수심이란 조석의 상태가 다르거나, 해빈이 저하되거나, 해수면이 상승추세를 나타낼 때 달라질 수 있다고 할 수 있다. 베겔(Weggel, 1988)이 해안제방 전면의 해빈침식에 관한 논의가 상호 모순적이거나 추측이라고 비판한 바가 있었는데, 이 연구는 이러한 내용을 종합하고 있다. 최근의 연구에 의하면, 해빈은 해안제방 설계에 따라 상이한 영향을 받을 수 있다. 이는 과거 수십 년 동안의 조사들을 재평가할 수 있는 틀을 마련하고 있다.

많은 다른 연구에서도 세굴과 전면 해빈의 관계를 다루고 있다. 다양한 환경변수들이 존재하는 현장에서 자료 수집을 한다는 것이 어렵기 때문에 이들 연구는 대부분 실험실의 수조에서 수행된 것이다(Komar, 1998). 이러한 제한에도 불구하고, 해빈 세굴에 관한 문헌으로부터 다음과 같은 공통점을 찾을 수 있다.

- 해안제방이 쇄파대로 가까울수록, 세굴은 더 심각해진다. 해수면상승이 일어나면, 쇄파대가 육지방향으로 크게 이동한 결과와 같으므로 세굴 문제가 증폭된다.
- 제방의 설치여부에 관계없이 폭풍 시에 제거되는 퇴적물의 양은 동일한 경향을 보인다. 해안제방이 설치된 해안은 해빈의 폭이 제한되어 있다. 따라서 폭이 좁은 해빈에서 같은 양의 침식이 일어나기 때문에 수심이 커지게 된다. 제방기저부의 세굴이 가장 심하며(Krievel, 1987), 이 현상은 모형 연구를 통해서 검증되고 있다(Rakha와 Kamphuis, 1997).
- 해안 퇴적물수지의 입력이 감소될 때, 대체 입력퇴적물이 마련되지 않는다면 퇴적물 손실이 증가될 수 있다. 해안프로세스에 의해 일어나는 손실에 대한 보상은 다른 지역의 침식가중으로 이어질 수 있다(Walton and Sensabaugh, 1978; McDougal et al., 1987).
- 해안제방의 상류 말단에 퇴적물이 쌓이고, 그 결과 연안퇴적물이동이 감소될 수 있다(돌제와 비교해보라. Plant and Griggs, 1992; Everts, 1983).
- 해안제방의 하류 말단에서 침식이 증가할 수 있다. 해안선이 그림 3.2의 톱니 모습을 띨 수 있다(표 3.2 참조).

해안제방 전면해빈에서 발생하는 퇴적물의 손실은 파랑반사와 세굴만으로 일어나는 것은 아닐 것이다. 제방의 설치를 통해 바뀌는 가장 두드러진 변화는 부드럽고 침식이 일어날 수 있는 해안선을 침식이 일어나지 않는 견고한 해안선으로 변모시킨 것이다. 이는 곧 양적인 측면뿐만 아니라 공급지의 측면에서 해빈의 퇴적물 공급을 변화시키고, 이는 세굴에 의한 해빈 퇴적물의 손실뿐만 아니라 공급지를 대체하지 못함으로 말미암은 퇴적물 유입의 감소를 의미한다. 어떤 경우에는 해빈 그 자체가 주요 퇴적물의 공급지로서 자연 해안선을 대체할 것이다(상자글 3.1 참조). 여러 사례에서 이러한 퇴적물은 외해빈으로 이동하여 사주를 형성하거나(Kraus, 1988), 연안퇴적물이동의 일부로서 해안선을 따라 이동하는 것으로 나타나기 때문에, 결국 파랑의 반사로 인해 퇴적물의 손실이 증가되는 결과를 낳는다. 이러한 퇴적물 손실은 해빈의 고도를 낮추고 폭을 좁히는데, 이 같은 현상은 홀과 필키(Hall & Pilkey, 1991)의 뉴저지 연구에서 잘 나타났다. 이 사례에 따르면 해안 제방이 없는 해빈에서 후빈폭(dry width)이 55m였고 해안제방이 설치된 해빈에서는 9m로 조사되었다.[1] 이러한 경향은 필키와 와이트(1988)가 노스캐롤라이나와 사우스캐롤라이나 해빈에서 수행한 연구에서도 일관되게 나타난다.

### 2) 측면/말단부 세굴

해안제방의 끝부분에서 침식이 가중된 사례를 쉽게 찾을 수 있는데, 이 현상을 측면 세굴 혹은 말단부 세굴이라고 한다. 이러한 현상을 그림 3.2와 사진 3.1을 통해 살펴볼 수 있다. 잔여 파랑에너지가 해안제방 앞의 해안을 따라 전달되는데 그 양은 해안세방의 길이와 관계가 깊다. 해안제방 말단부를 지난 후에 침식될 수 있는 있는 퇴적물을 만나게 되면 침식이 크게 일어난다. 그릭스와 트랫(Griggs & Tait, 1988, 1989)은 해안제방을 따라 평행하게 30m까지 이동하는 반사파를 관찰하였다. 이러한 반사파와 입사파랑의 간섭이 일어나면 세굴이 크게 증가한다. 고전적인 예는 뉴저지의 케이프 메이(Cape May)에서 볼 수 있는데, 말단부 세굴은 연안 하류부의 1km에 걸쳐 내륙으로 400m까지 침식되었다. 실험실 연구에서 맥도갤 등(1987)은 평형 상태의 해빈에 직립벽을 모형화시켰다. 구조물의 하류말단부에서 가장 큰 침식이 일어났고, 말단

1) dry width는 고조위 이상에서 나타나는 마른 모래로 구성된 후빈의 폭을 가리킨다. dry beach도 같은 맥락에서 이해될 수 있다.

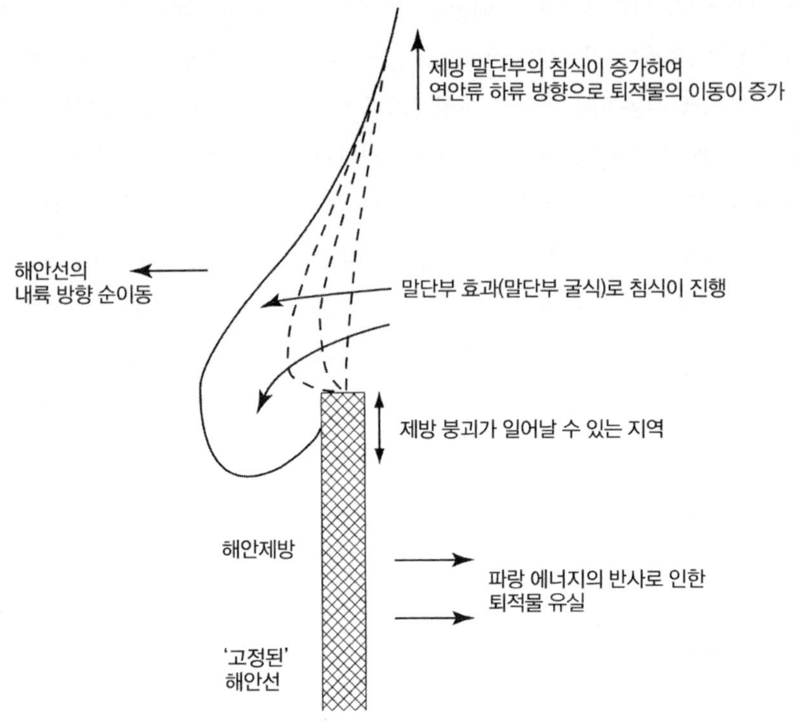


그림 3.2. 해안제방과 관련하여 나타나는 전형적인 말단부 효과(말단부의 굴식)

굴식 현상이 말단부의 지지력을 제거하여 해안제방의 기반을 약화시킴.

부로부터 하류방향으로 갈수록 침식량이 줄어드는 경향을 보였다. 이러한 관찰은 그림 3.2에서 볼 수 있는 것과 유사하다. 그릭스와 트랫(1988, 1989)은 미국의 캘리포니아의 몬테레이(Monterey) 만에서 해안제방 말단부 효과에 미치는 조절 인자를 밝혀냈다. 측면침식이 일어나는 연안 하류의 범위는 파고와 파랑주기의 관계식으로 표현될 수 있고, 해안제방의 길이와도 관계가 있다. 맥도갤 등(1987)은 말단부 효과가 연안 하류부에 영향을 미치는 범위는 해안제방 길이의 70퍼센트에 이른다고 하였다. 측면침식의 범위는 해안제방 말단부의 구조, 해안제방의 투수도, 그리고 파랑의 접근방향과 각, 그리고 조수주기의 단계와 관련이 깊다.

폭풍의 영향도 측면침식의 형성에 중요한 역할을 한다. 몇몇 연구에 따르면, 폭풍 기간에 해안제방 말단부에서 침식이 증가한다. 파랑에너지가 증가하기 때문이지만, 해안제방 말단부 하류에서는 폭풍 기간 동안 자연 해안선에서 발생하는 침식 예측량에 비하여 380%의 침식이 발생하였다(Birkemeier, 1980). 정상상태에서도 그릭스와 트랫(1988)은 몬테레이 만 해안제방 말단부에서 육지방향으로 75m까지 측면침식 효과가 일어난다고 하였고, 다른 지역에서도 46m까지 미친다고 하였다. 그릭스와 트랫(1988; 1989)이 확인한 것처럼 이러한 연구들은 해안제방의 침식효과를 확대시키는 몇몇 요소가 있다는 것을 시사하고 있다.

심각한 경우에는 측면침식은 해안제방의 말단부의 기저부를 침식한다. 이는 그림 3.2에서 보는 것과 같이 침식 지점으로 생긴 공동이 육지방향으로 갈수록 확장되는 것을 말한다. 해안제방의 뒷부분을 침식하여 제방의 지지부분을 제거한다. 별다른 조치가 없는 상태에서 다음 폭풍이 불었을 때 해안제방이 붕괴된다. 미국의 시브로크 아일랜드에서 허리케인 데이비드가 몰아닥쳤을 때 해안제방 뒷부분의 모래가 파랑에 의하여 쓸려나간 후 계속되는 전면부의 파랑에 의하여 결국에는 해안제방이 붕괴되었다(Sexton and Moslow, 1981). 측면침식의 심각성에도 불구하고 연안 하류부의 부동산 소유자들은 침식문제 때문에 해안제방의 확장을 요구한다. 이러한 경향으로 프렌치(1997)가 제시한 바와 같이 해안선을 따라 호안구조물이 늘어나고, 이에 따라 지속적인 해안침식이 발생하는 시나리오가 현실화된다(그림 1.2 참조).

### 3) 하구역 조황(潮況)의 변형

해안제방이 환경에 미치는 영향은 개방된 해안에서 대체로 파랑반사와 함께 말단부 세굴을 유발하는 파랑에너지의 전달에서 비롯된다. 하구역에서 해안제방은 시스템 내의 조수프로세스에 주로 영향을 미친다. 조수가 하구역으로 유입할 때, 염습지 상부까지 조수가 채워지고 나면 그 수면을 지나

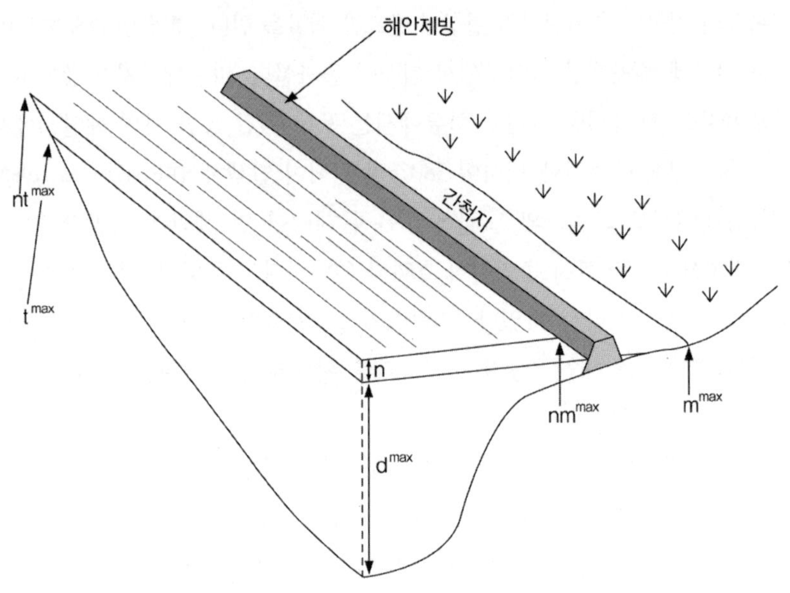


$d^{max}$ = 간척사업 이전의 최대 수심
$t^{max}$ = 조수 도달의 상한
$m^{max}$ = 하구역가의 조수 도달 한계
$n+d^{max}$ = 새로운 최대 수심
$nt^{max}$ = 새로운 조수 도달 한계
$nm^{max}$ = 하구역가의 새로운 조수도달 한계

그림 3.3. 간척사업과 해안제방이 하구역의 조간대역에 미치는 영향(French, 1997)

더 높은 고도까지 흘러간다. 이렇게 물로 채워지게 되는 공간을 조수체적(tidal volume)이라 부르고 물의 부피를 조량 또는 조석프리즘(tidal prism)이라고 부른다. 간척이나 홍수방지를 위하여 해안제방이 하구를 따라 조성되면 조수체적이 감소한다. 그러나 조량은 감소하지 않기 때문에 작아진 공간으로 동일한 조량이 흘러들어오게 되어 수심은 깊어지게 된다(그림 3.3).

프렌치는 해안제방의 주요 영향과 하구환경 변화의 방향을 다음의 네 가지로 요약하였다(French, 1997).

• 조수가 상대적으로 작은 면적을 덮기 때문에 수심이 증가한다. 침수기간

이 증가하고, 이에 따라 식생 군집의 변화가 일어난다. 또한 하천 상류의 조차가 커진다[그림 3.3(French, 1997; 66~71)].

- 개방해안에서처럼 호안구조물은 육지와 바다 사이의 굳건한 장벽 역할을 한다. 구조물은 파랑반사를 일으켜 세굴을 발생시키고, 자연서식처가 해수면상승이나 준설과 같은 외부요소의 변화에 적응할 수 있는 여지를 없앤다.
- 간석지 면적의 축소는 하구의 단면적과 하도의 형태를 변화시킨다. 이러한 변화는 조류의 활동, 파랑의 진행, 퇴적물의 이동, 그리고 창조가 주도하는가 또는 낙조가 주도하는 환경인가의 결정에 영향을 미친다.
- 염습지 퇴적물과 같이 재동되는 경우, 퇴적물수지로 입력될 수 있는 임시 퇴적물저장고의 일부를 제거하는 결과를 낳는다.

하구에서 해안제방은 수로의 안정성과 선박의 출입로를 확보하기 위하여 수류의 방향과 수심을 유지시키는 목적으로 사용한다. 이러한 구조물을 도류제라고 부른다. 예를 들면 모어캠 만의 룬(Lune)하구에서 수로 하나에 낙조류를 집중시키고, 수로의 폭과 깊이를 확대시킨 도류제는 창조와 낙조의 조류시간을 변형시켰다(Inglis and Kestner, 1958a). 수로의 세굴을 활성화 시켜 수로의 안정성을 유지하는 것이 하구 관리당국에는 이롭지만, 이는 하구 외곽에 퇴적물을 증가시키는 악영향을 초래한다. 어떠한 경우에는 근해의 수심을 낮추어 연안류 이동을 막아 퇴적물고갈 문제를 발생시킨다.

해안제방은 전체 해안프로세스의 기초를 이루고 있는 하구시스템의 변형을 일으킬 수 있다. 다시 말하면 간척지를 보호하기 위해 오랫동안 이용되어 온 해안제방은 결국 전 세계의 여러 하구를 환경변화에 제대로 반응하지 못하는 인공지형으로 바꾸어왔다. 해수면상승이 진행되는 상황에서 하구는 브룬의 법칙에 요약되어 있는 것처럼 생물 서식지를 육지 쪽으로 그리고 고도를 높이는 방향으로 이동시켜 적응해야 한다. 그러나 개방해안과 마찬가지로 하구역의 해안제방도 해안압착 현상을 일으킨다. 이러한 해안제방을 제거하여 해수면상승에 반응할 수 있는 자연적 형태로 하구를 조정하자는 착상이 점차 호응을 얻어가고 있다.

## 4. 해안제방이 해안환경에 끼치는 편익

해안제방을 부정적으로만 보기가 쉽다. 그러나 해안제방은 여러 경우에 높은 가치를 지닌 배후지를 보호할 수 있는 가장 효과적인 방법이라는 것을 기억해야 한다. 또한 위에서 언급한 부정적인 측면과 관계가 없는 경우도 있다. 이는 특정한 설계기준과 환경 조건에 따라 해안제방이 배후지와 해빈을 효과적으로 보전할 수도 있다. 특정한 설계기준이나 환경 조건이 무엇인가를 밝힐 수 있다면 해안제방 설계에 획기적인 발전을 이룰 수 있을 것이다. 앞에서 자연 해빈에 비해 퇴적물 손실이 크지 않은 해안제방 전면 해빈의 예를 살펴보았다(Griggs et al, 1994; Morton, 1988). 베겔(1988)은 해안제방의 해빈침식 효과를 증명하기에는 자료가 부족하다고 주장하였다. 이는 해빈유실의 실제적인 원인에 대한 연구 부족을 반영하는 것이다(즉, 수동적 프로세스의 지속이 원인인지 아니면 능동적 프로세스로 인해 새롭게 침식이 시작된 것인지에 대한 문제를 밝히는 연구가 필요하다). 바스코 등은 미국, 버지니아 주의 샌드브리지에서 해안제방이 설치된 해빈과 자연 해빈에서 발생하는 퇴적물 손실에서 유의미한 차이가 없다고 주장한다(Basco et al., 1997). 해안제방이 있는 해빈에서 모래의 계절적인 변동이 훨씬 크다고 하였다. 즉 해안제방이 있는 해빈에서는 겨울 폭풍에 더 많은 퇴적물이 빠져나가고 여름의 잔잔한 시기에 해빈의 체적인 증가한다. 동일한 기간에 걸쳐 손실량과 회복량은 더 크게 나타나지만 순변화량은 같다. 이를 통해서 해안제방이 설치된 해빈과 그렇지 않은 해빈의 순변화량은 같다고 볼 수 있으나, 폭풍에 대한 반응 정도는 다르다. 이런 경우 폭풍이 해안제방이 설치된 해빈에 보다 큰 영향을 주었다고 말하고 싶겠지만, 시스템의 역동성과 폭풍 이후 가용퇴적물이 해빈을 원상태로 회복하기에 충분했다. 이와 대비되는 시스템에서는 폭풍기간 중에 해안제방의 영향으로 퇴적물이 시스템 외부로 빠져나간다. 즉, 침식된 물질이 정상 파한보다 깊은 수심의 외해빈에 퇴적되어 폭풍이 그쳤을 때에 해빈으로 되돌아갈 수 없는 경우가 된다. 이것은 해안제방이 해빈에 악영향을 주는가에 관한 연구자들 사이의 이견을 부분적으로 설명해 준다. 어떤 해안제방은 해빈에 악영향을 미치지 않은 채 해인을 보호하고, 어넌 것은 부분적인 보호만을, 또 다른 것들은 악영향을 줄 수 있다(Terchunian, 1988).

### 1) 해안제방의 개선

해안선의 위치는 퇴적물의 공급, 유입되는 파랑에너지, 그리고 해수면 사이의 관계를 통해서 결정된다. 가장 복잡한 문제는 이것들 중 어느 것도 일정하지 않다는 것이다. 실제로 퇴적물의 유입은 강수량이나 폭풍침식에 따라 시간마다 다르고, 파랑에너지는 기상조건에 따라 다르다. 또한 해수면상승은 중장기적으로 상승과 하강의 경향을 보인다. 이에도 불구하고 해안선은 동적 평형을 이룰 수 있다. 즉, 세 가지 변수의 변동 폭 사이에서 순 안정을 유지한다. 해안제방의 목직을 이루기 위해서는 이러한 변수들에 미치는 영향을 최소화시켜야 한다. 첫째, 유일한 퇴적물 공급(예를 들면, 해식애)을 차단하는 해안제방은 해빈에 중대한 영향을 미칠 수 있다. 반면에 퇴적물공급이 여러 경로로 이루어지는 해안(예를 들면 외해빈과 연안류)은 또 다른 퇴적물 공급지가 있고 해안제방 전면의 해빈이 의존하지 아니한다. 둘째, 파랑에너지가 해빈단면에서 자연적으로 소실되도록(7장과 9장 참조) 훨씬 내륙 쪽에 해안제방을 설치하면 입사 파랑과의 간섭 문제가 저감될 수 있고, 해안제방이 쇄파대로 노출되지 않을 것이다. 먼 곳에서부터 퇴적물을 공급받는 폭 넓은 해빈과 함께 폭풍기간에 배후지를 침식과 홍수로부터 방어하는 해안제방이 갖추어져 있다면 이상적이다. 이상적이기는 하지만 이는 실현되기 어렵다. 그런 경우에 효과적인 설계를 통해 해안제방의 영향을 최소화하는 것이 중요하다.

해수면상승은 제2장에서 살펴본 것처럼 다른 두 변수에도 영향을 줄 수 있기 때문에 이 문제는 매우 복잡하다.

따라서 해안제방의 위치를 사려 깊게 정하는 것은 해빈에 미치는 영향을 줄여주는 데 도움이 된다. 또 다른 방법은 지역적인 조건에 맞도록 해안제방의 설계에 변화를 주는 것이다. 파랑을 반사하는 해안제방은 세굴을 발생시킨다. 불규칙한 표면을 이용해서 에너지를 흡수하거나 에너지를 분산시키는 것이 효과적이다. 해안제방의 상부에 파반사공(波反射工)을 설치하면 파랑에너지를 콘크리트 피복공이나 사석공에 집중시킬 수 있다(그림 3.1). 아랜스와 벤더(Ahrens & Bender, 1992)는 파반사공이 세굴을 방지하고 월파를 억제하는 효과를 언급하고 있다. 표면을 불규칙하게 만드는 것은 파랑이 한 방향으로 집중되는 것을 방지하고 내부적으로 분산시키기 위한 것이다. 이러한 예는 남부 블랙풀의  제방에서 찾을 수 있다(그림 3.1). 그림에서 도넛처럼 생긴 외양이 효과를 보여 전면의 해빈에 약간의 퇴적물 증가가 나타나고 있다. 개개의 도넛형 외양부가 폭풍 기간에 제방으로부터 떨어져 나가지 않도록 해야 한다.

해빈손실의 문제를 극복하는 또 다른 방법은 사전 예방적 접근 또는 주도적 접근을 채택함으로써 해빈손실을 불가피한 것으로 받아들이고, 해빈손실에 대한 대응책을 마련하는 것이다(Terchunian, 1988). 해안제방도 설치하고 주요 퇴적물 공급의 차단 문제도 함께 해결하려면 양빈을 통해 퇴적물을 인위적으로 공급해주어야 한다. 이러한 방법은 7장에서 논한다. 터츄니안(Terchunian, 1988)은 양빈에 필요한 체적을 계산해 낼 수 있는 수학적 모형을 제안하였다. 이 모형에서는 이전의 수동적 침식률, 건설 후의 능동적 침식률과 퇴적물 공급 차단으로 발생한 손실을 고려하고 있다.

## 5. 해안제방과 해수면상승

앞에서 해안제방으로부터 반사된 파랑에너지가 해빈의 세굴과 해빈퇴적물의 손실을 초래하고, 이 현상이 해안제방 기저부를 침식시켜 해안제방의 붕괴를 초래한다는 것을 살펴보았다. 해수면상승이 일어나고 해안선이 고정되어있는 상황에서는, 해안제방 앞의 수심과 파한이 깊어진다. 이는 더 큰 에너지를 가진 파랑이 외빈에 더 깊숙이 밀려온다는 것을 의미한다. 따라서 해안제방으로부터 반사가 일어나는 지역에서는 해빈의 세굴과 퇴적물의 손실이 특히 심해질 것이다. 파랑에너지 수준이 증가하고 파한이 깊어짐에 따라 해안제방을 따라 전달되는 파랑에너지의 증가로 인한 해안제방의 말단 하류의 세굴도 훨씬 심각해질 것이다.

본질적으로 해빈의 존재는 다음의 두 가지에 달려있다. 적절한 퇴적물의 유지와 함께 해빈이 육지로 이동할 수 있는 완충 공간의 확보이다(제2장의 브룬의 법칙 참조). 해빈의 배후에 해안제방이 설치되면 육지방향의 이동이 불가능하고 해빈이 자연상태보다 쇄파대에 더 가까이 또는 쇄파대 가운데 놓여있게 된다. 그 결과 해빈은 안정을 이룰 수 없는 조석 환경에 자리 잡게 되고 이에 따른 조절이 일어난다. 침식 증가와 해수면상승으로 인한 해빈고의 저하는 해빈의 폭을 줄여 쾌적성을 크게 떨어뜨리고, 파랑 반사로 말미암은 세굴이 심각해져서 해안제방의 붕괴가 일어날 가능성이 높다. 이러한 영향은 해안 관광지역에 특히 심각하다. 대부분의 해안 관광지역에서는 배후지의 호텔이나 산책로, 레저시설 등 고가의 휴양 기간 시설을 해안제방으로 보호하고 있다. 이러한 문제의 해결에는 두 가지가 있다. 첫째, 해안제방을 육지방향으로 이동시킨다. 이러한 방법은 단계별 후퇴(제12장 참조)의 계획에서는 가능할지 모르나 고밀도로 개발된 관광지역에서는 실행 가능한 대안이 되기 어렵다. 둘째, 친수공간의 효용이 있는 미개발 해빈에서는 해빈을 육지 쪽으로 쉽게 이동할 수 있도록 배려하여 해빈 안정을 유지한다. 사회경제적인 시각으로 볼 때, 관광객들은 해안제방으로 가치가 저하된 해빈보다 안정을 유지하고 있는 자연 해빈을 선호한다는 것을 의미한다.

## 6. 정리

일반 대중에게 해안제방은 육지와 바다 사이에 위치한 물리적이고도 실질적인 장벽을 제공하는 가장 안전한 보호형태로 인식된다. 그런데 해안제방의 사용으로 발생되는 환경문제가 있다는 것을 주지시켜 균형감각을 찾도록 해야 한다.

해안제방이 해빈에 아무런 악영향을 주지 않는다는 의견과 해빈에 커다란 해악을 미친다는 의견을 통해 견해차이가 있다는 것과 해빈침식을 일으키는 요소에는 해안제방 이외에도 여러 요소들이 존재한다는 것을 살펴보았다. 조황과 파황의 차이, 그리고 퇴적물의 특성과 분포에 따라 해안은 해안제방에 대해 서로 다른 반응을 나타낸다. 아직도 해안관리당국은 해안제방을 사용할 수밖에 없다. 해안제방은 악영향에도 불구하고 여전히 건설되고 있고 여전히 해빈에 영향을 미치고 있다. 우선, 해안제방이 널리 쓰이는 이유에 대한 질문이 제기될 수 있다. 대답을 위해서 해안제방의 역할을 생각해 볼 필요가 있다. 기본적으로 해안제방은 침식을 방지하여 개발지역이나 시설을 보호하기 위한 것이다. 주거지, 공업지, 그리고 수변휴양시설을 확보하려는 목적 때문에 해안지역은 커다란 개발압력을 받고, 그 결과 해안에는 해안선을 실질적이고도 확고하게 고정시키는 방안으로 해안제방이 최선책으로 인식되고 있다. 고밀도 개발을 위한 막대한 투자가 일어난다면, 투자를 보호하기 위해 해안제방을 설치할 수밖에 없다.

해안제방이 해안선에 미치는 영향을 고려하여 그 사용을 자제하고, 파랑의 반사, 퇴적물 유입의 차단, 말단부 세굴 등의 문제를 피하기 위한 설계개선을 도모할 필요가 있다. 다양한 사례연구를(표 3.1) 통해서 해안제방의 설계와 축조와 관련된 일련의 지식을 얻을 수 있다. 설계개선의 맥락에서 핵심사항은 다음과 같다.

- 파랑반사와 해빈세굴을 저감시켜 반사파랑이 집중되는 것을 완화시킨다.

이 경우엔 전면 해빈에 불균일한 제방표면과 사석 밑받침공이 바람직하다.

- 쇄파대의 특성에 대한 상세한 연구는 서로 다른 수심과 폭풍조건에서 발생하는 파랑에 대한 해빈의 반응을 예측할 수 있도록 할 것이다. 해안제방이 쇄파대에 근접하거나 쇄파대 내에 진입하지 않도록 관리하여 침식을 줄이고, 경계파로 에너지가 전달되는 것을 억제시킨다.
- 파랑에너지의 측면굴절과 전파는 제방 말단부 세굴의 주요 원인이다. 이러한 프로세스를 저감시켜 이 부분의 침식을 줄이고, 해안제방 말단부의 수명을 연장시킨다.
- 세굴로 말미암은 수심의 증가는 위의 방안으로 일부 상계될 수 있다. 잠재적 환경영향을 고려하여 해안제방의 건설을 금지하는 지역에서는 양빈과 같은 사전예방적 접근을 적용하여 해빈의 손실을 보상해야 한다.

위의 목록에 추가시킬 수 있는 대책에는 최근의 연성호안기법이 있다. 연성호안에서는 견고한 호안구조물을 피하고 부드러운 퇴적물을 이용하는 경향을 보인다. 이 방법은 이 책의 제3부에서 상세히 다루어질 것이다. 전통적인 해안제방의 문제를 염두에 두고 새롭고 유연한 연성호안 비교하기 바란다.

해안제방의 장점

- 배후지의 침식을 방지
- 범람으로부터 재산보호
- 육지와 바다 사이의 물리적 장벽을 통한 주민의 안전감을 강화
- 배후지의 재산 가치를 유지

해안제방의 문제점

- 전면 해빈에 대한 잠재적인 영향
- 연안퇴적물이동 차단
- 연안 하류의 침식확대(말단부 세굴)

이용추천

- 높은 재산가치를 지닌 배후지를 보호하기 위해
- 다른 해결책이 부적합할 경우, 친수시설의 보호와 이용 증진을 위해

제4장
# 돌제와 도류제: 해안선에 수직 방향으로 설치된 구조물

## 1. 도입

돌제와 도류제는 모두 해안선에 수직방향으로 설치된 구조물이다 두 구조물 사이의 구분은 중요하다. 돌제는 도류제보다 작은 규모이고, 한 지역에 여러 개를 설치하는 경향이 있으며 범위가 쇄파대에 한정되어 있다. 이와 대조적으로 도류제는 하나 혹은 하구역 양안으로 쌍을 지어 건설되며, 좀더 견고한 구조물이며, 쇄파대를 지나 바다 쪽으로 연장된 형태이다. 실베스터가 지적한 바와 같이 쇄파대에 보다 많은 퇴적물이 있고 연안류 작용이 활발하게 진행되기 때문에, 연안퇴적물이동 역시 여기에 집중되어 있다(Silvester, 1979). 그러므로 해안선에 수직방향으로 설치된 구조물이 쇄파대의 일부 혹은 전부를 가로막게 되면, 퇴적물이 쌓여 해빈이 형성된다. 그러므로 해안보호에 대한 영향은 비록 규모의 차이는 있을지라도, 두 종류 모두 퇴적물의 하류이동을 억제한다.

해빈을 형성하고 보호하기 위한 돌제의 이론적 근거는, 연안류 작용이 쇄파대에 집중되어 있다는 데에서 찾을 수 있다. 그것 자체가 해빈을 따라 이동하는 퇴적물의 흐름을 조절하고 연안 하류로 퇴적물이 유출되는 것을

표 4.1. 돌제와 도류제의 영향에 대한 연구 사례

| 나라 | 연구자 | 연구 지역 |
|---|---|---|
| 벨기에 | Charlier and de Meyer(1995a) | 북해 |
| 덴마크 | Moller(1990) | 북해 |
| 독일 | Kelletat(1992) | 질트 섬 |
| 일본 | Walker and Mossa(1986) | 다양한 지역 |
| 포르투갈 | Granja and de Carvalho(1995) | 북서 |
| 영국 | Bray and Hooke(1998a) | 풀/크라이스트처치 |
| | Bray et al.(1992) | 번머스 |
| | Bull et al.(1998) | 란두드노(웨일즈) |
| | Hall et al.(1995) | 풀 |
| | Wringley(1991) | 모어캠 |
| | Owens and Case(1908) | 도버/홀더니스 |
| 미국 | Douglas(1987) | 뮤렐즈 인릿(캐롤라이나) |
| | Fletcher et al.(1997) | 하와이 |
| | Griggs(1990) | 몬테레이 베이(캐롤라이나) |
| | Hall and Pilkey(1991) | 뉴저지 |
| | Komar(1998) | 캐롤라이나 |
| | Leidersdorf et al.(1994) | 산타 모니카(캐롤라이나) |
| | van Dolah et al.(1984) | 뮤렐즈 인릿(캐롤라이나) |
| | Walker(1987) | 산타 바바라(캐롤라이나) |

감소시키기 위해 고안되었기 때문이다. 이와 같은 전통적인 목적 이외에도 인공적으로 조성한 해빈을 보호하기 위해서도 쓰인다(7장의 양빈 참조). 양빈에 사용한 모래가 하류로 이동하는 것을 막기 위한 돌제는 캘리포니아 몬테레이 만의 카피톨라에서 볼 수 있다(Griggs 1990). 이러한 경우는, 연안퇴적물이동을 억제하여 해빈을 형성할 목적보다는, 인공적으로 조성한 해빈을 고정하고 퇴적물이 하류로 이동하는 것을 억제하기 위한 것이라고 해야 할 것이다.

돌제가 해안보호에 쓰이는 일반적인 형태이기는 하지만(표 4.1), 유사한 기법을 항구나 하구역에 걸쳐 있는 큰 규모의 문제에도 적용할 수 있다. 도류제는 안전한 선적과 함께 항만 입구와 선적 수로가 매몰되는 것을 막기 위해 항구 입구에 설치하는 경향이 있다. 도류제와 관련된 원리는 돌제의

a) 퇴적물 이동과 해빈 평면 형태

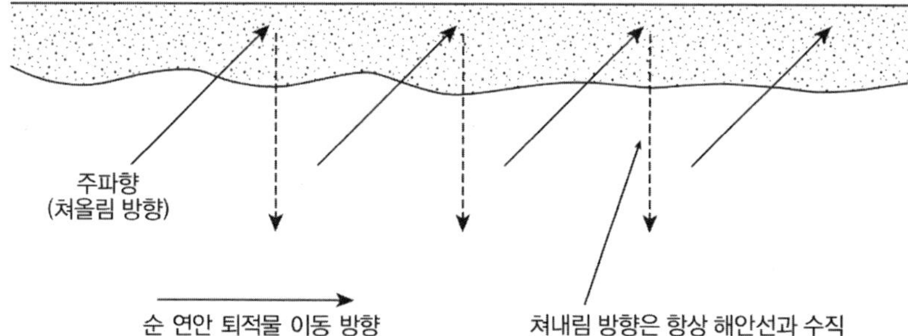


b) 쳐올림과 해빈 평면 형태(돌제)

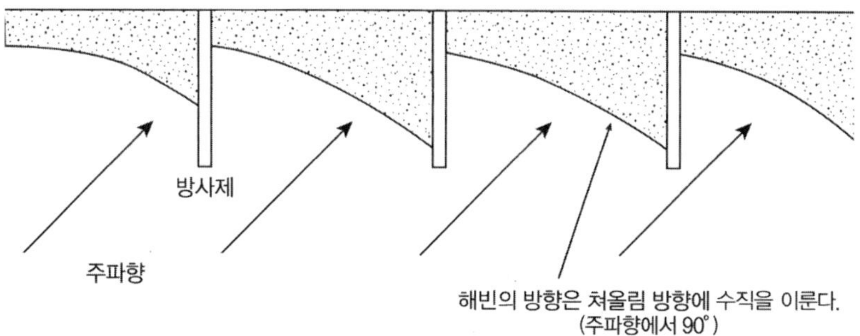


c) 쳐올림과 해빈 평면 형태(도류제)

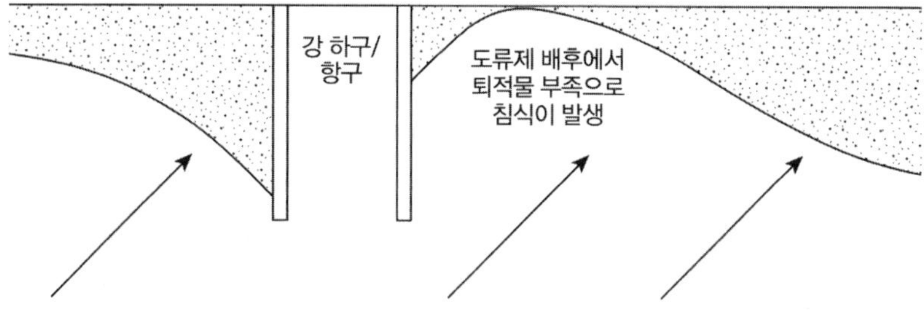


그림 4.1. 연안 퇴적물(표사) 이동

구조물이 퇴적물의 이동과 해빈의 평면 형태에 미치는 영향

a) 연안퇴적물이동이 간섭받지 않을 경우 퇴적물 이동에 의해 해빈의 평면 형태가 결정.

b) 와 c) 돌제와 도류제가 연안퇴적물이동을 방해하여 쳐올림에 의해 해빈 방향이 결정됨. 해빈 방향은 쳐올림 방향에 대해 수직을 이룸. 퇴적물의 부족으로 인한 침식이 연안류 하류부에서 발생.

경우와 큰 차이는 없지만, 여기에서는 연안퇴적물이동을 완전히 차단하는 것이 목적이고, 상류의 퇴적물은 부차적인 문제로 간주한다. 때때로 도류제는 해안에 연결된 방파제와 같은 의미로 쓰이기도 한다. 이안제(제6장 참조)와의 혼동을 피하기 위해서 이러한 방파제를 도류제에서 다루기로 한다.

돌제와 도류제 모두 연안퇴적물이동이 일어나는 해안에서만 효과가 있다. 연안 이동의 방향은, 구조물의 상류에 형성된 퇴적체로서 쉽게 확인할 수 있다. 이것은 하류에서 퇴적물 부족으로 발생하는 침식과도 관련되어 있다(그림 4.1). 이 책은 해안보호에 초점을 맞추고 있기 때문에, 해안보호에 일차적인 역할을 하는 돌제를 중심으로 논의를 진행하고자 한다. 도류제의 영향은 쇄파대 외부의 외해빈에서 주로 발생하는데, 여기에서는 해안에 미치는 영향에 국한하기로 한다.

### 1) 돌제

돌제는 해안제방과 함께 해안 구조물에서 전통적인 형태이며, 그만큼 오랫동안 이용되어 왔다. 오웬스와 캐이스(Owens & Case, 1908)는 돌제가 영국 남부의 도버에서 17세기부터 사용되어 왔다는 것을 밝혔고, 왕립해안침식위원회(1907)는 1850년 요크셔의 스펀헤드에서 진행된 돌제 설치사업을 기록하고 있다. 비록 양빈 기법의 출현과 그 유행으로 말미암아 1970년대 이후 돌제의 신규 설치는 감소했지만, 돌제는 오늘날도 연안퇴적물이동이 발생하는 해빈(사진 4.1)에서 흔하게 볼 수 있다(Viles and Spencer, 1995). 최근에는 돌제 건설에 전통적으로 사용되어 온 나무나 금속 말뚝보다는 거력(巨礫)을 사용하는 경향이 있다.

돌제의 효율을 최적화하기 위해서는 규모(dimension)와 배열, 즉 재질뿐만 아니라 간격, 길이, 높이, 모양 등이 모두 중요하다. 이들 중에서 상대적으로 두 가지 중요한 변수가 있다. 우선 제2장에서 연안 퇴적물이동이 쳐올림대에서 우세하게 발생한다는 것을 살펴보았다. 돌제는 각 구획이 퇴적물로 채워진

사진 4.1. 일련의 해안수직 구조물로 이루어진 돌제 구역. 영국 서섹스의 보그노르 레지스 소재

후에 퇴적물이동이 해안을 따라서 재개되도록 고안되었다. 쇄파대를 완전히 가로막게 되면 연안퇴적물이동이 재개되지 못하고, 이안류의 발달로 퇴적물이 심해까지 운반되어 퇴적물 유실이 초래될 수 있기 때문에 돌제가 쇄파대를 넘어 뻗어나갈 정도로 길지 않게 조정하는 것이 중요하다. 또한, 퇴적물이 지나치게 억제되면 상류와 하류에 대한 영향이 증가한다. 상류의 넓은 면적에 걸쳐 퇴적물이 쌓이고, 하류에서 침식이 일어나는 면적이 크게 확대될 것이다. 미국 대서양 해안의 자료(USACE 1984)를 살펴보면 위에서 설명한 내용을 확인할 수 있다. 돌제가 평균 저위면을 기준으로 -0.3m 깊이까지 연장되면 이동하는 퇴적물이 모두 차단되었다. -1.2~-3.0m 정도인 경우는 75% 정도, 그리고 -1.2m 이하인 경우는 50% 정도가 차단되어 퇴적되었다. 이러한 차이는 돌제를 우회하는 퇴적물의 양이 변화시킴에 따라 하류의 침식률에 중대한 영향을 미친다. 일반적인 지침에 따르면, 돌제의 길이가 쇄파대 너비의 40~60% 정도가 되어야 해빈 형성에 충분한 퇴적물을 모을 수 있다. 이 수치는 또한 하류의 퇴적물 부족을 최소화할 수 있는 규모이기도 하다. 상자글 4.1과

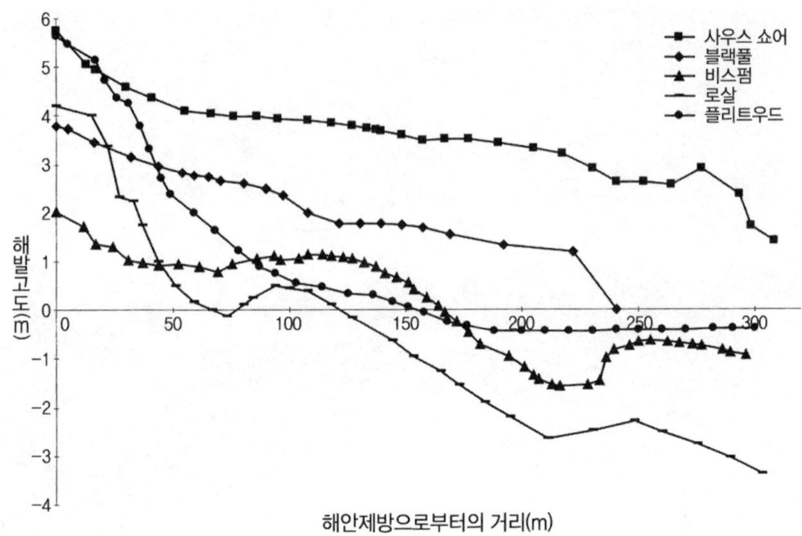


그림 4.2. 돌제와 해빈고

돌제를 설치한 로살과 플리트우드의 해빈단면이 돌제를 설치하지 않은 비스팸, 블랙풀, 사우스 쇼어에 비해 상부 해빈에서 더 급한 경사를 보이고 있음에 주목할 것. 이는 퇴적물이 돌제 구역에 퇴적되기 때문이다(파일드 해안과 북서 잉글랜드의 1998년 동계 자료, 위치정보는 상자글 4.1을 참조할 것.)

그림 4.2에서 돌제가 해빈 퇴적에 끼치는 영향을 다루고 있다. 여기에서 한걸음 더 나아가 생각하면, 해빈을 형성하는 퇴적물 유형이 중요하다. 자갈은 쇄파대(쇄파대 상부) 내에서 바닥짐의 형태로 이동하는 경향이 있으며, 가용한 퇴적물 가운데 많은 양을 해안 가까이에서 차단시킬 수 있다. 모래는 세사일수록 부유상태가 되기 때문에 가용한 퇴적물 하중이 쇄파대에 폭넓게 분산된다. 그러므로 사질 퇴적물을 차단하기 위해서는 긴 구조물이 필요하다.

돌제 구조와 관련된 두 번째 문제는 돌제의 간격이다. 간격이 지나치게 좁거나 지나치게 넓으면 퇴적물 차단에 실패하거나 돌제 내에서 침식이 발생한다(그림 4.3). 적절한 돌제 간격은 대략 돌제 길이의 4배(Komar, 1998)에서 2~3배(USACE, 1992)로 알려져 있다. 전문가들이 제시하는 추정치 사이에 이견이 존재한다는 것은, 이것이 정확한 값이 아니라는 사실을 반영한다.

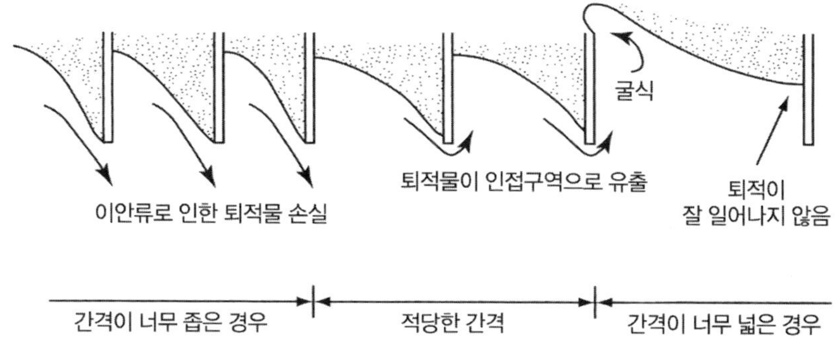


그림 4.3. 해빈 고도와 돌제

너무 간격이 좁으면 이안류에 의해 퇴적물의 외해로 빠져나가고, 너무 간격이 넓으면 퇴적이 잘 일어나지 않거나 굴식이 발생한다. 적당한 간격일 때 퇴적물이 돌제 사이에 채워지고 넘쳐서 다른 돌제구역으로 들어간다.

왜냐하면 간격 산출에 있어서 파랑의 입사각, 퇴적물 농도, 입도, 수심 등과 같은 수많은 요인이 존재하기 때문이다. 퇴적물의 예를 들면, 사빈의 경우 돌제 간격에 대한 길이의 비율이 1:4 정도가 되어야 하며, 역빈의 경우는 1:2 정도는 되어야 한다. 접근하는 파랑과 해안선의 관계도 중요하다. 파면(wavefront)이 해안에 거이 평행하게 집근하는 환경에서는 간격을 넓힐 수 있다. 예각으로 접근하는 경우에는 간격을 좁혀야 한다(USACE, 1992). 파면이 해안선에 거의 평행하게 접근할 때에는, 연안류 생성이 최소화되기 때문에 돌제가 지금 살펴보고자 하는 문제에 효과적인 해법이 될 수 없다. 영국 농수산식품부는 최근의 연구에서(MAFF, 1995a) 돌제의 간격 대 길이 비율을 사용하는 접근방법에 의문을 제기하고, 해안에 수직인 방향에 대한 연안퇴적물이동의 분포와 해빈 마루(beach crest) 또는 범(berm)의 방향을 이용하여 '유효 돌제 길이'를 계산하는 접근방식을 제안하였다.

돌제에 대한 재평가는 1:50 스케일의 조파기 수조 모형 연구에 의한 것이다(MAFF, 1995a). 이 연구 결과로 돌제 설치지역에 걸쳐 일어나는 이안/향안의 퇴적물 이동이 중요하다는 것이 밝혀졌다. 쇄파대에서 외해 쪽으로 운반된 퇴적물은, 해안에 대해 수직방향의 흐름에 의해 잠재적으로 전빈 쪽으로 또는 외해빈 쪽으로 이동할 가능성을 갖고 있기 때문에 이에 따라 돌제 내의 퇴적을 증진 또는 저감시킬 수 있다. 기타의 주요 이슈들은 다음과 같다.

- 돌제의 효율성은 해빈 성장에 따라 다르다: 해빈의 형태가 변화함에 따라 파랑과 흐름의 관계가 변화할 것이며, 그 결과 해빈/파랑 상호작용의 동역학도 변한다.
- 정상 상태에서 바닥짐으로 운반될 퇴적물이 부유하중 또는 뜬짐으로 운반될 수 있는 고파랑에너지 조건이 출현할 가능성이 있는 환경에서는 노출 지역의 설계파고에 대한 계산은 신중하게 이루어져야 한다: 주요한 퇴적물 이동이 고에너지 조건에서만 발생하는 지역에서는, 돌제가 유의파고를 넘는 기준으로 설계되어야 한다.
- 상류로부터 운반되는 퇴적물의 양이 제한되어 있는 상황에서는(상자글 4.1에서 살펴본 파일드 해안의 사례에서처럼) 암석 돌제 주위보다 목재돌제 하류에서 세굴이 더 크게 나타난다: 퇴적물수지에서 가용한 퇴적물이 적을수록, 지속적인 연안퇴적물이동에 의한 것보다 기존 해빈으로부터 더 많은 퇴적물이 공급되어야 한다.

이와 같은 연구결과로 돌제 설계에 폭넓은 변용을 가미하여 파랑과 퇴적물의 동역학과 조화를 이루도록 하고, 경성호안구조물의 악영향을 감소시킬 수 있게 되었다.

폭풍 기간에 증가된 부유 퇴적물이동 문제를 고려할 때, 제방고와 같은 변수들은 돌제상류의 퇴적 증가라는 측면에서 매우 중요한 의의를 갖는다. 퇴적물이 구조물의 상부까지 쌓이면, 다음 구역으로 넘어가고 하류 방향으로 이동이 재개될 것이다. 따라서 돌제가 지나치게 높으면 하류이동이 재개되기 전까지 많은 퇴적이 있어야 하고 이 때문에 하류의 퇴적물 부족이 일어날 수 있다. 만약 높이가 충분하지 못하면, 퇴적은 낮은 수준에 그치게 되어,

퇴적물 고정과 해빈 보호가 효과가 낮아질 것이다.

돌제의 높이와 단면은 해빈 형태에 있어서 일종의 틀과 같은 역할을 한다. 자연해빈의 단면이 외해 쪽으로 갈수록 고도가 감소한다면 돌제의 높이도 이것을 반영해야 한다. 카터(1988)는 원하는 해빈 고도보다 0.3~0.5m 정도 높게 조정할 것을 제안했으며, 버드(Bird, 1996)는 정상 조석의 쳐올림 한계를 약간 넘어서는 높이와 함께 해빈단면의 경향에 따라 외해 쪽으로 높이를 조절할 것을 제안하였다.

또한, 최종 해빈고는 구성 퇴적물의 안식각의 함수라는 것을 염두에 두어야 한다. 자갈은 30도 정도의 안정적인 해빈을 형성할 수 있지만, 사빈은 1도 내외에서 안정적이다(Pethick and Burd, 1993). 자갈이 모래보다 큰 각도에서 안정적이 때문에, 자갈 해빈 시스템에서는 모래 해빈에서 보다 더 높고 짧게 설계할 수 있다.

돌제는 단독적인 구조물로는 거의 설치되지 않으며, 일련의 집단 구조물로 구성된다. 위에서 제시한 계산이 옳다면, 돌제 집단은 퇴적물을 차단하여 돌제 설치 지역을 채운 후에야, 돌제 말단을 우회하거나 돌제 위를 넘쳐흐르는 형태의 퇴적물 이동이 재개될 것이다. 그러므로 돌제가 설치된 전 지역에는 파랑에너지를 약화시키고 해안에서의 침식과 범람을 감소시키는 넓은 해빈이 형성될 것이다.

돌제의 설치 목적은 설치 지역이 퇴적물로 채워지고 뒤덮이는 것이다. 그러나 파랑과 같이 시간에 따라 커다란 변이를 나타내는 여러 환경조건 때문에 적절한 설치 자체가 어렵고, 퇴적물로 뒤덮이는 상황은 거의 발생하지 않는다. 아마도 이 목적에 가장 가까이 도달한 지역은 많은 돌제들이 퇴적물로 뒤덮이고 해안을 따라 퇴적물이 자유롭게 이동하는 네덜란드와 독일의 북해 연안일 것이다(Davis, 1996).

상자글 4.1

### 돌제가 파일드 해안의 퇴적물 이동과정에 미친 영향

해안의 퇴적물수지는 퇴적물이동에 따라 좌우되고, 이 과정에서 연안퇴적물이동이 중요한 부분을 차지한다. 따라서 돌제는 연안퇴적물이동에 대한 간섭을 통하여 돌제의 상류와 하류 해안선에 커다란 영향을 미친다. 돌제의 상류에는 퇴적물이 억류되어 해빈이 형성된다. 돌제군 내부에는 퇴적물이 쌓여 해빈고가 증가한다. 돌제에 의해서 퇴적물이 차단되기 때문에 하류에서는 퇴적물수지의 결핍으로 이어져 배후지 침식이 증가하거나 해빈고가 낮아진다.

돌제의 퇴적물 차단 능력과 하류해빈에 대한 영향은 영국 북서부의 파일드 해안의 사례에 잘 나타나 있다. 상자글 3.1은 이 해안에서 해안제방이 미치는 영향을 설명하고 있다. 이 해안은 돌제의 영향도 함께 보여주고 있다. 파일드 해안은 남북 방향으로 20km 정도 뻗어있는 직선 해안선이며, 두 개의 지자체로 나뉘어 관리되고 있다. 북부에는 돌제가 사용되는 반면, 남부 해안에서는 모든 돌제를 철거했는데, 이는 퇴적물의 자유로운 이동을 유지하고 퇴적물 고갈을 막아 해안사구지대의 침식을 억제하기 위한 목적 때문이다. 동일한 퇴적단위에서 상이한 관리정책이 시행되기 때문에 관리에 따라 인접한 해안에서 어떤 퇴적 유형이 일어나는가에 대한 연구가 가능하다. 그림 4.2는 상부 해빈의 고도에 미치는 돌제의 영향을 나타내고 있다. 플리트우드와 로살에서의 측정치는 해빈이 돌제에 의해 보호되고 있음을 보여준다. 기대했던 바와 같이 상부 해빈의 고도는 돌제군의 영향권 내에서 높게 나타나고 있지만 돌제의 영향을 벗어나는 바깥 부분에서는 급격하게 감소한다. 돌제가 없는 부분에서는 해빈단면이 평평하고 바다 쪽으로 완만한 경사를 이룬다. 돌제는 해빈 윗부분에서 인위적인 고도 상승과 퇴적물 고정을 발생시켜 바다 쪽으로 급경사를 보이는 지형 단면을 초래한다.

그림 4.2 역시 하류의 퇴적물 고갈이라는 돌제의 또 다른 영향을 보여준다. 돌제가 없는 해빈의 3개 측정단면은 고도에서는 차이가 있지만 거의 평행한 경향을 나타낸다. 가장 낮은 단면은 남쪽 돌제에 인접한 하류에서 나타나 돌제의 영향이 가장 크게 나타나는 것으로 보인다. 이보다 높은 고도를 보이는 단면은 보다 남쪽에 위치하며, 가장 높은 고도를 보이는 단면은 돌제로부터 가장 먼 하류에 있다(지도 4.1에서의 위치를 참조). 따라서 이것은 돌제에 의한 퇴적물의 고갈이 어떠한 과정으로 하류의 해빈고 저하에 영향을 주는가를 보여준다. 실제 비스팸 해빈은 블랙풀 해빈의 주요 퇴적물 공급원이며, 블랙풀 해빈도 그 하류에 위치한 해빈의 퇴적물 공급원이 된다. 일단 돌제가 철거되면 비스팸 지역과 같은 타 공급원의 손실에 따른 것일지라도 해빈고는 상승하기 시작한다. 이 사례에서는 광범위한 해안제방으로 말미암아 사우스 쇼어 해안사구지대(이 곳의 위치는 사진 3.1 참조)에 이르기까지 배후지로부터의 퇴적물 공급은 없으며 단지 외해로부터 또는 해빈 자체로부터 퇴적물이 공급된다.

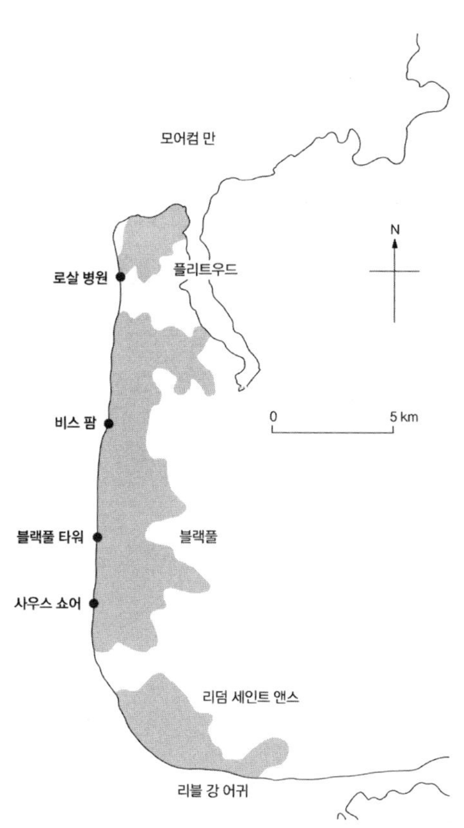


지도 4.1 파일드 해안

### 2) 도류제

도류제의 주요 역할은 항구의 관리를 위해 연안퇴적물이동을 완전히 차단하는 것이다. 그러한 이유에서 퇴적물의 침입으로부터 항구 입구를 안정화하고 보호하기 위해서 쇄파대를 지나 외해빈에 이르기까지 큰 형태로 설치한다. 돌제와는 대조적으로 도류제는 크고 길며, 단독 또는 쌍으로 설치한다. 돌제에 대해서 논할 때, 쇄파대의 부분적 차단으로 연안퇴적물이동을 완전히 막지 않는 것이 중요하다는 것을 살펴보았다. 도류제가 연안퇴적물 이동을 차단한다는 것은 퇴적물 부족으로 인해 하류에 침식이 시작된다는 것을 의미한다. 도류제의 사용은 해안에 심각한 영향을 미친다.

도류제의 축조에서는 견고성이 중요한데, 그것은 구조물이 외해 쪽으로 깊은 수심까지 설치되어 커다란 파력을 받기 때문이다. 구조물 설계에서 파한과 파고의 추정을 위해 바람 자료와 함께 고조위가 사용된다. 또한 풍파의 생성과 그 영향도 중요한 고려사항이다. 제체 밑받침공 설계를 위해서 저조위도 사용된다(USACE, 1896). 이러한 관점에서 도류제 설계는 해안제방과 커다란 유사점을 보여준다.

## 2. 해안선에 수직방향으로 설치된 구조물과 관련기법

지금까지 돌제와 도류제가 적용되는 장소와 목적을 살펴보았다. 해안 환경은 매우 가변적이기 때문에, 환경 조건에 따라 설계의 범위를 조정할 필요가 있다. 해빈에 돌제를 설치할 때 사질 퇴적물인가 역질 퇴적물인가에 따라 길이와 간격의 차이가 있다는 사실에서 이미 암시를 얻었다. 도류제의 경우, 보다 큰 수심에 설치되기 때문에 파랑과 유동의 차이를 반영해야 한다. 즉, 국지적 환경 조건에 따라 정교하게 조정해야 한다.

돌제에는 금속, 목재, 콘크리트, 거력 등 다양한 재질을 사용할 수 있다.

재질과 설계는 기능, 예산, 내구성, 수명 등에 따라 선택한다. 전통적으로, 콘크리트나 철재도 널리 사용되기는 하지만, 목재가 가장 일반적이었다. 목재는 값이 싸고 어디에서나 쉽게 구할 수 있다는 장점이 있다. 수직 말뚝박기공이 이용되어 왔으나 비교적 설치가 쉽지만 수명은 짧고 구조물의 품질저하와 기능저하가 동시에 일어난다. 따라서 기능을 유지하기 위해서는 잦은 유지보수가 필요하다. 직립벽과 견고성 퇴적물을 효과적으로 차단하기 위해 필요하지만, 이 구조물에는 파랑이 부딪힌다는 점을 고려해야 한다. 쇄석을 이용한 밑받침공 등의 설계 방법에 의해서 보호되지 않는다면, 파랑에너지를 반사하게 된다. 반사는 해빈 퇴적물의 세굴을 일으킬 수 있으며, 해안제방과 같이 퇴적물 유실을 야기한다.

최근에는 거력을 사용하는 이른바 사석더미구조를 택하는 경향이 두드러지고 있다. 이 기법은 호안기술에서도 널리 사용되는데, 내구성과 저렴한 유지관리비용 때문이다. 영국농수산식품부의 연구보고서(MAFF, 1995a)는 암석돌제와 목재돌제의 거동이 상이하다는 것을 지적하고 있다. 운반되는 퇴적물의 양이 제한적인 조건에서, 폭풍이 닥쳤을 때 목재돌제 주위에서는 공통적으로 세굴이 일어나지만 암석 돌제에서는 그렇지 않았는데, 이것은 파랑에너지 반사와 흡수에서 차이가 나타나기 때문이다. 또한, 암석 돌제가 사용되는 곳에서는 상류 세굴이 덜 일어난다. 그러나 세굴의 차이는 있었지만 비슷한 크기에서는 성능 차이를 발견하지 못했다. 돌망태(역이나 거력으로 채운 철망)의 형태도 돌제 건설에 적용될 수 있다. 이 구조는 낮은 에너지 조건에서 효과적이지만 유실이 빨리 진행되는 조건의 개방해안에는 적합하지 않다.

돌제가 비투과성 구조물이기 때문에 파랑이 어떤 영향을 주는가를 고려하는 것이 중요하다. 해안제방 설계에서는 파랑에너지의 흡수를 고려한다. 에너지 흡수성이 목재에서 암석으로 전환하는 다른 이유이기도 하다. 암석의 불규칙한 표면 때문에 파랑에너지의 소산이 사석더미구조에서 탁월하고 이것이 반사를 감소시키며, 그 결과 세굴이 감소될 뿐만 아니라 감소된 에너지로 말미암아 퇴적이 증가된다. 널말뚝설계와 비교할 때 사석더미구조가 지니는 또 다른 이점은 상대적으로 유연하다는 것과 어느 정도 구조적 손실이 발생하더라도 여전히 기능을 유지할 수 있다는 것이다.

사용 재료 이외에, 주요한 차이로는 투과 정도이다. 가장 일반적인 돌제 유형은 비투과형이다. 그러나 지난 10여 년을 살펴보면, 투과성 혹은 반투과성 돌제의 사용이 증가하였는데, 이러한 구조물은 해빈퇴적을 증가시키고 조류와 파랑의 흐름에 대한 효과를 감소시킨다. 해빈의 퇴적물이 증가함과 동시에, 그 반투과적 속성으로 일부의 물질들은 여전히 하류로 빠져나갈 수 있기 때문에 연안 하류의 퇴적물 고갈을 피할 수 있다. 이론상으로 이 방법이 괜찮아 보인다. 그러나 카터(1988)에 따르면 반투과성 구조물은, 투과성이 지나치게 커질 경우 난류와 조류에 의한 침식을 증가시킬 수도 있다. 이러한 현상이 발생하면, 차단된 퇴적물의 부피가 줄어들고 구조물의 효율성도 떨어진다. 개별 시나리오에서는 최선의 설계 유형을 찾고, 개별 해빈이 서로 다르다는 것을 고려할 필요가 있으며, 어떠한 호안구조물이라도 시행 이전에 기능에 대한 충분한 이해가 있어야 한다.

돌제가 처음 사용되었을 때, 퇴적물이 쌓여가는 해빈의 풍경은 그 구조물에 대한 충분한 보상이었다. 그러나 돌제 설치지역에 인접한 해안뿐만 아니라 전체 해안에 걸친 해안 과정 등의 여러 요인들도 중요하다. 해류 및 파랑의 거동에 관한 연구가 진행됨에 따라 구조물 설계와 시공의 효율성이 증대되고 있다. 최근에는 돌제의 용도가 발전하여 이안제 구조물의 개념과 중첩되고 있다(제6장 참조). 이안제는 파랑의 공격으로부터 해안을 보호하기 위해 외해에 설치한다. 돌제가 해안에 평행한 연안퇴적물이동을 효율적으로 차단하고 해빈이 점진적으로 확장되면, 해안에 대해 수직 방향의 흐름이 발달해 있는 곳에서는 외해 쪽으로 퇴적물 유실이 일어나 돌제 지역 내에 보유된 퇴적물을 감소시킨다. 돌제와 이안제를 사용하여 해빈 퇴적물을 보호하는 것이 필요하다. 돌제의 바다 쪽 말단부에 측면 돌출부를 추가시키면 구조물이 연안류를 방해하여 퇴적을 촉진시키는 것뿐만 아니라 파랑의 공격으로부터 성장하고 있는 해빈을 보호할 수 있다. 이것은 또한, 그림 4.3에서 보는 바와 같이,

사진 4.2. 모어캠의 대형 물고기꼬리형 돌제
사석형 돌제와 이안제를 연결, 퇴적물 집적과 해빈 발달이 성공적으로 이루어짐. 북서 잉글랜드 모어캠 만의 모어캠 소재.

이안류와 관련된 몇몇 문제점을 해결해 준다. 이 구조물은 'T'자나 'Y'자와 유사하며, 물고기꼬리형(어미형) 돌제라고 알려져 있다(사진 4.2). 이러한 구조물은 비록 몇몇 경우에 있어서는 기대치보다 낮았지만 퇴적활성화에 효과적이었다. 불 등(Bull et al., 1998)은 북부 웨일즈에 있는 란두드노에 있는 3기의 물고기꼬리형 돌제 설치사업을 자세히 설명하고 있다. 해안에 대한 수직류로부터 적절하게 해빈을 보호하지만, 실트와 점토 등의 미세한 퇴적물이 우세해져서 친수성 해빈의 매력을 반감시키고 있다. 새로운 구조물로 발생되는 저에너지 조건이 원인이며, 에너지 상태가 설계 단계에서의 예측보다 더 낮게 나타났기 때문이다. 영국 북서부의 모어캠에 있는 15기의 물고기꼬리형 돌제가 포함된 다른 사업을 프렌치와 리버지(French & Livesey, 2000)가 설명하고 있는데, 이 지역에서는 구조물 설치 이후에 급속한 퇴적이 이루어졌다. 앞의 예에서와 같이 구조물에 의해 저에너지 조건이 나타났다. 이에 따라 구조물 설치 이전에는 조립질 퇴적이 일어났으나, 이후에는 미세한 퇴적물이 주를 이루고 있다. 조립질 퇴적물이 외해 쪽에 쌓여 사퇴를 형성하고 있으며, 에너지 수준이 너무 낮아 해빈 쪽으로 퇴적물이동이 일어나지 않고 있다.

도류제가 돌제보다 규모도 크고 견고해야 하기 때문에 설치비용도 높으나, 설계와 시공의 원리는 동일하다. 재료도 유사한 경향이 있는데, 근래에는 암석을 이용한 사석더미구조물이 널리 사용되고 있다. 규모가 크기 때문에 케이슨이나 블록벽 등의 기술이 사용된다. 도류제는 외해구조물과 해양기술의 영역에도 걸쳐 있기 때문에, 주제 자체가 대단히 복잡하고 이 책에서 다루기에 적절하지 않다.

### 1) 말단 돌제와 점이지대의 중요성

돌제 설치지역에 나타나는 주요 영향의 하나로서 하류의 침식 증가가 주로 언급되고 있다. 이 주제는 앞으로 자세히 다루겠지만, 여기에서는 그 피해를 감소시켜줄 수 있는 중요한 설계상의 특징도 포함시키려 한다.

돌제 지역에 투자를 한다면, 관리당국은 퇴적물유실억제를 목적으로 할 것이다. 퇴적물 손실을 막기 위해서는 말단 돌제의 설계가 반드시 고려되어야 하는데, 양빈사업의 경우에 특히 그러하다. 말단 돌제는 연안퇴적물이동이 급속히 이루어져 퇴적물의 유실량이 크게 일어나는 경우에 돌제군 말단부에 설치된다. 이러한 구조물은 퇴적물 손실을 막기 위해 크고 높게 그리고 쇄파대 깊숙이 연장시켜 설계된다. 이러한 관점에서는 도류제와 유사하다. 해빈의 보존과 유지에 많은 자원을 투자해온 당국의 입장에서는 하룻밤 사이에 투자금이 사라지는 것을 원하지 않을 것이다. 그러나 말단 돌제가 인접 관리 당국에 미치는 영향은 심각하며, 반사회적인 것으로 생각될 수 있다.

인근 해빈에 대한 영향을 저감시키는 접근으로는 돌제군 말단부에 점이지대를 두는 것이다(Bruun, 1952; USACE, 1992). 돌제에 의해 하류의 퇴적물이 고갈되는 상황에서 말단부 돌제 길이를 점진적으로 줄이면, 침식효과가 감소될 수 있고, 그 효과도 넓은 지역으로 퍼질 수 있다. 돌제 길이가 해빈 퇴적량을 조절하는 데 사용될 수 있다는 것은 이미 살펴보았다. 퇴적물 차단이 점진적으로 감소한다면, 점점 적은 양의 퇴적물이 돌제 내에 쌓일 것이고 많은 양이 하류로 이동할 것이다. 실제로, 최대 길이로부터 자연해안선으로 접근하도록 돌제의 길이를 조정하면 이와 같은 효과를 얻을 수 있다. 돌제를 보다 짧게 설치할 때, 앞서 논의한 바와 같이 길이 대비 간격의 비율에 따라 간격을 줄여야 한다. 해빈의 고도, 폭, 퇴적물 입자 크기 등을 고려하여 방정식의 해를 구하면 되겠지만, 돌제의 끝을 연결한 선과 해안선이 이루는 각은 6도 내외로 조정한다(USACE, 1992 참조).

## 3. 돌제와 도류제의 영향

돌제와 도류제의 공통점은 가장 역동적인 환경에 설치된다는 것이다. 이들은 연안퇴적물이동과 해류 활동의 기본적인 프로세스에 영향을 주도록 설계되기 때문에, 설치 후 뚜렷한 환경변화가 발생한다. 해빈을 형성하고 효과적인 해안보호를 위해 연안퇴적물이동에 개입한다는 결정은 보호 목적의 해빈뿐만 아니라 인접 해안에도 큰 영향을 미친다. 해안 전체로 보았을 때는, 돌제 상류의 퇴적은 돌제 하류의 침식을 가리킨다. 돌제가 사용되고 있는 여러 지역의 경험에 따르면, 그 결과가 대체로 만족스럽지 않을 뿐만 아니라, 일부는 실패작이다. 대표적인 사례가 버드(Bird, 1996)가 보고한 뉴저지의 샌디 훅이다. 이곳은 해안선을 따라 11km에 걸쳐 해안제방과 돌제로 구성된 호안구조물이 설치되어 있다. 호안구조물 설치 후에 말단 돌제의 하류에서 심각한 침식이 발생했다. 양빈 계획에 따라 1977년에 150,000m$^3$이 넘는 모래가 투입되어 단기적으로는 효과가 있었지만, 연안류를 따라 빠르게 유실되었다. 종국에 가서는, 다시 양빈을 하거나 돌제군을 확장하거나 또는 다른 관리 전략을 택해야 한다는 논란이 있었다. 연안 퇴적물 이동이 심하게 일어나고, 해빈 퇴적물이 퇴적물수지에 치명적으로 중요한 상황에서, 현명한 방법은 처음의 실수를 인정하고, 모든 돌제를 완전히 제거한 뒤, 상류에 양빈을 시행하는 것이라는 주장이 제기되었다(Nordstrom et al., 1979; Nordstrom and Allen, 1980). 영국 북서부의 파일드 해안에서도 돌제와 연안퇴적물이동에 관련된 문제는 양빈을 통해서가 아니라 호안구조물제거를 통해서 처리되었다.

관리자들은 돌제를 설치하는 것이 과연 현명한 일인가에 의문을 품기 시작했고, 왜 그 기술이 널리 사용되는가에 의문을 갖기 시작했다. 그 대답은 돌제가 해빈퇴적물을 억류하는 가장 최선의 방법으로 인식되어 왔다는 것이다. 역사적으로, 해안을 따라 일어나는 연안 프로세스의 의미를 이해하지 못했기 때문에, 돌제는 특별한 해악을 끼치지 않고 연안퇴적물이동으로 빚어지는 해빈 유실을 해결할 수 있는 대책으로 여겼었다. 지식이 증가함에 따라, 커다란 영향을 미친다는 것이 점차 명확해졌고, 돌제의 적절한 사용과 설치 방법에 대한 이해도 증가하였다. 해안 환경에 미치는 돌제의 주요한 영향은 다음에서 살펴보기로 한다.

#### 1) 연안퇴적물이동 간섭

돌제의 목적이 연안퇴적물이동을 간섭하여 퇴적을 일으키는 것이라면, 이와 결부된 영향은 불가피한 문제로 간주될 수 있다. 연안퇴적물이동 감소에 의해 야기되는 문제들은 해빈의 퇴적물 증가에 따르는 이익과 균형을 이루어야 한다. 장소의 특성이 다르고 영향 정도도 차이가 나기 때문에 경우에 따라서는 돌제의 영향 자체가 무시된다. 몇몇 환경에서, 돌제군이 거의 모든 연안퇴적물이동을 차단하여, 하류로 퇴적물이동이 일어나지 않는다. 이러한 상황에서는 국지적으로 퇴적물수지가 심각한 부족상황에 놓이게 되며, 이를 보충하기 위해서 새로운 퇴적물 공급원이 필요하다. 직접적인 결과로, 돌제 하류의 침식이 유발된다. 본래의 침식 문제는  해결되지 않은 채 이 문제는 해안을 따라 하류로 전가될 뿐이다. 이것은 해안제방 말단부의 침식효과(flanking effect)와 유사하다. 이 문제에 대한 가장 손쉬운 해결방법은 새로이

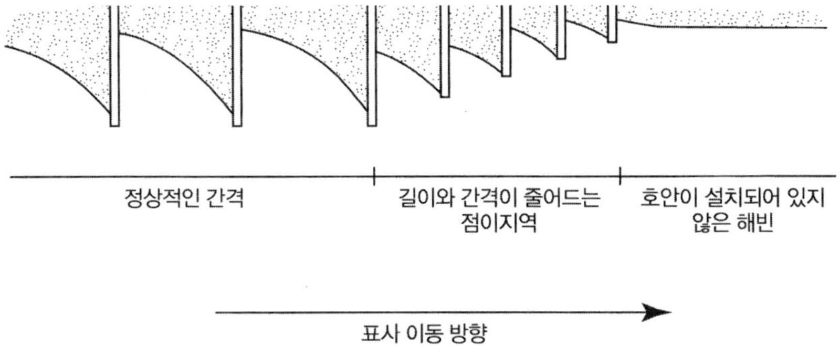


그림 4.4. 돌제간격과 그 영향

침식되는 해안을 따라 호안을 확장하는 것이다. 그러나 이 방법은 침식 문제를 하류를 따라 전이시킬 뿐이다. 증상을 다룰 뿐 그 원인을 치료하는 것은 아니라는 것과 그림 1.2에서 설명한 '연쇄적인 해안보호 시나리오'로 쉽게 이어질 수 있다는 것도 알 수 있다.

연안 퇴적물 차단에 대한 돌제의 효과는 이미 살펴본 것과 같이(그림 4.2). 돌제군 내의 퇴적 증가뿐만 아니라 지형단위 내의 하류에 영향을 줄 수 있다. 일부 퇴적물이 돌제군을 통과하도록 허용하고 점이지대를 설치하여 하류의 퇴적물 고갈을 지감시킴으로써(그림 4.4) 이 문제를 부분적으로 상쇄시킬 수 있다. 도류제의 경우, 하류의 퇴적물고갈은 여전히 제기된다. 구조물의 크기가 더 크다는 것과 연안퇴적물이동의 완전한 차단이 목적이기 때문에 그 영향도 훨씬 크다(그림 4.5).

몇몇 대규모 도류제는 그 길이가 수 km에 이르기 때문에, 차단되는 퇴적물이 막대하며 하류에 심각한 퇴적물 고갈을 초래할 수 있다. 예를 들어, 메릴랜드 오션 시티 남쪽에 위치한 조수통로는 1933년 허리케인에 의해 형성된 직후 도류제를 통해 안정화되었다. 건설 이후, 도류제 상류에는 해마다 약 140,000m$^3$의 퇴적이 일어났고, 그 결과 하류로 퇴적물 운반이 일어나지 않았다(Davis, 1996). 하류의 퇴적물 공급 부족으로 침식이 크게 증가하였고, 해안선은 육지 쪽으로 1km 정도 후퇴했다. 도류제가 어떻게 연안퇴적물 이동을

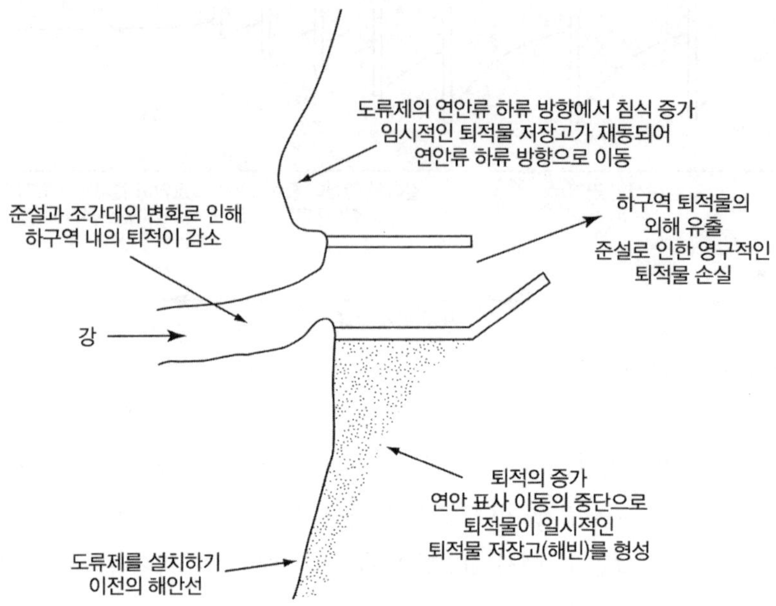


그림 4.5. 도류제가 해안의 형태와 퇴적물수지에 미치는 영향

도류제의 연안류 상류방향에는 퇴적물의 퇴적으로 쳐올림 정렬 해빈이 형성되는 반면 연안류 하류방향에는 침식과 퇴적물의 외해 유출이 일어난다.

차단할 수 있는가를 보여주는 또 다른 사례는 남부 캘리포니아의 산타 바바라 항구다. 이 해안선에는 서쪽에서 동쪽으로 강한 연안퇴적물이동이 있었는데, 1930년 도류제 건설로 차단되었다. 도류제가 완성된 이후, 상류에 퇴적물이 쌓이기 시작하여 7년이 지난 후 구조물의 말단까지 퇴적이 일어났고, 입구에 사주가 형성되면서 항구에도 영향을 미치기 시작했다. 많은 양의 퇴적물이 도류제에 의해 차단되는 것을 고려하면, 구조물 하류의 퇴적물수지에서 같은 양의 퇴적물 손실이 발생했다는 것을 의미한다. 비겔(Wiegel, 1964)은 손실보상으로 하류 해안에서 해마다 100,000m³의 퇴적물이 침식되는 것으로 추정하였다. 이것은 심각한 관리 문제를 불러일으킨다. 이 경우, 해결방안은 사주를 준설하여 하류에 공급하는 것이다. 다른 예에서는 도류제가 차단한 퇴적물을 물리적으로 이동시키고 있다. 영국 서섹스의 뉴헤이븐 항구와 웨스트 석세스의 쇼어햄 항구에서는 중장비를 사용하고 있다. 쇼어햄에서는 1992년에 시작하여 연간 1만~2만 톤 규모의 퇴적물을 바이패스하고 있다(영국 쇼어햄 항구 당국).

점차, 연안 하류의 해빈을 충전하는 방법으로 도류제를 우회하여 퇴적물을 물리적으로 옮기는 기법이 사용되고 있다. 이러한 관점에서, 양빈과 유사점이 있지만, 해빈을 조성하려는 사업이라기보다는 장애물을 넘어서 퇴적물을 이동시키는 국지적인 사업이라고 할 수 있다. 이러한 계획에는 다양한 기법이 사용되고 있다. 준설선을 띄워서 장애물을 우회하여 퇴적물을 물리적으로 이동시키거나 펌핑, 또는 육지에 기초를 둔 설비를 이용하여 퇴적물을 준설하고 준설물질을 트럭이나 자동화 버킷 호이스트로 운반하는 방법이 있다. 기법들을 자세히 설명하는 것은 매우 복잡한 일이다. 이러한 방법을 일반화하는 것은 어렵지만, 최적의 방법을 찾기 위해서 그리고 계획대로 이 일을 수행하기 위해서는 해안과정을 세밀하게 조사하는 것이 필수적이다.

### 2) 도류제에 의한 수로 프로세스의 변형

도류제가 수로 사체를 변형시킬 때에는 더 심각한 문제가 발생한다. 세계적으로 하천은 해안 퇴적물수지에 가장 중요한 공급원이고, 하구는 해안 퇴적물 공급에 중요하다. 그렇기 때문에 하구 관리는 인접 해안의 퇴적물 공급과 이동에 연쇄효과를 미친다. 자연 환경에서 퇴적물이 하천 하류로 이동하는 것은 종국적으로 해안에 퇴적물을 공급하는 것을 의미한다. 즉, 하구역 내에서는 갯벌이나 염습지의 형태로, 바다 쪽으로는 삼각주로, 연안류를 따라 운반되어 조수통로 하류에 퇴적물을 공급한다. 어떤 형태로든 하천 기원 퇴적물은 해안 퇴적물수지에 직접적으로 기여한다.

도류제와 하구역의 역동적 상호작용은 퇴적물의 공급과 운반 프로세스의 기능에서 매우 중요하다. 하구역 양안의 도류제는 그 간격이 넓으면 하구역 퇴적을 가속화시킨다. 조수통로가 너무 넓으면, 바다로 유입되는 하천의 유속이 느려지기 때문이다. 이것은 통로나 하구역 내에서의 퇴적을 야기한다. 이 장소의 퇴적물은 해안퇴적물수지에 이용되지 않는다.

북 아일랜드의 반 하구역에는 도류제에 의한 수로 변형으로 유속이 감소하여 항구 입구에 사주가 형성되었고, 준설이 필요했다(Carter, 1988). 이와는 반대로, 도류제 간격이 너무 가까우면 하천 유속의 증가로 퇴적물 운송 능력이 커진다. 이것은 퇴적물 세굴을 일으켜 수로를 잘 유지하지만, 퇴적물은 바다 멀리 연안류의 한계를 지난 위치까지 운송될 수 있다. 플로리다의 세인트 매리 만에서는 북쪽과 남쪽에 각각 5km와 3.5km의 암석 도류제가 건설되어 유속을 증가시켰다. 2천 4백만$m^3$의 퇴적물이 외해 파한보다 깊은 수심에 퇴적되었다. 이러한 사퇴 형성은 퇴적물을 운반하는 흐름을 간섭한다.

도류제에 의해 연안류 굴절이 외해 쪽으로 일어나면 문제가 더 악화될 수 있다. 퇴적물이 강제로 외해 쪽으로 이동하면, 조수통로의 직하류에 공급되지 못할 것이다. 보다 넓은 시야에서 보면, 하구의 수력학적 체계의 변형과 관련된 변화는 물리적, 생물학적, 그리고 수질의 문제를 유발한다. 유속을 저하시키는 넓은 간격은 수세효과를 감소시키고 그로 인해 오염물의 축적이 일어난다. 이것은 근처의 동/식물 군락에도 영향을 미친다.

### 3) 이안류에 의한 돌제군 내 퇴적물 유실

해안에 평행한 흐름이 연안퇴적물을 이동시킬 때 돌제가 어떻게 사용되는지를 살펴보았다. 그러나 돌제는 퇴적물 이동이 주로 해안에 수직방향의 흐름에 따라 일어날 경우에는 거의 쓸모가 없다. 해안에 평행한 흐름(연안이동) 없다면, 차단할 수 있는 퇴적물은 거의 없고 돌제의 효과도 없을 것이다. 돌제의 실패사례는 미국 동부 해안의 버지니아 해빈에서 찾을 수 있다(Bird, 1996). 1940년대 후반에 돌제가 건설되었으나 퇴적을 증가시키는 데 실패했고, 양빈도 침식을 해결하지 못했다. 이후 우세한 퇴적물이동이 연안 수직방향으로 이루어진다는 것과 이 때문에 돌제가 효과적인 대책이 아니었다는

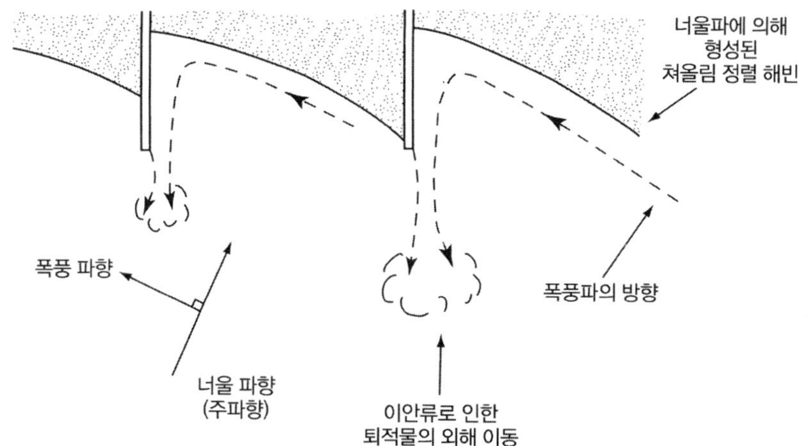


그림 4.6. 이안류와 퇴적물 유실

이와 같은 퇴적물의 손실은 너울과는 다른 방향으로 입사되는 폭풍파에 의해 가속화된다.

것이 밝혀졌다. 어떤 환경에서는 연안퇴적물이동이 중요하며, 해안에 수직인 흐름도 많은 퇴적물을 외해 쪽으로 이동시킨다. 물고기꼬리형 돌제에서 보는 바와 같이 퇴적물 이동방향에 따라 돌제를 설계할 필요가 있다(사진 4.2).

해안에 평행한 흐름이 잘 발달해 있더라도 돌제가 해안에 수직인 흐름(이안류)을 발생시켜 해빈 침식 문제를 증가시킬 수 있다. 그 결과는 퇴적물을 외해 쪽으로 이동시킬 뿐만 아니라, 외해 운반시스템으로 퇴적물이 유출되어 외해 싱크에 퇴적되면 해안 퇴적물수지상에서 순손실로 이어질 것이다. 정상 상태에서는 돌제 설치지역 내에 퇴적이 일어나며 해빈면은 쳐올림 방향에 의해 조정된다(우세한 입사파랑 방향에 평행하게 조정). 폭풍 기간 중에 우세한 파랑 방향이 이와 다르고, 특히 이와 수직인 방향에서 입사한다면, 돌제의 하류에 이안류 세포가 형성될 것이다(그림 4.6). 이것은 외해 쪽으로 급속한 퇴적물 이동을 야기할 것이며 잠재적으로 정상 파한보다 깊은 수심까지 이동시켜 퇴적물수지의 순손실로 나타난다(Silvester, 1974). 이안류 세포의 발달 정도는 해빈에 대한 폭풍파랑의 접근 각도에 좌우된다. 이것은 해안보호 계획 단계의 국지적 파후 조사에서 파악되어야 한다.

돌제 간격에 따라서는 해빈과 파랑의 부적절한 정렬 형태가 발생할 가능성이 있다(Komar, 1998). 돌제의 간격이 넓을수록 폭풍 파랑이 해빈을 비스듬히 공격할 확률이 증가하고 유속을 가속시켜서 이안류 세포를 발달시킨다(그림 4.6). 특정한 조건에서는 돌제 설치부의 양쪽 끝에 이안류 세포가 생성될 수 있다(Gaughan and Komar, 1977). 이것은 입사파랑이 해빈단면으로부터 반사되는 파랑과 상호작용할 때 발생한다. 경계파(Edge wave)는 이러한 상호작용 때문에 발생할 수 있으며, 이들의 파랑주기가 같다면 강한 순환류가 발달하여 양방향으로 해안에 평행한 강력한 연안류를 발생시킬 수 있다.

위에서 설명한 영향들은 유형에 따라 개별적으로 다루어져야 한다. 돌제 구조물에 의해 발생하는 변화에 이어 시스템이 평형으로 되돌아가려는 경향 등과 연결된 복합적인 형태의 영향들이 여러 지역에서 나타난다. 더글라스는 미국 남 캘리포니아의 뮤렐즈 만의 상황을 들어 설명하고 있다(Douglas, 1987). 역사적으로 이 만(조수통로)은 모래로 채워져 있었으나, 1980년에 사석더미구조의 도류제가 건설되면서 수로가 안정화되었고 항해가 안전해졌다. 이 지역에서 연안퇴적물이동은 양 방향으로 나타났다. 순 이동방향은 주기적으로 바뀌는데, 그 주기는 수년으로 구성되어 있다. 사진 판독을 통하여 동시에 일어나는 일련의 영향이 밝혀졌다. 주요한 시스템의 반응은 다음과 같다.

- 도류제의 북쪽으로 1.5km, 남쪽으로 5km에 걸쳐 폭 150m에 이르는 해빈 퇴적. 이는 연안류 방향의 역전을 나타남.
- 남쪽 5~6.5km 사이에서 최대 15m 폭의 침식구역 발생
- 낙조수로를 가로지르는 도류제 건설 이후 향안 퇴적물 이동과 낙조 모래톱의 분할이 발생하고 모래톱으로부터 낙조류가 멀어지게 됨에 따라 퇴적물 이동에서 차지하는 파랑의 역할이 탁월하게 나타남.
- 낙조류의 방향 전환에 따라 새로운 낙조 모래톱이 형성. 새로운 모래톱의 퇴적물은 도류제 뒤로부터 공급되며, 이 모래톱은 외해 쪽과 연안 방향으로 급속하게 발달.

• 1978년과 1982년 사이에 약 14,000$m^3$의 모래가 북쪽의 상류에, 약 28,300$m^3$이 도류제 남쪽의 하류에 퇴적.

이 프로젝트는 도류제 건설에 따른 영향을 보여준다. 더글라스에 따르면 차단된 퇴적물은 퇴적물수지에서 영구적 손실을 의미하며, 해빈 침식으로 간주될 수 있다.

## 4. 해안 환경에 대한 돌제와 도류제의 유용성

앞에서 살펴본 바와 같이 돌제는 그 지역의 환경에 중요한 영향을 줄 수 있다. 부정적 영향뿐만 아니라, 돌제의 편익을 고려하는 것이 사고의 균형을 위해서 필요하다. 더글라스(Douglas, 1987)의 예에서 문제를 일으키는 주요 영향들이 분명하게 나타난다. 이 가운데 몇몇은 시간적 차원에서 살펴보는 것이 필요하다. 낙조 모래톱의 위치는 새로운 조류 위치에 따라 발생하는 조하대 사질 퇴적체의 위치와 관계가 있다. 도류제를 세우기 전에, 본래의 모래톱 역시 형성되는 중이었고, 퇴적물이 추가됨에 따라 모양과 형태가 변하고 있었다. 도류제로 말미암아 하구의 흐름이 모래톱을 가로질러 다른 방향으로 흘렀을 것이고, 낙조류도 바뀌었을 것이다. 프로세스는 동일하지만, 다른 위치에서 발생했을 것이다. 그러므로 그것이 다른 프로세스나 활동에 손실을 주는 영역에서 발생하지 않는 한, 부정적인 영향을 주는 개발이라고 간주할 이유는 없다. 비슷한 현상이 모어캠에서 물고기 꼬리형 돌제와 관련되어 발생하였다. 여기서는 이전에 어패류가 풍부하게 서식하던 지역에 퇴적물이 대량으로 쌓여 지역 생태계와 경제에 영향을 미쳤다.

이러한 고려사항을 제쳐두면, 가장 중요한 돌제의 편익은 퇴적을 늘리는 것이다. 이를 통해 해빈을 조성하고 폭풍이 발생할 때 파랑을 감쇄시키며, 해안의 쾌적성을 높여 관광 자원으로서의 가치를 증대시키는 것이다. 이와 같은 편익은 앞서 이야기한 몇몇 불이익을 상쇄시키는 것으로 간주할 수 있을 것이다.

### 1) 파랑 감쇄(attenuation)

제2장에서 퇴적지형면 위를 흐르는 물이 일으키는 마찰 때문에 넓은 해빈은 파랑에너지의 감쇄에 효과적이라고 언급하였다. 그러므로 돌제가 모래를 차단하여 해빈고를 증가시킴에 따라 파랑에너지의 감쇄가 일어나고, 해안제방에 도달하는 에너지가 감소할 것이다. 이 현상은 물고기꼬리형 돌제의 두 가지 예에서 추론할 수 있다. 퇴적 환경이 모래에서 실트/점토 우세로 변화한다는 것은 돌제와 돌제 사이에서 지속적으로 이루어지는 퇴적의 증가와 돌제의 차폐효과에 의해서 에너지 수준이 저하되었다는 것을 나타낸다. 파랑에너지를 감소시키는 구조물은 호안정책에서 재정적으로 중요한 기여를 한다. 왜냐하면, 도달하는 파랑에너지가 낮은 수준이면 설계 기준을 낮출 수 있기 때문이다. 파랑의 감쇄와 관련하여 보다 자세한 내용은 양빈에서 심도 있게 논의된다(제7장).

### 2) 퇴적물 고정과 친수공간 가치 향상

돌제의 가장 큰 편익은 해빈의 확장과 해빈의 안정일 것이다. 해안세포(coastal cell)[1] 내에서 돌제 때문에 일어나는 문제들에도 불구하고, 특히 해빈이 관광자원으로서 중요한 역할을 차지한다면, 해빈 확장에서 오는 편익은 매우 중요하다. 배후지역을 침식으로부터 보호하고 관광자원으로서의 해빈이라는

1) 해안에서는 유입된 파랑에 의해 발생하는 해류, 즉 연안류와 이안류(립류)가 존재한다. 보통 연안류와 이안류는 일련의 순환고리를 만드는데, 이를 '해안세포(coastal cell)'라 한다. 해안세포는 해안 퇴적물의 이동과 해안지형작용에서 중요한 역할을 담당한다 — 역자주.

사회경제적 요소를 보호한다는 측면에서도 건강한 해빈을 유지하는 것이 중요하다. 사회경제적 중요성이 해안프로세스와 전체적인 관리보다 우선시되는 경향이 있다.

해빈고는 단지 관광에서만 중요한 기준이 되는 것이 아니다. 해안사구가 잘 발달해 있는 네덜란드와 덴마크 해안에서 돌제는 해빈 퇴적 확장과 퇴적 안정화에 기여했다. 높은 해빈고의 유지는 폭풍으로부터 해안사구를 보호하는 역할을 하고(8장 참조), 나아가 해안사구의 보존과 친수공간의 가치는 물론 해안 시스템 전체의 안정을 유지하는 데 도움을 준다. 네덜란드 해안의 경우 해안사구 보호는 주요 대수층 보존에도 중요한 역할을 차지하고 있다.

### 3) 돌제의 기타 편익

인위적 개입이 어느 정도 해안 안정과 배후지 보호에 필요하다면, 돌제는 다른 호안 방법과 비교할 때 또 다른 측면의 편익을 가져다줄 수 있다. 첫째, 다른 경성호안 방법과 비교할 때 돌제는 상대적으로 설치비용이 저렴하다. 정해진 재료의 선택범위 내에서 돌제는 설치 지침이 단순하고, 비용을 낮게 유지할 수 있다. 양빈도 같은 편익을 가진 대안이 될 수 있으나, 지속적으로 일어날 연안퇴적물이동 문제를 해결하지는 못할 것이다.

두 번째 편익으로 쇄파대의 특성을 근본적으로 바꾸지 않고도 호안이 가능하다. 파고와 파장이 돌제 설치 이전과 같기 때문에 해안의 역동성이 그대로 유지된다. 대조적으로 이안제는 파랑에너지를 낮춤으로써 해안을 보호하는데, 이로 인해 해안 역동성의 변화가 일어난다.

## 5. 돌제와 해수면상승

해수면상승이 진행되는 과정에서 해안선 고정 문제는 돌제가 설치된 해안에서도 동일하다. 최악의 시나리오는, 파한의 증가와 해저지형의 변화로 말미암아 연안류에 큰 변화가 일어난다면 돌제가 더 이상 유지될 수 없는 상황이다. 즉각적인 영향은 돌제의 퇴적물 차단능력과 관련이 있을 것이다. 차단능력은 부분적으로 연안퇴적물이동량에 좌우된다고 알려져 있다. 즉, 돌제가 얼마나 깊이 쇄파대에 들어가 있는가에 관련된다. 수심이 깊어짐에 따라 파한이 증가한다면 쇄파대에 대한 돌제의 진입 정도는 증가할 것이다. 그 결과 해수면상승에 따라 돌제가 더 많은 퇴적물을 차단할 수 있고 해빈의 퇴적을 급속히 증가시킬 수 있다. 결국, 퇴적의 증가와 파랑의 감쇄로 해빈 복원에 도움을 끼칠 것이다. 그러나 전체론적 관점에서 연안퇴적물 이동 과정을 고려한다면, 돌제 설치지역에서 퇴적물 차단이 증가하면 돌제 하류의 퇴적물이 감소한다는 것을 의미한다.

비록 이러한 결과가 바람직하다고 해도, 연쇄적으로 발생할 문제를 고려해야 한다. 우선, 파한이 깊어짐에 따라, 보다 강한 파랑에너지가 해빈에 도달할 것이다. 쳐올림이 강력해져 이에 따라 해안선이 조절되지만, 해빈고가 저하되고 단면 변화가 초래될 것이다. 돌제가 더 많은 퇴적물을 차단하는 반면, 해빈단면은 평탄해질 것이고, 이로 인해 배후지나 해안제방에 기여할 수 있는 호안기능은 줄어들 것이다.

둘째는, 돌제의 재질에 관한 문제이다. 앞에서 목재가 암석보다 더 반사적이라고 했다. 이것은 파랑의 강도와 활동의 증가로 연결된다. 반사력이 증가하면 구조물 주변의 세굴 증가로 이어진다. 그 결과로 구조물 토대를 더 침식하게 되고, 돌제 붕괴 위험이 커진다.

## 6. 정리

돌제와 도류제는 과거나 현재를 불문하고 광범위하게 사용된다. 이 구조물은 해안지역에 커다란 영향을 미칠 수 있다. 그러한 영향에도 불구하고 이 구조물을 설치하는 이유를 살펴볼 필요가 있다.

역사적으로 돌제는 퇴적물 차단에 적합하다고 여겨져 많은 곳에 설치되었다. 돌제에 관한 지식을 충분히 갖추고 있지 않았던 시대에는 비판도 없었고, 특히 해안 관광이 빠르게 확산되었던 때에는 해빈을 쉽게 확대하는 것으로 간주되었기 때문에 부적절한 것으로 평가될 까닭이 없었다.

그러나 이러한 접근으로부터 인식의 전환이 일어나고 있다. 오늘날, 세계 도처의 해안에서 돌제가 제거되고 있다. 수명이 다되어 교체가 필요하다는 것도 이유의 하나이다. 연성호안기법의 소개, 특히 양빈이 돌제보다 선호된다. 둘째는 연안퇴적물이동이 간섭받지 않는 것이 중요하다는 것과 성공적인 해안 관리를 위해서는 전체론적 접근이 바람직하다는 인식 때문이다. 기술자들은 해안을 자연상태로 유지하는 것이 비용 측면에서 유리하다는 것을 깨닫고 있다. 이러한 관리철학의 뒷받침으로 해안관리당국들이 돌제를 철거하고 퇴적물이 자유로이 이동할 수 있도록 하고 있다. 블랙풀의 사례(상자글 3.1)는 이를 잘 보여주고 있다. 돌제의 설치로 퇴적물 고갈을 겪었던 해안이 대부분 회복되었다.

그러나 돌제는 이미 시험을 거친 호안기법으로 여전히 해안 관리에서 중요한 역할을 담당하고 있다. 전통적인 목재와 콘크리트 구조물에서 암석 구조물로 전환되고 있다. 형태상으로 더 딱딱해지는 경향을 보이지만 그 약점이 보완되고 있다. 이 장과 전후의 다른 장에서도 언급한 사석더미구조, 사석을 이용한 밑받침공과 함께 암석돌제도 해안 관리에서 새로운 경향으로 간주된다. 여기서 시대 조류에 편승하는 위험을 경계해야 한다. 암석 돌제가 기능을 하고 있지만, 지나치게 많이 사용할 경우에는 돌제의 작용을 처음 발견하고 과신했을 때와 동일한 덫에 걸릴 위험이 있다. 오늘날 많은 해안을 암석이 덮고 있는 모습을 발견할 수 있다. 지나치지 않으면서도 이용 가능한 모든 기법을 검토할 필요가 있다.

돌제에는 대체할 수 있는 많은 기술이 있지만 도류제는 그렇지 않다. 도류제의 역할이 항구 입구를 퇴적현상으로부터 보호하고 수로를 유지하는 것이기 때문이다. 이 과정에서 도류제의 영향은 어쩔 수 없는 것처럼 보인다. 그러나 도류제의 영향으로 발생하는 침식문제를 간과할 수는 없다. 가능한 한 연안퇴적물이동을 유지하기 위해 퇴적물 바이패스 연구에 노력이 경주되고 있다.

**돌제와 도류제의 편익**

- 해빈고의 증가는 배후지 보호의 개선.
- 휴양지 이용을 위한 해빈 조성
- 항구의 보호와 접근성 개선
- 파랑 역동성이 유지된 상태에서의 해안보호

**돌제와 도류제의 단점**

- 연안퇴적물이동의 간섭
- 하류의 침식증가
- 하구역의 수문동력학적 변형(도류제)
- 연안퇴적물 경로를 외해 쪽으로 변경(도류제)

**활용 추천**

- 연안퇴적물이동이 높은 곳에서 해빈의 보호 및 형성
- 다른 해결책이 적절하지 않는 지역에서 친수공간의 확대와 보호
- 항구 입구 보호

제5장

# 해식애 안정화

## 1. 도입

해식애는 멋진 바다 풍경과 해안 경관을 제공한다. 해안에서 변하지 않는 것으로는 해식애뿐이라고 생각하는 경향이 있다. 그러나 상대적으로 해안작용의 영향을 받지 않는 해식애도 있지만 어떤 해식애는 빠르게 침식되어 퇴적물수지에 중요한 공급원의 역할을 하며, 결과적으로 해빈 형성에 기여한다. 예를 들어 영국 콘웰의 서쪽 끝은 화강암과 변성암(각섬석)으로 구성된 높고 가파른 해식애로 이루어져 있는데 화강암과 변성암은 그 단단함 때문에 침식속도가 아주 느리며 퇴적물이 거의 형성되지 않는다(사진 5-1a). 대조적으로 영국 동쪽의 홀더니스와 도셋 해안의 해식애는 연암으로 구성되어 연간 몇 m씩 빠르게 침식되고 있으며(사진 5-1b), 이로 말미암아 많은 침식산물이 퇴적물수지에 유입되고 있다(그림 2.6). 그 후 해류에 의해 연안을 따라 혹은 외해로 이동된다. 그러나 해식애를 퇴적물 공급이라는 관점에서 경암 해식애와 연암 해식애로 구분하는 것은 해식애의 침식을 이해하는 데 다소 지나친 일반화라 할 수 있다. 해식애의 침식률을 결정하는 것은 해식애의 구성성분이라기보다는 해식애의 전반적인 특성이기 때문이다. 즉, 해식애의 침식률은

사진 5.1. 절벽의 형태와 퇴적물 공급량에 미치는 암상의 효과

a) 지역기원의 변성암(각섬석)과 화강암(밝은 색 암석)으로 이루어진 경도가 높고 파랑에 강한 해식애. 콘웰 지방 포스모어 코브

b) 점토로 이루어진 연하고 쉽게 침식되는 해식애. 해빈 퇴적물의 결핍은 해빈의 성장에 적합한 조립의 쇄설성 암설의 공급이 부족함을 드러낸다. 도셋 해안.

그 구성 성분뿐만 아니라 지질구조, 풍화 정도, 입사파랑의 강도 등에 따라 결정된다고 할 수 있다.

해식애 안정화에는 고려해야 할 사항이 많으며 생각보다 복잡하다. 입사파랑의 에너지 외에도 고려해야 할 사항이 여러 가지가 있다. 해식애는 해안작용뿐만 아니라 여러 가지 육상의 지형과정에도 노출되어 있다. 파랑은 해식애 기저부를 침식시키고 이로 말미암아 낙석이 발생하면 파랑에너지는 낙석 무더기에 집중되며, 뒤이어 연안 프로세스를 통해 운반된다. 이러한 과정이 진행되는 중에도 해식애는 지형작용을 통하여 지속적인 변화를 겪는다. 한편 강수 또는 지표유출을 통하여 발생하는 물은 해식애에 스며들어 광물을 풍화시키고 절리에 윤활제로 작용하고 공극수압을 높인다. 날씨가 추워지면 암석 중의 물이 얼어 동파를 발생시킨다. 이로 말미암아 암석이 쪼개지고 균열이 생기며 암석의 강도는 현저히 약화된다.

따라서 낙석이나 호안구조물에 의해 해식애의 기저부가 파랑으로부터 보호받아도 해식애는 여전히 변화과정을 겪고 있다는 것을 염두에 두어야 한다. 좋은 예를 영국 북동쪽 스카보로 해안에서 찾을 수 있다. 해안제방이 설치되어 있었으나 공극수압의 상승으로 암석물질이 약화되고 이 때문에 대규모 사태가 발생하였다. 토질역학적인 관점뿐만 아니라 지형과정의 관점에서 공극수압이 암석에 미치는 영향은 매우 중요하다. 그러나 물이 해식애에서 자유롭게 배수된다면 암석 내의 유로가 사실상 개방되어 있기 때문에 수압이 증가하지 않을 수 있다. 한편, 암석물질 내의 유량이 유로의 수용력을 초과할 만큼 폭우가 내리면 수압이 증가하는 경우가 발생할 수 있다.

점토에서 관찰되는 것과 유사한 균열이 발달한 해식애나 투수계수가 서로 다른 암석들로 구성된 해식애에서는 수로가 막힐 수 있다. 즉, 입구는 있지만 출구가 없는 경우, 강우 시 물의 양이 증가하면 암석 내의 수압이 증가될 수 있다. 이것이 공극수압이며 흔한 사태의 원인이다. 제방이 해식애 앞부분에 설치되는 경우에도 배수로가 막히면 공극수압이 증가할 수 있다. 맥가운 등(McGown et al., 1987)은 켄트의 헌 베이에 있는 런던 점토로 구성된 해식애에서 이러한 현상을 추적했다. 해안제방 설치 후 20년 동안 공극수압을 측정한 결과 수압이 꾸준히 증가했다. 상자글 5.1에서 자세하게 다루고 있는 스카보로의 홀벡 홀 사태도 또 하나의 예이다.

사태 기작은 관리 측면에서 중요하다. 한편, 해식애를 보호하면 그만큼 퇴적물이 감소하기 때문에 해안 퇴적물 공급에서 해식애가 차지하는 역할을 고려해야 한다. 해식애의 침식방지는 곧 퇴적물수지의 입력감소로 이어진다. 클레이톤에 따르면 영국동부 노포크 해식애로부터 유입되는 퇴적물은 매년 평균 50,000m³이며, 이 가운데 35,000m³는 모래와 자갈로 해안 퇴적물수지에서 중요한 부분을 차지한다(Clayton, 1989a). 그런데 호안 사업으로 해식애 침식이 감소되어 퇴적물 공급이 연간 10,000m³까지 떨어졌고 해안 퇴적물수지상 결손이 발생하였다. 이 예는 해안 관리자들이 현재 겪고 있는 가장 큰 갈등을 잘 보여주고 있다. 한편으로는 해안의 재산권을 보호해야 하지만 다른 한편으로는 해빈을 온전하게 유지하여 하류지역을 보호해야 한다. 해식애의 침식작용으로 해빈에 많은 양의 퇴적물이 공급된다면 무엇에 우선순위를 두어야 하는가? 해식애 위의 주택의 보호인가 아니면 하류의 해빈과 해안의 보호인가?

영국 북해 해안의 홀더니스에 있는 자갈 해식애도 이 문제에 해당한다. 자갈과 모래의 공급은 북해에 인접해 있는 여러 나라들에게 매우 중요하다. 역사적으로 마을이 유실된다 해도 해식애가 침식되도록 방치하는 추세였다. 해식애의 안정화로 퇴적물 공급원이 차단되는 것이 심각한 문제이기는 하지만 주택과 사유재산을 보호해야 한다는 압력도 점점 증대되고 있다. 해식애가 유실되는 대신 해식애에서 침식되어 해안작용으로 재가동되는 퇴적물은 해빈을 온전하게 유지하여 여러 저지대의 토지를 보호한다. 7장과 9장에서 온전한 해빈이 파랑에너지를 저감시켜 배후지를 보호하는 과정을 살펴볼 것이다.

상자글 5.1

**스카보로 소재 홀벡 홀에서 발생한 해식애 사태**

1993년 6월 3일과 4일에 걸쳐 발생한 사태로 홀벡 홀 호텔이 무너진 것은 세상을 놀라게 할 만한 일대 사건으로 연일 외신과 TV의 보도가 이어졌다. 이 사례가 흥미로웠던 것은 해식애 기저부를 따라 해안제방이 설치되어 있었음에도 불구하고 사태가 발생하였기 때문이다. 이는 앞서 논의한 문제들, 즉 해식애의 사태가 파랑의 공격에 의해서만 일어나는 것은 아니라는 것을 보여주는 대표적 사례라고 하겠다. 최초의 해안제방은 1800년에 설치되었고 1900년대 초반에 확장되었다. 1908년에는 해식애 전면이 모두 해안제방으로 둘러싸이게 되었다(Clements, 1998: 사진 5.2a). 제방뿐만 아니라 해식애 자체에 대해서도 수평거리 105m에 대해 30도 정도의 경사각을 가지도록 법면처리가 이루어졌었고(Clements, 1994), 배수관이 설치되어 있었다. 사태가 일어난 결과 해식애는 50m 정도 내륙으로 후퇴하였다. 배후로는 15m 정도의 낭떠러지가 생겼고 해식애 기저부의 물질은 해빈을 100m 정도 통과하여 바다 쪽으로 밀려나갔다. 총 100만 톤 이상의 암석과 토사가 무너져 내렸다.

이 사건에서 제기된 주요 쟁점은 해식애 안정조치에도 불구하고 활주면을 따라 슬럼프(회전성 사면운동)가 발생하였다는 점이다. 활강운동은 제방 기저부를 파괴시켜 제방을 바다 쪽으로 밀어냈다. 따라서 사태는 육상기원의 힘에 의해 일어났다고 볼 수 있다. 클레멘츠(Clements, 1998)는 이 지역 해식애를 따라 발생하는 두 가지의 주요한 사태유형을 상세히 설명하였다. 첫째는 심층으로부터 여러 개의 활강성 사태가 발생하여 해안제방에 압력을 가해 육지에서 바다 쪽으로 밀어내어 넘어뜨린 형태이다. 해안제방은 흔히 파랑의 공격에 견디도록 설계되었고 해안제방의 최대저항력이 바다 쪽에 대항하도록 설계되어 있다. 둘째는 암괴가 미끄러지는 활강면 가운데 하나가 해안제방 하부를 통과하면서 제방구조물이 활강 암괴의 일부로서 바다 쪽으로 붕괴되어 들어간 유형을 가리킨다.

**사진 5.2. 홀벡 홀의 해식애 사태**

해안제방이 설치되었지만 해식애 사태는 여전히 발생했다. 심층의 활강면을 따라 사태가 발생하여 해안제방을 바다 쪽으로 끌고 내려가 버렸기 때문이다.

a) 스카보로우의 붕괴된 절벽 전면에 위치한 직벽식 해안제방

b) 홀벡 홀 사태 쇄설물 말단에 설치된 새로운 호안구조물.

1993년의 사태는 위에서 언급된 유형 중 어디에 해당하는지 명확하지는 않다. 해안제방이 뒤로 기울여진 상태에서 바다 쪽으로 나가는 것을 목격한 사람이 있다. 이것은 해안제방이 활주면 위에 얹혀 이동되었고 후에 해식애 사면에서 쏟아져 내린 쇄설물로 매몰되었다는 것을 시사하고 있다. 사태의

주요 원인은 공극수압과 암석의 특징이었다.

해식애는 이암과 사암의 교호층과 함께 모래층이 협재되어 있는 빙력점토로 구성되어 있다. 사태가 발생하기 전 이 지역은 몇 년간 건조한 여름을 겪었다. 이로 인해 점토가 말라서 심층부에 균열이 발생하였다. 습윤한 겨울철이 되자 수분이 균열을 통해 스며들고 공극수압이 증가하였고 주수면(宙水面: perched water table)이 형성되었다. 5월 말 일련의 집중호우가 발생하고 여기에 호텔을 포함하여 절벽 위에 위치한 건물에서 빗물 처리를 위해 지면배수로(soak-aways)를 사용하고 있었기 때문에 절벽 내의 수분이 증가하였다. 이는 공극수압을 임계치 이상으로 증가시켰다. 해식애에 설치된 배수시설 대부분은 초기의 암설 사면이동으로 인해 파이프가 파손되고 배수로가 어긋남으로 말미암아 제 구실을 못했다(도셋 지방의 블랙벤 인근에 위치한 스피탈스에서도 유사한 작용이 일어나 재산 손실로 이어졌다). 이로 인해 주수대수층과 파이프로부터 많은 물이 바로 해식애 면으로 유출되었다.

현재 사태가 일어난 부분의 말단부는 피복석으로 보강되어 있고(사진 5.2b), 사면의 윗부분은 약 24°, 아랫부분은 6° 내외로 법면처리가 되었다. 이와 함께 배수 시스템도 확대되었다. 피복석은 해안침식으로부터 사면을 보호하는 역할을 하고 법면처리 또는 경사조정은 중력효과를 저감시키는 구실을 하며, 배수시설은 공극수압을 감소시키는 기능을 한다. 그러나 이와 같은 조치들은 사태가 일어나기 전에도 적용되었다. 이 지역의 취약성을 인정하고, 한편으로는 개발제한구역을 지정하고 잔존한 건축물의 수명이 다했을 때 더 이상의 대체개발을 허용하지 않는 것이 더 안전할 것이다.

침식 중에 있는 해식애는 이러한 퇴적물의 주공급원 가운데 하나이다. 해안 침식관리에 관한 한, 이것은 반드시 고려해야 하는 근본적인 인과관계의 문제이다. 상자글 5.2에서는 서섹스 페어라이트 코브에서 해식애 침식을 방지하기 위해 설치된 대규모 외해빈 방파제(이안제)에 관한 논의를 소개하고 있다. 이 방파제는 침식을 성공적으로 막아내긴 했지만 퇴적물수지에 유입되는 연간 9,750㎥ 만큼의 퇴적물이 손실되는 결과를 초래했다. 그 결과 경성호안구조물에서 발견되는 전형적인 말단부 효과로 말미암아 하류에 침식이 크게 증가되었다.

퇴적물 공급도 중요하지만 해식애 후퇴는 토지 유실과 관련된 또 다른 문제를 발생시킨다. 고밀도 개발지역에서는 지가가 높기 때문에 비용 효율성 측면에서 해식애를 보호할 필요가 있다. 구성물질에 따라 적용되는 침식방지 기법이 다르며 해안작용뿐만 아니라 지질, 지형작용을 받는다는 점에서 해식애는 다른 해안지형들과는 차이를 보인다. 점토 해식애에서는 슬럼프나 이류(泥流)가 발생할 수 있고 석회암 해식애에서는 암석사태 또는 암괴낙하가 일어날 수 있다. 발생 원인이나 사태유형에서 근본적인 차이점을 나타내기 때문에 해식애의 호안기법도 이에 따라 달라야 한다. 해식애 해안의 호안기법을 살펴보기에 앞서 해식애의 다양한 사태 양식을 이해할 필요가 있다.

상자글 5.2.

**연속제를 이용한 해식애의 보호: 영국 서섹스 지방 페어라이트 코브의 사례**

페어라이트는 영국 남해안의 작은 마을로, 고결상태가 불량한 모래와 자갈로 구성된 해식애 위에 위치하고 있다. 연안류를 따라 해식애 앞의 해빈에 공급되던 자갈 퇴적물이 해식애 기저부를 어느 정도 보호해 주었으나, 1920년대에 들어서서 공급이 감소함에 따라 해식애의 침식률이 증가하였다. 침식률 증가로 단애면이 내륙으로 급속히 후퇴하면서 주택과 정원, 사회기반시설의 손실이 초래되었다. 퇴적물 공급이 줄어든 주원인은 연안 약 5km 상류에 위치한 해이스팅스에서 진행 중인 항만건설로 추측되고 있다. 항만 구조물 뒤에는 대규모 역퇴(礫堆: shingle bank)가 형성되어 있다. 이와 함께 연안상류에 위치한 기타 호안구조물이 대대적으로 정비된 것도 이유일 것으로 생각된

사진 5.3. 절벽 위에 위치한 시설을 보호하기 위해 설치한 연속제
서섹스 지방의 페어라이트 코브 소재(로더 자치구 위원회의 허락을 받아 선재).

다. 토지이용 조사와 해식애 침식예측 등을 사용하여 문제의 심각성을 검토하고 7년 간격으로 침식 예측 선을 그렸다(Penning-Rowsell et al., 1992). 그런 다음 다양한 호안대책에 대한 비용과 편익을 분석하였다. 방치정책(do nothing policy)을 포함한 다양한 대안들을 고려한 뒤, 해식애 기저부를 따라 500m 길이로 연속형 방파제를 건설하기로 결정하였다. 제방에는 12만 톤의 스칸디나비아 화강암이 소요되고 건설비용은 250만 파운드에 달했다. 1980년대 후반에 공사가 완료되어 47개 주택이 임박한 침식으로부터 보호되었다(Stevens, 1995). 사진 5.3은 연속제를 설치한 지역을 촬영한 항공사진이다.

제방은 해식애의 침식률을 낮추고 효과적인 호안을 마련한다는 면에서 성공적인 것처럼 보인다. 해식애 후퇴율은 공사 전인 1981년에서 1987년 사이 연평균 1.14m에 달했으나 공사가 끝난 1992년부터 1997년 사이에는 연평균 0.36m로 감소하였다(Halcrow, 1997). 해식애의 상부에서는 아직 침식 작용이 상당한 정도로 진행되고 있으나 기저부는 현재 자연스럽게 안정화되었다. 공사 완료 이후 침식률이 감소한 것은 파랑의 활성도가 줄어든 데다 제방 뒤에 해식애의 낙석이 쌓여 현가해안이 형성되고(7장을 보라), 연안퇴적물이동에 의해 자갈이 퇴적되었기 때문이다. 시간에 따라 규모의 차이는 있으나 연속제는 상류와 하류에서 일어나는 해식애와 해빈의 지형 형성과정에 영향을 미치고 있다. 공사가 완료된 직후 연속제가 위치한 해식애 앞을 지나는 연안퇴적물이동률이 감소함에 따라 해식애 동쪽 말단부(하류지역)의 침식률은 1993년부터 1997년 사이 증가하였다. 사진 5.3을 통해서는 동쪽 끝(우측 말단) 부분에 침식이 현저하게 일어나는 것으로 나타난다.

해이스팅스 항만 제방의 개축으로 말미암아 연안류에 의해 운반되는 자갈의 양이 증가함에 따라 현재는 공사 이전 수준으로 자갈 퇴적물이 연속제를 우회하여 동쪽으로 이동하고 있다(Halcrow, 1997). 그러나 폭풍이 불 때는 자갈이 연속제를 넘어 배후지로 이동하는 것으로 보인다. 이렇게 이동된 자갈은 퇴적물수지에 재편입될 수 없다. 이는 해안 시스템에 퇴적물 순손실을 발생시키지만 한편으로는 해식애의 안정성을 높인다. 일단 해식애 기저부에 퇴적물이 쌓여 현가해빈이 형성되면 연속제 배후에서 발생하는 퇴적현상은 멈추게 될 것이다.

퇴적물수지의 관점에서 보면 페어라이트의 해식애 보호는 전체 해안퇴적물수지에 순손실을 발생시키는 것을 의미한다. 간단한 부피계산을 통해 연속제로 인해 발생하는 유입퇴적물 손실은 다음과 같이 추정될 수 있다.

연속제의 길이 = 500m

해식애의 평균높이 = 25m

해식애의 침식률 = 1.14m/a(연속제 건설 이전), 0.36m/a(연속제 건설 이후)

따라서,

연속제를 건설하기 전 공급되던 퇴적물부피 = 14,250㎥/a

연속제를 건설한 이후 공급되는 퇴적물부피 =4,500㎥/a

연속제 건설로 인해 발생한 공급 감소분

= 14,250㎥/a - 4,500㎥/a = 9,750㎥/a

그러므로 해식애의 호안구조물 건설로 인해 해안퇴적물수지상 매년 9,750㎥의 적자를 보이고 있는 셈이다. 이것은 호안구조물의 건설과 퇴적물수지 변화와 관련된 쟁점을 간명하게 보여준다. 또한 연속제의 후방에 퇴적물이 증가하는 것은 이 퇴적물이 더 이상 건설 이전에 퇴적이 일어나던 지역에 쌓이지 않음을 의미한다. 결과적으로 연속제 후방에서 일어나는 퇴적은 다른 지역의 침식과 상계된다. 이와 같은 손실은 해안제방의 동쪽 말단부에서 측면침식효과를 통해 분명하게 드러나듯이 국지적인 퇴적물 부족을 초래하여 인근 해빈의 침식을 일으킬 것이다.

## 2. 해안퇴적물수지에서 해식애가 차지하는 역할

사태의 양식은 근본적으로 해식애의 암석과 구조에 의존할 뿐만 아니라 해빈으로 유입되는 퇴적물의 양에도 그러하다. 해식애의 퇴적물 공급에 영향을 미치는 세 가지 주요한 요소는 다음과 같다(그림 5.1).

1. 해안작용
2. 해식애의 구성성분을 포함한 지질구조
3. 인간과 생물의 영향을 포함한 육상의 여러 가지 작용

| 해안 작용 | 지질 작용 |
|---|---|
| 파랑(파고/주기/접근각) | 구성물질(경도/애추의 형성/퇴적물) |
| 셀순환/이안류 | 층리/절리 |
| 조석의 특징 | 습곡/구조 |
| 폭풍노출도/폭풍해일 | 고도/경사 |
| 해수면 | 지하수/공극압 |
| 퇴적물의 부피 | 퇴적물 구성 |
| 해빈경사(입도) | |

| 인간 작용 | 생물 작용 |
|---|---|
| 개발(배수) | 식생 |
| 개발(건축) | 굴이나 구멍을 파는 동물 |
| 토지이용 | |
| 호안구조물 설치 | |

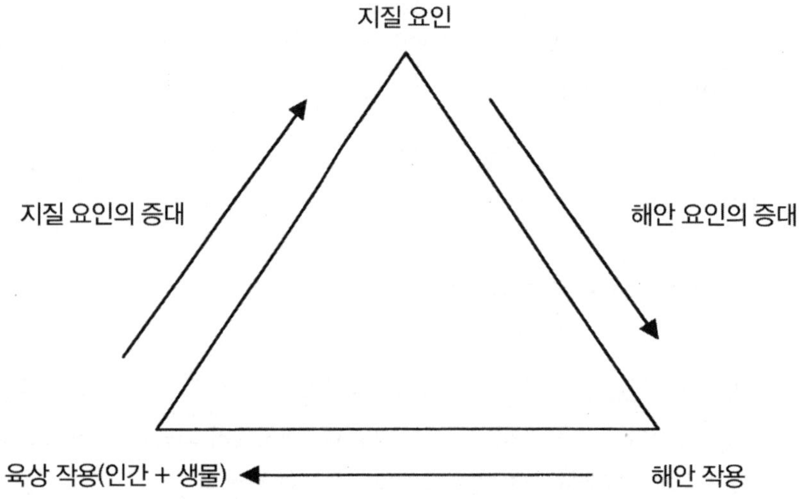


그림 5.1. 해식애의 침식을 조절하는 주요 요인

세 번째 요소는 뒤에서 논의할 호안대책과 관련되어 있기 때문에 여기에서는 두 가지 요소에 관심을 두기로 한다.

### 1) 지질적 특성

해식애는 모든 암석유형에서 형성될 수 있으며 침식지형으로 정의된다. 그러나 해안선에 위치해 있다고 해서 해식애가 모두 현재의 파랑과 기후조건 하에서 생겨난 것은 아니다. 퇴적물의 양은 암석의 유형과 침식률에 달려있다. 그러나 모든 활성 해식애는 정도의 차이는 있지만 퇴적물을 생산한다. 페씩과 버드(Pethick and Burd, 1993)는 암석유형에 따른 전형적인 침식률을 제시하였다(표 5.1). 그러나 해식애에 가해지는 힘이나 절리의 발달, 암석의 교결 정도 등과 같은 암석의 저항력도 해식애의 침식량에 영향을 준다는 점에서 이들이 제시한 침식률은 그야말로 '전형적인' 수치에 불과하다. 절리의 발달이나 암석의 교결 정도와 같은 요소는 중요하기는 하나 지질학적 인자이기 때문에 이 책의 영역에서 다소 벗어나는 주제이다. 관심이 있는 독자들은 지질학 혹은 퇴적학 개론서를 찾아보기 바란다. 이 책의 맥락에서는 손으로도 부서지는 사암보다는 교결이 잘 되어있는 사암이 보다 저항력이 높을 것이라는 정도의 이해라면 충분하다. 마찬가지로 절리나 균열이 많은 석회암이 그렇지 않은 석회암보다 훨씬 쉽게 붕괴될 것이다.

호안의 관점에서 암질이 다르다는 것은 붕괴되는 방식이 다르다는 것이다. 영국의 도어셋 해안에서 전형적으로 나타나는 점토해식애는 사태를 일으킨

표 5.1. 다양한 암상에서 발생하는 해식애 후퇴율

| 암상 | 후퇴율 (m/년) |
|---|---|
| 화강암 | < 0.001 |
| 석회암 | 0.001-0.01 |
| 셰일/플리시 | 0.01 |
| 백악 | 0.1-1.0 |
| 사암 | 0.1-1.0 |
| 빙력토 | 1.0-10.0+ |
| (근)화산성 쇄설암 | 10.0-100+ |

자료: Pethick and Burd, 1993; Sunamura, 1983

다. 미끄러져 내려온 쇄설물은 해식애로부터 해빈을 가로질러 길고 둥근 로브(lobe)를 형성하는데 이 지형은 해안작용을 통해 재가동된다. 대부분의 활성 해식애가 발달해 있는 고에너지 수준의 해안에서 점토와 세사는 해빈에 거의 퇴적되지 않기 때문에 점토해식애는 해빈형성에 별다른 기여를 하지 못한다. 그러나 이 점토 돌출지형이 해빈을 덮은 채로 한동안 존속한다면 이 '잠정적인' 지형이 돌제나 도류제와 같이 연안퇴적물 이동을 차단하는 역할을 할 수도 있다. 영국 도셋 해안을 따라 이러한 현상이 발생하고 있다. 여기에서는 블랙벤의 거대한 복합사태가 토석을 지속적으로 밀어내어 바다로 뻗어있는 로브 지형이 유지되고 있다. 수치고도모형을 이용하여 관찰하면 해식애 상부로부터 토석이 돌출지형으로 계속 운반되고 이로 인해 파랑의 공격에도 불구하고 돌출지형이 유지되고 있다는 것을 알 수 있다. 이러한 과정은 지표의 풍화작용과 관련이 있다. 블랙벤에서 발생하는 사태는 직접적인 해안작용에 의해 발생하는 것이 아니라 다양한 지표의 지형작용으로 말미암아 세립질 토사가 지속적으로 바다로 유동하기 때문에 발생한다. 대조적으로 사암 혹은 빙적토로 이루어진 해식애는 해빈 형성에 유용한 조립질 물질을 포함하고 있다. 반면 석회암이나 화강암, 변성암으로 구성된 해식애의 경우에는 입자의 크기보다는 절리의 영향을 받아 사태가 일어나기 때문에 대규모의 암괴가 형성된다. 이렇게 생성된 암괴는 그 크기 때문에 해식애 앞의 해빈으로부터 쉽게 제거되지 않는다. 이러한 사례는 많다. 사진 5.3에서 볼 수 있는 바와 같이 콘웰 북부해안을 따라 발달된 해빈 중 일부는 이와 같은 특징을 지니고 있다.

해식애 사태 메커니즘에서 중요하게 고려해야 할 또 하나의 문제는 모든 해식애가 단일 암석으로 구성되어 있지 않다는 사실이다. 이런 해식애를 복합 해식애라고 한다. 복합 해식애는 관리의 측면에서는 종종 다루기 힘든 대상이다. 해식애의 형태는 파랑의 세기, 암석의 저항, 암석의 구조 등과 같은 요소들뿐만 아니라 서로 다른 암석 간의 상대적인 경도에 따라서 달라진다. 경암과 연암으로 이루어진 해식애(보통 사암과 셰일의 조합이 일반적이다)에

사진 5.4. 해식애 후퇴에 미치는 지질 요인

보다 약한 이암층이 차별침식으로 깊이 침식되었다. 해빈에는 모래와 해식애의 낙석이 놓여있음을 주목해서 보라. 콘웰지방 와이드머스만 소재.

서는 파랑의 작용으로 인해 연암이 침식되면 연암의 지지를 받고 있던 경암이 붕괴된다. 영국 콘웰 지방 북부의 부드 인근에 있는 해식애(사진 5.4)와 같이 수직층리를 이루는 사암과 셰일이 교호하는 해식애에서 그러한 현상을 관찰할 수 있다. 이러한 해식애의 저항력은 가장 약한 부분의 강도에 의해 결정된다. 그림 5.2는 단일한 암석으로 이루어진 경우, 연암층이 상부에 위치한 경우, 연암층이 하부에 위치한 경우 등 세 가지 시나리오를 보여준다[그림 5.2의 (a)]. 그림 5.2의 (b)는 연암층에서 침식이 더 빨리 진행되어서 변화된 단면을 보여준다. 사태가 일어나는 양식이 서로 다르기 때문에 관리의 관점에서는 서로 다른 호안 대책이 요구된다. 그림 5.2(b) (1)의 경우는 해식애가 균일하게 후퇴하며 사태는 암석의 유형과 저항에 따라 결정된다. 붕괴 메커니즘은 절리와 암석의 영향을 받으며, 사태는 암석낙하, 쐐기형 붕괴, 슬럼프 등의 형태로 일어난다. 그림 5.2(b) (2)의 경우 해식애 기저부에 위치한 경암은

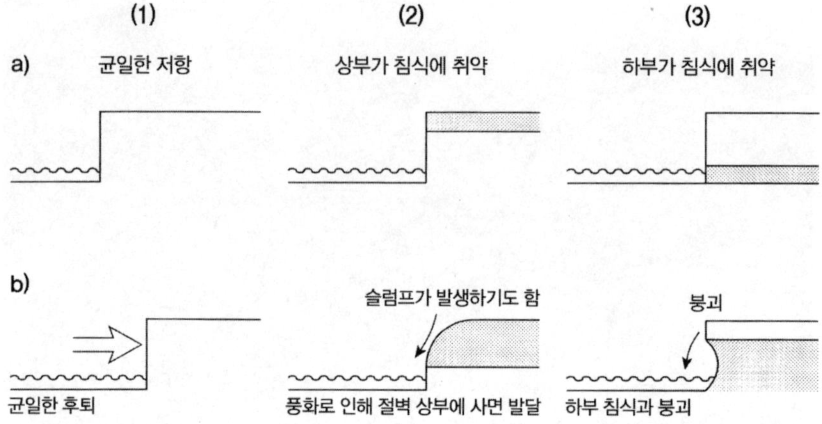


그림 5.2. 다양한 암상과 해식애 후퇴

암상 간의 상호작용이 절벽의 안정성과 형태에 미치는 효과(French, 1997).

상부의 연암에 비해 침식에 대한 저항력이 강하다. 연암층의 높이에 따라 파랑에 의해 침식될 수도 있고 육상에서 일어나는 풍화작용의 영향을 크게 받을 수도 있다. 마지막 사태 양식으로는 상부층이 하부층 위에서 슬럼프를 일으키는 것 혹은 암석의 낙하 등을 들 수 있다. 이런 해식애는 전형적으로 '수직면'이라고 불린다. 이런 해식애를 보호하는 것은 어렵다. 침식이 해식애 윗부분에 집중적으로 일어나며 풍화작용과 연관되기 때문이다. 그림 5.2 (3)의 경우는 해안작용에 의해 일어나는 해식애 기저부 침식으로 인해 침식에 대한 저항력이 큰 상부층이 해빈으로 무너져 내린다. 이 경우는 보다 쉽게 문제를 해결할 수 있다. 경성호안을 설치하여 파랑으로부터 해식애 기저부를 보호할 수 있기 때문이다.

### 2) 지질구조

그림 5.2에서 논의된 모든 시나리오들은 수평상태의 지층구조를 다루고 있다. 그림 5.3의(a)와 (b)는 경사진 암석층을 보여준다. (a)의 경우 지층의

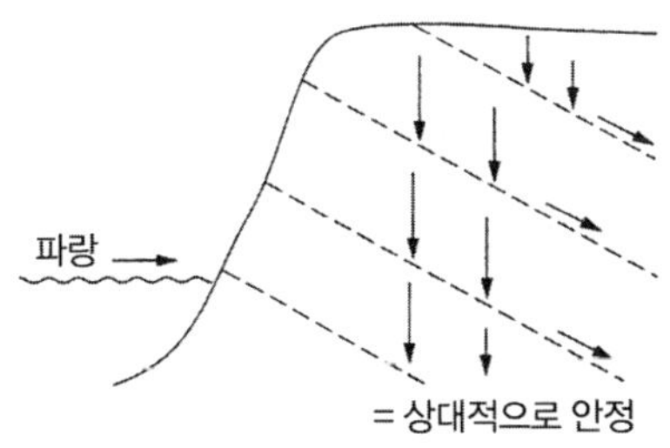


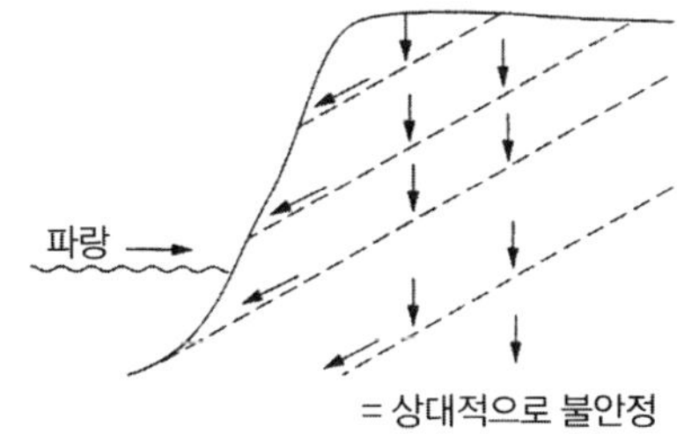


**투수층과 불투수층**

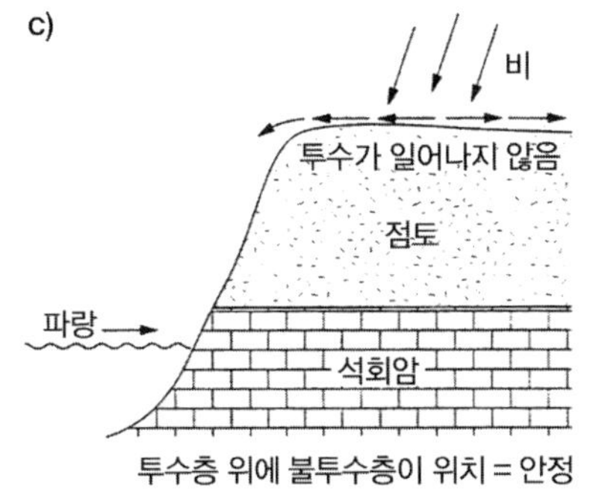


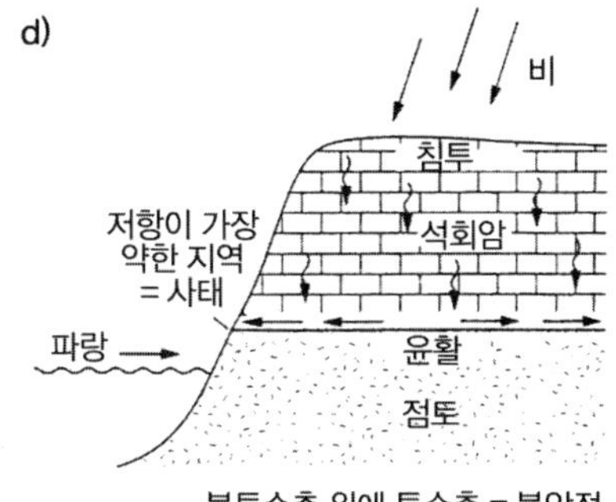


그림 5.3. 지질구조와 암석의 투수율이 해식애의 안정성에 미치는 영향

a)+b) 육지 방향 혹은 바다 방향으로 경사진 층리

c)+d) 투수층과 불투수층

LMT = 석회암

경사 방향이 내륙을 향하고 있다. 지층면이 가장 약한 부분이라는 것을 고려할 때 사태를 일으키는 모든 힘이 해식애의 내부를 향하고 있기 때문에 사태가 일어날 확률은 낮다. 이와 같은 조건에서는 해식애가 상대적으로 안정을 유지할 수 있으며 침식을 일으키는 주요인은 지질구조라기보다는 암석의 저항력이다. 반면에 (b)의 경우 지층의 경사는 바다를 향하고 있다. 암석이 바다 방향으로 활강하는 것을 막아줄 수 있는 것이 없으므로 암석 슬라이드나 쐐기형 사면붕괴가 발생한다. 사태발생률은 배수불량으로 공극수압이 높은 곳에서 증가한다. 그러므로 경사를 이루는 지층의 경우에 바다 쪽으로 지층면

이 경사를 이루는 경우가 내륙 쪽으로 경사를 이루는 경우보다 사태 위험이 더 높다. 사태를 일으키는 활강면(이론상으로는 모든 층리면이 여기에 해당될 수 있다)이 다수일 경우에는 특히 어렵다. 여기에 대한 대책으로는 핀박기나 가장 취약한 지역에 지보공을 설치하는 방법 등이 있다.

그림 5.3 (c)와 (d)는 앞에서 논의한 문제와 어느 정도 관련이 있는 또 다른 시나리오를 나타내고 있다. 침식에 대한 저항력이 서로 다른 암석들 간의 관계는 이미 살펴보았다. 여기서 다루는 시나리오는 투수층과 불투수층 사이의 관계로서 물이 지층을 통과할 수 있는지의 여부를 결정하는 요소이다. 물이 한 층은 통과할 수 있지만 그 아래에 놓인 다른 층을 통과할 수 없는 경우 해식애 층 사이에 물이 고여서 공극수압을 증가시키거나 두 층 사이의 경계면을 따라 흐르면서 두 층 간의 윤활제처럼 작용한다. 어느 경우가 되었든지 사면붕괴가 일어날 확률은 높아진다. 그림 5.3 (c)과 같이 불투수층이 투수층 위에 놓여있는 경우는 아래 방향으로 물이 흐르지 않는다. 만일 불투수층에 절리가 있거나 불투수층이 점토층이고 바싹 말라 균열이 발생한 경우 공극수압이 임계치보다 작았을 때에는(상자글 5.1의 스카보로 사례) 수분이 자연스럽게 아래의 투수층으로 스며들어 배수가 이루어질 수 있다. 그림 5.3 (d)는 반대쪽 극단으로서 두 암층 간의 경계면을 따라 활강운동이 일어나는 경우, 특히 지층이 해안으로 기울어져 있다면, 사태가 발생할 확률이 높아진다. 이러한 사태기작은 석회암과 셰일의 교호층에서 흔히 나타난다, 이런 유형의 사태는 영국 남부의 도셋 해안을 따라 자주 발생한다.

### 3) 해식애의 붕괴기작과 호안대책

간략하게 암상과 투수성, 지질구조의 차이가 해식애의 형태를 어떻게 조절할 수 있는지, 이에 따라 해식애를 어떻게 보호해야 하는지 살펴보았다. 해식애의 사태기작은 그 자체가 이미 복잡한 연구주제이지만 호안에 관련된 쟁점과 호안의 시행에 뒤따르는 문제점에 초점을 맞추기 위해서 여기에서 멈추기

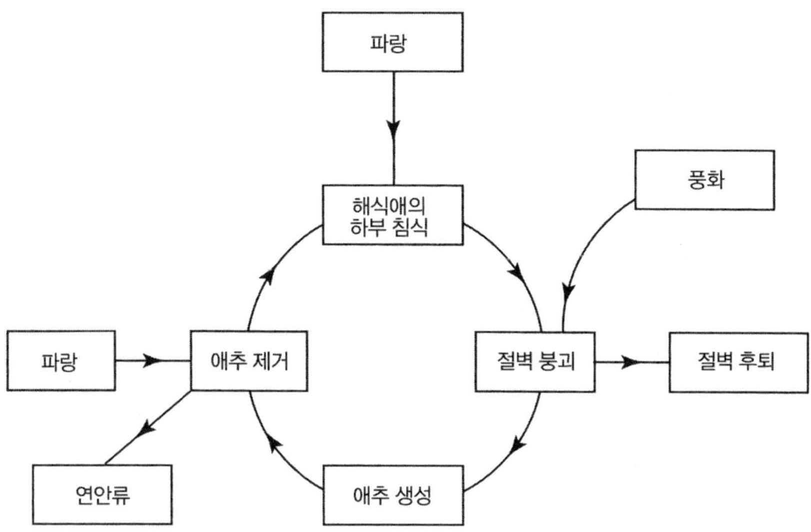


그림 5.4. 해식애 침식의 순환과정

로 한다. 수나무라(Sunamura, 1991)는 해식애 침식에 관련된 상세한 설명과 여러 논점을 제시하고 있다.

사태의 특징에 관한 주요 고려사항 중 첫 번째는 사태가 어쩌다 한 번씩 일어나는 현상이라는 것이다. 문헌에서 해식애의 침식률 수치를 '$x$ m/년'으로 기술하여 해식애의 후퇴가 마치 매년 일정하게 진행되는 것처럼 표현하지만, 이것은 오해이다. 한 번 사태가 일어난 후 잠잠할 수도 있기 때문이다. 이미 파랑이 해식애의 기저를 침식하여 사태가 촉발되는 경우를 많이 살펴보았다. 사태가 일어나 해식애 기저부가 낙석으로 덮이고 낙석 더미는 당분간 침식으로부터 해식애를 보호한다. 사태가 다시 일어나려면 파랑이 낙석더미를 제거해야 한다(그림 5.4). 일단 낙석 더미가 제거되면 파랑이 다시 해식애 기저부를 침식하여 사태를 촉발시킨다. 그러나 낙석더미가 제거되는 과정 중에도 적정한 지질조건에서 지표의 지형작용(풍화)이 지속되면 또 다른 사태를 일으킬 수 있다. 도셋 해안의 블랙벤이 바로 그런 사례이다

이미 언급한 대로 여기서 가장 중요한 것은 사태의 특성이다. 호안대책은

이에 따라 채택되어야 한다. 사태의 형태는 암석의 종류와 지질구조 등에 따라 다양하다(그림 5.5 a-f). 괴상의 암석(예를 들어 절리나 지층의 경계면이 없는 경우: 그림 5.5 a)은 파랑의 에너지가 충분하여 기저부의 침식이 일어나고 하중이 지탱되지 않으면 중력에 의해 붕괴된다. 반면 동일한 기작이 절리가 잘 발달된 암석에 작용할 경우, 수직절리가 열극(裂隙)으로 크게 벌어져 해식애로부터 암괴가 떨어져 나가 붕괴되는 전도파괴로 이어지기도 한다(그림 5.5 b). 동결-융해작용이나 열극으로 물질이 떨어져 들어가는 등의 지표지형작용에 의해 쐐기가 발달하여 암석낙하로 이어지기도 한다. 이런 유형의 사태는 석회암 지대에서 흔하게 발생하며 특히 영국 도셋 지방의 포틀랜드 섬에서 잘 관찰된다(그림 5.5 b). 절리면이 절벽면에서 상호교차하면 절리의 영향으로 쐐기형 붕괴가 발생하여 암석 낙하가 발생할 수 있다. 이런 유형의 사태를 조절하는 주요 인자는 기저부 침식이며 밑받침공을 통하여 기저부 침식을 막으면 암석낙하와 전도파괴를 억제할 수 있다. 쐐기형 붕괴는 중력과 절리면 등을 따라 발생하는 윤활작용 등 복합적 원인으로 발생하기 때문에 매우 복잡하다. 이 경우 핀박기를 이용하여 암석을 서로 붙여놓는 방안이 효율적일 수 있다. 건조화 과정, 지각운동, 식생 성장 등으로 말미암아 해식애 정상부 층의 경계면에 열극이 성장할 수 있다. 일단 이런 일이 발생하면 열극으로 물이 흘러들어가 동결-융해작용과 공극수압이 증가하는 등 풍화작용이 일어나기 시작하고 지질구조의 경계를 가로질러 활주면이 발생한다(그림 5.5 c). 그 밖의 다른 활주면들도 암석 내에 자연적으로 발생한다. 바다 쪽으로 경사진 층리면도 이미 논의한 바와 같이 사태를 발생시킬 수 있는 잠재적인 활주면이라고 볼 수 있다(그림 5.5 d).

위에서 논의한 사례들과는 대조적으로 연암으로 구성된 해식애 물질은 물이 존재할 경우 물리적 상태가 변할 수 있다(예. 액화상태). 이 때 발생하는 사태는 토석류나 이류 형태 혹은 슬럼프 형태로 해빈으로 밀려 내려간다. 슬럼프(그림 5.5 e)는 비교적 응집된 형태를 유지하면서 활주면을 따라 활강하거나 낙하하는 데 반해 토석류나 이류(그림 5.5 f)는 응집력이나 물질의 내부구

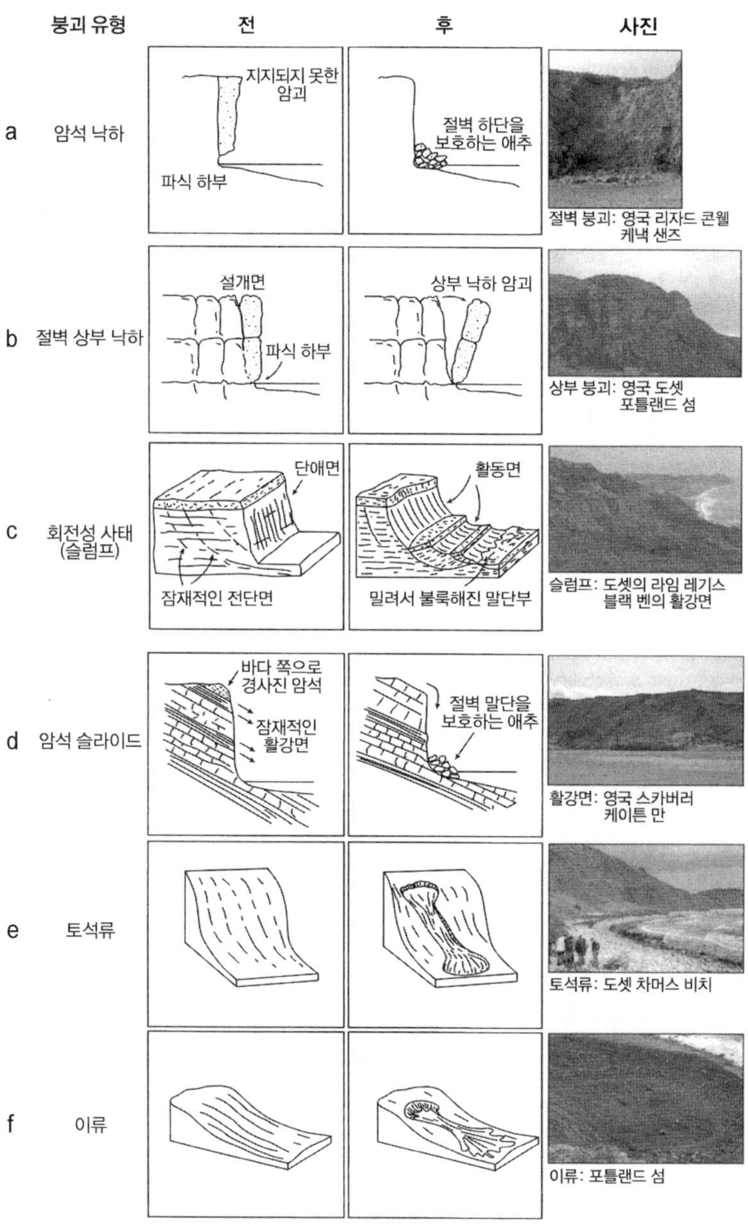


그림 5.5. 해식애의 형태와 지질

서로 다른 암상이 어떻게 서로 다른 방식으로 붕괴하게 되며 서로 다른 관리 방법을 요구되는지 눈여겨보라.

조 없이 '뒤범벅이 되어' 흐른다. 이러한 양식의 사태는 점토 해식애에서 흔하게 일어나며 특별히 영국의 도셋 해안에서 탁월하다. 블랙벤이 이 유형의 전형적인 예이다. 한편 블랙벤 인근의 라임 레기스 바로 동쪽에 위치한 스피틀즈 콤플렉스에서는 전형적인 슬럼프가 발생한다.

#### 4) 후퇴율 예측

해식애 안정화 방안에 대한 평가를 위해서는 해식애의 행태를 이해하는 것이 중요하다. 다시 말해 해식애의 사태기작, 침식률에 대한 이해가 필요하다. 침식률을 알면 향후 해식애의 위치를 예측할 수 있고 침식이 계속해서 진행될 경우 장기적으로 발생할 위험을 평가할 수 있다. 이(Lee, 1998)는 이 문제에 대해 세 가지 접근법을 소개하고 있다.

- 역사자료로부터 얻은 침식률과 최근의 거동에 근거를 둔 방법
- 단순한 경험식(브룬의 법칙)에 의한 방법(제2장을 보라)
- 지형형성작용과 지형의 반응을 고려하여 해식애의 거동을 모형화하는 방법

어떤 방법을 선택하든지 가장 기본적인 요건은 역사 자료의 확보이다. 만일 과거의 후퇴속도를 알지 못한다면 향후 해식애의 형태를 예측하거나 심지어 침식 정도마저도 평가할 수 없다. 여기에 중대한 문제가 있다. 대부분의 경우 해식애의 침식에 대한 측정이 이루어진 바가 없다. 후퇴율은 대부분 지도를 이용해서 얻은 값이며 최근의 후퇴율을 측정하는 경우에는 항공사진을 이용한다. 지도와 항공사진은 특정 시점의 상태를 나타낼 뿐이며 항공사진 측량이 수행된 시점이나 지도가 수정·갱신된 시점 등에 따라 효능이나 특성이 다른데 해안지역의 경우에는 항공사진측량이 시도되거나 지도가 수정·갱신되는 경우가 드물다.

충분한 자료가 뒷받침되는 경우, 과거의 침식률을 $x$ m/년의 형태로 얻게

되면 미래의 침식률도 이와 동일하다고 착각할 수 있다. 즉, 5년 후의 해식애의 위치는 현재보다 $5x$ m 내륙에, 10년 뒤에는 현재보다 $10x$ m 내륙에 위치할 것으로 생각하기 쉽다. 이것은 매년 해식애 침식이 일정하게 발생한다는, 즉 침식률이 시간에 대해 선형적인 관계를 가진다고 가정하는 함정에 빠지는 것이다. 그러나 해식애의 붕괴가 일어나면 낙석물질이 해식애를 보호한다. 보다 종합적이고도 상세한 수치를 얻어야만 침식의 진행방향에 관해서 이해할 수 있을 것이다. 단순 선형외삽 방법으로 미래의 침식률을 구하는 것은 두 가지의 가정 아래서 이루어진다. 첫째, 해식애가 현재와 동일한 방식과 동일한 정도로 붕괴한다고 가정한다. 이것은 수분함량, 절리의 발달, 입자들 사이의 고결 정도 등의 변수가 해식애 전체에 걸쳐 일정하다는 것을 가정하는 것이다. 둘째로는 파랑의 활동이나 해수면 등과 같은 기본조건이 일정하게 유지된다고 가정하는 것이다. 현실에서는 위의 두 가지 가정 모두 만족되기 어렵다.

첫 번째 가정을 계량하는 것은 현실적으로 불가능하다. 시추공을 뚫거나 기타 지반공학적인 조사를 수행하면 해답을 얻을 수도 있으나 비용문제 때문에 현실성이 없다. 반면 해수면 변화에 대한 추정치는 알려져 있고 많은 해안에서 해수면은 동적이다. 고려해야 할 또 하나의 변수는 2장에서 본 바와 같이 브룬이 시도한 해수면상승과 침식경향의 연계이다(Bruun, 1962). 비록 '브룬의 법칙'이 오용된 경우가 많았지만 해안 시스템이 해수면의 변화에 어떻게 반응할 것인지를 이해하는데 여전히 유용하다. 브래이와 훅(Bray and Hooke, 1997)은 이와 같은 생각을 발전시켜 연암층으로 이루어진 해식애 후퇴 예측모형을 만들었다. 해수면상승 변수를 고려한 단순 선형외삽기법의 방정식으로 표현되는 것이다. 이 방식은 다소 문제가 있지만[1] 해식애의 예상 위치를 보다 정확하게 추정할 수 있다. 해식애의 예상 후퇴율 $R_2$는 다음과 같은 공식으로 계산된다.

1) 변수가 생략되어 있다 — 역자주.

$$R_2 = \frac{R_1}{S_1} \cdot S_2$$

이때 $R_1$과 $S_1$은 각각 과거의 후퇴율과 해수면상승률이고 $S_2$는 해수면의 예상 상승률이다. 미래의 특정 시점($T_2$)에서 해식애 후퇴율의 예측치를 계산하고, 현재($T_1$)과 미래($T_2$)를 시점과 종점으로 하여 적분하면 두 시기 사이의 해식애 후퇴량의 추정치를 얻을 수 있다. 보통 $T_2$는 해수면상승 예측치가 '2100년까지 $x$mm'와 같이 주어질 때 이와 동일한 시기(2100년)로 주어진다. 여기서 얻은 두 가지 침식률을 이용하면 어느 두 시점 사이의 침식에 대해서도 예측치를 산성할 수 있을 것이다. 이 때 해식애의 위치는 10년 단위와 같이 일정한 시간 간격으로 표현될 것이다. 이와 같은 접근법은 해식애 관리를 위해 개발되었으며 이 장의 후반부에 다룰 것이다. 예측에 관한 한 과학적 접근이 아직 초기단계에 불과하지만 해안관리에 점차 그 적용이 확대되고 있다.

암석과 지질구조가 동일하다는 가정과 해수면상승 예측치를 적용한다는 제약에도 불구하고 해안침식 모형은 해식애의 행태를 예측하는 수단을 제공하고 있다. 이와 같은 도구를 이용하여 해식애 위의 재산이 처한 위험을 추정하고 대책이 절실한 지역을 판단할 수 있다. 그러나 예측할 수 없는 것은 갑작스런 폭풍, 혹은 연안 상류의 호안 계획이 초래할 영향 등과 같은 일회적인 사건이다.

### 3. 해식애 안정화 기법

해식애로 구성된 해안에 거주하는 주민들은 해식애 침식에 당국이 관심을 기울여야 한다고 생각한다. 침식을 중단시켜야 한다는 이들의 입장은 이해할 수 있다. 해식애가 침식을 받아 자신의 주택으로 접근한다면 위협을 느낄 것이다. 사실 해식애의 침식은 파랑이 해빈에 부딪히는 것만큼이나 자연스러운 해안작용의 일부이다. 호안구조물의 사용을 될 수 있는 대로 억제하고 가능한 한 퇴적물의 자연스러운 이동이 유지되어야 한다는 관점이 일반적이지만 해식애 안정이 불가피한 상황이라면 해식애 유형과 안정화기법을 검토해야 할 것이다.

앞에서 해식애의 붕괴양식과 이에 대한 대처방안들을 살펴보았다. 다양한 접근 방법이 있지만 지금까지 논의한 바와 같이 적합한 접근법은 해식애를 구성하고 있는 암석의 종류와 특징, 지질구조 등에 따라 선택된다(표 5.2). 영국 환경부(Department of the Environment: DoE, 1996)는 해식애 안정화 사업의 주요 목표들을 다음과 같이 정리하고 있다.

- 배수를 통해 공극수압을 감소시킬 것
- 경사조정을 통해 잠재적으로 사태를 일으킬 수 있는 물질, 특히 사면 상부의 사태유발 물질을 제거할 것.
- 해식애 기저부의 밑받침공을 통하여 안정성을 높이거나 사태를 유발시킬 수 있는 층리면을 따라 전단력을 증가시킬 것(밑받침공, 핀박기, 배수)
- 불안정한 지역을 보강할 것(밑받침공, 해안제방)
- 해식애 기저부의 침식방지(해안제방)

경우에 따라 이 가운데에서 목표가 선정될 것이다. 물론 이 가운데 해식애를 보강하는 방법과 해안침식을 일으키는 영력을 차단하는 방안들이 복합적으로 사용된다. 그러므로 해식애 안정화 대책은 사태에 대한 저항을 증가하는 보강방안과 파랑의 영향을 완화시키는 방안으로 구분될 수 있다. 이외에 두 가지 방법이 사용될 수 있다. 하나는 특정부분에 침식을 집중시켜 다른 부분에서 침식이 일어나지 않도록 하는 방법(하드 포인트), 다른 하나는 해안침식 관리에 점차 더 널리 채택되는 '방치정책'이다.

표 5.2. 해식애 사태 기작에 따른 해식애 안정화 기법

| 사태유형 | 절벽 보강 | | | | 파랑의 충격 완화 | | | 방치 |
|---|---|---|---|---|---|---|---|---|
| | 핀박기 | 사면처리 | 배수 | 식재 | 해안제방 | 밀받침공 | 양빈 | |
| 암석낙하 | ✔ | ✔ | ✘ | ✘ | ✔ | ✔ | ✔ | ✔ |
| 전도파괴 | ✔ | ✘ | ✔ | ✘ | ✘ | ✘ | ✘ | ✔ |
| 쐐기형사태 | ✔ | ✔ | ✔ | ✔ | ✘ | ✘ | ✘ | ✔ |
| 슬라이드 | ✔ | ✔ | ✔ | ✘ | ✔ | ✔ | ✔ | ✔ |
| 슬럼프 | ✔ | ✔ | ✔ | ✘ | ✔ | ✔ | ✘ | ✔ |
| 토석류 | ✘ | ✘ | ✔ | ✔ | ✘ | ✘ | ✘ | ✔ |

(✔ 적용가능 ✘ 적용불가)

### 1) 해식애의 보강

근본적으로 사태는 중력이 해식애를 구성하고 있는 물질 사이의 응집력보다 클 때 발생한다. 해식애의 경사를 완화시켜 중력의 수직성분을 감소시키는 것은 가능하지만 중력을 감소시킬 수는 없다. 그러나 해식애 면의 응집력을 증가시킬 수는 있는데 그 접근방식에는 네 가지가 있다.

핀박기

그림 5.3 (b)와 5.5 (d)는 바다 쪽으로 경사진 층리면(혹은 취약한 면)을 따라 사태가 일어나는 문제를 잘 보여준다. 해식애에서 가장 취약한 부분은 층리면이며 사태를 촉발시킬 수 있는 가능성이 가장 높은 부분이기도 하다. 이러한 상황의 해식애를 보강하려면 층리를 따라 응집력을 강화시켜 활강이 일어나는 것을 방지해야 한다. 경우에 따라서는 층리면에 스며든 물이 윤활작용을 일으켜 암괴의 활강이 발생하는데, 사태의 방지를 위해서는 배수가 필요하다. 또는 암층과 암층을 볼트로 묶어 저항력을 강화시킬 수 있다. 피닝 또는 핀박기로 알려져 있는 이 방법은 특히 도로의 절토면을 처리할 때 널리 사용되는 기법으로 점차 해식애의 사태방지 기법으로도 활용되고 있다.

이 기법은 암층을 서로 고정시키거나 원호 형태의 활강(슬럼프의 활강면)이

발생할 수 있는 상황에서 전단력을 강화시키는 데 이용된다(그림 5.6 a). 이 방법은 파랑의 영향을 저감시키는 것과는 관계가 없지만 육상의 지형작용으로 비롯되는 층리면에 관련된 사태의 발생 위험을 감소시켜 결과적으로는 해식애의 후퇴율을 감소시킬 것이다. 미국 뉴저지 주의 불리 베이에서는 암석 핀박기와 그물망, 식재 등의 방법으로 급경사면을 보강하고 있다(Warner and Barley, 1997). 이 분제의 핵심은, 해식애의 표면을 덮고 있는 비고결 물질이 자연적인 안식각보다 급한 경사를 이루고 있었고 내부응력과 전단응력이 슬럼프를 막고 있었다는 점이다. 핀박기 이후로는 더 이상 사태가 일어나지 않았다.

핀박기의 또 다른 사례로는 영국 도버 지방 이스트 클리프의 해식애 안정화 사업이다. 해식애는 절리가 조밀하게 발달된 암석(백악)으로 구성되어 있다. 도버지방의 유명한 랜드마크인 화이트 클리프에서는 광범위한 붕괴가 진행되고 있다는 것이 면밀한 조사를 통해 밝혀졌는데 이에 대해 영국 헤리티지 재단이 우려를 갖게 되었다(Daws and Elson, 1990). 도버 지방의 해식애는 백악기에 형성된 중부 백악층과 상부 백악층으로 구성되어 있고 이회토층과 판상 규암층도 다수 존재한다. 잘 발달된 절리면 중의 하나가 남쪽(바다 쪽)으로 약 70° 경사를 이루며 기울어져 있다는 것이 가장 큰 문제였다. 도버 항이 개발된 이후 해식애 전면부 대부분이 바다로부터 차단되었기 때문에 해식애 사태는 대체로 동결-융해 작용과 같은 육상 지형작용에 의해 촉발되고 있다. 경사면 완화, 그라우팅과 같은 이차적인 방법과 결합하여 암석 핀박기가 절리면을 보강하는 데 주로 사용되었다.

### 경사완화

해식애의 사태는 중력의 영향으로 일어난다. 경사가 급할수록 사태가 일어날 위험이 커지기 때문에 경사를 감소시키면 사태의 빈도도 감소한다. 안식각은 암석의 종류, 수분의 함량, 해식애의 지질구조 등에 따라 달라진다. 경사완화 기법은 바로 자연적 안식각, 즉 일정한 환경조건하에서 해식애가 동적인

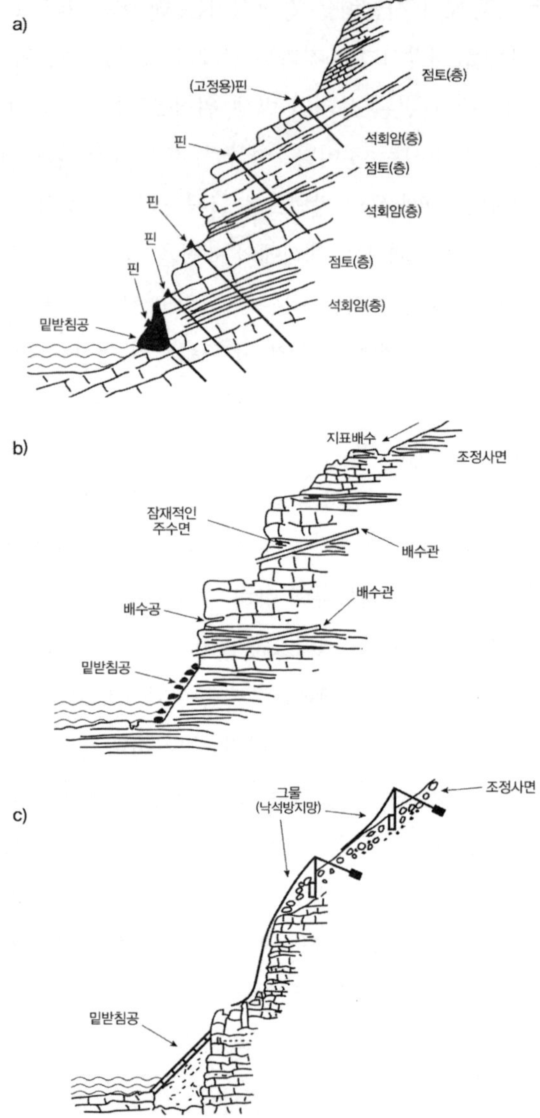


그림 5.6. 지질구조와 사태 대응 방안

a) 암석용 굵은 핀(피닝)을 이용해 암석층을 함께 '묶어'놓고 잠재적인 붕괴면의 저항력을 증가시키는 방법

b) 암석 내 수분량을 감소시켜 붕괴면의 활성도와 공극압을 함께 감소시키는 절벽면 배수

c) 낙석의 충격을 완화시키기 위한 그물설치.

(Fookes and Sweeney 1976에서 수정)

안정성을 유지할 수 있는 경사를 이루는 현상을 모의하는 것이라고 할 수 있다. 테인터는 수분함량이 높은 점토 사면의 경우 안정에 이르기 위해서는 40% 이하의 경사(22°)를 유지해야 하지만, 같은 점토사면이라도 건조할 경우는 45°에서도 안정적이라고 지적했다(Tainter, 1982). 슈피리어 호 연안의 적색 점토절벽은 사면경사가 33.3%(18°) 이하가 되어야만 안정에 이른다(여기서 언급한 모든 각도는 수평면에 대해 측정한 각도이다). 영국의 도셋과 데본 해안의 경사완화사업은 성과가 다양하다. 데니스 등은 해식애 경사를 33°로 완화시키고 식재나 배수 등과 같은 안정화 기법을 병행하는 것에 대해 논의하고 있다(Dennis et al., 1975). 메이는 영국 번머스에서 경사완화 기법의 효율성을 논의하면서 해식애의 경사를 안식각과 가능한 한 유사하게 유지하도록 권하고 있다(May, 1977). 핀박기와 마찬가지로 이 기법도 배수나 식생의 식재와 병행하여 적용된다.

경사 완화기법만을 적용한 사례는 사우스 웨일즈 지방의 란트위트 메이저에서 찾아볼 수 있는데, 파랑으로 야기되는 해식애 기저부 침식이 사태 위험으로 이어져 휴양객의 이용에 문제가 발생하였다. 폭파방식을 이용하여 해식애의 경사를 23°로 완화시키는 방안이 제안되었으나 부적절한 설계로 말미암아 원하던 결과를 얻지는 못했고 해식애의 사태 위험은 여전히 남아있다. 이 경우 해식애의 경사를 완화시킨다는 발상은 방법론적으로는 타당하였으나 해식애 시스템의 지형과정에 대한 이해 부족으로 실패했다(Williams and Davies, 1980).

안정경사를 형성시키는 방안은 경우에 따라 다르다. 절토와 성토를 사용하는 것이 가장 일반적이다. 즉, 해식애 상부를 깎아내고 여기서 나온 물질은 하부에 쌓아 해식애의 전체적인 경사를 완화시킨다[그림 5.7 (a)]. 이것은 경사를 줄일 뿐 아니라 해식애 기저부를 바다 쪽으로 확장시킨다. 실제로는 해식애 기저부에 밑받침공을 설치하여 쇄파대까지 확장시키게 된다. 이와 같은 방법은 영국의 북동부에 위치한 윗비에서 사용되었는데(Clark and Guest, 1991), 쥬라기 석회암층 위로 고결이 잘 이루어지지 않은 빙적토와 융빙수에 의해

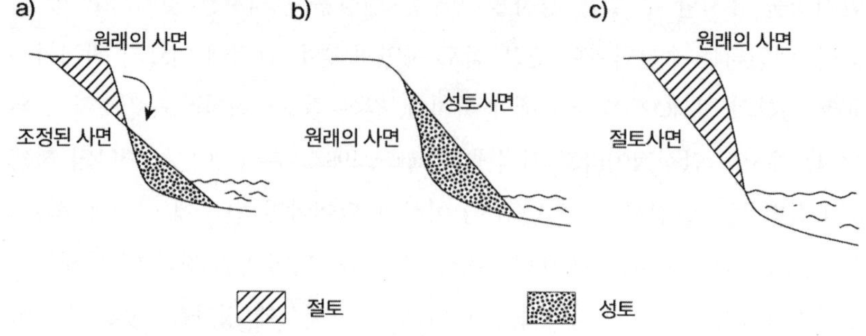


그림 5.7. 해식애의 안정성을 향상시키기 위한 사면정리

a) 사면 경사를 감소시키기 위한 절토와 성토. 사면 상부의 물질를 사면하부로 운반한다.
b) 성토기법만을 사용. 사면 경사를 감소시키기 위해 매입물질을 외부에서 조달한다.
c) 절토기법만을 사용. 연구지로부터 물질이 외부로 제거된다.

퇴적된 모래, 자갈층이 위치한 전형적인 '수직벽'형태의 해식애로 기저부에는 해안제방이 설치되어 있다. 계속되는 해식애의 침식으로 해안도로와 구명보트 선착장, 여러 시설의 진입로 등이 유실되고 주택까지 위협받기 시작하였다. 절토와 성토 방식이 해식애 상부의 경사를 완화시키고 상부의 퇴적물은 밑받침공으로 보강된 해식애 기저부에 쌓았다. 지하수와 공극수압이 사태발생에 기여한다는 것이 알려졌기 때문에 해식애의 부분에 따라서는 배수시설을 설치하였다.

절토·성토 공법에서 두 방향으로 기법을 변형시킬 수 있다. 하나는 성토방법만을 사용하는 것[그림 5.7 (b)]으로 해식애에는 손을 대지 않고 외부에서 성토에 필요한 골재를 들여와서 해식애의 경사를 완화시키는 데 이용하는 방식이다. 반대로 절토방법만을 사용하는 경우[그림 5.7 (c)]에는 해식애를 깎아내어 경사를 완화시키는 것으로 이 때 다량의 물질을 제거한다.

후자의 경우에는 해안선이 이전과 같이 그 자리에 유지되고 나머지 둘은 해안선을 바다 쪽으로 확장시킨다. 성토에 사용되는 골재는 반드시 자연배수가 되어야 한다. 그렇지 않으면 슬럼프가 발생할 수도 있다. 파랑에 노출되는 경우에는 밑받침공이 필요하다. 배수시설은 모든 사업계획에서 중요한 요건이다.

경우에 따라서는 경사완화 계획이 위에서 소개한 것만큼 거창할 필요는 없다. 경사가 완만하다면 단순한 계단식 기법으로도 충분할지 모른다. 각각의 단지(段地)에 보람(堡籃)을 사용하면 해식애에서 발생하는 지하수 유동을 최소화할 것이다. 일부는 지표수로 전환되어 배수로를 통해 빠져나간다. 보람을 사용하면 해안제방과 같이 해식애 기저부를 보호하는 등 몇 가지 장점을 가지고 있을 뿐 아니라 보람을 통해 배수가 일어나 공극수압을 저하시킨다. 그러나 보람은 도보통행이나 유수에 떠밀려온 쇄설물에 의해 쉽게 훼손된다.

### 배수

공극이나 균열, 절리를 통해 흐르는 물은 층리면에 윤활작용을 하거나 공극수압을 상승시켜 사태발생 가능성을 높인다. 투수층과 불투수층이 교대로 나타나는 해식애에서는 불투수층 위에 주수대수층이 발생할 수 있다. 이것은 불투수층과 투수층의 경계면에 윤활제로 작용하여 활강을 일으킬 수도 있고 공극수압을 증가시킬 수도 있다. 점토로 구성된 해식애의 경우에도 공극수압을 저감시키면 장력에 의한 균열과 파괴면의 형성을 저지하여 슬럼프나 사태를 막을 수 있다. 그러므로 사태 기작에 취약한 해식애에 배수시설을 설치하는 것은[그림 5.6 (b)] 공극수압을 줄이거나 사태를 유발시킬 수 있는 층리면을 따라 흐르는 물의 양을 감소시키고 장력에 의한 균열을 감소시킨다.

배수시설을 설치하는 데는 여러 가지 방법이 있지만 가능한 한 짧은 시간 안에 물을 제거한다는 것이 철칙이다. 농업용 배수관을 사용하거나 자갈을 채운 트렌치와 같이 물이 잘 흐르는 통로를 확보하기도 한다. 폭우 시에 가정이나 산업체에서 배수되는 물이 해식애로 스며들지 않도록 해식애 상부에 배수시설을 조정하는 것도 중요하다. 윗비의 경우에는 대규모 사면고르기 사업과 함께 보조수단으로 배수시설을 구축하였다(Clark and Guest, 1991). 상부 빙적토층의 붕괴는 대체로 침윤작용과 공극수압에 기인한 것이다. 따라서 지표유출을 다른 곳으로 돌리고 해식애의 지하수를 감소시키며 빙적토층과 융빙수/빙적토층 사이의 공극수압 상승을 억제하여 단면의 안정성을 향상시켰다. 미국 체사피크 만에서도 유사한 접근방법이 적용되었다(Leatherman, 1986). 사면의 배수를 통해 안정성을 높임으로써 해안에 인접한 건물들 위로 낙석이 발생하는 일을 차단하였다. 에섹스의 클락톤-온-시에서는 수직형과 경사형 배수관을 이용한 새로운 방식의 배수체계를 설계하여 해식애를 통해 흐르는 물을 차단하고 공극수압의 증가를 억제하였다(Harris and Ralph, 1980).

### 식재

사태 위험을 감소시키는 방안으로 해식애 사면의 저항력을 강화시키는 방법을 생각할 수 있다. 식물 뿌리는 토사를 단단히 고정시키며 침식방지에 효과적이다. 식생은 사면에서 토사가 무너져 내리는 것을 방지하는 데에도 효과적이다(채석장에서는 식생을 이용하여 잡석무더기를 고정시킨다. 토목공학에서는 도로 법면의 고정을 위해 식물 종자를 뿌리는 방법을 개발하였다). 테인터(Tainter, 1982)는 수분함량이 높아 슬럼프에 취약한 사면에 식생을 식재하면 식물뿌리가 수분을 흡수하기 때문에 수분을 제거하는 데 도움을 줄 수 있다고 제안했다.

수분의 흡수는 특히 목본을 식재하는 경우 더 높게 나타난다. 지표유출도 감소 또는 지연시킬 수 있으며 우곡형성을 막고, 해식애 아래의 해빈으로 토사가 이동되는 것도 억제한다. 그러나 이 방법은 사태 양식 가운데 일부에는 효율적이지만 표면의 퇴적물이나 토양을 보호할 수 있을 뿐이고 심층에서 발생하는 사태를 막지는 못한다. 이 때문에 식재는 배수나 경사완화와 같은 다른 기법과 병행한다. 식재기법은 보조적 수단으로 안정화 작업을 수행한 사면을 보호하는 데 사용된다.

메이는 번머스의 사암 해식애를 예로 들어 경사완화와 계단식 지형 조성 후에 식재될 수 있는 다양한 식생에 관해 설명한다(May, 1977). 사면은 현재 다양한 종류의 식생으로 피복되어 있다. 체사피크 만(Leaderman, 1986)과 뉴저지 주의 불리 베이에서도 유사한 기법이 적용되었다(Warner and Barley, 1977).

### 2) 파랑 영향의 완화

지금까지 해식애의 배수와 사면경사완화를 통해 사태를 억제하는 기법을 다루었다. 그러나 이러한 기법을 적용했다고 하더라도 바다는 여전히 해식애 기저부에 압력을 가하고 침식을 일으켜 해식애가 지지력을 잃고 사태가 발생할 수 있기 때문에 문제는 여전하다. 이러한 문제를 해결하기 위해서 전통적인 경성호안의 힘을 사용한다. 해안제방을 가장 흔하게 사용하고 밑받침공이나 양빈도 이용한다.

해안제방

해식애 기저부 보호에 해안제방을 사용하는 목적은, 파랑의 기저부 침식으로 해식애 하중의 지지력이 훼손되는 것을 방지하는 데 있다. 다양한 형태의 해안제방과 각각의 특징에 대해서는 이미 3장에서 상세하게 설명하였다. 그러나 한 가지 덧붙인다면 해식애 사면 기저부에 해안제방을 축조할 때 공극수압을 반드시 고려해야 한다. 이미 공극수압의 증가가 해식애 붕괴를 일으키는 원인이라는 점을 확인한 바 있다. 이와 유사한 원리로 해안제방 배후면의 공극수압이 올라가면 해안제방의 붕괴가 발생하고 이는 해식애의 사태로 이어질 수 있다. 영국의 바턴에서 광범위한 배수시설과 피복공에도 불구하고 해안제방 후변의 공극수압 상승으로 슬럼프가 발생하여 해안제방이 해빈으로 밀려 나갔다. 또 다른 유명한 사례는 1993년 영국 스카보로에서 발생한 사태로 홀벡 홀 호텔을 파괴시킨 사건이다(상자글 5.1).

위의 두 가지 사례는 해안제방만으로는 해식애 불안정 문제를 해결하기 어렵다는 것을 보여준다. 그러나 적합한 설계와 여러 기법을 병행시킨다면 해식애의 안정성을 높이고 침식을 저감시킬 수 있다. 이러한 지역의 주민들은 해안제방을 통하여 해식애 침식위험이 제거되기를 바랄 것이다. 그러나 해안관리당국은 해식애 침식을 막는 것을 선호하지 않는다. 해식애 침식이 퇴적물수지 상 중요한 의미를 가지고 있기 때문이다. 이 점을 도셋 해안의 풀 베이

행기스베리 헤드에서 잘 살펴볼 수 있다. 해식애 기저부를 따라 해안제방을 축조하자 퇴적물수지에 심각한 결손이 발생하여 풀 베이 지역의 해빈에 심각한 침식이 발생하게 되었다.

퇴적물 공급 차단에 대한 우려로 말미암아 침식을 중지시키기보다는 침식 속도를 저감시키는 구조물 개발에 관심이 기울여지고 있다. 클래이톤(Clayton, 1989a)은 노포크 북부 해안에서 해안제방, 피복공, 돌제를 포함한 여러 종류의 경성호안을 적용하는 해식애 보호계획을 논의하고 있는데 호안구조물은 해식애의 침식을 완화시켜 해식애 단구 위에 있는 주택 등의 재산을 효과적으로 보호할 수 있었다. 해안제방이나 이안제가 해식애 보호에 점점 더 보편적으로 사용되고 있으며(Brampton, 1998), 서섹스 지방의 페어라이트 코브 사례와 같이 다양한 시나리오를 배경으로 이러한 호안기법들이 적용되고 있다.

### 해식애 기저부 보강(밑받침공)

해안제방과 해식애 기저부 보호(밑받침공)는 어느 정도 동일한 목적을 가지고 있으며 경우에 따라 이 둘을 동일한 것으로 취급하기도 한다. 그러나 보다 세밀하게 말한다면 해안 제방은 해식애 기저부의 침식을 억제하여 낙석을 방지하는 것이고 밑받침공은 슬럼프나 슬라이드를 막기 위해 슬럼프 선단에 중량을 보강하는 것이다.

슬럼프가 발생한 곳에서는 슬라이드 선단에 밑받침공을 설치하는 것으로 충분하다. 활동면(滑動面)을 따라 회전하면서 바다 쪽으로 이동한다는 점을 고려하여[그림 5.5 (e), (f)], 슬라이드 선단부에 블록을 설치한다면 슬라이딩 암괴의 이동을 억제할 수 있을 것이다. 홀벡 홀의 경우(상자글 5.1), 사태가 일어나면서 바다 쪽으로 둥글게 돌출한 토석 로브의 설단부(舌端部)에 다양한 크기의 피복석으로 구성된 밑받침공을 보강하였다(Clements, 1994, 사진 5.2b). 이것은 두 가지 목적을 가지고 있다. 첫째는 더 이상 바다 쪽으로 이동하지 않도록 하는 것이다. 둘째는 선단의 침식을 방지하는 것이다. 그 밖에 해안철도에 위험을 야기했던 켄트 폴크스톤 워렌에는 설단부에 밑받침공을 적용했고(Viner-Brady, 1955), 웨일즈 클루이드 란둘라스에서는 사태 설단부를 보강하였다(Wilson and Smith, 1983). 그러나 토석류의 유동성이 지나치게 커지면 설단부 보강은 효과가 없다[그림 5.5 (f)]. 사태가 액성 한계에 도달하여 이류로 진행하면 설단부에 밑받침공을 설치하더라도 유동을 억제할 수 없다. 이러한 경우에는 밑받침공보다는 해식애 사면의 수분함량을 저감시키는 데 주력해야 한다. 도셋 해안의 블랙벤에서는 사태가 거의 지속적으로 일어난다. 바다가 기저부를 침식하는 속도와 이류가 바다 쪽으로 밀려드는 속도가 동일하여 사태 형태가 해빈 상에서 일정한 상태로 유지되고 있다.

밑받침공은 해식애 기저부의 호안에 사용되는 다른 기법들과도 병행하여 적용된다[그림 5.6 (c)]. 핀박기, 경사 고르기, 배수시설 설치 등을 실시한 이후 해식애 기저부에 밑받침공을 설치하면 해식애 안정성을 높일 수 있다. 설단부 보강이 본격적으로 이루어지지 않고 잡석을 이용하거나 목책, 돌망태가 사용되기도 하지만(사진 5.2b), 이는 일종의 해안제방이나 피복석으로 간주될 수 있다.

### 양빈

7장에서 자세히 다루겠지만 해식애 앞의 해빈을 통과하는 파랑의 에너지를 저감시켜 해식애 기저부의 파랑작용을 낮출 수 있다. 앞에 예시한 대로 해식애의 침식은 주기적이다(그림 5.4). 사태가 일어날 때까지 기저부의 침식이 진행되고 기저부에 쌓인 퇴적물은 파랑에 의해 침식된다. 낙석이나 토석이 침식받을 때 해식애 후퇴는 일어나지 않는다. 파랑의 에너지가 토석을 운반하는데 사용되기 때문이다. 따라서 해식애 전면에 인위적으로 해빈을 조성하면 침식 에너지를 소모시켜 퇴적물이 유지될 수 있다. 바다는 계속 해빈의 퇴적물을 침식하고 이를 적절히 보충해 주기만 한다면 해식애 침식은 발생하지 않는다. 이론적으로는 해식애 보호에 이상적이다. 해식애 보호를 위해 양빈을 사용하는 경우 발생하는 여러 문제들은 해식애뿐만 아니라 그 밖의 해안에서 시행되는 양빈의 일반적인 논제들과 관련이 있다.

### 3) 하드 포인트

해식애 위의 재산보호 문제를 해결하는 또 한 가지 방안으로 해안에 일련의 '하드 포인트'를 설치하여 침식을 억제하고 하드 포인트와 하드 포인트 사이는 방치한다(Brampton, 1998). 시간이 지나면 안정적인 일련의 만이 형성되는데, 하드 포인트 지점은 헤드랜드가 되고 그 사이의 해안은 만을 형성한다.

이와 같은 발상은 새로운 것이 아니며 개인재산의 보호와 같은 소규모의 해식애 보호 방법이다. 페씩과 버드(Pethick and Burd, 1993)에 따르면 만입지형이 형성되면 해안선의 길이가 증가할 것이고 파랑에너지가 동일하다면 파랑에너지의 총량은 증가된 해안선 연장에 분산되므로 단위 해안선당 유입되는 파랑에너지의 양은 감소하게 된다. 따라서 해식애의 침식이 줄어든다.

연암과 경암이 교대로 나타나는 해안선에서는 암석의 경도에 따라 차별침식이 나타나며 사진 5.5의 도셋 해안과 같이 만입지형이 줄지어 형성된다.

사진 5.5. 자연적인 만입부 해안

이것은 인공적인 만입부 조성 사업이 지향하는 최종목표이다. 자연적인 암석 잠제 뒤편으로 육계사주가 형성된 것을 주목하여 살펴볼 것.

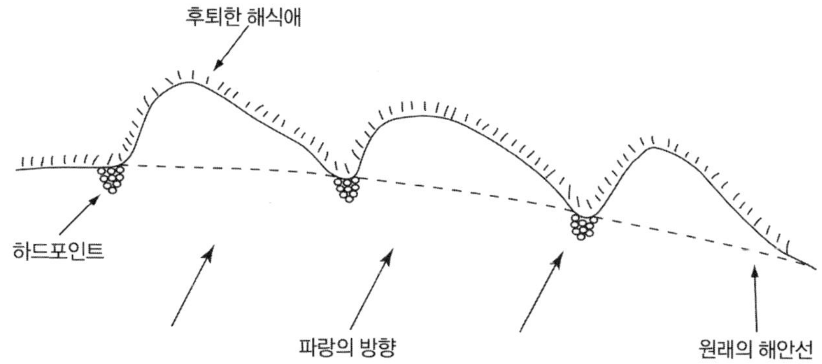


그림 5.8. 하드포인트를 이용한 만입부 조성
(Pethick and Burd, 1993을 수정)

직선 해안의 경우 침식이 균일하게 일어나는 경향이 있다. 헤드랜드가 형성되는 곳은 파랑에너지에 대한 저항력이 크다. 이것이 바로 하드 포인트이며 보통 해식애 기저부에 거력을 쌓아 조성한다. 이들 하드 포인트 사이에서는 침식이 진행되어 만입부가 형성된다(그림 5.8). 만의 형태는 파랑 조건, 파랑의 유입각도, 하드 포인트의 간격 등에 의해 결정된다. 바버(Barber, 1984)는 해안관리의 관점에서 하드 포인트의 간격이 만의 형태와 크기에 미치는 영향 등 기술적 측면을 상세히 다루고 있다. 이론에 따라 자연작용을 이용하는 접근, 예를 들면 인위적 조건에서 자연해안지형을 조성하는 접근은 경우에 따라 실현 가능성이 높은 방법이 될 수 있다.

그러나 한 가지 중요한 차이점으로는 자연상태의 만입지형은 수심과 관련되어 있다. 즉, 파랑은 외해를 지나면서 수심에 따라 굴절되며 해안의 어느 지점에 집중된다. 인공적으로 조성한 만의 경우는 외해의 수심과는 관계가 없기 때문에 만입지형에 합당한 파 굴절이 발생하지 않는다. 그러므로 파랑의 집중지가 어디가 될지 예측할 수 없기 때문에 해식애의 '안정성'은 미지수이다. 가장 큰 문제는 예측 불가능성일 것이다. 일단 하드 포인트를 설치하면 만입지형이 형성은 되겠지만 내륙의 어디까지 만입부가 진행될 것인지 또는 형태가 어떠할 것인가는 예측하기 어렵다. 이것은 재산보호와 관련이 있는 지역에서 특히 중요하다. 침식과정이 제어되지 않은 채 계속될 때 어떤 일이 발생할 것인가를 알고 싶다면 자연상태에서 만입지형의 변화를 살펴보아야 한다. 만입지형이 발달하게 되면 그 규모는 인접 만과 서로 만나게 될 때까지 확장된다. 이 때 침식이 헤드랜드 배후에서도 계속 진행될 수 있고 그렇게 되면 '시스택'이 형성된다.

* * *

지금까지 해식애 침식문제에 여러 가지 기법이 적용되는 것을 살펴보았다. 또한 이 장을 읽으면서 해식애를 따라 서로 다른 기법이 필요하다는 것도 밝혔다. 예를 들어 밑받침공으로 해식애 기저부를 보호하는 것은 전도파괴가 일어나는 해식애에는 도움이 되지 않는다. 표 5.2는 해식애 유형(그림 5.5)에 따라 적용 가능한 기법을 정리한 것이다. 표 5.3은 세계 곳곳의 사례들을 정리하였다.

## 4. 해식애 보호가 초래하는 환경영향

앞에서 논의된 방법들은 모두 해식애의 침식을 줄이거나 정지시켜 해식애 위에 위치한 개발시설을 보호하려는 목표를 가지고 있다. 이러한 목표는 해안지역의 거주나 이용을 위해 자연작용을 중지시키기 위한 기술적 시도라고 할 수 있다. 한편 이 문제의 이면을 살펴보는 것도 중요하다. 여러 나라에서 해안퇴적물수지의 많은 부분, 예컨대 해빈이 성장하는 데 필요한 퇴적물의 상당한 부분이 해식애의 침식에서 공급된다(이 문제의 중요성을 보려면 7장을 참조하라). 해식애를 보호하기 위해 대규모의 호안구조물을 설치하게 되면 퇴적물 공급이 줄어들어 해빈에 유입되는 퇴적물이 감소한다. 이 장에서 해식애 침식을 억제할 수 있는 방안을 제안하고 있기는 하지만 몇 가지 사항들

표 5.3. 해식애 관리 프로그램의 사례

| 나라 | 연구자 | 연구지역 |
|---|---|---|
| 일본 | Walker and Mossa (1986) | 뵤부가우라 비치 |
| 포르투갈 | Alveirinho Dias and Neal (1992) | 발레 드 로보 |
| | Correia et al. (1996) | 쿠아르테이라 |
| 영국 | Arthurton (1998) | 다양한 지역 |
| | Clark and Guest (1991) | 윗비 |
| | Clayton (1989a) | 노포크 |
| | Clements (1994) | 홀벡 홀, 스카보로 |
| | Daws and Elson (1990) | 이스트 클리프 (도버) |
| | Dennis et al.(1975) | 차머스 (데본) |
| | Harris and Ralph (1980) | 클락톤온시 (에섹스) |
| | McGowan (1998) | 홀더니스 |
| | McGown et al., (1988) | 다양한 지역 |
| | Mason and Hanson (1988) | 홀더니스 |
| | May (1977) | 번머스 |
| | Pitts (1983) | 디 하구역 |
| | Riby (1998) | 홀벡 홀, 스카보로 |
| | Viner-Brady (1955) | 폴크스톤 워렌 (켄트) |
| | Watts (1998) | 나즈 (에섹스) |
| | Wilson and Smith (1983) | 란둘라스 (클루이드) |
| 미국 | Jones et al., (1993) | 점프 오프 조 |
| | Kuhn and Shepard (1984) | 캘리포니아 |
| | Leatherman (1986) | 체사피크 만 |
| | Sayer and Komar (1988) | 톰슨 아일랜드 |
| | Warner and Barley (1997) | 불리 베이 (뉴저지) |

* 자세한 내용은 책 뒤편의 문헌목록를 참조

은 미리 검토해야 한다. 해식애의 침식을 중지시키려고 하는 것인가? 만일 해식애의 침식을 멈추게 한다면 해안의 다른 지역에 어떤 결과가 초래될 것인가? 해식애 하류에 위치한 마을이나 도시를 보호하기 위해 해식애 위의 집 몇 채가 바다로 휩쓸려 가도록 방치하는 것이 더 현명하지 않을까? 이것은 쉽게 대답할 수 있는 문제가 아니다. 특히 마지막 질문의 경우는 더욱 그렇다. 이는 공청회에서 뜨거운 논쟁을 일으키는 질문이다. 균형 잡힌 관점을 제공하기 위해서는 이미 제시된 해안보호 사례와 함께 해안을 방치하는 사례들도 살펴볼 필요가 있다.

#### 1) 퇴적물수지

제2장에서 살펴본 바와 같이 해안퇴적물수지는 해안퇴적지형의 유지에 있어서 기본적인 고려사항이다. 음의 퇴적물수지는 침식으로 나타나며 퇴적물 공급의 차단은 퇴적물수지를 음으로 전환시키는 원인의 하나다. 지역에 따라 상대적 중요성은 차이가 있지만, 해식애 침식으로 공급되는 퇴적물은 하천이 공급하는 퇴적물과 함께 퇴적물수지에서 중요한 위치를 차지한다.

예를 들어 홀더니스 해안의 해식애에서는 침식이 활발하게 일어나 매년 1.2~1.7m의 후퇴율을 보이고(Clayton, 1989b), 지역에 따라서 매년 8m까지 후퇴하고 있다(Pethick, 1992). 홀더니스 해안의 해식애는 유럽에서 가장 빨리 침식되는 것으로 생각되고 있다. 마찬가지로 오리건 주의 뉴포트에서도 1860년대 이후 대규모의 침식이 발생하고 있다. 이로 인해 해식애가 급속하게 후퇴하고 주택마저 유실되었다(Sayre and Komar, 1988). 위의 두 가지 사례와 같이 급속한 침식이 해안퇴적물수지에 기여하는 양은 퇴적물수지의 주요 부분을 차지하며 해빈의 성장에 이용된다.

다른 사례들도 있다. 미국 매사추세츠 톰슨 섬의 해식애는 홀더니스의 해식애와 지질구성이 유사하며 해식애 평균 후퇴율은 연간 0.4~0.6m에 달한다(Jones et al., 1993). 해식애의 높이와 길이를 고려할 때 이와 같은 평균 후퇴율로 매년 약 6,500m³의 퇴적물이 퇴적물수지에 공급된다(1939~1977년 동안 유입된 총량을 기초로 계산). 이러한 규모의 퇴적물은 연안퇴적물이동의 관점에서 중요한 의미를 지닌다. 해식애가 보호된다면 퇴적물수지에서 공급되던 양만큼 손실이 일어날 것이다. 이렇게 되면 다른 지역에서 동일한 양의 침식을 일으켜 손실량을 보상하게 될 것이다. 톰슨 아일랜드의 해빈은 이미 침식되고 있다. 해빈의 침식량은 연간 5,500m³로 해식애에서 공급되던 양을 보상하기에는 부족한 것으로 보인다. 이는 그 하류에 위치한 다른 퇴적물 저장소에서 침식이 발생한다는 것을 시사한다.

이와 같은 문제들로 말미암아 해안관리당국이 직면한 딜레마는 해식애 침식이 퇴적물공급의 주요한 원천이기 때문에 호안구조물을 통한 해식애 침식방지는 퇴적물수지의 심각한 결손을 초래하며 하류의 침식으로 이어져 결국 더 많은 재산이 위험에 노출된다는 것이다. 앞에서 다룬 바 있는 주민들의 숙원인 해식애 보호를 부정하는 논리를 전개한다면 어떻게 될 것인가? 농장과 소규모 주택들의 보호 목적으로 해식애 침식방지시설에 투자하게 되면 해빈 퇴적물의 공급이 중단되어 하류의 해빈이 사라지고 범람과 침식이 증가하기 때문에 더 이상 해식애 침식 방지 조치를 취하지 않겠다고 한다면 공청회에서 어떤 결과가 나올 것인가?

하류에서 침식이 시작되는 과정은 그림 1.2와 같으며 이것을 통해 어떻게 침식 문제가 악화될 수 있는지 쉽게 알 수 있다. 코레이라 등(Coreira et al., 1996)은 포르투갈의 알가브 해안에서 발생한 현상을 다루고 있다. 상류에 호안구조물이 설치된 이후 연간 0.7m였던 해식애 후퇴율이 연간 3.0m로 증가하였다. 새로 설치한 구조물이 단순히 퇴적물 공급원을 차단하기 때문에 새롭게 등장하는 침식문제는 호안구조물 건설지역에서 발생하는 것은 아니다. 더 이상 해빈이나 사구, 염습지 등을 유지할 수 있는 퇴적물이 공급되지 않을 것이기 때문에 이전에 퇴적물을 공급받던 지역에서 침식효과를 가장 크게 느낄 것이다.

### 해안 퇴적물수지와 무관한 해식애 침식

이제까지 논의한 바로부터 독자들은 침식되고 있는 해식애는 모두 해빈의 성장에 기여한다고 잘못 생각할 수도 있다. 비록 해식애에서 침식되어 나온 퇴적물이 어떤 지역에서는 중요할 수도 있지만 그 자체가 사실은 아니다. 몇 가지 측면에 대해 점토 해식애에서 발생하는 사태 양식과 연안퇴적물이동에 미치는 사태의 영향이라는 두 가지 관점에서 점토 해식애에 관하여 언급한 바 있다. 2장에서 파랑이 우세한 해안과 조석이 우세한 해안을 논의한 바 있다. 침식이 발생하기 위해서는 고에너지 환경이 요구되기 때문에 해식애는 파랑이 우세한 해안에서 발견된다. 그러나 해안지형학 교과서를 찾아보면 어떤 책에서든지 머드나 점토는 파랑이 우세한 해안에서 발견되지 않는다. 해류에 의해 외해의 잔잔한 지역으로 운반되거나 하구역 또는 파랑으로부터 차폐되어 있는 만입부로 이동한다. 점토로 이루어진 해식애는 해빈의 성장에 기여하지 않는다. 사진 5.1b와 그림 5.5 (e), (f)는 점토로 이루어진 해식애의 침식을 보여주고 있다. 그러나 그 전면에 위치한 해빈은 조약돌이나 암괴로 구성되어 있어 해식애 침식이 해빈의 성장에 거의 기여하지 못한다(점토로 된 해식애는 종종 모래와 실트, 자갈층을 포함하는데 이런 물질은 해빈 퇴적물에 보태질 수 있다). 그러므로 점토로 된 해식애를 보호하는 것은 해빈의 성장에 아무런 영향을 끼치지 않을 것이며 해식애 보호를 위한 구조물을 설치한다고 해도 아무런 문제를 일으키지 않을 것이라는 생각을 갖기 쉽다. 이것은 사실이지만 훌륭한 해안관리자라면 세립 퇴적물들의 이동경로에 관심을 가질 것이다. 예를 들어 홀더니스 해안의 경우 해식애 침식에서 나온 물질들은 모래와 실트뿐만 아니라 점토도 포함되어 있다. 모래는 당연히 해빈에 남아있겠지만 세립 물질은 남쪽으로 이동하여 험버 하구역으로 유입되거나 북해를 건너 유럽대륙 쪽으로 이동한다. 드 뤼기와 루이제(de Ruig and Louisse, 1991)의 연구에 따르면 홀더니스 해안에서 네덜란드 해안으로 연간 40만$m^3$ 정도의 퇴적물이 북해를 따라 형성되는 시계 반대 방향의 해류순환을 타고 유입된다고 한다. 이러한 세립 퇴적물은 종종 하구역의 퇴적물수지에서 중요한 위치를 차지하고 있으며 염습지나 개펄의 주요 퇴적물 공급원이다.

### 2) 해빈의 유실

많은 경우에 해빈이 유지되기 위해서는 해식애로부터 퇴적물이 공급되어야 한다. 해식애 보호는 해빈에 두 가지 방식으로 영향을 미칠 것이다. 첫째는 이미 논의한 바와 같이 퇴적물의 공급을 제한하는 것을 통해, 둘째는 해안제방의 건설 이후 해빈이 낮아지는 작용, 즉 파랑의 반사를 통해 영향을 미친다. 해식애 보호에는 일반적으로 해안제방이 사용되기 때문이다. 이런 문제는 3장에서 이미 검토한 바 있으므로 여기에서 다시 논의하지는 않을 것이다.

또 다른 문제는 해식애 앞의 해빈이 낮아지는 것이 해식애에서 공급되는 퇴적물의 양이 줄어드는 것보다는 연안 상류에서 진행된 해안보호 사업으로 인하여 연안류를 통한 퇴적물 유입의 감소와 관련이 있는 경우이다(그림 1.2). 해빈은 해식애를 보호하는 구실을 하기 때문에 해빈이 낮아지게 되면 파랑의 세기가 증가하여 해식애 침식이 증가하게 된다. 와이트 섬의 앨럼 베이에서 테마파크의 소유자들이 1990년대 해빈유실 이후 해식애 침식률의 증가를 우려하고 있다. 굵은 규암자갈로 구성되어 있는 이 지역의 해빈은 고도가 1~2m 정도 낮아졌다(McInnes, 1998).

## 5. 방치

해안선을 자연상태, 즉 인간의 개입이 없는 상태로 유지하면 자연의 지형형성작용이 진행되어 해안관리를 보다 용이하게 해준다. 침식을 해안의 불안정 상태를 지시하는 징표로 간주할 수 있는지에 대해 논의한 바 있다. 그리고 침식작용 자체가 바로 불안정 상태에 놓여 있는 해안선이 다시 동적 평형상태로 나아가는 작용의 일환이라는 점도 살펴보았다. 따라서 평형상태로 이끄는 가장 좋은 방법은 해안 작용이 스스로 안정성을 찾아갈 수 있도록 해주는 것이다. 이와 같은 관점에서 비개입 정책이 가장 효과적일 것이다. '방치'라는 대안은 자연작용이 진행되도록 조장함으로써 관리 목적을 이루는 해식애 관리방법이다. 이 장의 앞부분에서 제시된 여러 증거들을 고려해 볼 때 해식애 보호에 대해서는 찬반 논란이 있다는 점을 이해할 수 있을 것이다. 한편으로는 해식애가 해안퇴적물수지의 주요공급원이다. 적합한 해안보호가 이루어지려면 해식애로부터의 퇴적물 유입량을 유지하는 것이 중요하다. 다른 한편으로는 과거의 해안개발이 해식애 침식을 문제로 비화시켰다. 해안개발에서 해식애 근처에 건물을 짓는 일은 거의 없지만 현재 내륙의 촌락도 수백 년이 지난 후에는 해식애 침식으로부터 위험에 직면할 수 있다.

#### 1) 방치 정책의 논리

호안사업이 진행되는 과정에서 방치정책은 자동적으로 고려된다. 해안제방이나 돌제, 양빈 등의 호안사업이 가지고 있는 편익과 문제점을 비교 평가할 때 방치라는 대안은 기준, 즉 '갑'이라는 사업이 방치와 비교해서 어떤 편익을 유발하는가를 평가하는 기준을 제공해 주기 때문이다. 개발지역이나 고가의 토지이용이 이루어지고 있는 곳에서는 당연히 호안관리 사업을 일으키는 것이 아무 조치도 취하지 않는 것에 비해 더 나을 것이므로 방치는 더 이상의 고려 대상이 되지 않을 것이다. 해안보호가 큰 편익을 주지 못하는 경우라면 아무런 개입도 하지 않는 것이 유력한 대안이 된다. 그러나 이것은 해식애 위에 개인재산이 위치하고 있다고 해서 해식애를 반드시 보호해야 한다는 것을 의미하는 것은 아니다. 개인재산이 그대로 바다로 붕괴되도록 방치하는 사례도 많다(사진 5.6). 이들 중 일부는 앞으로 논의하게 될 것이다.

한 가지 사례는 영국의 동부 해안에서 찾아볼 수 있다. 홀더니스 해안은 미고결 빙적토로 구성되어 있어 연평균 약 1.8m의 후퇴율을 보이고 있다(Brick et al., 1998). 역사적으로 볼 때 홀더니스 해안에서는 지난 200년간 30여 개의 도회지와 촌락이 침식으로 인해 사라졌다(Prestage, 1991). 주요 도회지들과 산업시설이 입지하는 경우에는 호안구조물을 이용하여 보호하고 있으나 해식애 위의 토지는 대체로 낮은 지가의 농장으로 이루어져 있기 때문에 호안구조물을 설치할 만큼 재정적인 여유를 가지고 있지는 못하다. 이런 지역에서 호안관리를 맡고 있는 당국이 취하는 정책은 방치, 즉 농장의 유실이 진행되도록 내버려두는 것이다. 더욱이 몇몇 소규모 농가의 경우 호안구조물은 비용효과를 불충족시키기 때문에 침식현상을 방치하고 있다. 이와 같은

사진 5.6. 절리가 잘 발달된 해식애 위에 위치한 버려진 주택. 프랑스 북부

정책을 채택하는 이유는 크게 두 가지이다. 첫째는 총 45km 해안을 따라 호안구조물(이안제)을 건설하는 것이 대안으로 제안되기는 하였으나(6장을 보라), 비용상의 제약이 크기 때문이다. 둘째 해식애의 침식이 퇴적물수지에서 차지하는 중요도가 크기 때문이다. 홀더니스 해안은 북해의 최대 단일 퇴적물 공급원으로 영국의 해빈뿐만 아니라 북해에 연해 있는 국가들, 특히 네덜란드의 해빈에 중요한 역할을 한다.

홀더니스 해안이 방치 정책을 채택한 유일한 예는 아니다. 영국의 서포크 지방의 경우에도 해안계획 당국이 방치 정책을 택하여 해안보호 전략으로 발전시켰다. 2068년에 해안선이 위치할 것으로 예상되는 선(일명 '레드 라인')을 지도에 표시하고 있는데, 더니치의 경우 레드라인은 현재의 해식애에서 150~190m 내륙을 지나고 있다. 침식이 일어나도록 내버려둔다면 이 선에 2068년의 해식애가 위치할 것으로 예측된다. 이 선에서 바다 쪽으로는 어떠한 영구적인 건축물도 들어설 수 없도록 규정하고 있다(Garford, 1999). 또한 이 범위에 위치한 개인재산은 바다로 유실될 것이라고 인정한다. 부적절한 개발의 문제를 줄이기 위한 것이기는 하지만 이러한 조치는 이 범위 내에 입지한 건축물의 가격을 하락시켰다.

영국의 경우, 지가가 낮은 지역은 자연적 해안침식이 일어나도록 방치하는 경향이 있다. 해식애 위에 자리 잡은 대규모 개발지역의 경우에는 침식되도록 '방치'하는 것을 '우선적인 정책'으로 채택하는 일은 거의 없을 것이다. 그 사례로 들 수 있는 것이 서섹스 지방의 페어라이트 코브 지역이다(상자글 5.2). 이 지역에서는 본래 해안선이 자연스럽게 후퇴하도록 내버려둘 계획이 었으나 지역사회의 압력으로 인해 결정이 번복되었다. 그러나 여전히 개인소유의 땅을 바다가 침식하도록 내버려두는 경향이 있다. 토지의 손실과 보상이라는 문제는 이후에 논의하게 될 것이다. 주민의 의사를 존중하는 접근으로서의 방치 정책이 어떤 것인가는 미국의 사례에서 찾을 수 있다. 그릭스는 캘리포니아 사례들을 조사하였다(Griggs, 1995). 몬테레이 만의 경우 해식애 침식이 빠르게 진행되어 대규모 개인재산이 위협을 받고 있었다. 호안구조물을 설치하는 데 드는 비용은 약 700만 달러에 이르고 여기에 유지보수비용이 따로 책정되어야 했다. 호안구조물을 설치하는 대신 방치를 선택하기로 했다. 또 다른 대안으로 기존의 시설들을 이전하는 것으로 이 대안의 시행에는 300만 달러의 비용이 추산되었다(230만 달러는 건물을 새로 짓는 비용으로, 50만 달러는 철거와 보험금 공제액으로 사용되었다). 이 대안은 우선 400만 달러를 절약하는 동시에 이후의 유지보수비용을 절감한다는 것을 의미한다. 동시에 해식애 위의 개발시설이 제공하던 편익을 여전히 유지할 수 있게 되었다. 라이트하우스 포인트에서는 해안침식으로 등대의 안정성이 위험에 처하게 되었다. 해식애 보호 비용이 등대를 새로 짓고 진입로를 새로 건설하는 비용보다 훨씬 컸기 때문에 해식애가 침식되도록 방치하고 내륙에 등대를 다시 세웠다.

등대(벨 투)와 관련된 유사한 문제가 영국의 서섹스 지방 비치 헤드의 백악 해식애에서도 발생하였다. 언론매체를 통한 전국적인 관심 속에서 등대 건물은 내륙으로 이전되었고 해식애는 자연스럽게 남아있다. 이전은 매우 단순하게 진행되었다. 구조물 하부를 굴착한 뒤 등대 건물 자체를 잭으로 들어 올리고 수압을 이용해 레일을 따라 약 65m 내륙으로 운반하였다. 현재 이 지역의 해식애 후퇴율을 고려하면 앞으로 50~60년 동안 침식에 대한 걱정은 사라진 셈이다. 그러나 이 사업의 재정을 지원한 기관은 호안관리 당국이 아니라 등대보전협회였다는 사실을 지적할 필요가 있다.

### 2) 의사결정: 보호할 것인가? 내버려둘 것인가?

'방치'가 다른 형태의 해안보호 방안과 동등한 해안침식관리 기법이라고 한다면 이것이 최선의 방법인지 아닌지를 어떻게 결정할 수 있는가? 이 책의 저자는 가능하다면 이 방법이 채택되어야 한다고 주장하는 쪽이다. 퇴적물 공급이 지속될 수 있을 뿐 아니라 해안의 자연적인 모습을 그대로 유지할 수 있기 때문이다. 그대로 내버려둘지 아니면 다른 조치를 취할 것인지를 결정하는 것은 해안보호계획에 달려있다. 프렌치는 의사 결정절차를 요약한 바 있다(French, 1997). 기본적으로 호안대책 여부의 결정은 비용과 환경성의 고려, 친수환경의 이용여부에 달려 있다.

- 보호되어야 할 토지(주택, 소부락, 마을, 읍내, 산업시설 등)의 가치는 어느 정도인가?
- 문제의 속성은 무엇인가? (심각성, 침식률, 파후)
- 비용은 어느 정도 들 것인가?

• 퇴적물수지의 주요 요소는 무엇인가?
• 해식애의 퇴적물이 공급되지 않더라도 다른 방식으로 보충될 수 있는가? 호안구조물을 설치할 때 발생할 수 있는 결과는 무엇인가? (타 지역의 침식, 말단부 효과)

해안관리당국이 던지는 첫 번째 질문은 토지의 가치에 관한 것이다. 다시 말해 비용편익분석에 따라 해당 지역의 보호여부를 결정한다. 기본적인 공식은 일정 기간 후 유실될 토지와 건축물의 가치를 호안시설 비용과 비교하는 것이다. '방치'라는 대안을 제외하고 가장 저렴한 해안보호 기법이 토지의 가치보다 많은 비용을 초래한다면 아무런 조치도 취하지 않을 것이다. '방치'가 가장 선호되는 대책이며, 그 토지는 보호할 가치가 없다. 그러나 이러한 접근의 문제점 가운데 하나는 배후지에 매겨진 가격이 배후지의 가치에 대한 올바른 평가가 아닐 수도 있다는 것이다. 사회구조나 재산에 대한 정서적 애착, 혹은 삶의 가치를 어떻게 평가할 것인가?

### 3) 방치 정책과 관련된 관리상의 문제들

일견 해안이 자연상태에서 침식되도록 방치한다는 것은 인위적 개입이 전혀 없으므로 관리상 아무런 문제를 일으키지 않을 것처럼 보인다. 진실로 그렇다면 위와 같은 생각은 정당화될 수 있을 것이다. 그러나 해안보호 당국의 관점에서 '방치'의 채택은 적극적이고도 주도적인 결정이다. 이 대책은 다른 대책과 같이 주기적인 점검과 결과에 따른 재평가가 필요하다.

방치에 관련된 주요 쟁점들 중 하나는 해안 당국이 결과를 직접 통제할 수 없다는 것이다. 침식을 방치하기로 결정할 때 해안관리당국은 향후 침식률과 침식에 따른 후퇴 범위를 판단하기 위해 다만 예측기법을 적용할 수 있다 (Bray and Hooke, 1997의 논의와 같이). 만일 해식애 침식이 예측된 대로 진행된다면 직접적인 개입은 불필요하다. 그러나 침식률이 증가하거나 혹은 대규모 폭풍으로 인해 해식애 전면의 해빈이 사라져 침식률 예측모형에 사용했던 조건들이 더 이상 유효하지 않게 된다면 이 방법을 재평가해야 할 것이다. 이런 의미에서 해안 형태가 예측한대로 진행되고 있는지 확인하기 위해 주기적으로 점검해야 한다. 사실 어떠한 해안도 '평균'적인, 즉 예측된 패턴을 따르는 것은 아니다. 따라서 예측에 기반을 둔 반응은 주의 깊게 관찰을 할 필요가 있다.

방치와 관련된 감성적인 쟁점 중 하나는 비개입 정책이 육지가 바다에 의해 유실되는 것을 용인하는 정책이라는 점이다. 여기서 주요 쟁점은 만일 유실될 토지가 개인이나 회사가 소유한 사유지에 해당된다면 개인이 직접적으로 손해를 입는 것을 의미한다. 마찬가지로 지역사회의 건물(학교, 교회, 극장 등)이나 기반시설과 같은 공공시설이 사라지게 되는 경우도 문제이다. 이것은 지역주민에게 간접적으로 영향을 미칠 수 있다. 이것은 보상 문제를 유발한다. 미국의 경우 해안보호 당국은, 호안구조물을 설치하는 데 드는 비용, 침식될 토지에 자리 잡고 있는 개인재산과 기반시설의 이전하는 데 드는 비용 등의 순비용 산출 방식으로 문제에 접근하는 경향이 있다. 이 모형은 비용을 크게 줄일 수 있기 때문에 일리가 있다. 그러나 불행하게도 모든 나라가 이런 전략을 채택하는 것은 아니다. 영국의 경우, 보상이나 이전을 위한 지원을 고려하지 않는다. 등대를 내륙으로 이전한 비치 헤드의 경우, 정부가 재정지원을 한 것이 아니라 등대보전기금이었다. 홀더니스 해안에 위치한 개인재산들은 보상의 대상에 포함되지 않는다. 심지어 건물소유자들이 자신의 비용으로 건물을 철거해야 하는 경우조차 있다. 예를 들어 최근 자신의 농장과 생계수단을 잃어버린 한 토지소유자의 경우 25만 파운드짜리 농장주택과 건물들을 철거하는 데 3,500파운드를 지불하라는 요구를 받았다. 어떤 형태의 보상도 없었다. 영국 정부는 현금보상을 하기 시작하면 엄청난 요구에 시달릴 것을 두려워하여 건물 소유주가 철거와 이전비용을 부담해야 한다고 주장한다.

가치를 계산할 수 있는 자산들에 대해 보상문제 외에도 개인이나 가족이 경험하는 사회적인, 혹은 개인적인 손실에 대해 어떻게 보상할 것인가라는 문제가 있다. 모든 재산은 금전적 가치 외에 소유자 개인이 부여하는 감성적 가치를 지니고 있다. 소유자의 가족이 여러 세대 동안 살아왔다면 더욱 그렇다. 동시에 개개의 재산은 사회적인, 지역사회적인 가치를 지닌다. 이러한 문제들에 관심을 기울이는 것은 드물다. 결과적으로 사람들은 재산손실에 대해 재정적인 보상을 받았든 그렇지 않았든 방치 정책에 뒤따르는 손실로 고통을 겪는다. 그러므로 방치 전략을 뒷받침하는 여러 가지 과학적인 논의에도 불구하고 사회적인 그리고 지역사회적인 쟁점이 신중히 고려되어야만 한다.

이러한 문제는 아직 충분히 이해되지 못한 문제이며 현재보다는 개선된 방식으로 해소되어야 할 필요가 있다. 서섹스 지방의 페어라이트 마을의 사례는 어떻게 유용한 결과가 도출될 수 있었는지를 보여주는 좋은 사례이다(상자글 5.2. 사진 5.4). 지역의 해안관리당국은 먼저 이 지역 해안선에 대해 '방치' 정책을 채택하기로 결정했다. 지역당국은 기반시설의 이전비용은 부담하기로 하였으나, 일반주택에 대해서는 해식애의 침식으로 인해 더 이상 친수공간의 가치가 없거나 침식위험에 노출될 때 포기하기로 하였다. 페어라이트 해안보전협회에 의해 진행된 민간조사의 결과는 정책 변경을 유도하여 결국 해안을 따라 외해에 이안제를 설치하기로 결정하였다(사진 5.4). 그러나 이것은 당국의 계획을 바꾸도록 강요한 사회적 압력의 사례이다. 일반적으로 재산 소유자 개개인이 당국의 결정을 번복시킬 만큼 '정치력'을 지니고 있는 경우는 드물다.

#### 4) '방치' 정책의 환경적 편익

저자의 신념에 따른다면 해안관리 방식이 가능한 한 자연의 원리에 부합될 때, 해안보호 정책은 관리의 측면에서나 해안경관의 미적 측면에서나 더 좋은 결과를 얻게 될 것이다. 아무런 개입도 하지 않고 해식애 침식이 진행되도록 방치한다는 발상은 이와 같은 요건을 충족시킨다.

방치 기법을 사용하면 상대적으로 저렴한 관리비용을 들여 정의상 '자연적인' 해안을 유지할 수 있다. 영국의 예에서는 토지소유주에게 보상하지 않기 때문에 더욱 그러하다. 미국의 경우, 비용편익은 조금 떨어지지만 역시 가시적 성과를 보이고 있다. 방치 기법의 경우 유지비용이 들지 않고 호안구조물이나 퇴적물 공급과 같은 초기자본투자가 없기 때문이다.

이와 더불어 자연 그대로 방치하는 정책은 퇴적물수지를 유지할 수 있게 해준다. 많은 경우에 '방치' 정책이 우선적 대안이 될 수 있는 이유는 퇴적물수지의 중요성 때문이며 홀더니스 해안이 좋은 사례이다. 노포크 북부, '레드라인'을 이용해 미래의 해안선 위치를 예측한 서포크 해안의 경우도 마찬가지이다. 방치 정책은 환경적인 관점에서 설득력이 있다. 다시 말해 환경 친화적인 해안보호 방법이라는 것이다. 이것은 단순히 자연적으로 일어나는 일이 그대로 진행되도록 허용하는 것이기 때문에 놀랄 만한 일은 아니다. 이상적으로 보면 모든 해안이 이와 같은 방식으로 관리되어야 한다. 그러나 현실적으로는 개발과 토지이용을 고려할 때 모든 해안을 방치 방식으로 관리할 수는 없다.

### 5) 셋백라인의 결정

해식애 보호에서 '방치'하기로 결정했다고 해서 언제까지나 계속 방치한다는 것은 아니다. 다른 호안전략과 연계하여 계속 조정되어야 하며 침식률이 예측된 수치보다 높아지게 되는 경우라면 재고할 필요가 있다. 방치 전략의 적합 여부를 결정하기 위해서는 해안관리당국이 장래 해안선의 위치를 예측하여 주어진 기간 동안의 해안선 변화를 판단해야 한다. 해안선의 위치변화를 예측할 수 있어야만 해안관리당국이 해식애 침식이 배후지의 토지이용이나 개발에 미칠 위험을 판단할 수 있다. 그림 5.9는 가상적인 상황을 표시한 것으로 25년, 50년, 75년, 100년 뒤의 해안선 위치를 예측하여 도시한 것이다. 계산방법과 지도제작 방법은 브레이와 후크(Bray and Hooke, 1997)가 소개한

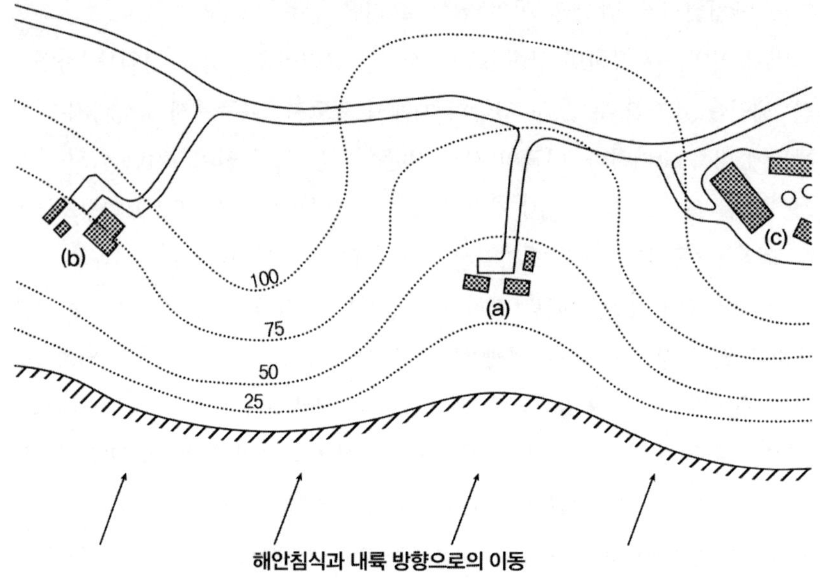


그림 5.9. 방치 시나리오하에서 해식애 관리에 적용되는 예상절벽 후퇴선

예상후퇴선을 얻는 방법은 본문에 자세하게 기록되어 있다.

바가 있다. (a)로 표시된 개발지역은 25년 뒤에는 해안침식에 의해 위협을 받게 될 것이며 50년 뒤에는 사라져버릴 것으로 가정할 수 있다. 마찬가지로 (b)로 표시된 개발지역의 경우는 도로의 일부분과 함께 75년이 지나면 사라지게 될 것이다. 개발지역 (c)는 100년이 경과해도 그대로 유지될 것이다. 물론 개발지역 (c)의 경우 해안침식이 이 정도로 진행되기 전에 도로 체계를 정비해야 할 필요가 있을 것이다.

이런 유형의 모형은 해식애로 이루어진 해안선을 효율적으로 관리할 수 있는 장기계획을 뒷받침한다. 최소 25년간 방치 전략을 채택한다는 시나리오를 상정해 보자. 우선 개발지역 (a)에 대한 의사결정이 필요해질 것이다. 한 가지 대안은 개발지역 (a)가 해안침식과 함께 바다로 사라지도록 허용하고 개발지역 (b)가 위협을 받게 될 때 상황을 재평가하는 것이다. 이때는 개발지역 (c)에 대한 접근성의 유지를 위한 도로건설 비용도 고려해야 할 것이다.

이 즈음이면 '방치' 정책의 비용이 현실적으로 증가한다. 기존의 기반시설을 이전하는 데 비용을 투자해야 하기 때문이다. 정기적인 모니터링을 통해 예측치의 타당성을 확인한다면 이와 같은 방법으로 '방치' 전략을 합리적인 신뢰도를 가지고 활용할 수 있다. 이것은 전체적인 접근이 한 가지 중요한 가정, 즉 네 개의 예측 해안선이 정확하다는 가정에 기초하고 있기 때문이다. 예측 해안선의 정확도는 전적으로 모형의 신뢰도와 사용된 자료에 의존하지만 해안선 후퇴 상황을 지속적으로 모니터링하면 예측 값이 실제와 부합되는지를 확인할 수 있다(지속적인 모니터링은 '실시간' 관측치를 이용하여 모형 자체를 개선할 수 있도록 해준다).

일단 호안전략의 관점에서 해안선 예측과 의사결정이 이루어지고, 해안지역에 신규 개발의 허용으로 상황을 악화시키지 않는다면 계획의 재조정은 필요 없을 것이다. 해안관리 계획과 지역정책의 통합으로 이와 같은 목적을 성취할 수 있다. 해안관리당국은, 해안침식으로 25년 안에 위협에 처할 해안 가까이에 새로운 건물을 짓는 것을 원하지 않을 것이다. 영국의 서포크 해안에서 전형적인 정책 사례를 발견할 수 있다. 서포크 해안에 위치한 웨이브니 지구 위원회는 해안보호를 목적으로 예측모형을 채택하였다. 정책을 채택한 시점으로부터 75년 후인 2068년의 예상 해안선 위치를 표시하고 이 선으로부터 해안 쪽의 개발사업은 허가하지 않고 있다(서포크 지구위원회와 개인면담). 이 지역의 몇몇 지구는 현재 해안선에서 내륙으로 150~190m 정도 너비를 지닌 범위에 걸쳐 있다. 이 지역은 방치 정책의 결과로 재산상의 손실을 보게 될 것이다. 여기서 추가적인 쟁점은 재산가치가 급락하여 재산의 매매조차 불가능한 경우도 있다는 것이다. 그러나 이와 같은 논리가 항상 채택되는 것은 아니다. 해식애 해안에서 일어나는 부적절한 개발의 예는 많다. 계획당국이 해식애 침식문제의 인식에서 실패한 사례 가운데 자주 인용되고 있는 미국 오리건 주 뉴포트의 점프 오프 조를 살펴보자(Sayer and Komar, 1988; Viles and Spencer, 1995). 뉴포트 해안선의 해식애는 이암과 사암으로 구성되어 있고 층리면이 바다 쪽으로 10~30° 경사를 이루며 기울어져 있다. 또한 내적구조, 지질조건 등으로 인해 뉴포트 해식애는 지표의 지형작용과 파랑작용에 의해 촉발되는 슬럼프와 슬립의 위험에 노출되어 있다. 이 지역에서는 슬럼프에 의해 떨어져 나온 암석파편을 관찰할 수 있어 침식이력을 짐작할 수 있다. 1982년 콘도미니엄 한 채가, 1942~43년 겨울 슬럼프가 발생했던 암반 위에 건축되었다. 더 이상의 이동이 일어나지 않도록 해식애 기저부에 밑받침공이 설치되었고 침식후퇴율이 낮고 슬럼프의 발생위험이 낮다는 지질학자의 보고서를 근거로 개발 계획서가 승인되었다. 1982년 건축이 시작되고 해식애 배수시설이 설치되었다. 1983년 파랑의 침식이 해식애 기저부의 호안구조물을 훼손시켰고 개발업자들은 파산했다. 이 일이 있은 이후 활동면(滑動面)이 다시 활성화됨에 따라 지반이 움직이기 시작했고 이로 인해 배수관이 파열되었다. 배수관의 파열로 말미암아 해식애에 물이 스며들어 공극수압이 상승하자 새로운 슬럼프가 발생하였다. 이로 인해 콘도미니엄의 기초는 완전히 무너져 버렸고 1986년에는 건물의 잔재가 철거되었다. 이런 사건에도 불구하고 여전히 이 지역은 주택 건축이 가능한 지역으로 분류되어 있다.

이것은 극단적인 사례이다. 해식애의 형태와 지형형성 작용에 대한 간단한 지식만 가지고 있어도 이와 같은 계획의 타당성에 의문을 품었을 것이다. 더욱이 슬럼프 블록 위에 건물을 짓겠다는 착상은 활성 여부와 관계없이 어처구니없는 것이었다. 건축으로 인하여 증가되는 하중의 문제를 고려했어야 했다. 이 사례는 계획 과정에서 무엇이 잘못되고 있는지를 보여준다. 개발이 필요하다는 것과 거주민들이 그것을 원한다는 이유로 부적절한 장소에 건축이 이루어진 것이다. 해식애의 활동면이 최근에 움직였는지의 여부는 여기에서 문제가 되지 않는다. 이 지역이 활동형 사태지역이라는 사실이 알려져 있었고 지질구조나 해안침식 이력을 고려할 때 개발에 부적합한 지역이었다. 계획당국은 초기에 개발계획안을 기각했어야 옳다. 기록에 따르면 문제의 지질학자는 전문가로서의 무능과 무지를 이유로 자격이 취소되었다.

해식애 관리와 관련하여 침식선 예측 개념은 비개입 전략을 지원하는 수단으로 점차 널리 사용되고 있다. 해당 해안선이 50년의 기대수명을 가지고

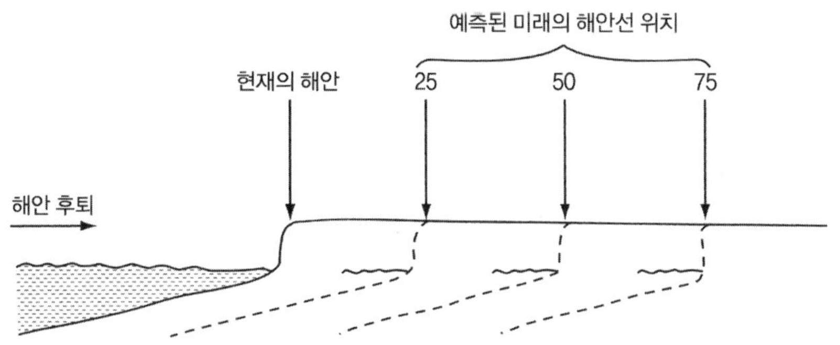


그림 5.10. 침식해안의 침식구역분류와 개발허용 구간(Fletcher 1992에서 수정)

있다고 계획당국이 판단한다면 이 지역에서 50년 이상 지속될 토지이용은 허가하지 않을 것이다. 이러한 방식으로 때가 이르면 해안침식이 자연스럽게 일어나도록 하고 호안구조물이 없는 자연상태의 해안을 보전할 수 있다. 이러한 접근법은 미국의 연방재해관리청(Federal Emergency Management Agency, 이하 FEMA)에 의해 채택되었으며 플레처(Fletcher, 1992)도 해수면상승이 미국 해안지역에 미칠 영향을 논의하면서 이러한 접근법을 이용했다. 해수면상승을 고려한 해식애 침식률을 예측할 수 있다면(근거와 기법들에 대해서는 Bray and Hooke, 1997을 보라), '기대수명'에 따라 해안지역을 구분하여 개발계획의 기초자료로 사용할 수 있을 것이다(그림 5.10). FEMA는 이와 같은 침식예상 지구를 'E-지구'(침식지구)라고 명명하고 미국 수해보험프로그램(National Flood Insurance Programme, NFIP)과 같은 해안관리 전략을 수립하는 데 활용하고 있다.

## 6. 해식애 보호와 해수면상승

해수면상승이 해식애에 미치는 영향은 지질구조나 암석에 따라 다르다. 수심이 증가하고 파한이 깊어져 파랑의 에너지가 증가하면 해식애 기저부의 침식도 증가하여 사태가 더 자주 일어날 것이다. 학술 문헌에서 아직 미확인된 문제는 모든 사태 양식에 걸쳐 사태 발생률이 증가할 것인지에 대한 것이다. 확실히 기저부 침식의 증가로 말미암아 전도파괴나 중력작용에 따른 붕괴는 늘어날 것이다. 그러나 슬럼프나 슬립의 경우에도 이와 유사한 증가가 일어날 것인지에 대해서는 확실치 않다. 그래인거와 칼라우거(Grainger & Kalauger, 1987)는 해수면상승이 진행되고 있는 해빈에서 머드 슬라이드의 선단부가 지하수면 상승을 유발하여 큰 규모의 사태 활동을 일으키고 현재 휴지 상태에 있는 활동면을 활성화시킬 것이라고 주장한다. 점토로 구성된 해식애의 경우에는 내륙 쪽으로 후퇴하여 안식각에 도달할 것이므로 해수면상승에 대해 큰 반응을 보일지도 모른다(Bray and Hooke, 1997). 이것은 해수면상승이 일어날 때 점토 해식애에서 사태의 규모가 더 커질 가능성이 있음을 시사하는 것이다. 이것이 사실이라고 해도 해안퇴적물수지의 유입 증가 효과는 적을 것이다. 사태로 공급되는 세립질 퇴적물의 경우 입자가 작아 고에너지 해안에서는 해안보호에 그다지 효과가 없기 때문이다. 이러한 현상에도 불구하고 사구나 해빈과 같은 여타 해안지형이 해수면상승에 대해 아주 빠른 반응을 보이는 것에 비하면 해식애의 반응시간은 훨씬 길다(Nicholls et al., 1995). 해식애가 그 자체로 해안보호를 위한 구조물은 아니지만 해식애의 침식과 해수면상승으로 인한 침식의 증가는 두 가지 측면에서 호안관리에 함의를 지닌다. 첫째는 해식애의 침식이 퇴적물수지의 주요 입력(유입량) 중의 하나라는 점이다. 해식애 침식이 증가하면 해당 해안 시스템 내의 퇴적물도 증가하게 된다. 어떤 이들은(Carter, 1988을 보라) 이렇게 증가된 퇴적물은 입경과 속성이 적절하기만 하다면 파랑에너지의 증가로 발생한 손실분을 메우기에 충분할 만큼의 퇴적물을 해빈에 공급할 수 있다고 주장한다. 그 결과 침식이 일어나는 해식애의 하류 해빈에서 퇴적이 증가하는 것을 확인할 수도 있다. 호안관리와 연관된 두 번째 쟁점은 첫 번째 문제로부터 직접 도출된다. 해식애 침식이 증가하여 퇴적물수지의 입력이 증가할지라도 해식애가 내륙으로 후퇴하는 속도도 함께 증가할 것이라는 점이다. 이것은 해식애 위에 위치한 재산이 위협에 처한다는 것을 의미하며 이 재산들을 보호해야 한다는 요구가 커질 것이나. 프예와 프렌치(Pye and French, 1993b)는 영국 해안에서 일어나는 이 현상을 다루고 있다. 해수면상승 예측치와 해식애 침식률을 고려할 때 2040년까지 침식률 증가로 인해 위협을 받게 될 고가의 토지를 보호하기 위해서는, 즉 해식애 침식으로 인해 토지가 바다로 쓸려 들어가는 것을 막기 위해서는 현재 호안구조물이 불비된 해식애를 따라 25km 이상의 해안제방이 필요할 것으로 추정된다. 이러한 조치는 퇴적물수지에 커다란 영향을 미칠 뿐만 아니라 해안관리당국에게 비용부담을 지우는 일이며 앞에서 논의했던 침식 현상이 지속적으로 발생하는 시나리오를 현실화시키는 결과를 초래할지도 모른다.

해수면상승과 해식애의 반응에 대한 또 다른 측면은 현재 안정적인 해식애와 관련된 것이다. 자연적인 안식각을 이루고 있는 상태에서 외부의 조건이 일정하게 유지되는 한 해식애는 안정을 유지할 것이다. 해수면상승은 외부조건의 변화를 의미하는 것이고 이는 해식애의 침식이 재개될 수도 있다는 것을 의미한다. 이로 말미암은 문제는 위에서 언급한 것과 동일할 것이다. 처음에는 퇴적물의 공급이 증가할 것이지만, 해식애 위에 위치한 건물들이 위협을 받게 되면 호안구조물을 강화해야 한다는 요구가 늘어날 것이다. 인간이란 현재의 것에 더 집착한다. 안정적이었던 해식애 위의 토지에 많은 투자를 해온 결과 멋진 해양경관을 가진 최상의 개발지가 되었지만 현재는 이 해식애가 불안정해졌다는 것, 그리고 그 해식애 위에 입지한 개발지와 시설이 해식애보다 더 중요한 고려사항이 되었다는 것이 문제를 더욱 복잡하게 만들 것이다.

## 7. 정리

이 장에서는 해식애 지형에 관련된 문제를 소개하였다. 해식애의 암석과 지질구조 상에 나타나는 차이로 말미암아 사태양식의 차이가 발생한다. 해안보호의 관점에서 해식애의 이러한 특징은 해안당국의 문젯거리로 다가온다. 해식애 보호에 동원할 수 있는 방법은 다양할 뿐 아니라 폭넓어 자연상태에서 침식되도록 방치하는 방안도 포함될 수 있기 때문이다.

여러 가지 측면에서 볼 때 가능하다면 해식애를 보호하지 않는 것이 필요하다. 해식애 침식이 퇴적물 공급의 측면에서 중요하기 때문이다. 그러나 오래된 이야기가 다시 고개를 들기 시작한다. 즉, 해식애 위에 건물을 세웠기 때문에 해식애를 보호해야 한다는 것이다. 건물이 바다에 유실되도록 방치하는 접근을 택하는 경향이 커지고 있다. 퇴적물 공급원을 유지하는 것이 중요하기 때문이다. 그러나 이러한 접근으로부터 일련의 새로운 쟁점들이 발생한다. 해안 시스템의 논리와 사람들의 정서적 필요를 일치시키는 문제이다. 만일 주택의 소유주가 그 집에서 오랫동안 거주했다면 주택이 바다로 붕괴되도록 내버려두는 것이 바람직한 일일까? 이것은 과학적 논리인 동시에 정서적인 측면을 만족시키는 해법을 요구하는 질문이다. 몇 채의 고립된 주택이 바다에 유실되도록 방치하는 것이 하류에 위치한 마을 전체를 보호한다면 쉽게 결정할 수도 있다. 그러나 이러한 결정은 유실될 주택에 살고 있던 사람들에게는 전혀 도움이 되지 않는다. 게다가 상처에 소금을 뿌리는 격으로 보상을 전혀 받지 못할 뿐 아니라 주책을 철거하는 비용마저 지불해야 한다는 이야기가 심심찮게 들린다. 이런 경우에 호안관리를 담당하는 당국은 관리정책을 재고해야 할 것이다.

해안관리 정책의 하나로서 '방치'정책에 대한 비중이 높아져 가고 있다. 사람들이 거주하거나 생업을 영위하는 해안은 어떤 경우라도 자동적으로 보호받아야 한다는 식의 이야기는 더 이상 통용되지 않는다. 만일 전체 지역을 대상으로 행한 비용편익분석 결과 고립된 주택이나 작은 마을을 유지하는 것이 부정적으로 나타난다면 방치정책의 선택이 당연한 것으로 받아들여진다. 이것은 침식에 대한 접근이 보호를 우선하는, 개발지향적인 또는 반응적 접근에서 해안작용을 존중하는 주도적 접근으로 크게 전환되고 있음을 시사한다. 재정적인 이유와 함께 호안시설로 말미암아 부작용에 대한 인식이 커지고 있기 때문에, 더 이상 토지이용과 관계없이 해안이라면 무조건 보호하던 시대는 지나갔다.

해안보호의 윤리는 그 자체로 중요한 문제이지만 현실주의적인 해안관리자라면 직면하게 될 모든 쟁점들을 알아둘 필요가 있다. 필요하다면 대부분의 해식애는 보호할 수 있다. 침식을 멈추기보다는 침식률을 감소시켜야 할지 모른다. 이러한 접근은 분명히 지질학자들로부터 지지를 얻을 것이다. 왜냐하면 지질학자들은 종종 연구와 교육을 위해 해식애의 신선한 노두를 관찰할 수 있어야 하기 때문이다. 침식이 활발하게 진행되는 해식애를 그대로 유지해야 한다는 압력은 주로 지질학자들로부터 나온다. 특히 지질학적으로 중요한 영국의 도셋, 데본, 와이트섬 해안에 대해 이와 같은 요구가 드세다. 실제로 1996년 포츠머스 대학에서 열린 해안보호와 보전에 관한 지구과학 학술대회의 자료집에 나온 글 한 편은 이 장에서 자주 인용되었을 뿐만 아니라(Hooke, 1998), 이 분야의 활동적인 연구자 다수의 기고문을 포함하고 있다. '방치' 정책을 택하는 것과 관련하여 또 하나의 고려사항은 대중 다수가 종종 '방치' 정책을 채택하는 것을 부정적으로 바라본다는 것이다. 사람들은 일반적으로 군사문화적인 이데올로기를 받아들여 바다가 계속 육지를 침식하도록 놔두는 것을 '항복'하는 것과 다름없고 '적(바다)과 맞서' 싸우지 않고 '도망가는 것'과 다를 바 없다고 주장한다. 해안보호 방안을 논의하기 위해 일반 대중을 상대로 한 면담과 집회에서 이와 같은 생각들이 인용되는 경우가 많다. 하지만 논리적으로 따져본다면 도대체 대안은 무엇인가? 모든 침식을 막기 위해 해안에 돈을 쏟아 붓는 일을 계속한다는 것은 불가능하다. 왜냐하면 침식을 막기 위한 조처가 다른 지역에 영향을 미치고, 이 행위 때문에 그 지역에도 새로운 보호 대책을 강구해야 할 상황이 초래된다는 증거가 풍부하기 때문이다(그림 1.2를 보라). 불행하게도 어떤 경우에 이 말은 사람들이 바다로 인해 재산을 잃어버리게 된다는 것을 의미한다. 하지만 대안은 무엇인가? 영국의 홀더니스 해안을 보호하여 일련의 농장과 작은 마을들을 구할 수는 있지만, 이로 인해 네덜란드의 일부 해안뿐 아니라 이스트 앵글리안 해안지방의 험버와 에섹스 지방의 일부 해안에서는 도회지의 침식이 발생한다. 이러한 관점에서 볼 때 해안관리는 '승자 없는' 게임이다. 의사결정이 무엇이든 손실을 입는 쪽이 생겨난다. 핵심적인 것은 손실을 입은 부분에 대해 적절히 보상해 주는 것이다. 마지막으로 앞에서 언급한 '군사문화적' 원리와 부정적인 반응들에 대해 군 지휘관이라면 누구나 다음과 같이 말해줄 수 있을 것이다. 전쟁에 이기기 위해 일보전진을 위한 일보후퇴가 필요한 때가 있다.

정리 1. 해식애 보호전략의 유익

- 해식애 위의 개발지역의 안전을 향상시킨다.
- 해빈 이용객들의 안전을 향상시킨다.
- 해안에 입지한 도회지의 경제적 안정성이 증대된다.

정리 2. 해식애 보호전략의 문제

- 해안퇴적물수지에 입력되는 퇴적물의 감소
- 지질학이나 고생물학 연구 등 학술적인 연구를 위한 노두의 감소

정리 3. 해식애 보호전략을 이용할 만한 지역

- 대체할 만한 공급원을 통해 해식애 보호로 발생하는 퇴적물 손실분의 보상이 가능한 곳
- 지속적인 이류(泥流)가 연안류에 심각한 교란을 일으킬 수 있는 곳

정리 4. 방치(비개입) 전략의 편익

- 해안선의 자연성을 증대시킨다.

- 서식지의 보전가치를 높인다.
- 해수면상승에 대한 보호능력을 향상시킨다.
- 비용이 저렴하다.
- 퇴적물수지에 공급량을 유지할 수 있다.

정리 5. 방치 전략의 문제

- 토지의 침식과 생계수단의 손실
- 보상 문제
- 사회적·문화적 자산의 손실
- 해안선 행태의 예측 가능성과 예측 불가능성의 문제

비개입 방식을 사용할 만한 지역

- 지가가 낮아 다른 호안구조물을 선택하기에는 비용제약이 큰 곳
- 해식애 침식을 통해 퇴적물수지에 공급되는 퇴적물의 양이 중요한 곳

제6장

# 해양구조물: 방파제와 제방

## 1. 도입

지금까지 입사파랑에너지의 저감에 적용되는 다양한 호안시설과 기법을 살펴보았는데, 주로 해안선에서 실시되는 방안들이었다. 또 다른 대안으로 원빈 또는 외해빈에 구조물을 설치하여 해안선에 입사파랑에너지를 저감시키는 기법이 있다. 해양구조물은 해빈에서 떨어진 곳에서 쇄파를 일으켜 파랑에너지가 소진되도록 해안에 인접한 천해에 축조된다. 해안선과 외해빈 구조물 사이의 저수심, 저에너지 환경에서는 퇴적이 일어날 수 있고 따라서 해안보호와 해빈확장을 도모할 수 있다.

이러한 해안보호 기법이 비교적 새로운 것이지만, 파랑에너지의 저감원리 자체는 새로운 것이 아니다(항구의 입구에 설치된 도류제와 비교하라). 해안보호를 위해 파랑에너지를 감쇄시키는 기법을 해빈에서 외해빈으로 확장시키는 것은 논리적 발전이라고 할 수 있다. 외해빈구조물은 자연상태의 산호초나 사퇴와 유사한 구조와 기능을 가지고 있다. 특히, 잠제는 산호초와 유사한 구조를 갖고 있으며, 파랑을 효과적으로 저감한다. 유감스럽게도 산호초의 중요성은 태풍과 같은 자연재해[1]나, 골재채취(mining)와 같은 인위적인 재해,

혹은 파랑에너지의 증가로 해안에 문제가 발생한 이후에야 비로소 인식된다. 사퇴나 역퇴는 산호초와 유사하지만 보다 이동성이 큰 자연적 이안제로 간주할 수 있는데, 이러한 지형도 파랑에너지를 현저히 저감시켜 해안보호에 기여한다. 영국 데본 지방의 할리샌즈 사례에서 이런 구조물의 성능을 확인할 수 있다(Job, 1993). 플리머스 항 건설을 위해 1897년부터 1902년까지 데본의 스타트 만에서 진행된 골재채취로 인해 거대한 규모의 역퇴가 사라졌다. 역퇴는 자연적으로 다시 형성될 것이라 예측했으나 빗나갔고, 사리 때 북동쪽에서 불어온 돌풍을 동반한 높이 13m의 파랑이 마을에 심각한 수해를 입혔다(Hails, 1975). 역퇴의 소실로 말미암아 파랑에너지에 노출되는 정도가 증가했기 때문에 해빈 체적의 97%가 소실되었고 해빈고도는 6m까지 낮아졌다(Worth, 1909). 재산상의 손실을 입었던 마을은 결국 바다에 유실되고 말았다.

산호초와 퇴적체는 그 자체가 호안구조물이며 그 성능이 어떠한가를 잘 보여준다. 위의 사례에서처럼 자연적인 지형구조가 완전히 제거된 후에야 그 성능을 인식한다. 이러한 사례를 통해 기술자들은 자연적인 방벽을 제거하면 파랑의 공격이 증가한다는 사실과 이러한 해저지형을 모방한 인공 구조물을 통하여 파랑을 감쇄시킬 수 있다는 것을 인식하게 되었다.

해양구조물은 매우 다양하지만 한 가지 공통점은 파랑의 힘을 견딜 만큼 구조물이 강해야 한다는 것이다. 카터에 따르면, 이러한 구조물은 외해빈에 설치된 해안제방과 같다. 해양구조물은 동일한 파랑을 만나지만, 수심이 깊은 곳에 설치되기 때문에 퇴적물/해수 사이의 경계에 발생하는 마찰이 작아 사실상 더 큰 파랑에너지를 받는다(Carter, 1988). 파장 400m, 파고 11m의 파랑은 서로 맞물린 상태의 40톤짜리 콘크리트 테트라포드(이안제 축조에 사용하는 4각 블록)조차 움직인다. 해양구조물은 축조 전에 모형시험 과정을 거침에도 불구하고 훼손되는 것이 일반적이며(표 6.1 참조) 지속적인 수리가

1) 2004년 12월 24일에 발생한 인도양의 진파로 반다아체 등은 인명과 재산상의 큰 손실을 입었다. 그러나 산호초가 잘 보전된 몰디브는 피해의 정도가 경미했다. 해저지형의 호안기능을 극명하게 보여주었다 — 역자주.

표 6.1. 이안제의 손상 · 붕괴 사례와 원인

| 연도 | 지역 | 원인 |
|---|---|---|
| 1905 | 비제르테 (튀니지) | 부적절한 설계, 월파 |
| 1926 | 발렌시아 (스페인) | 과소추정된 폭풍파후. 퇴적물 굴식 |
| 1928 | 안토파가스타 (칠레) | 과소추정된 폭풍파후. 시공상 문제 |
| 1930 | 카타네 (이탈리아) | 과소추정된 폭풍파후. 부적절한 설계. 시공상 문제 |
| 1934 | 알지에 (알제리) | 과소추정된 폭풍파후. 퇴적물 굴식 |
| 1955 | 제노아 (이탈리아) | 과소추정된 폭풍파후. 시공상 문제 |
| 1965 | 아르빅산 (노르웨이) | 과소추정된 폭풍파후 |
| 1971 | 안탈랴 (터키) | 과소추정된 폭풍파후 |
| 1976 | 니가타 (일본) | 기초 부실 |
| 1976 | 빌바오 (스페인) | 폭풍파후 |
| 1978 | 시네스 (포르투갈) | 과소추정된 폭풍파후, 시공상 문제 |
| 1980 | 아르쥬 알 디에디알 (알제리) | 부적절한 설계와 시공재료의 문제 |
| 1981 | 트리폴리 (리비아) | 과소추정된 폭풍파후 |
| 1981 | 아크라네스 (아이슬란드) | 과소추정된 폭풍파후 |

* 자료 : 본문에서 언급된 다양한 문헌

필요하다. 마군 등(Magoon et al., 1984)은 이안제를 현대 해안공학의 수수께끼에 비유하고 있다.

이안제의 역사는 짧다. 이안제의 본래 목적은 항구와 부두를 만들기 위한 제방이었으며, 1930년대에 이르러서야 처음으로 해안선 보호를 목적으로 개방해안의 해양구조물로 축조되었다(Komar, 1998; Magoon, 1976). 그러나 1980년대까지는 해안공법으로서의 인기는 없었다. 방파제는 18세기 후반과 19세기 초 이후에 발전되었지만, 그 역사와 이용은 고대 이집트 시대까지 거슬러 올라간다(Tanimoto and Goda, 1992). Tanimoto와 Goda(1992)에 따르면, 근대적 사석더미구조는 1784년 쉐버그 방파제(프랑스) 축조 때 처음 고안되었는데, 많은 문제점을 가지고 있었고 심지어 완공되기도 전에 대규모 손상이

표 6.2 이안제의 영향에 대한 세계 각지의 연구 사례

| 나라 | 연구자 | 연구 지역 |
|---|---|---|
| 덴마크 | Bruun (1985) | 여러 지역 |
| 아이슬랜드 | Bruun (1985) | 아크라네스 |
| 이스라엘 | Nir (1986) | 여러 지역 |
| 일본 | Tanimoto and Goda (1992) | 여러 지역 |
| | Toyoshima (1972) | 여러 지역 |
| 리비아 | Gunbak (1985) | 트리폴리 항 |
| 포르투갈 | ASCE (1982) | 시네스 항 |
| | Bruun (1985) | 시네스 항 |
| 푸에르토리코 | Fast and Pagan (1974) | 남서 푸에르토리코 |
| 루마니아 | Spătaru (1990) | 흑해 연안 |
| 싱가포르 | Wong (1981) | 싱가포르 |
| 스페인 | Berenguer and Enriquez (1988) | 여러 지역 |
| | Martin et al. (1999) | 여러 지역 |
| 터키 | Gunbak and Ergin (1985) | 안탈랴 항 |
| UK | Fox (1997) | 시드머스 (데본) |
| | MAFF (1966) | 여러 지역 |
| | Moody (1997) | 엘머 (서섹스) |
| | Pethick and Reed (1987) | 뎅기 (에섹스) |
| 미국 | Anglin et al. (1987) | 시카고 (일리노이) |
| | Bruun (1985) | 여러 지역 |
| | Dean and Pope (1987) | 레딩턴 (플로리다) |
| | Dean et al. (1997) | 팜 비치 (플로리다) |
| | Douglas and Weggel (1987) | 슬로터 비치 (델라웨어) |
| | Good (1993) | 캐머런 (루이지애나) |
| | Inman and Frautschy (1966) | 산타모니카 (캘리포니아) |
| | Magoon (1976) | 윈드롭 (매사추세츠) |
| | Nagashima et al. (1987) | 홀리 비치 (루이지애나) |
| | Noble (1978) | 캘리포니아 |
| | Pope and Rowen (1983) | 이리 호 (오하이오) |
| | Sonu and Warwar (1987) | 산타 모니카 (캘리포니아) |
| | Walker et al. (1981) | 로레인 (오하이오) |
| | Wiegel (1964) | 산타 바바라 (캘리포니아) |
| | Wiegel (1993) | 마우이 베이 (오하이오) |
| 각국 | Komar (1983) | 여러 지역 |

* 자세한 내용은 책 뒤편의 문헌목록을 참고

발생하기도 하였다. 사석더미구조물은 1847년 도버에서와 같이 수직 구조물에 밀려나게 되었다. 물론 1933년 카타니아(이탈리아), 1934년 알제르와 레이

호(포르투갈)의 경우에서처럼 수직 구조물도 손상으로부터 자유로운 것은 아니었다. 케이슨 구조를 사용하여 설계상의 발전을 이루는 한편, 사석더미 구조 설계는 거력과 방식표면(防蝕表面)을 통하여 발전해 왔다. 사석더미 구조는 현재 가장 흔하게 사용되고 있다. 이 구조물이 환경에 미치는 영향과 함께 파랑이 구조물에 미치는 영향에 관한 연구가 진행되고 있다. 영국(시드머스, 엘머, 해피스버그)의 구조물은 예측하지 못했던 환경문제를 일으키고 있다. 이러한 구조물이 별다른 문제를 발생시키고 있지 않는 해안과 비교할 때, 영국의 해안은 이들 지역보다 큰 조차를 갖고 있고, 아직 영국의 해안에 적합한 설계를 찾지 못했다는 것이 공통적인 설명이다(MAFF, 1966). 구조물을 통과하여 파랑에너지가 전달되는 과정, 세굴, 그리고 구조물로 발생하는 흐름에 연관된 주요 문제를 해결하기 위하여 다양한 연구기관에서 조파기 수조와 모형파를 포함한 연구가 진행되고 있다.

이안제의 가장 단순한 형태는 해안에서 떨어진 곳에 쌓아 놓은 일련의 사석더미이다. 가장 복잡한 형태로 파랑에너지의 반사/흡수 기능을 갖고 있는 여러 가지 구조가 있다. 사석더미를 사용하는 것 외에도, 저에너지 환경에서는 부유식 구조물, 잠제(submergent)/이안제(emergent), 도제/연속제[2) 등의 형태가 있다. 표 6.2에 제시한 사례를 통해 다양한 해양구조물의 형태가 논의될 것이다.

## 2. 해양구조물과 이용

해양구조물의 목적은 전력(全力)으로 해안에 부딪히는 파랑을 저지하기 위한 것이다. 구조물의 설치로 해빈과 구조물 사이에 저에너지 수역이 형성되

2) 이안제를 다시 저조위 때에도 수면하에 잠기는 잠제(submersible breakwater)와 수면 위로 드러나는 구조(emergent breakwater)로 나눌 수 있다. 이 책에서는 후자를 편의상 이안제로 부르고 달리 명칭을 주지 않았다 — 역자주.

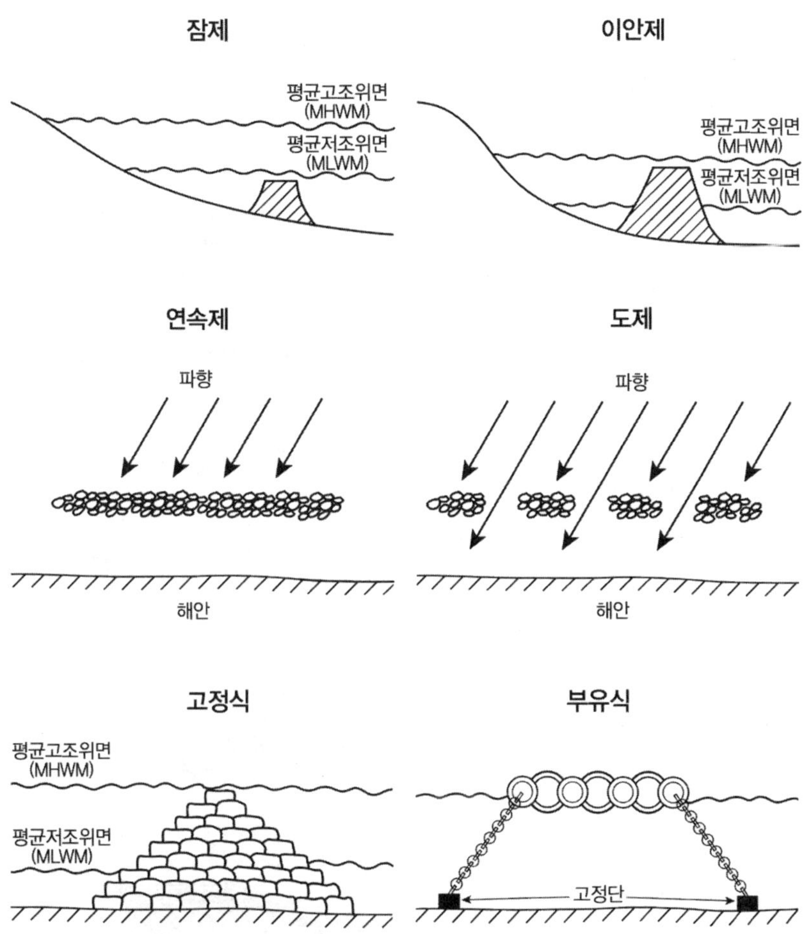


그림 6.1. 이안제 구조물의 주요 유형

면, 이곳에 퇴적이 일어나 해빈폭이 증가한다. 그림 6.1에는 해양구조물의 대표적 형태, 그림 6.2에는 축조방법을 도시하고 있다. 구조물 축조에 사용되는 재료의 선정에서 중요한 것은 해당 지역의 파후(wave climate)를 견딜만한 강도를 가졌는가의 여부이다. 사석더미 구조물이 지금까지 가장 많이 사용되고 있지만 타이어, 콘크리트 백, 케이슨 등 다양한 방법이 사용된다(그림 6.2).

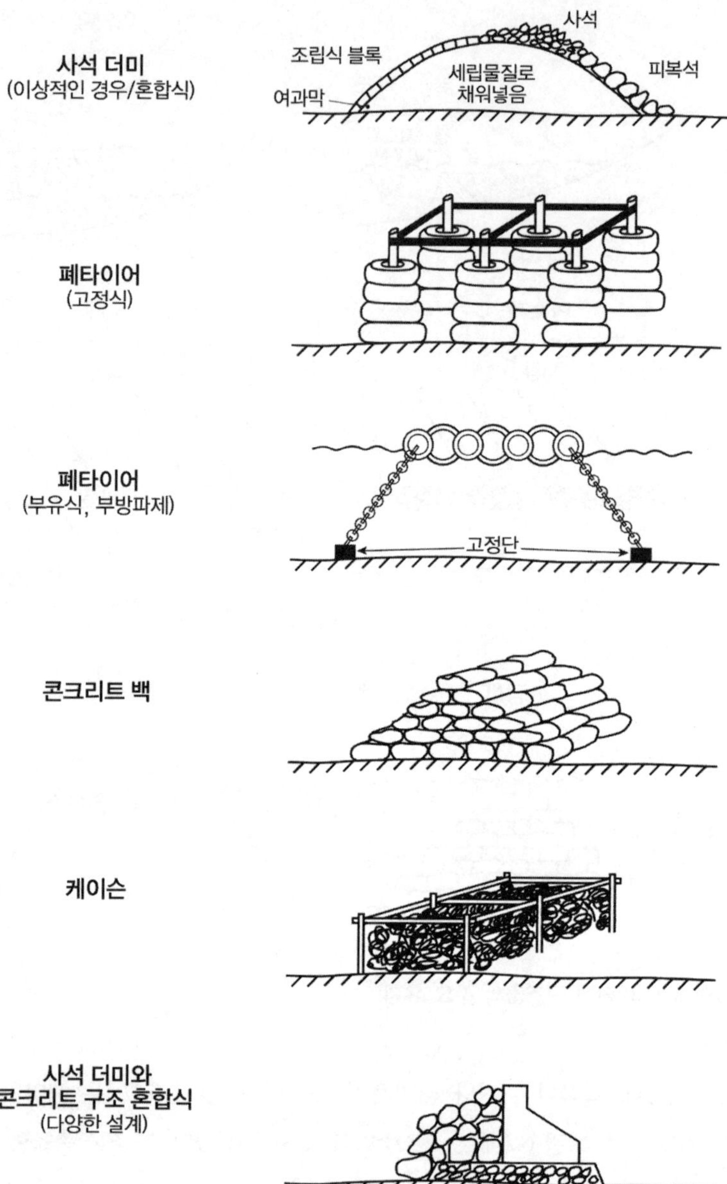


그림 6.2. 이안제의 축조 방법

나가시마 등(Nagashima et al., 1987)은 축조 방법과 재료에 따른 구조물의 성능 차이에 착안하여, 루이지애나의 홀리 해빈에서 다음의 5가지 구조물을 실험하였다.

1) 암석형 사석 구조물
2) 2열의 목재와 폐타이어로 보강된 사석 구조물
3) 정렬된 3열의 목재와 폐타이어
4) 지그재그로 배열된 3열의 목재와 폐타이어
5) 1열의 목재와 폐타이어

실험 결과 퇴적물은 구조물 (1)의 배후에 가장 많이 쌓였다. 파랑이 가장 많이 감쇄된 곳은 구조물 (3)을 설치한 곳이었으며, 반면 가장 적게 감쇄된 곳은 구조물 (2)를 설치한 곳이었다. 해당 지역의 파후에 맞지 않은 부적절한 재료를 이용한 때문일 수도 있으나, 사석형태가 가장 많은 손상을 받았다. 이를 통해 퇴적물이 쌓이는 경향을 알 수 있지만, 구조물 (1)이 구조물 중 처음에 위치하였고 연안퇴적물 이동으로 가장 많은 양의 유사를 퇴적시켰다는 점이 고려되어야 한다. 이 실험은 파랑 감쇄에 관한 구조물 성능을 비교적 제대로 반영하고 있다.

### 1) 잠제와 이안제

이름에서부터 알 수 있듯이, 잠제는 구조물의 상단이 평균저조위보다 아래에 있어서 항상 수면 아래에 잠겨 있는 형태이다. 해양생물 서식처라는 관점에서 인공어초라 부르기도 한다. 기술적으로 잠제가 생태적 편익을 주는 심해구조물이지만, 파랑에너지 저감 능력은 제한적이다. 그러나 잠제를 본격적 호안 구조물로 인식하는 경향이 증가하고 있다. 파랑이 잠제 위를 통과할 수 있기 때문에 파랑의 공격에 대한 잠제의 보호 효과가 수면 위로 드러나는 이안제보다 약하다. 반면, 고에너지 해안에서는 잠제가 파한(wave base)보다 위에 있기 때문에 보호 기능을 어느 정도 수행한다.

미국 공병단의 연구(Dally and Pope, 1986)에 따르면 잠제는 파고를 감소시키는 데 효과적이며, 특히 큰 파랑의 경우에 효과적이었다. 감쇄 효과는 마루폭과 수심과 관계가 깊다. 파랑의 거동에 관련된 원리에 따르면, 수심은 파한의 깊이를, 마루의 폭은 마찰과 간섭을 통해 에너지의 손실량을 제어한다. 플로리다 팜 비치의 잠제사업에서 고에너지 파랑의 파고를 15% 감소시켰다(Dean et al., 1997). 이 수치는 예측보다 큰 것으로, 잠제 주변에서 파랑 사이의 상호작용이나 잠제 위의 쇄파와 같은 그 밖의 요인들도 중요한 작용을 수행한다는 것을 시사한다.

파고를 저감시키는 기능 외에도 잠제는 퇴적물의 이안 방향 이동에도 영향을 준다. 파랑을 차단하여 해빈에 더 큰 영향을 줄 수도 있지만, 이안류를 따라 외해로 이동하는 퇴적물을 저지한다. 플로리다의 사례에서는 뚜렷한 해수 유동의 변화를 초래했는데 딘 등(Dean et al., 1997)은 이를 '방파제 유도 연안류'라 지칭하고 퇴적물 집적에 부정적인 영향을 준다고 설명하였다. 잠제는 수면 아래에 잠기기 때문에 심미적 요소가 중요하게 간주되는 해안관광지에서 매력적이다.

잠제의 중요한 역할 중 하나는 쳐내림과 이안류로 발생하는 퇴적물의 외해 유출 차단이다(USACE, 1992). 이런 이유로 잠제의 마루를 해안에 평행한 방향으로 해안선에서 수백m의 거리를 두고 축조한다. 팜 비취에서 이런 목적으로 잠제가 설치되었으나(Dean 등, 1997) 예측과는 반대의 결과가 나타났다. 즉, 잠제건설 이전과 비교했을 때 침식이 증가하였다. 잠제의 해안 쪽 말단부에서는 퇴적이 일어났으나, 해빈과 이안제 사이에서 강하게 발달한 연안류가 퇴적물을 남쪽으로 운반하고, 해안선과 평행한 방향으로 쇄굴수로를 형성했다. 이런 상황은 잉글랜드 북서부의 모어캠 만의 경우와 유사하다(French and Livesey, 2000). 사전의 모형 연구에서 강한 연안류의 발생이 예측되었다. 이전부터 이 해안에는 해수유동이 잘 발달되어 있었기 때문에 이안제가 이러한 현상을 한층 강화시킬 것으로 추측했다. 이러한 문제를 극복하기 위해서 최초의 설계를 변경했다. 최초 설계의 이안제를 해안에 연결하여 물고기꼬리형 돌제로 변경시켰다.

팜 비치의 계획은 잠제의 설계와 구조에서 두 가지 요소를 부각시켰다. 잠제 위의 수심이 중요한데, 이 수심이 너무 크면 지나치게 많은 유량이 구조물 위를 통과하여 강한 연안류가 형성될 수 있다. 팜 비취의 경우에서처럼, 이안제의 퇴적효과를 상쇄시킬 수 있다. 두 번째 요소는 첫 번째 요소와 부분적으로 관련이 있는데, 연안류의 세기는 해안으로부터의 거리와 역상관 관계를 갖는다. 결국 팜 비취 계획은 방파제를 제거하고 양빈공을 적용하는 것으로 변경되었다. 방파제 건설에 사용된 재료들의 대부분은 석재 그로인을 건설하는 데 다시 사용되었다. 오웬스와 캐이스가 다룬 영국 웨이머스의 사례(Owens와 Case, 1908)에 따르면, 19세기 말에 해안에 평행한 장대암석 방파제가 건설되었으나 연안류를 감안하지 못하여 퇴적물의 손실이 가속화되었고 종국에는 팜 비치의 경우처럼 방파제가 제거되었다.

수면 위로 드러나는 이안제는 고조위에 가깝게 건설되어 간조 시 수면 위로 드러나는 형태이다. 대부분의 조석 상황 아래서, 이 방파제는 입사 파랑에 대해 단단한 빙벽으로 작용하여 해안보호에 탁월하다. 파랑이 이안제에 직접 부딪히기 때문에, 해안에 도달하기 전에 파랑에너지를 분산시키고 굴절시킨다. 이로써 구조물 내측에 저에너지 환경을 조장하여 퇴적을 일으킨다. 방파제열은 파랑의 활동이 약한 파음수역(波陰水域)을 형성하여 퇴적을 유도하여 해빈을 확장시킨다. 어떤 경우에는 이런 과정은 매립현상을 일으키기도 한다. 웡(Wong, 1981)은 싱가포르의 동해에서 이안제 배후에 퇴적이 일어나고 1,525ha의 간척사업으로 이어진 사례를 소개하고 있다. 이와 같이 퇴적으로 해빈의 고도가 상승하게 되면, 팜 비치의 경험처럼 많은 유량이 잠제를 넘어가 강한 연안류를 발달시킴으로 말미암아 야기되는 침식위험은 줄어든다. 그러나 건설 이전에 강한 연안류가 존재했다면, 이안제는 여전히 강한 연안류를 발달시키며 해빈침식을 일으킨다(French and Livesey, 2000).

### 2) 연속제와 도제

이안제의 경우를 생각해보면, 그 건설에는 두 가지 가능한 방법론이 있다. 연속제는 해안을 따라 이어진 형태로 건설되며(그림 6.1, 6.3, 사진 6.1), 배후의 저에너지 파음수역(a low energy lee area)에 퇴적이 일어날 수 있다. 연속제를 '제방(sill)'이라고 부르는데 영국 서섹스 페어라이트 코브의 연속제는 500m에 달하여 해식애 보호에 효과가 있다(상자글 5.2, 사진 5.4).

연속제 내측에서 발생하는 퇴적량은 연안류의 세기에 따라 다르다(USACE, 1992). 긴 방파제에서는 양측 말단부에서부터 퇴적이 일어나다가(그림 6.3) 파굴절에 의해 방파제 뒤로 운반되며, 석호가 형성된다. 시간이 지남에 따라 월파가 일어나고 연안류가 지속적으로 퇴적물을 공급함에 따라 수면 위로 성장하여 현가 해빈(perched beach)이 형성된다. 방파제의 바다 쪽은 원상태의, 즉 자연상태의 해빈 고도를 유지하고 있기 때문에 급경사면을 이룬다(그림

사진 6.1. 단독 이안제

배후에 육계사주가 형성되어 있다. 라임 레지스의 더 코브 소재.

**연속형 이안제**(연속제)

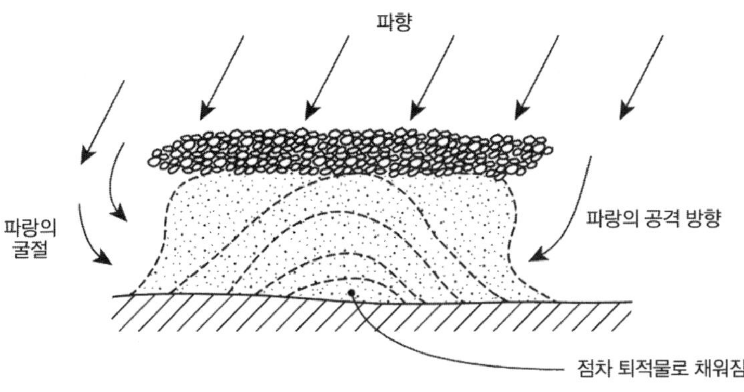


**파향**

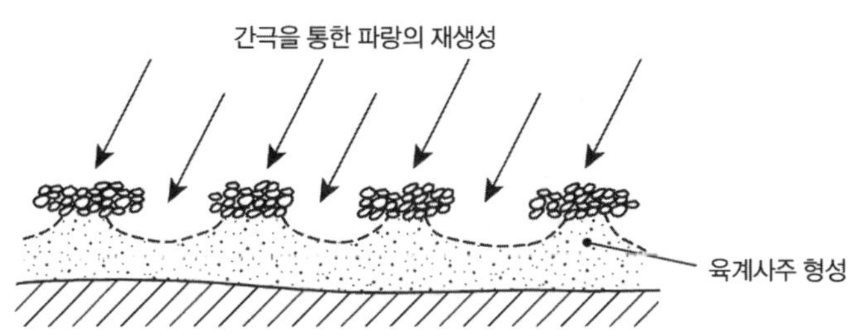


**파향**

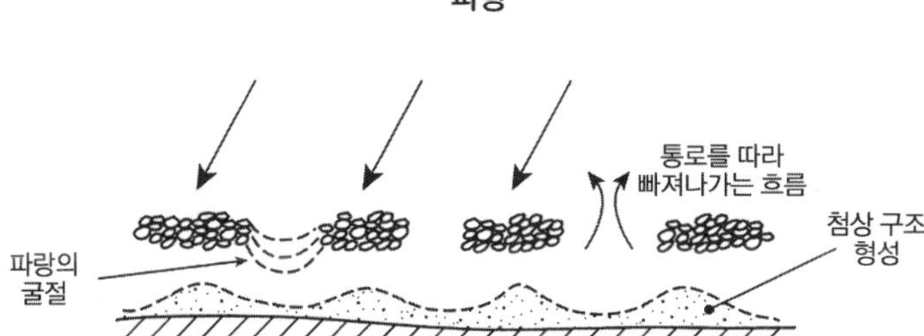


그림 6.3. 연속형 이안제와 해안지형

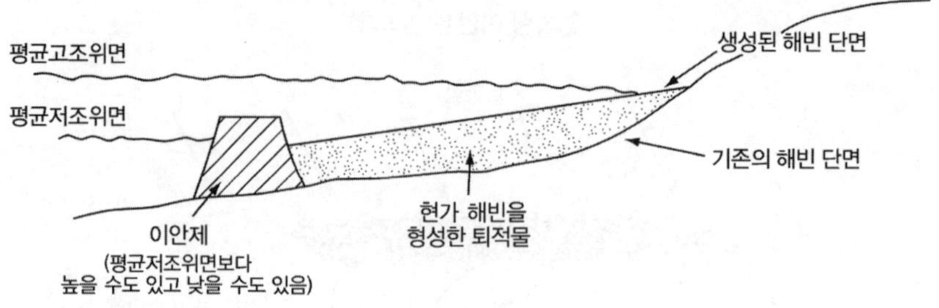


그림 6.4. 연안구조물 배후의 퇴적 현상과 현가 해빈

6.4, 6.5). 잠제 혹은 이안제의 배후에는 완만한 경사의 넓고 얕은 조간대가 형성되어 관광지의 친수공간적 매력을 크게 향상시킨다. 이러한 접근의 배경 논리는 파랑을 낮은 수심으로 몰아넣어 감쇄시킴으로써 파랑이 구조물에 미치는 영향을 저감시키는 것이다. 영국 데본의 타인 하구역에서는 해식애의 침식을 줄이기 위한 방안으로 현가 해빈을 조성하였다. 외해빈에 제방을 축조하고, 제방 내측에 퇴적물을 공급하여 해식애 보호를 강화시켰다.

온전한 형태를 갖춘 해빈단면이 형성될 수 있는 공간(혹은 퇴적물)이 없는 경우에는 허용되는 부분에라도 자연적인 경사로 안정화시키는 것이 좋다. 이 방법은 친수이용의 잠재력을 지녔으며 다음 장에서 다룰 것이다. 이런 기법의 주요한 위험요소 가운데 하나는 현가 해안 선단부에 나타나는 급경사와 깊은 수심에 발생하여 관광객의 안전을 위협한다는 것이다. 방파제의 길이가 지나치게 길지 않으면 전형적인 육계사주(사진 6.1)가 형성될 수 있다. 이 방안은 네덜란드의 해안보호에 적용되고 있는데, 이 지역에서는 양빈으로 퇴적을 촉진시키고 있다.

이안제로는 도제의 형태가 더 흔하다. 25~100m 길이의 구조물이 열을 지어 해안을 따라 축조된다. 도제의 목적 가운데 하나가 파랑의 활동으로부터 해안을 보호하는 것이라면, 도제 사이의 간격은 입사파랑의 굴절과 낙조류의 수로를 확보하기 위한 설계상의 주요 고려요소다. 간격이 멀어질수록 더 큰 파랑에너지가 구조물 뒤에 도달할 수 있기 때문에 어느 정도의 연안류

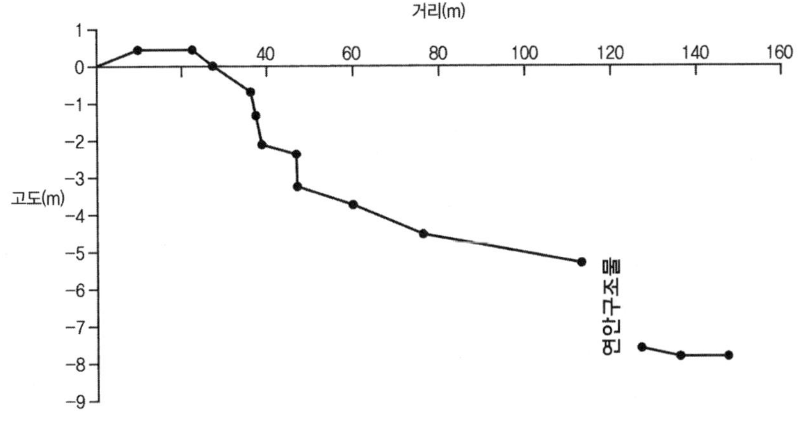


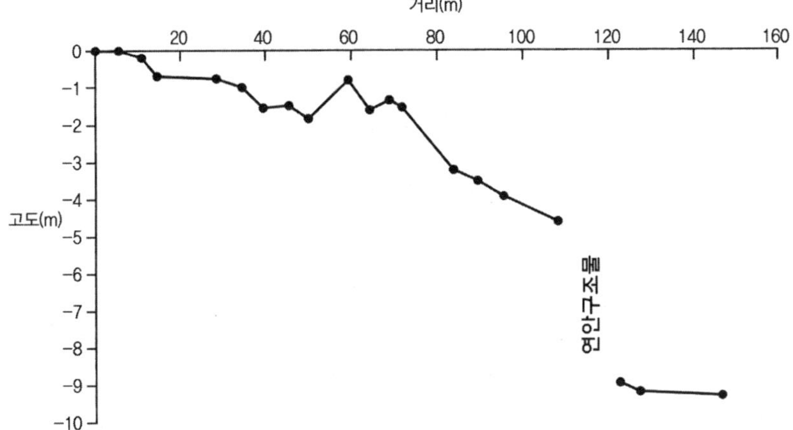


**그림 6.5. 연안구조물의 해빈고도 상승효과**

구조물의 바다 쪽 부분에서 급격한 고도 저하가 발생한 것은 파랑의 반사와 배후지역의 퇴적물 집적 현상에 의한 것임(서섹스 엘머의 자료). 무디(Moody, 1997)를 보라.

유동과 퇴적물이동이 유지된다. 실험조건에서, 간격과 구조물 길이의 이상적 비율은 0.25에서 0.66으로 나타난다(USACE, 1992). 이러한 범위의 수치를 갖는 이유는 선박의 출입, 퇴적물, 파후 등의 설계상의 고려요소 때문이다. 간격의 크기가 어떠하든지 간에 파랑은 구조물 사이를 통과하게 되고 굴절이 일어난다. 킹 등은 간격과 파굴절에 관하여 보고했다(King, 2000). USACE의 보고에 따르면 간격과 길이의 비율이 연안류를 제어한다(USACE, 1992). 이와 유사한 논리로서 도제 사이의 간격과 해안으로부터의 거리가 갖는 비율도 간격의 주위에서 발생하는 세굴 정도에 영향을 미칠 것이다. 이 비율이 0.8보다 작으면 도제 사이에서 침식이 일어나지 않으며, 0.8보다 크고 1.3보다 작으면 약간의 침식이 일어날 수도 있고, 1.3보다 큰 경우는 세굴이 반드시 발생한다(Seiji et al., 1987).

도제 사이의 간격이 중요한 이유는 두 가지이다. 지속적인 연안퇴적물이동 정도와 이와 연관된 세굴 정도가 간격의 크기에 따라 영향을 받기 때문이다. 목적을 효과적으로 달성하기 위해서는 해당지역의 파랑과 해류를 충분히 고려하여 비율을 최적화시켜야 한다.

해류와 세굴의 발생 정도는 구조물 내측의 퇴적현상을 제어한다. 처음에는 도제 내측의 퇴적 현상이 첨상의 해빈을 형성하다가(사진 6.2) 육계사주를 형성하고 결국에는 방파제와 해빈이 연결된다(그림 6.3, 사진 6.1). 퇴적 정도는 설계 특성의 영향을 받을 수 있다. 첨상 해빈이나 육계사주의 형성 정도는 연안류에 의해 운반되는 퇴적물의 양에 영향을 받는다. 잘 발달된 육계사주는 도류제나 돌제처럼 모든 연안퇴적물 이동을 차단시킨다. 이 때문에 대부분의 계획에서는 첨상해빈을 적절한 형태로 간주하며, 앞서 살펴본 유사한 설계요소를 조절하여 해빈 지형을 제어하고 있다. 방파제의 길이와 해안으로부터의 거리 사이의 비율은 첨상 해빈지형 발달에 영향을 미친다. 이 비율이 0.5에서 0.67의 범위이면 첨상해빈이 형성되며(Dally and Pope, 1986), 1.5 이상이면 첨상해빈이 육계사주로 발달한다(Chastern et al., 1993).

이안제의 영향을 조절하는 데에는 다음의 3가지 설계비율로 요약된다.

- 도제 간 간격: 해안으로부터의 거리 − 간격에서 발생하는 침식 정도
- 구조물 길이: 해안으로부터의 거리 − 첨상해빈의 형성 정도
- 도제 간 간격: 구조물의 길이 − 연안류의 세기

사진 6.2. 도제. 후면에 돌출 지형이 형성되어 있다. 이탈리아의 미세노 소재

도제 사이를 통과하는 것뿐 아니라 폭풍시의 월파를 포함한 또 다른 요소는 전달계수($K_T$)로, 이는 구조물 배후의 수역에서 유지되는 파랑의 활동 정도를 나타낸다. 영국 노포크 동부에 위치한 시 팔링의 건설계획과 관련된 가드너와 룬치에(Gardner & Runcie, 1995)의 연구에서는 구조물 설계에 전달계수를 이용하였다. $K_T$는 파랑이 전달되지 않을 때(구조물의 효과가 100% 발휘될 때) 0의 값을 가지며, 파랑에너지가 전혀 감쇄되지 않을 때(구조물의 효과가 없을 때) 1의 값을 갖는다. 시 팔링 계획의 모형 연구에 따르면 $K_T$값이 작을 때 첨상해빈이나 육계사주가 형성되고, 파랑에너지가 큰 곳에서는 $K_T$값이 커서 해류의 활동과 퇴적물 손실이 증가하는 것으로 나타났다.

시 팔링 계획(해피스버그-윈터턴 건설계획이라 불림)에서는 2012년까지 16개의 이안제를 단계적으로 건설한다. 해빈이 점차 낮아지고 20년 이상된 해안제방의 손상에 대한 대책의 필요성이 대두되었다(NRA, 1991). 이 부분의 취약성, 특히 내륙의 사구와 석호지역을 보호하기 위해 해양구조물이 사용됐다. 이 계획은 성공적이었고, 예측대로 해빈이 잘 발달되었다. 최근에는 다른 건설사

사진 6.3. 템즈 바지선을 도제처럼 사용하여 개펄의 퇴적을 유도시키고 있는 사례
에섹스의 뎅기 반도 소재(케임브리지 항공사진 자료실의 허락을 받아 전재).

업이 서섹스 엘머에서도 완성되었다(King et al., 2000). 이곳에서는 저지대를 파랑과 범람으로부터 보호하기 위해 8개의 구조물이 건설됐다(상자글 6.1).

외해빈구조물은 고에너지 환경의 모래해안이나 역빈(礫濱)에서 많이 사용된다. 갯흙(mud)이 우세한 영국 에섹스의 뎅기 해안 환경에서도 도제가 효과적이었다. 이곳에서는 폐바지선(사진 6.3)[3]을 사용하여 방파제를 만들었다.

3) 이전에는 런던 템즈 강을 오르내리는 짐배로 사용되었으며 지역에 따라서는 '거룻배(lighter)'라 불리기도 함

길이 25m, 폭 6.4m, 높이 2.4m의 거룻배를 해안에서 350m 떨어진 수심 1.5m(평균고조위 기준)의 수역에 15m의 간격을 두고 침수시켜 방파제 열을 구성하였다. 거룻배 방파제는 해안에 입사하는 파랑에너지의 60%를 저감시켰고, 18개월 동안 11.5cm/년 비율로 퇴적을 일으켰다(Pethick and Reed, 1987).

상자글 6.1

**영국 엘머의 도제**

엘머는 영국 남부 해안의 보그노르 레지스 동쪽에 위치한 작은 마을이다. 역사적으로 이 지역은 급속한 침식피해를 받는 곳이었으나 일부에서는 해안제방과 돌제의 축조를 통해 침식을 중단시키기도 하였다. 이 지역은 큰 규모의 파랑이 집중되고, 그 밖의 환경적 요인으로 말미암아 높은 파고와 잠재적 범람의 위험을 안고 있는 곳이다(Green, 1992). 큰 규모의 폭풍으로 기존의 해안제방이 심하게 훼손되고 배후지의 범람이 발생하였던 1989~ 1990년에야 비로소 이러한 잠재적인 위험을 인식하기 시작하였다. 이 문제를 해결하기 위해 해안과 평행하게 이안제가 축조되었고, 방파제와 해안 사이에 양빈을 수행했다(Holland and Coughlan, 1994).

건설은 1991년에 시작되어 수년에 걸쳐 완성되었다. 8톤 중량의 노르웨이 화강암 블록을 3~4m 높이로 쌓았다(Jensen & Mallinson, 1993). 600mm의 베드스톤 층이 기반암 위에 배열되고, 위에 화강암 블록을 쌓았다. 80m에서 140m의 다양한 길이의 8개 방파제가 총연장 2km에 이르는 해안선을 따라 설치되었다(Holland and Coughlan, 1994). 방파제 시스템의 동쪽 말단(연안류가 흐르는 방향)에 축조한 말단 암석 돌제는 해빈고도 조절에 보조역할을 하고 있다.

사업의 환경적 영향, 특히 퇴적물 변화와 파황(wave regime)을 조사하기 위해, 건설 후 환경감시사업이 수행되었다. 도제와 연관된 첨상 해빈이 빠르게 형성되었고, 시간이 흐름에 따라 뚜렷하게 발달했다. 알루미늄 트레이서

(aluminium tracer)를 이용한 실험에 따르면 첨상해빈을 향한 퇴적물의 이동방향은 탁월풍의 방향과 파랑의 조건에 따라 다양하다. 남동풍은 첨상해빈의 동쪽에 퇴적물을 발생시키고 서풍은 서쪽에 퇴적을 일으킨다. 이를 종합하면, 파랑의 방향이 남-서쪽이면 가장 일상적인 파랑조건에서 순운반 방향은 서에서 동으로 하루에 2m의 비율로 나타난다. 형광자갈 트레이서에 따르면 방파제의 직후방에 쌓인 퇴적물들은 태풍이 지나는 동안에도 이동하지 않아 구조물의 보호 정도와 해빈 유지 기능을 뚜렷이 밝혀주고 있다. 그러나 정온상태에서는 방파제 동쪽 말단으로부터의 운반은 일어났지만, 서쪽에서 방파제 시스템으로의 운반은 없었다(King, 1996; Cooper et al., 1996).

시스템 배후에 퇴적현상이 급격하게 일어나고 있다. 초기에는 양빈의 도움이 있었다. 말단 암석 돌제는 퇴적물의 유지에는 효율적일 수 있으나 퇴적물이 해빈으로, 구조물의 동쪽으로 더 이상 운반되지 않는다. 이 현상은 연안하류에 퇴적물 부족이 발생한다는 것을 의미하기 때문에 해안 당국은 퇴적물 손실을 보완하기 위한 양빈을 시작해야 한다. 이러한 사례를 통하여 다량의 퇴적물을 유지하기 위한 계획은 이전에 퇴적물을 받았던 지역의 퇴적물 고갈을 초래한다는 주요쟁점이 부각되었다.

해양구조물로 말미암아 발생하는 또 다른 현상으로 내측에 해빈이 발생하고, 바다 쪽으로는 깊은 수심이 이어지는 급경사가 형성된다. 엘머에서는 각 도제마다 소규모의 해빈이 형성되었지만 현가 해빈(perched beach)은 대부분 연속제와 연관된다. 무디(Moody, 1990)는 해양구조물의 양쪽(해안 쪽, 육지 쪽)의 고도 차이를 통해 이러한 현상을 설명하고 있다. 그림 6.5는 구조물 양측의 고도차이가 2m에서 4.5m까지 발생한다는 것을 보여준다. 변화는 양빈에 의해서 발생하기도 하지만 대부분 구조물 내측의 퇴적물 보유와 퇴적현상에 의해 발생한다.

### 3) 고정식 구조물과 부유식 구조물

해저에 기초를 두고 상단부가 해수면의 아래 혹은 위에 위치하는 형태가 가장 흔하다. 이러한 형태의 구조물은 파랑에너지 감쇄에 효과적일 뿐 아니라 퇴적물이 외해로 이동하는 것을 막는 장벽으로도 작용한다. 이러한 구조물은 상대적으로 얕은 수심에도 축조할 수 있지만, 건축비는 높다.

깊은 수심에서는 비용이 제약요소가 된다. 더욱이 경사가 급한 대륙붕 환경에서는 비용문제가 더욱 심각하기 때문에 부유식 구조물이 최적의 방안이 될 수 있다. 이름이 알려주듯이, 부유식 구조물은 해저에 닿지 않으며 해수면에서 1m 정도에 한정되어 설치된다. 부유한다는 것은 구조물이 고조위에 맞춰서 로프나 체인으로 해저에 고정되어 있음을 의미한다. 그러나 파랑억제 효과는 해저부터 쌓아올린 고정식 구조물에 비하여 현저히 낮다. 부유식 구조물은 대개 저에너지 해안과 파장이 짧은 파랑이 지배적인 지역에서 사용된다. 일반적으로 부유식 구조물 설치에는 에너지 조건, 파랑 규모 등 그 지역의 환경이 고려되며, 폐타이어를 한데 묶어서 축조한다. 닻이나 중량은 움직일 수 있기 때문에 말뚝이 부유식 구조물을 해저에 단단히 매어두는 최상의 방안으로 간주된다(그림 6.1, 6.2). 미국이 이 분야의 연구에 많은 관심을 기울이고 있다. 기술적 측면에서 원재료(타이어)를 쉽고도 저렴하게 구할 수 있다는 매력이 있다. 매년 20억 개의 폐타이어가 나오기 때문에 저렴한 비용이 장점이다(LUSCWR, 1979). 그러나 부유식 구조물은 강력한 파랑의 활동에는 저항력이 낮고, 깨어져 나가기 때문에 인근 해빈을 쓰레기로 오염시킬 수 있다는 단점을 갖는다.

기포드(Gifford, 1978)는 파랑의 감쇄에 대한 부유식 구조물의 효과를 현장에서 시연한 바 있다. 플로리다 산타 로사 아일랜드의 북부 해안에 설치된 타이어 부유식 구조물은 파랑감쇄에 효과적이었고, 침식이 일어나던 곳에 퇴적이 일어나 식생이 정착하였다. 텍사스 주의 갈베스턴에서는 해안 안정화를 위한 염습지 조성을 목적으로 타이어 구조물을 설치하여 산타 로사 아일랜드와 유사한 성과를 얻었다(Webb, 1976; Dodd, 1978). 자연적이든 인공적이든 스파르티나의 확장은 파랑에너지를 감소시키는 데 효과적이었다. 카왈스키(Kawalski, 1974)는 부유식 타이어구조물이 유효파고 1m의 파랑에너지를 70% 감소시킨다고 보고했다. 그러나 구조물의 안정성 문제가 제기되었고, 긴 파장의 너울이 나타나면 타이어구조물은 너울을 '타는' 경향이 있기 때문에 에너지 저감이 일어나지 않았다. 이 연구에 따르면, 부유식 구조물은 짧은 파장의 파랑이 발생하고 긴 파장의 너울이 출현하지 않는 수역에서 효과가 나타난다. 환언하면, 부유구조물은 하구역이나 만과 같이 국지적으로 일어나는 파랑이 주요문제로 나타나는 차폐환경에서 유용하다.

네덜란드의 연구(van der Linden, 1985)는 다른 환경에서는 긍정적인 결과가 나오지 않는다는 것을 밝혀주고 있다. 1980년대 초, 네덜란드 수자원관리 공공사업부의 삼각주국이 일련의 실험을 수행하였다. 폭풍시기에는 특히 파랑감쇄가 매우 제한적이었고 구조물이 쉽게 손상되었다. 이 실험은 실험장소의 차이에 따라 부유식 구조물의 성능이 큰 차이를 보인다는 것을 밝히고 있다. 부유식 구조물은 저에너지 환경에서 효과가 있다. 네덜란드의 실험은 폭풍파가 내습하고 파장이 긴 파랑환경의 개방해안에서 수행되었다. 앞서 인용한 바 있는 카왈스키(1974)나 다른 연구들도 부유식 구조물이 고에너지 파랑환경에서는 그 기능을 잘 발휘하지 못하며, 상대적으로 짧은 파장의 파랑이 나타나는 차폐수역에서 효과적이라는 것을 밝히고 있다.

## 3. 해안구조물이 해안에 미치는 효과

이안제가 점차 해안침식을 처리하는 좋은 방안으로 받아들여지고 있으나 문제를 발생시킬 수 있는 일련의 불확실성이 있다. 이는 구조물 자체에 관한 것이기도 하고 인근 해안에 관한 것이기도 하다. 여러 나라에서 해양구조물은 침식증가, 해류발생, 해안 퇴적물수지의 입력감소, 동·식물군의 변화 등을 포함한 여러 가지 이유에서 관심을 끌고 있다. 이에 관해서는 하나하나 논의할 것이나 그에 앞서, 가장 심각한 시나리오 중 하나로 파랑의 충격으로 인해 구조물이 파괴되는 경우를 생각해 볼 수 있다. 방파제와 관련하여 대개 폭풍이 일어나는 동안에 발생한 손상이나 붕괴 사례들이 있다(표 6.1). 폭풍파가 원인이지만 설계나 건설방법과도 연관된 근본적 원인이 있다. 폭풍파가 고에너지 수준에 이르러 파랑의 응력을 초과하면, 방파제를 구성하고 있는 거력을 움직여 붕괴나 훼손을 일으킨다. 특히, 함몰된 부분에 미치는 압력은 심각한 훼손을 발생시킨다. 이러한 과정은 '통기공(venting)'의 문제를 발생하는데, 통기공에서는 (파랑의 압력으로) 압축된 공기가 빠져나가면서 제방법면의 블록을 밀어내기 때문에 구조물의 내부가 파랑의 공격에 노출된다. 일반적으로 이러한 현상은 파랑이 해식애를 침식하는 과정에서 일어난다. 많은 경우에, 부실한 설계와 건설방법, 부실한 기초공사가 구조물 붕괴의 원인이다. 표 6.1에 따르면, 구조물 붕괴의 가장 일반적인 이유 중 하나는 그 지역 폭풍파황의 과소평가에 있다. 1940년대 이전에는 일반적으로 파랑의 세기를 적절히 예측하지 못했기 때문이었으나, 파랑의 예측과 모형화에 대한 이해가 깊어지면서 이러한 문제는 감소하였다. 1978년 발생한 폭풍으로 포르투갈의 시네스에서 구조물 붕괴가 있었다. 기성콘크리트 블록의 이동으로 발생했는데, 훼손 정도가 심각했지만 그 피해가 특정한 부분에 한정되었다. 설계최대파고를 초과하지는 않았지만 파굴절이 일어나 파향선이 특정부분에 집중되었기 때문이었다. 파랑기록 분석을 통하여, 폭풍파의 파장은 40m, 파고가 11m에 달하여 42톤짜리 블록을 들어 이동시킬 수 있었던 강도였다는 것이 밝혀졌다. 이 사례와 이전 경우들로부터, 구조물 주변의 정확한 파굴절 패턴을 예측하고 모형화할 수 있는 상세한 파랑자료가 부족했었다는 것을 알 수 있다. 이러한 구조물 붕괴는 비단 포르투갈의 경우에만 해당되는 것이 아니다. 표 6.1에 언급된 많은 경우가 폭풍에 의한 붕괴이지만, 일반적으로 부적합한 건설재료의 문제이지, 구조물 설계에서 비롯되는 것은 아니었다.

이안제의 붕괴원인은 파랑의 속성에 대한 이해가 뒷받침되지 못했기 때문이었다. 그러나 폭풍에 저항할 수 있는 설계일지라도 환경적 영향을 일으킬 수 있다.

### 1) 구조물 후면의 퇴적물

방파제의 내측은 '배후수역'이나 '파음지대'로 불리기도 한다. 해안을 따라 퇴적물을 운반하는 것은 파랑과 해류의 기능일 뿐 아니라 퇴적물의 공급을 의미한다. 해양구조물은 이러한 특성을 변화시킬 수 있다. 그림 6.3은 해양구조물 배후의 퇴적패턴을 보여준다. 파랑은 해양구조물을 넘거나, 주위를 돌아 굴절하며, 도제의 경우에는 구조물을 통과해서 파음지대로 들어온다. 최초 해안에 수직으로 입사한 파랑은 진행하면서 입사각을 갖게 되고 마침내 쇄파를 일으켜, 퇴적물은 연안류를 따라 구조물 중심선으로 운반된다(Hsu and Silvester, 1990). 이러한 방식으로, 구조물의 뒤편에 퇴적이 일어나 처음에는 첨상해빈이 형성되고 마침내 육계사주가 형성될 것이다(그림 6.3, 사진 6.1, 사진 6.2). 그 영향은 광범위할 수도 있으나, 그렇다고 해서 해안에 반드시 해로운 것은 아니다. 예컨대, 현가 해안이 형성된다면, 앞서 여러 구조물에 관해 논의한 바와 같이, 퇴적이 일어나지 않던 지역에서 퇴적이 일어난다. 퇴적의 증가는 내서동물에 큰 영향을 미치게 되는데, 서식위치를 조정하지 못하면 깊은 곳에 묻혀 죽는다는 것을 의미한다. 파식대와 같이 암석이 표면을 이루고 있었던 경우, 퇴적증가로 모래비율이 우세해지면 군집 전체가 영향을 받게 될 것이다. 이 두 시나리오는 모두 내서동물을 포식하는 새들에게 연쇄효과를 미친다.

해양구조물은 파랑이 해빈에 밀려와 쇄파되는 것을 차단하기 때문에, 그 결과 연안류의 발생이 저지되거나 중단된다. 이것은 근본적인 의미에서 중요한 영향을 초래할 것이다. 파랑이 퇴적물을 운반하고, 해빈퇴적물을 가동시켜 연안이동이 일어나는 연안작용에 영향을 미친다. 해안으로부터 퇴적물을 이동·퇴적시켜 지형을 형성하는 것은 연안류 패턴의 변화를 의미한다. 구조물 뒤편에 형성된 주요 퇴적지형은 해류의 방향을 몇 차례 크게 변경시킨다. 첫째로, 퇴적이 일어나는 첨상해빈은 돌제와 유사한 기능을 발휘하여, 연안퇴적물 이동에 장애가 된다. 이것은 상류에서 퇴적지형의 형성을 가속시키는 반면, 하류에서는 침식을 촉발시킨다. 서섹스 페어라이트 코브의 제방에서 이 과정이 관찰된 바 있다(상자글 5.2, 사진 5.4). 두 번째로, 해류가 첨상해빈을 우회하여 흐르게 되면, 해류가 협소한 공간을 통과하기 때문에 유속이 증가되어 세굴과 침식이 증가될 가능성이 높아진다. 이것은 첨상해빈의 성장을 중단시킬 수 있으며, 구조물의 안쪽 가장자리를 따라 깊은 수로가 패어져서 구조물의 붕괴가능성도 증가된다.

### 2) 침식률의 감소와 퇴적물수지에 미치는 영향

일반적으로 해안침식률 감소를 목적으로 설정한다고 가정할 때, 이를 환경문제로 표현하는 것은 다소 모호하다. 해안 전체에 걸쳐 침식률을 저감시킨다는 것은 퇴적물수지의 입력감소를 의미한다. 나아가 퇴적률이 증가하고 해양구조물 배후의 첨상해빈이나 육계사주처럼 새로이 퇴적이 일어나는 지역을 조성한다면, 정상적인 퇴적물 공급이 중단되는 지역도 나타날 것이다. 이미, 해안보호의 관점에서 해안 퇴적물수지를 거론했을 뿐 아니라 해식애 침식을 저감시킨 결과 연간 9,750m$^3$의 퇴적물 결손이 발생했던 서섹스 지역의 페어라이트 코브의 사례를 설명한 바 있다.

### 3) 파랑활동의 감소와 조상대 식생에 미치는 영향

많은 해안식생은 염수의 주기적인 범람(염습지)이나 비말로부터 도움을 받는다(사구, 절벽 위 목초지, 해안 관목지). 해양구조물의 경우, 파랑활동의 감소에 따라 발생하는 염분비말의 감소는 식물군에 큰 영향을 미친다. 이러한 형태의 영향은, 내염성의 종이 소멸하고 염분에 내성이 없는 종이 그 자리를 채우기 때문에, 생태학적으로 매우 중요하다. 중장기적 관점에서 식피밀도는 별다른 영향을 받지 않지만 생물종 다양성은 저하된다. 여기서 치명적으로 중요한 점은 해안의 초지나 관목지대에는 한정된 곳에서만 발견되는 희귀종이 서식하고 있다는 것이다. 염분비말이 감소한다는 것은, 희귀서식처의 소멸을 가져와 종국에는 내염성 식물군락을 다른 종이 대체한다는 것을 의미한다.

#### 4) 동적 해안환경으로부터 전빈의 고립

구조물 내측의 수역이 외측 수역과 연결되어 있다 할지라도, 수문학적 관점에서 이 두 수역은 하나의 단위로 기능하지 않는다. 이안제의 축조가 해안에 수직으로 일어나는 향안류와 이안류, 그리고 해안에 평행한 해류의 변화를 초래했기 때문이다. 이러한 변화로 말미암아 방파제 배후 수역에서는 해류의 순환이 줄어들고, 수세시간(flushing time)이 지체되어 오염물질이 축적될 가능성이 높다.

파랑과 해류의 활동은 바닷물에 산소를 공급하는데, 이러한 과정이 약화되면 군락구조에 영향을 미치는 수준까지 산소량이 줄어들 수 있다. 이러한 문제는 오염의 증가, 특히 오염물질이 유기물인 경우에는 분해에 필요한 생물학적 산소요구량이 증가하여 더욱 악화될 수 있다. 연안을 따라 유역의 출구가 나타나는 곳에서는 연안류가 오수를 방파제 뒤의 비교적 잔잔한 수역으로 운반하는 경우가 있다. 이러한 상황에서는 연안계획기법을 동원하여 그 결과를 예측하고 적절한 사전대책이 취해져야 한다.

해류가 어느 한 지역에서 편향되거나 세굴이 일어난 수로에 집중하게 되면, 해수의 순환이 줄어들 수 있다. 이러한 현상은 해수의 혼합을 줄여 오염물질의 집중이 일어나게 한다. 순환의 감소는 수세시간(flushing time)의 감소를 의미한다. 이러한 배수조건은 오염물질의 축적과 농도증가를 일으킬 것이다.

배후수역의 저에너지 환경에서 쉽게 발생하는 현상 가운데 하나가 저서생물군집의 약화이다. 높은 파랑에너지에 잘 견디지 못하는 생물종은 위와 같은 지역을 선호하여 군집을 이룰 수 있다. 이러한 수역의 종 다양성 향상에는 기여할 수는 있으나, 경쟁을 일으켜 주요 생태계의 변화를 일으킬 수도 있다.

### 5) 미관상의 훼손

기술적 측면은 아니지만, 수면 위로 드러나는 해양구조물과 관련된 쟁점의 하나는 시각적, 또는 미관상의 문제다. 도제나 연속제를 막론하고 거력무더기는 시각에 큰 영향을 미친다(사진 6.1~6.3). 특히, 그 지역에서 확보한 재료가 아닌 경우에는 더욱 그러하다. 거력무더기 위를 해조류 군집이 파랗게 덮고 있다면 해안보호물로 인식하기보다는 잠재적 서식처의 가치로 인식할 것이다. 시각적 만족이 호안효율성과 무관하더라도, 경관이 특히 훌륭하거나 관광지로 사용되기 쉬운 해안에서는 구조물의 시각적 특성이 고려되어야 한다.

### 6) 다른 영향

어떤 호안사업을 불문하고, 환경적 영향이 없는 재료를 사용해야 한다. 암석은 이러한 영향을 미치지 않지만, 인공물질을 사용한 구조물은 환경에 영향을 줄 수 있다. 이 장에는 부유식 구조물에 폐타이어를 활용하는 내용이 포함되어 있다. 해양환경에서 폐타이어가 화학적 침출을 일으킬 수 있다는 것에 관심이 커지고 있다. 스코티시 로크에서 진행된 연구(Allsop, 1997)에 따르면, 수온이 낮은 담수의 경우에는 심각한 오염위험이 없다. 그러나 수온이 높은 경우에는 타이어에서 탄화수소가 빠져나오는 현상이 관찰되었다(Banks, 1997). 플로리다 남동해안에서 타이어조각과 콘크리트를 혼합한 재료를 실험에 이용했는데, 콘크리트 블록과 비교했을 때 착생한 동식물 군락에서는 차이가 없었다. 이 쟁점에 관한 한 명확한 결과는 얻지 못하고 있다. 그러나 뉴질랜드 키틀톤 항의 경우(Gregory, 1997)에서 보듯 화학적 침출 문제 외에도 타이어조각이 바다를 오염시키는 문제 때문에 해안당국은 해양구조물 축조에 타이어를 사용하는 일에 소극적이다.

## 4. 해양구조물의 편익

### 1) 새로운 서식지 조성

이안제의 즉각적 효과 가운데 하나는 다양한 동식물의 서식환경 조성이다. 천연 이안제로 인식되고 있는 산호초와 같이 사석더미 구조는 산호서식지가 된다. 사우스캐롤라이나의 뮤렐즈 인릿의 경우, 이안제 건설 후 4년 동안 250여 종의 동식물이 서식하게 되었다(van Dolah 등, 1984). 실제로 인공어초를 염두에 두고 해양구조물을 설치한다. 허미는 사우스캐롤라이나의 사례를 예로 해양구조물이 서식지로 자리 잡게 되면 수백만 달러 가치의 위락산업과 어업을 뒷받침한다는 것을 밝히고 있다(Hurme, 1979).

해양구조물을 생태적 목적으로 사용한다는 착상이 크게 발전하고 있다. 상업적 어업의 발전을 위해 신중히 선정된 장소에 인공어초를 설치해 오고 있다. 영국의 연구에 따르면, 일본에서 성행하는 인공어초 사업은 충분히 의미가 있으며, 잠제는 해양동물에게 중요한 서식지라고 할 수 있다(MAFF, 1995b). 예를 들면, 도셋 풀 하버에서 수행한 실험적 사업은 석탄재를 분쇄해서 제작한 블록이 바다가재의 서식지로 적합하다는 것을 보여주고 있다. 여기서 중요한 요소는 블록 사이의 간격과 바다가재가 선호하는 특정한 크기의 간격이다. 이 사례는 바다가재에 한정된 것이지만, 생태적 배려가 수용된 해안공학이 어업을 증진할 수 있다는 것을 보여주고 있다. 서섹스 엘머의 이안제도 생물종의 군집형성에 관심을 두고 연구되었다(Jensen and Malinson, 1993).

해양구조물의 축조에 환경오염, 먹이의 공급, 서식생물종과 같은 환경적 요소를 고려한다면, 전형적인 암석해안 동식물 군락에 적합한 서식지가 조성될 수 있다. 사석더미구조는 가뭄, 태양, 바람, 파랑으로부터 어느 정도는 보호받을 수 있는 서식지가 될 수 있다. 이러한 이유 때문에 식물의 성장과 동물의 정착을 촉진할 수 있는 적정한 재료를 찾는 데 노력이 모아지고 있다. 핏자르딩과 베일리-브럭(Fitzhardinge & Bailey-Brock, 1989)은 하와이의 케이네 호 만에서 여러 가지 재료의 방파제를 제작하여 저서생태계의 발달을 연구하였다. 콘크리트, 철재의 순서로 우수성을 나타냈다. 타이어를 사용한 경우에는 군집형성이 불량했다. 요약하면, 방파제구조물에는 콘크리트가 최적이며, 이와 유사한 천연재료인 암석도 좋은 것으로 나타났다. 이와는 대조적인 패스트와 패건(Fast & Pagan, 1974)의 연구에 따르면, 푸에르토리코에서 자연암초와 타이어암초를 비교했을 때, 생물체가 자연암초에서 타이어암초로 이동함에 따라 타이어암초에서 최대의 생체량이 나타났다. 타이어구조물의 생물체가 자연암초의 생물체보다 8배나 더 많았다. 그러나 종 다양성은 타이어암초에서 낮았다. 즉, 타이어구조에서는 몇몇 특정 종이 크게 번식한 반면에, 자연암초는 다양한 서식지를 마련하고 있어 커다란 군락구조가 형성되어 높은 종 다양성을 나타냈다.

### 2) 친수공간 조성

파랑으로부터의 보호와 퇴적증진이 해양구조물의 주요 목적 가운데 하나라고 한다면, 친수공간의 편익도 해양구조물의 목적이라고 할 수 있다. 파랑으로부터 보호된 풍부하고도 넓은 모래 해빈이 발달한다면, 훌륭한 관광지로 발돋움할 것이다. 방파제 시스템을 적절히 갖추고, 미관상의 문제가 없다면, 관광지로서의 잠재력은 크다. 좋은 해빈을 발달시킬 수 있는 퇴적현상이 없더라도 파랑으로부터 보호된 석호형태의 수역은 해양스포츠를 유인할 수 있다. 그런데 이런 활동은 배후지 개발을 증가시키는 경향이 있으며 해안개발의 압력은 해안침식으로 이어질 수 있다는 것을 잊어서는 안 된다. 구조물의 가장 중요한 목적이 개발의 장애가 되는 침식을 저감시키는 것이고, 더욱이 침식을 받고 있는 해안에서 개발이 허용되어서는 곤란하다.

## 5. 이안제와 해수면상승

이안제는 파랑이 해빈에 도달하기 전에 파랑에너지를 차단하는 수단으로 건설된다. 해수면이 상승하더라고 이러한 기능은 계속 유지될 것이다. 차이가 나는 것은 파한이 깊어짐에 따라 구조물이 견뎌내야 할 파랑에너지의 크기가 증가한다는 점이다.

표 6.1에서, 이안제 붕괴의 일반적인 원인이 요약되어 있는데, 파랑에너지가 원인인 경우가 많다. 이런 붕괴는 크게 증가할 것이다. 파한이 깊어질 뿐 아니라, 수심이 증가함에 따라 잠제 위의 수심이 증가되어 큰 규모의 파랑이 구조물의 배후로 넘어올 것이다. 이에 따라 배후수역으로 퇴적물 운반이 증가할 것으로 예측되지만, 동시에 구조물 내측 수역의 에너지 수준이 높아지고, 해안선 방향으로 해수의 이동이 증가함에 따라 해류의 변화가 일어날 가능성이 있다.

수심의 증가와 해류의 변화는 첨상해빈이나 육계사주의 형성에 영향을 미칠 것이기 때문에 이안제의 간격, 높이, 해안으로부터의 거리 등이 중요한 변수가 될 것이다. 이안제의 경우, 수심이 깊어짐에 따라 월파가 증가하여 궁극적 시나리오에서는 잠제의 형태가 될 수 있다.

간략이 말하면, 이안제는 해안제방과 같이 파랑에너지에 더 크게 노출될 것이다. 해안제방에서처럼, 파랑의 굴절과 세굴이 이안제에서도 문제가 될 것이다. 보다 중요한 것은 수심이 깊어지면 세굴과 파랑에너지의 규모가 더 커질 것이라는 점이다.

## 6. 정리

이 장에서는 해양구조물을 통한 해안보호 방안을 살펴보았다. 이런 접근은 파랑이 해빈에 도달하기 이전에 파랑의 감쇄를 도모한다. 이러한 이유에서 퇴적물 손실을 제어하는 방식과 같은 대증(對症)적 기법들과 다르다. 이 방안의 장점으로, 콘크리트로 해안을 뒤덮는 것이 아니기 때문에 자연경관을 덜 훼손한다. 퇴적물이 외해빈으로 운반되어 일어나는 손실이 주요 문제라면, 정상적인 파랑과 조석의 조건에서는 수면 위에 드러나지 않는 잠제를 설치하여 이 문제를 처리할 수 있다. 게다가, 이러한 구조물은 해양생물에게 새로운 서식지를 제공함으로써 생태적 다양성이 향상되고 경제적 이익도 얻을 수 있다.

이상은 목가적으로 들리지만, 연안퇴적물 이동과 퇴적물수지의 간섭에서 발생하는 문제로 인하여 적용할 수 없는 경우도 많다. 그럼에도 불구하고, 점차 이 기법이 널리 적용되고 있다. 그러나 주의해야 할 점도 있다. 이 구조물은 특성상 파랑의 활동을 감소시켜 저에너지 수역을 형성함으로써 항해와 다른 해양 레저 활동을 안전하게 유지시키는 환경을 조성한다. 파랑감쇄에는 두 가지 목적이 있다. 첫째로는 항구의 입구를 보호하기 위해서이며 두 번째로는 침식위험에 노출된 해안의 보호이다. 위락지를 조성하기 위해서 이 기법을 적용해서는 안 된다. 그렇게 되면, 해안에 위락시설이 급증할 것이고, 이것은 다시 지나친 해양구조물의 증가를 초래하게 될 것이다. 결국, 퇴적물 운반이나 침식에 필요한 에너지가 소멸되어 더 이상 해안과정이 작동하지 않는 해안화석화 현상이 발생할 수 있다. 이러한 현상은 해안 퇴적물수지에 커다란 영향을 미쳐 하류에서 퇴적물 고갈이 크게 발생할 것이다. 또 다른 문제로서 수상스포츠를 목적으로 쇄파를 유도하기 위한 해양구조물의 증가 경향이다. '쇄파암초(surf reefs)'는 근시안적 안목에서 여러 위락지역에 설치하고 있다. 그러나 이러한 구조물은 내측에 퇴적을 증가시키고, 결국 해안의 어느 곳인가에서 퇴적물수지의 악화로 나타날 것이다.

이안제의 편익

- 해안에 입사하는 파랑에너지의 감쇄
- 퇴적 향상과 해빈형성

- 해안침식의 억제
- 월파로 야기되는 범람 위험을 저감
- 이안류 셀의 작용으로 발생하는 퇴적물 손실을 저감
- 지역적으로 제한적이지만 저렴한 타이어 부유식 구조물
- '암초'생태계의 형성과 종 다양성 향상

이안제의 문제점

- 연안류의 편향과 변화
- 퇴적물의 억류를 통해 해안의 다른 지점에서 침식증가 유발
- 구조물이 폭풍으로 쉽게 훼손
- 심미적 훼손
- 건설과 유지보수에 고비용
- 도제 사이의 간격에서 발생하는 세굴

이안제가 필요한 경우

- 파랑으로 침식이 일어나고 이안류(해안에서 외해로 흐르는 수직방향의 해류)로 퇴적물이 과도하게 손실되는 해안. 그러나 이안제는 퇴적물 공급처의 확보와는 무관함.
- 수심이 얕은 곳
- 퇴적으로 해안의 복원력을 향상시킬 수 있는 곳
- 부유식 구조물은 파랑에너지가 낮고 파장이 짧은 파랑이 발생하는 차폐수역에 적합함.

# 제3부 연 성 호 안 기 법

3부에서는 연성호안기법을 살펴보고자 한다. 지금까지는 경성호안구조물을 통한 다양한 기법들을 살펴보았다. 이런 유형의 구조물이 지니는 주된 문제점은 육지가 바다로부터 단절되어 더 이상 육지와 바다 사이의 상호작용이 일어나지 못한다는 것이다. 2부에서 경성호안구조물이 보호 해안 이외의 지역에서 문제를 일으킬 수 있다는 것을 살펴보았다. 해안관리당국으로서는 이와 같은 이차적인 문제를 해결하는 것이 첨예한 관심사이며, 종종 추가적인 조치를 취해야 할 입장에 처하게 된다.

경성호안은 또한 해안문제에 대한 대증적 성격이 강하다. 문제가 인식된 이후 조치하는 것이기 때문이다. 그러므로 경성호안은 원인(바다)과 문제(해안) 사이에 방어벽을 설치하여 문제를 해결하려는 접근이다. 이렇게 함으로써 해안선의 상당 부분을 바다로부터 격리시키며 결국 퇴적물수지와 퇴적물 이동작용에 영향을 미친다.

경성호안기법이 파랑에너지와 싸우는 것이라면 연성호안기법은 자연적인 시스템 내에서 파랑에너지가 소진되는 것과 같은 방식으로 파랑에너지를 소진시키는 데 목적을 둔다. 최근 연성호안에 대한 인식이 높아지면서 해안기술자들도 해안선을 보호하고 침식을 방지하는 대안적 방안을 모색하기 시작했다. 이것은 호안에 대한 접근에 일대 변화를 일으켰다. 해안문제에 대해 반응적으로 대응하기보다는 해안관리에 대한 보다 전체적이고 사전 예방적인 접근을 점차 채택하고 있다. 해식애 침식에 대한 전형적인 반응적 접근은 해안제방을 축조하는 것이다. 사전 예방적인 접근은, 문제의 중요도를 평가하고 호안이 즉각적으로 필요한 지 여부를 결정한 뒤, 만일 즉각적으로 필요하다면 해식애를 보호할 계획을 수립하되 현재 진행되고 있는 해안작용을 유지시켜 가능한 한 하류에서 발생할 부정적 영향을 저감하는 방식이다.

2부의 도입부에는 경성호안에 대한 아래의 진술이 포함되어 있다.

본질적으로 경성호안의 목적은 배후지를 침식으로부터 보호하는 데 있다. 계속되는 논의를 위해서 다음의 두 가지 점을 명백히 밝혀둘 필요가 있다.

• 경성호안은 배후지를 보호하기 위해 설계된 구조물이지 해안 전면의 해빈을 보호하기 위한 것이 아니다.
• 경성호안은 해빈의 퇴적물을 공급하지 않고 다만 재분배할 뿐이다. 실제로 경성호안구조물은 퇴적물의 입력을 감소시키기 때문에 퇴적물수지 균형을 맞추려면 새로운 퇴적물 공급원을 확보해야 한다.

위의 두 가지 논의는 연성호안기법이 해결하고자 하는 두 가지 주요 관심사를 잘 지적하고 있다. 해빈의 폭이 좁으면 파랑에 의한 침식문제가 심각해지기 마련이다. 그러나 해빈의 폭이 넓으면 심각성이 덜하거나 별 문제가 되지 않는다. 만일 폭이 넓고 건강한 해빈을 조성한다면 파랑의 활동을 효과적으로 감소시켜 해안선에 도달하는 파랑에너지를 대폭 줄일 수 있을 것이다. 한편, 해안선의 경시적 변화에 대한 연구를 통해 해빈단면이 기상과 파랑 조건에 따라 어떻게 변화하는지가 밝혀지고 있다. 해빈단면 변화를 위해서는 퇴적물 저장고 간의 지속적인 퇴적물 교환이 일어나야 한다. 만일 퇴적물의 교환을 활성화시켜 퇴적물수지를 유지하는 관리 전략을 개발한다면 해빈 자체가 스스로 유시될 수 있을 것이다. 이것은 자연적이고 지속가능할 뿐 아니라 상대적으로 비용이 저렴한 방법이다.

그렇다면 자연의 프로세스와 맞서 싸우는 전통적인 기법 대신 자연 프로세스와 보조를 맞추는 기법을 사용해 보는 것이 어떨까? 해빈이나 염습지를 조성하는 방식으로, 혹은 필요한 지점에 퇴적물을 투입하는 방식으로, 가능한 한 해안선을 단순하게 자연상태로 유지하는 방식으로 이를 시행할 수 있다. 무조건 해안제방을 쌓는 대신 보다 전체적이고 사전예방적인 접근을 채택할 필요가 있다.

실제로 보다 더 근본적인 방향으로 나아갈 수도 있다. 예를 들어 9장과 10장에서 염습지 해안을 다루면서 염습지 해안의 침식을 방지하는 기법들을 살펴보게 된다. 해빈과 마찬가지로 염습지도 파랑에너지를 소진시키는 훌륭한 소파 장치로서의 가치가 높다. 하구역에서 파랑에너지가 문제가 된다면 파랑에너지를 막기 위해 해안제방을 쌓아야 할까? 아니면 조간대에 새로운 염습지를 조성하거나 논란이 있기는 하지만 역간척을 통하여 염습지를 조성하여 파랑에너지를 저감시켜야 할까? 마찬가지로 해빈고의 저하로 인해 휴양시설에 대한 파랑의 위협이 높아지고 있다면 해안제방을 쌓아 파랑의 공격을 막아야 할까?(3장) 아니면 돌제를 설치하여 퇴적을 유도해야 할까?(4장) 아니면 위 두 방법 대신 해빈에 퇴적물을 공급하여 파랑의 활동을 줄이는 수단으로 활용해야 할까?(7장) 이 경우 '방치' 기법은 지나치게 급진적인 방안으로 여겨질 수 있다.

이러한 사고를 받아들이기 시작한다면 보다 해안환경과 조화를 이루는 방식으로 호안작업을 진행할 수 있을 것이다. 파랑은 매우 강력한 요소이며 해안선에 많은 변화를 일으킨다. 그러나 지극히 자연적이다. 해안선을 인공상태로 만들면, 파랑은 급격한 변화를 발생시킨다. 해안선을 인공적인 상태로 만드는 과정에서 해안선의 불안정성이 증대하기 때문이다. 해안프로세스와 끊임없이 투쟁하는 대신 해안이 보다 자연적인 상태로 작용하도록 허용하는 것이 (해안에서의) 삶을 보다 용이하게 만드는 방법이다. 해안은 버릇없는 아이와 같아서 종국에는 제멋대로 행동하기 때문이다.

이후의 장에서는 해빈과 하구역을 보호하는 데 활용되는 연성호안기법들을 살펴볼 것이다. 그러나 여기서 논의되는 기법들이 2부에서 다루어진 기법들을 모두 쉽게 대체할 수 있는 것으로 간주하지 않기 바란다. 어떤 호안기법도 제각기 적용될 수 있는 적합한 시점과 장소가 있기 마련이다. 또한 서로 상이한 기법들도 함께 사용되어야 할 필요가 있다.

제7장

# 양빈(Beach Feeding)

## 1. 도입

해빈, 간석지, 염습지 등은 파랑에너지를 소산시켜 배후지를 보호한다. 침식위험지역으로부터 해빈 퇴적물이 유실되면 인공적인 양빈을 통해서 퇴적물을 재공급할 수 있다. 양빈(養濱, beach feeding)[1]은 폭풍이 불었을 때 적절한 수준의 해안보호 기능을 수행할 수 있도록, 침식으로 인해 퇴적물 손실이 일어나고 있는 해빈에 인위적으로 퇴적물을 공급하는 것을 가리킨다. 아이러니하게도 양빈은 상류에 설치된 경성호안구조물로 말미암아 퇴적물 연안이동이나 퇴적물 교환이 방해받는 지역, 이로 인해 퇴적물수지에 심각한 영향을 받아 퇴적물 손실이 발생하는 지역에서 많이 실시된다.

양빈은 고도가 낮아진 해빈의 재충진에 가장 흔하게 적용된다. 경우에 따라서는 해빈이 없던 지역에 해빈을 만들기 위하여 쇄파대 내측에 퇴적물을 펌핑한다. 이렇게 새로운 해빈을 조성하는 것은 다소 착오적 발상일지도

1) nourishment, recharge, replenishment, restoration, reconstruction, fill 등의 용어가 함께 사용되고 있다 — 역자주.

모른다. 왜냐하면 수문학적으로는 그 지역에 해빈이 없는 것이 적당할 수 있기 때문이다. 어쨌든, 인위적인 해빈은 발리에릭 아일랜드의 이비자, 프랑스 남부, 그리고 포르투갈의 프라이아 다 로카 등을 포함하여 매우 여러 곳에서 조성되었고(Psuty and Moreira, 1990), 동경만에서도 많은 예들을 찾아볼 수 있다(Koike, 1990). 이러한 지역은 주요한 관광지를 이루고 있는데, 이러한 관광지에서는 사실 해빈이 질이 높은 휴양지의 필수요건이다. 관광지역이 아닌 곳에서 해빈 보호의 수단으로서 양빈이 적용되고 있기는 하지만 양빈과 관광의 연계는 점차 일반적인 것이 되고 있다.

양빈은 몇 십 년 전부터 해안기술 분야에서 가장 널리 사용되는 방법 중에 하나가 되었는데, 해안보호의 필요성과 관광을 위한 궁극적인 대책으로 간주하고 있다. 그러나 해빈 과정을 부분적으로 이해하고 있기 때문에 양빈기술은 완벽하게 정리되어 있지 않다. 이 때문에 많은 환경적, 경제적 쟁점이 해결되지 않은 채 남아있다. 이것에 관련된 사항은 이 장의 후반부에서 다루도록 하겠다. 해빈에 적용되고 있는 기법 가운데 양빈과 관련된 것을 쉽게 찾을 수 있다. 이를테면 안정화된 해빈단면을 조성하기 위하여 해빈주변의 퇴적물들을 인위적으로 옮기는 해빈단면조정(beach re-profiling)과 쳐내림이 집중되는 곳에 수분의 침투를 증가시키고 유출을 줄임으로써 퇴적물 유실을 감소시키도록 하는 해빈배수(beach dewatering) 등이 있다. 이러한 접근은 이 장의 끝에서 언급할 것이다.

양빈의 기본적인 기법은 단순하게 3단계로 볼 수 있다. 첫째는 적합한 지역에서 퇴적물을 확보하는 것이고, 둘째는 그것을 운반하는 것이고, 마지막으로 운반해 온 퇴적물을 해빈에 적정한 형태로 고르는 것이다. 준설은 퇴적물을 얻는 가장 일반적인 방법이다. 준설 장소가 가까운 경우에는 파이프라인을 사용하여 퇴적물을 운반할 수 있다(van Oorschot and van Raalte, 1991 참조). 그밖에 원빈에 퇴적물을 투기하고 파랑이 이를 해빈으로 운반하도록 유도하는 방법, 트럭을 이용하는 방법 등이 있다. 간단한 것 같지만 해빈에 많은 양의 퇴적물을 부리는 것은 단순한 문제가 아니다. 해빈은 지형적으로나

기능적으로 그 지역의 파랑, 바람, 해류와 균형을 이루고 있다. 이러한 과정에 의해서 적절한 퇴적물 입도가 정해지며, 해빈경사의 각 부분은 서로 다른 입도를 나타낸다. 그러므로 시공과정에서 가능한 한 자연에 가까운 해빈단면을 조성하는 것이 중요하다. 그렇지 않으면 퇴적물 재동이 큰 규모로 발생하여 해빈에 공급된 퇴적물이 외해빈으로 유실될 가능성이 있다.

모든 양빈사업은 시행 후 처음 몇 해 동안 퇴적물 손실을 겪는다. 종종 이러한 점 때문에 지역주민으로 하여금 양빈사업이 실패하였다는 오해를 갖게 만든다. 그러나 이것은 양빈 시행 후 해빈단면이 보다 자연스러운 형태로 자리 잡는 단면 조정과정이기 때문에 사업 자체를 실패로 간주해서는 안 된다. 조정과정에서 일어나는 손실은 해빈고도의 저하와 퇴적물의 외해빈 이동으로 나타난다. 이러한 손실을 고려하여 대부분의 양빈사업에서는 필요한 양보다 많은 퇴적물을 투입한다. 형태적 문제 외에도 퇴적물 자체도 고려해야 한다. 입자 크기는 물론이고 광물적인 특성도 중요한 경우가 있다. 이와 관련된 사항은 아래에서 다루어질 것이다.

양빈의 특징 가운데 하나는 시공 과정에서 많은 양의 퇴적물이 필요하다는 것이다. 표 7.1에는 양빈이 실시된 지역과 각 지역에서 사용된 퇴적물의 양이 정리되어 있다. 전형적으로 양빈에 사용되는 퇴적물의 양은 수십만㎥, 혹은 그 이상이다. 양빈에 필요한 퇴적물을 얻는 지역은 일반적으로 외해빈이지만, 드문 예로 육지 혹은 그 밖의 공급처로부터도 퇴적물을 얻는다. 적절한 청결 정도와 입자크기를 가지고 있다면 항만 준설토가 사용되는데 준설토 사용이 점차 증가하고 있다. 많은 퇴적물이 필요하고 운반에 많은 비용이 들기 때문에 양빈에서 고려해야 할 중요한 사항 가운데 하나는 퇴적물의 채취장소가 양빈사업 장소에 가까이 있어야 한다는 점이다. 퇴적물의 획득에 대한 문제는 논란의 여지가 많다.

양빈에 대한 정보는 엄청나게 많다. 표 7.2는 극히 일부의 사례를 제시하고 있다. 양빈에 관한 연구가 이렇게 많은 이유는 양빈이 해안보호의 실제적인 방법으로 고려될 수 있고, 많은 지역의 해안관리당국에서 관광잠재력을 증진

### 표 7.1. 세계 각지에서 시행된 양빈사업

| 사업 | 양빈기간 | 양빈사의 부피 (×106 m3) |
|---|---|---|
| 호주 | | |
| 배런 삼각주 (케언즈) | 1992 | 0.83 |
| 골드 코스트 (퀸즈랜드) | 1980 | 2.4 |
| 골든 비치 (캘라운드라) | 1992 | 0.07 |
| 포트필립 베이 | 1977 | 0.16 |
| 래피드 베이 | 1940-82 | 1.5 |
| 샌드링햄 비치 | 1990 | 0.35 |
| 서퍼스 파라다이스 | 1974-5 | 1.4 |
| 벨기에 | | |
| 브레딘-클렘스커크 | 1978 | 0.5 |
| 노케 하이스트 | 1977-9 | 8.4 |
| 지부르그 | 1980s | 8.5 |
| 브라질 | | |
| 코파카바나 | 1969-70 | 3.5 |
| 쿠바 | | |
| 아까꼬스 반도 | 1990 | 0.81 |
| 프랑스 | | |
| 칸느 | 1961-2 | 0.1 |
| 독일 | | |
| 랑구그 섬 | 1982-3 | 0.2 |
| 질트 | 1972 | 0.9 |
| 아일랜드 | | |
| 로스레어 베이 (웩스포드 카운티) | 1982 | 0.5 |
| 네덜란드 | | |
| 괴리 | 1971 | 0.6 |
| 뉴질랜드 | | |
| 웰링턴 하버 | 1944-5 | 0.12 |
| 나이지리아 | | |
| 라고스 | 1975-1987 | $1a^{-1}$ |
| 포르투갈 | | |
| 프라이아 다 로카 | 1969-70 | 0.88 |
| | 1983 | 0.15 |
| 영국 | | |
| 번머스 | 1974-5 | 0.7 |
| 링컨셔 코스트 | 1983- | 7.5 |
| 페트 | 1987 | $0.02a^{-1}$ |
| 시포드 (서섹스) | 1983- | 1.5 |
| 왈란드 | | $0.03a^{-1}$ |
| 미국 | | |
| 아틀란틱 시티 (뉴저지) | 1963 | 0.44 |
| 델레이 비치 (플로리다) | 1973 | 1.5 |
| 이리 호 | 1960-1 | 0.53 |
| | 1965 | 0.13 |
| 미시간 호 | 1974 | 0.18 |
| | 1981 | 0.06 |
| 마이애미 비치 | 1980 | 87 |
| 오션 시티 (뉴저지) | 1980s | 4.6 |
| 레돈도 비치 (캘리포니아) | 1967-8 | 1.1 |
| 로커웨이 비치 (뉴욕) | 1975 | 4.3 |
| | 1977 | 48 |

* 주. 자연적인 해빈의 복원한 사례보다는 인공적인 해빈을 조성한 사례를 주로 정리하였음. Dixon and Pilkey(1991)에 멕시코 만에서 수행된 양빈 사례 다수가 소개되고 있음.

표 7.2. 세계 각지에서 시행된 양빈사업의 사례

| 나라 | 연구자 | 연구지역 |
|---|---|---|
| 호주 | Bird (1990) | 포트필립 베이 |
| | Bourman (1990) | 래피드 베이 |
| 벨기에 | Charlier and de Meyer (1989) | 북해 연안 |
| | Charlier and de Meyer (1995a+b) | 북해 연안 |
| | Kerckaert et al. (1986) | 오스탕트 |
| | de Meyer (1989) | 지부르그 |
| 쿠바 | Marti et al. (1995) | 베라데로 비치 |
| | Schwartz et al. (1991) | 베라데로 비치 |
| 덴마크 | Moller (1990) | 북해 연안 |
| | Thyme (1990) | 유틀란 |
| 이집트 | Fanos et al. (1995) | 알렉산드리아 |
| 유럽전반 | Verhagen (1996) | 북서유럽 |
| 프랑스 | Anthony and Cohen (1995) | 리비에라 해안 |
| | Hallégouët and Guilcher (1990) | 브리타니 |
| 그루지아 | Kiknadze et al. (1990) | 흑해 연안 |
| | Zenkovich and Schwartz (1987) | 흑해 연안 |
| 독일 | Eitner and Ragutzki (1994) | 노르데니 섬 |
| | Kelletat (1992) | 북해 연안 |
| 인도네시아 | de Meyer (1989) | 발리 |
| 이탈리아 | Cipriani et al. (1991) | 몬테 시세오 |
| | Evangelista et al. (1992) | 마리나 디 세시나 |
| 일본 | Kàdomatsu et al. (1991) | 도반 코스트 |
| | Koike (1990) | 도쿄 만 |
| 쿠웨이트 | Al-Obaid and Al-Sarawi (1995) | 쿠웨이트 해안 |
| 네덜란드 | van de Graaf et al. (1991) | 네덜란드 전체 |
| | Verhagen (1990) | 네덜란드 전체 |
| 뉴질랜드 | Foster et al. (1996) | 망가눠 비치 |
| | Healy et al. (1990) | 여러 지역 |
| | de Lange and Healy (1990) | 타우랑가 하버 |
| 나이지리아 | Ibe et al. (1991) | 라고스 |
| 폴란드 | Rotnicki (1994) | 발틱 해 |
| 포르투갈 | Psuty and Moreira (1992) | 프라이아 다 로카 |
| 영국 | Child (1996) | 링컨셔 |
| | Lelliott (1989) | 번머스 |
| | McFarland et al. (1994) | 와이스테이블 (켄트) |
| | May (1990) | 번머스와 크라이스트처치 |
| | Whitcombe (1996) | 헤일링 아일랜드 |
| 우크라이나 | Shiusky (1994) | 오뎃사 |
| 미국 | Bagley and Whitson (1982) | 오션사이드(캘리포니아) |
| | Bocamazo (1991) | 뉴저지 |
| | Campbell and Spadoni (1987) | 플로리다 |
| | Chill et al. (1989) | 캘리포니아 |
| | Dixon and Pilkey (1991) | 멕시코만 |
| | Domurat (1987) | 여러 지역 |
| | Galster and Schwartz (1990) | 에디즈 훅 |
| | Giardino et al. (1987) | 샌 루이스 비치 |
| | Griggs (1990) | 몬테레이 비치 (캘리포니아) |
| | Herron (1987) | 캘리포니아 남부 |
| | Leonard et al. (1990a, b) | 여러 지역 |
| | Marsh and Tubeville (1981) | 플로리다 |
| | Walton and Purpura (1977) | 여러 지역 |
| | Weggell and Sorenson (1991) | 뉴저지 |
| 여러 지역 | Charlier and de Meyer (1995b) | 여러 지역 |
| | Davison et al. (1992) | 여러 지역 |

* 자세한 내용은 책 뒤편의 문헌목록을 참고

시키는 수단으로 혹은 수명을 다한 해안 구조물을 대체할 수 있는 저비용고효율의 수단으로서 인식하고 있기 때문이다. 따라서 기법 개발에 많은 노력이 경주되어 왔고, 다양한 기법들이 적용되어 왔다. 양빈이 폭발적으로 증가할 것이라고 예상한다면 퇴적물의 공급처가 주요 문제로 대두될 수밖에 없다.

많은 양의 퇴적물이 해빈에 부려지기 때문에 발생하는 문제들을 살펴보기에 앞서 양빈을 뒷받침하고 있는 기본적인 이론을 살펴보도록 하자.

## 2. 해빈의 파랑감쇄 효과

파랑이 쇄파(碎波)를 거쳐 해빈을 쳐 올라가는 과정을 겪으면서 에너지가 저감된다. 해빈단면의 형태와 경사에 따라 파랑과 일으키는 상호작용 정도가 다르기 때문에, 해빈의 형태는 파랑에너지 감쇄 능력에 영향을 줄 수 있다. 많은 파랑에너지를 소산(消散)시키는 소산형 해빈은 폭이 넓고 수심이 얕은 반면, 해안선의 침식이 종종 발생하는 반사형 해빈은 경사가 급하고 폭이 좁아서 에너지의 감쇄가 제한적이다.

이에 따라 양빈의 원리를 설명하면, 침식이 일어나는 반사형 해빈을 폭이 넓은 소산형 해빈으로 전환시켜서 파랑에너지 감쇄 효과를 증대시키는 것이 양빈이라고 할 수 있다. 그림 2.1에서 조간대를 통과하는 파랑이 에너지를 잃는 과정을 알 수 있으며, 여기에서 파한(wave base)이 매우 중요한 개념이다. 해빈이 넓고 얕을수록 파한 위에서 물과 퇴적물 간의 상호작용이 일어나는 수평적 범위가 넓어지고, 그 만큼 더 많은 에너지가 감소된다(그림 7.1).

경사가 급한 단면을 가진 해빈에서(그림 7.1a) 평상시와 폭풍시의 파저의 깊이를 각각 x, w라고 하면, 물과 퇴적물 간의 상호작용이 일어나는 수평적인 범위가 각각 y, z가 된다. 완만한 단면(그림 7.1b)에서의 수평적인 범위를 $y_1$, $z_1$이라고 할 때, 이 값은 급경사 해빈에 비하여 크다. 파랑이 퇴적물 표면을 지나가면서 단위 거리에 따라 에너지를 잃는다면, 긴 단면에서는

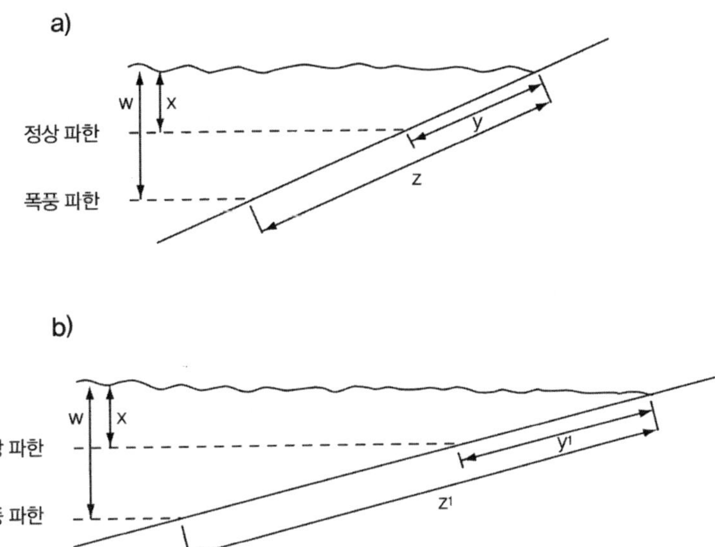


그림 7.1. 해빈 경사의 감소가 퇴적물과 바닷물의 상호작용이 일으키는 면적에 미치는 효과

해빈 경사가 감소함에 따라 더 넓은 면적에 걸쳐 움직이는 바닷물과 접촉하게 되어 결과적으로 파랑의 감소효과가 증가한다.

에너지 저감이 더 많이 발생할 것이다. 이것이 해안보호목적에서 양빈을 적용하는 기본 원리라고 볼 수 있다.

## 3. 양빈 기법

앞에서 언급한 것과 같이 양빈은 기본적으로 퇴적물을 해빈에 부리는 과정이며, 퇴적물의 유형과 채취 장소에 따라 방법상의 차이가 나타난다. 가장 일반적인 접근 방법은 외해빈의 퇴적물을 준설하여 해빈 지형으로 변환시키는 것이다. 퇴적물을 부리는 위치에 따라 약간의 차이가 나타나는데, 고조위선(high water mark)에 부려 사구에 퇴적물을 공급하는 방법(제8장 참조)과 저조위선(low water mark)나 원빈의 범(berm)에 퇴적물을 부려 파랑으로 하여금 해빈으로 운반·퇴적시켜 자연스러운 단면을 유도하는 방법, 해빈의 한쪽 끝에 공급하여 연안류로 하여금 해안을 따라 퇴적물을 운반하도록 유도하는 방법, 트럭을 이용하여 육지의 퇴적물을 운반하는 방법(trucking) 등이 있다.

각각의 방법들은 후에 자세하게 다루겠으나, 우선 양빈물질을 점착·비점착 퇴적물 등과 같은 기본적인 특성에 따라 구분할 필요가 있다. 2장에서 서로 다른 퇴적물이 상이한 해안환경을 지시한다는 것을 살펴보았다. 개방된 해안과 같이 파랑이 우세한 환경의 해빈은 상대적으로 입자가 큰 모래나 자갈(shingle: 비점착 퇴적물)로 이루어지는 경향이 있고, 반면에 조석이 우세한 환경의 해안에서는 미사와 점토 등 상대적으로 세립질의 퇴적물(점착 퇴적물)이 해빈을 구성한다. 이렇게 두 유형의 퇴적물은 서로 다른 입자크기로 인해 거동에서 차이가 나며, 이 때문에 입자의 크기에 따라 서로 다른 기법을 적용해야 한다.

입자크기에 따라 퇴적물은 서로 다른 침강속도를 갖는다. 해빈으로 퇴적물을 펌핑하기 위해서는 퇴적물을 물과 혼합하여 유동성을 증가시켜야 한다. 그런데 미세한 점토나 미사와 같은 경우 이러한 방법으로 공급된다면, 미세한 입자는 부유 상태에 있기 때문에 물이 바다로 흘러들어갈 때 이를 따라 유출된다. 퇴적물이 조립한 경우에도 이런 현상이 어느 정도 발생한다. 이를 막기 위하여 저류둑(bund)이나 장벽 시스템을 설치하여 물을 가두고 퇴적을 유도하는 방법이 사용된다. 제9장에서 다룰 미립물질 퇴적에 사용되는 오시어댐(osier dam), 또는 관목으로 엮은 돌제와 유사하다. 아마도 가장 큰 차이점은 일단 해빈으로 운반된 퇴적물의 거동일 것이다.

점토와 세사로 이루어진 갯흙이 주를 이루는 경우에는 배수과정이 매우 복잡하다. 이러한 환경에서 양빈은 빠르게 진행될 수 없고 보다 복잡한 과정을 겪게 된다. 이러한 경우에 펌핑된 물질을 임시제방으로 가두어 자연스럽게 퇴적이 일어나도록 유도하는 방법을 적용하는데, 이러한 기술은 제9장에서 설명한다.

페씩과 버드(Pethick & Burd, 1993)는 외해빈에 정박시킨 바지선에서 분사식 펌핑(rainbow pumping)으로 알려진 방법을 적용하여 퇴적물을 운반했던 에섹스의 햄포드 워터의 사례를 소개하고 있다(그림 7.2). 갯벌에 비점착성 퇴적물을 공급하여 고도를 높였는데 퇴적물의 배수과정에서 세립물질의 대부분이 빠져나갔다. 접근방식이 이렇게 복잡하고 다양하기 때문에 이 장에서는 비점착성 퇴적물질에 대하여 주로 다룰 것이다. 점착성 퇴적물질에 대해서는 제9장에서 알아보도록 하겠다.

훼손된 해빈단면에 비점착 퇴적물을 공급하는 방법에는 여러 가지가 있다. 이 가운데 외해빈으로부터 펌핑하거나 트럭을 이용하여 해빈에 직접 부리는 방법이 널리 적용되고 있다. 버드는 양빈 기술에 대한 개괄을 하고, 연안퇴적이동 기작을 이용하는 방법, 즉 상류에 퇴적물을 공급하여 연안류로 하여금 퇴적물을 공급하도록 유도하는 방법을 다루고 있다(Bird, 1996). 이 방법은(아래에서 다룰) 세류충전(trickle charge)의 방법과 유사하다. 이동방향이 바다에서 육지로 일어나는 세류충전에 대해 파랑이 해안선을 따라 퇴적물을 운반한다는 점에서 차이가 있다.

또 다른 방법으로 바이패스(bypassing)가 있다. 도류제와 같이 퇴적물이동에 장애가 되는 구조물을 우회하여 퇴적물을 운반하는 것이다. 이미 제4장에서 이런 구조물들의 장애를 극복하는 방법으로 논의하였다. 어떤 책에서는 양빈이 이안제나 돌제와 같은 구조물을 사용하여 자연상태의 퇴적작용을 증가시키는 맥락에서 논의되기도 한다. 그러나 이 책에서는 이들을 각각 논의하고자 한다(9장, 6장, 4장 참조). 그러나 한마디로 일반화한다면, 이 책에서 논의하는 대부분의 기법은 해빈과 간석지의 고도를 높이기 위한 것이라고 할 수 있다.

### 1) 외해빈으로부터 직접 퇴적물을 공급하는 방안

해빈퇴적물의 높이를 빨리 상승시키는 방법은 다량의 퇴적물을 가져다 쌓는 것이다. 준설을 이용하거나 육상기원의 퇴적물을 사용할 수 있을 것이다. 퇴적물의 가장 일반적인 채취 장소는 외해빈이고 전형적인 방법은 준설이다.

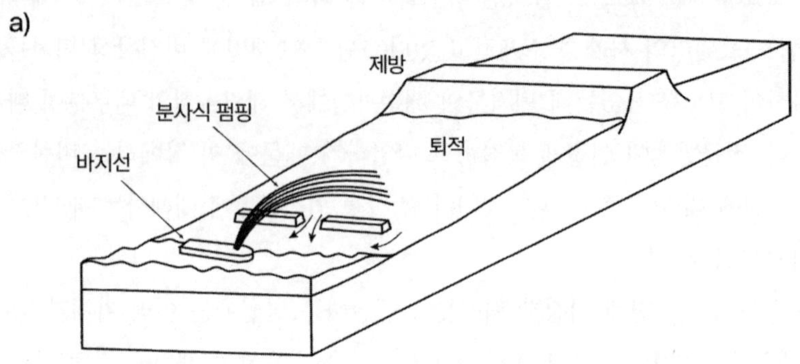


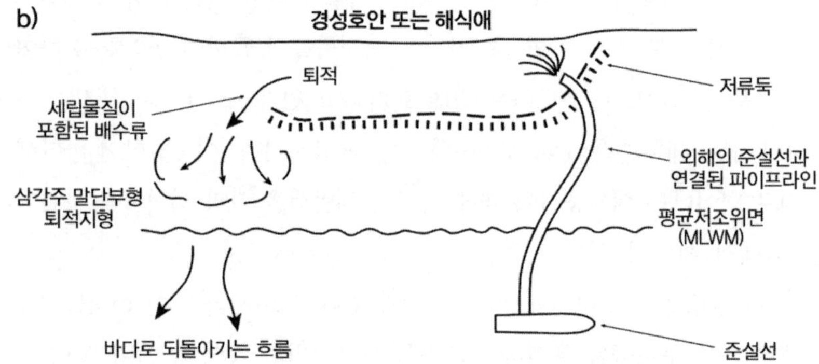


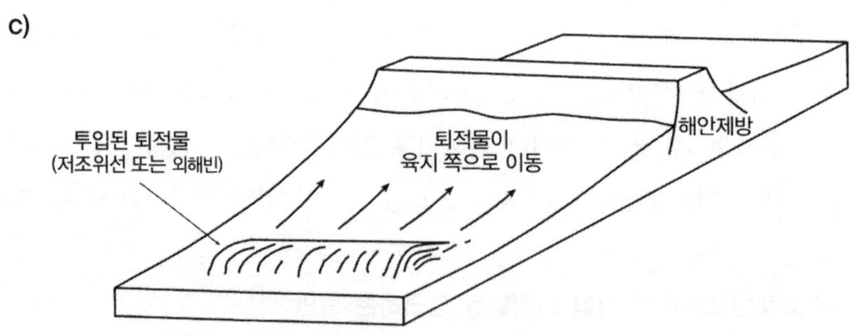


그림 7.2. 조간대 단면과 양빈 기법

a) 분사식 펌핑. 임시 제방을 설치하여 바다로 돌아가는 물의 유속을 완화시킴.

b) 준설선에서 해빈에 직접 공급.

c) 세류 충진(또는 점적 양빈). 외해빈에 투입한 퇴적물이 파랑 작용에 의해 해빈으로 밀려옴.

구체적으로는 외해빈의 사주나 범, 그리고 적당한 해저면이다. 항로의 준설과정에서도 많은 양의 퇴적물이 폐기물로 산출된다.

찰리어와 드메이어(Charlier & de Myer, 1995b)에 따르면 미공병단은 미국에서 나오는 매년 265.5백만m³의 준설퇴적물의 처리에 양빈을 적합한 방안으로 간주하고 있다. 그렇게 되면 폐기장이 필요 없다. 그러나 준설토의 질과 입자 크기, 운반비용 등의 문제로 인하여 준설량의 25% 정도가 양빈에 적합하다.

메이(May, 1990)는 영국 남부해안에 있는 번머스의 양빈사업을 사례로 이러한 사정을 상세히 밝히고 있다(상자글 7.1). 이 사례에서는 이웃 풀 하버로 연결되는 수로를 정비하는 과정에서 발생된 준설토를 양빈에 사용하여, 적당한 퇴적물을 많이 확보했을 뿐만 아니라 두 사업을 동시에 수행함으로써 재정적 절감효과도 이루었다.

덴마크에서는 준설폐기물을 외해빈의 두 지점에 투기하여 양빈이 일어나도록 하였다(Thyme, 1990). 항만준설토를 이용한 또 다른 양빈사업은 클렘스커크와 브레딘 사이의 벨기에 해안에서 1978년에 수행되었다. 이 지역의 퇴적물은 오스탕트에 있는 항만에서 확보했다(Bird, 1996). 하위치 항의 준설토는 에섹스의 햄포드 워터 양빈사업에 이용되기도 하였다.

퇴적물의 기원을 불문하고, 외해빈에서 준설선을 통해서 퇴적물을 확보할 때, 양빈지역으로 운반하는 방법은 분사식 펌핑기법(rainbow pumping technique, 그림 7.2a)이나, 준설선으로부터의 파이프라인을 이용하는 방법이 사용된다. 퇴적물을 원활하게 펌핑하기 위해서는 유동 상태로 유지해야 한다. 이를 위해서 물을 10%가량 혼합하는데, 이러한 물은 해빈에서 배수된다. 배수과정에서 세립질이 바다 쪽으로 이동하면서 간혹 델타로브(delta lobe)를 형성하기도 한다(그림 7.2b). 양빈을 해빈의 중간 고도 혹은 상부에서 실시할 때, 물을 일시적으로 가두어 퇴적이 일어날 수 있도록 해빈에 일시적인 저류둑(bund)을 설치하기도 한다.

분사식 방법은 기본적으로 적재함이 있는 준설선을 이용한다. 준설선을 해안에 가까이 대고 해빈 혹은 외빈에 분사를 통해 퇴적물을 공급한다(그림

7.2a). 이러한 방법은 특히 작은 조차와 낮은 파랑에너지의 해안 환경에 적합하다(Bird, 1996). 또한 준설선은 외빈 가까이 댈 수 있도록 고안되기 때문에 준설선의 흘수(吃水)가 낮으며 적재량의 한계 때문에 깊은 바다에서 준설을 할 수 있는 능력이 제한된다. 따라서 이러한 방법은 퇴적물을 연안에서 채취하는 작은 규모의 양빈사업에 적합하다.

이러한 제한에도 불구하고 이 방법을 적용하여 여러 해빈에서 양빈사업을 성공적으로 수행했다. 대표적인 사례로 덴마크 유틀란 서부해안의 외해빈바 양빈사업이 있으며(Themy, 1990), 리들과 영(Riddle & Young, 1992)이 보고한 영국 엑세스 펠릭스토위의 양빈사업도 잘 알려져 있다. 버드(1996)에 따르면, 브리스번(Brisbane)의 브리비 아일랜드와 캘라운드라 골든 비치에서 수행된 양빈사업에서는 개조된 준설선을 사용했다.

많은 퇴적물이 필요한 곳에서는 큰 준설선을 이용해야 하고, 이 때문에 연안에 가까이 배를 댈 수 없으므로 분사식 방법을 이용한다. 이러한 경우에는 추진펌프가 장착된 파이프라인을 사용하여 해빈으로 직접 퇴적물을 운반한다(그림 7.2b). 해수면 위에 긴 파이프라인을 부유 상태로 유지해야 하기 때문에 정온상태에서만 작업이 가능하다는 제한이 있다. 그러나 적당한 조건이 구비되면, 신속하고 정확하게 양빈할 단면에 퇴적물을 부릴 수 있는 방법이다.

이러한 방법은 널리 이용되고 있는데(표 7.2), 대표적인 예는 번머스에서 찾을 수 있다(Bird, 1996, 상자글 7.1 참조). 힐리 등은 조수로로부터 퇴적물을 준설하여 인접한 해빈에 공급한 뉴질랜드의 예를 설명하였다(Healy et al., 1990). 버드에 따르면 오스트레일리아의 포트필립 베이 해빈의 양빈사업에 이 방법이 사용되었다(Bird, 1990). 1975년과 1987년 사이에 전체 19.3km의 해빈에 적용되었는데, 사질 퇴적물뿐만 아니라 다른 형태의 퇴적물도 사용했다는 것이 특기할 만하다. 맥파랜드 등(McFarland et al., 1994)과 윗컴브(Whitcombe, 1996)는 역빈에서 수행한 영국의 양빈사업에 대하여 언급하였는데, 두 경우 모두 외해빈으로부터 준설하여 앞에서 언급한 것과 비슷한 방법으로 해빈에 퇴적물을 공급하였다.

침식으로 낮아진 해빈을 양빈하는 데 이러한 방법이 사용될 뿐만 아니라, 많은 양의 퇴적물을 해빈에 공급할 수 있다는 특성 때문에 해빈이 없었던 해안에 해빈을 조성하는 방법으로도 사용되고 있다.

일본의 동경만 주변은 과도한 개발로 친수공간이 매우 협소했는데, 이 방법을 이용하여 인공 해빈을 조성하였다(Koike, 1990). 쿠웨이트시티의 임해 지역에서도 이 방법으로 약 20km의 해빈을 조성하였다(Al-Obaid and Al-Sarawi, 1995). 발리에릭 아일랜즈의 이비자(Ibiza)와 포르투갈의 프라이아 다 로카(Praia da Rocha)에서도 관광 목적으로 유사한 방법을 이용하여 해빈이 조성되었다(Psuty and Moreira, 1990).

상자글 7.1.

### 영국 번머스의 양빈사업

번머스의 인접해안은 유명한 관광지이다. 관광업이 지역경제의 큰 몫을 차지하고 있다. 이 지역의 관광산업은 아름다운 자연풍광과 큰 규모의 모래 해빈이 뒷받침하고 있다.

이곳의 해빈을 이루는 대부분의 퇴적물은 동쪽으로 진행하는 연안이동과 자갈과 모래로 이루어진 해식애로부터 공급된다. 그런데 해안선 후퇴로 인하여 해식애 위의 개발지역이 위협받게 되자 1907년에 해안제방 축조와 식재를 통한 안정화 사업을 일으켰다(May, 1977, 5장 참조).

해안제방의 일부가 만들어지자 해빈의 고도가 낮아지는 것이 관찰되었고, 1917년에 이르러서는 모래가 연안이동을 통해 유실되는 것을 막기 위해 일련의 돌제를 축조하기에 이르렀다(Lelliott, 1989, 그림 1.2에서 개략적으로 밝힌 증대되는 침식시나리오와 이를 비교해 보라).

그러나 사업은 부분적으로만 성과를 거두었고, 1957년 지역 관광책임자는 해빈소실을 크게 우려하게 되었다. 그런데 문제는 그것만이 아니었다. 해안제방으로 인해 해빈이 낮아져 제방 자체의 기초를 드러낼 정도로 기저부가 침식되었다.

돌제와 해안제방의 건설을 통해 해식애와 해식애 위쪽의 개발지역을 보호했지만 이러한 구조물의 설치로 인하여 이 지역의 퇴적물수지에 중요한 유입퇴적물을 차단시켰다. 하나의 문제 해결이 다른 문제를 발생시키는 것을 보여주는 고전적인 예가 되었다. 해식애 침식을 통해 공급되었던 퇴적물을 보충하고 해빈 고도 저하 문제를 해결하기 위하여 모래를 이용한 양빈이 결정되었다.

초기에 시험적으로 실시된 양빈은 1970년에 63,600파운드의 비용을 들여서 실시되었는데, 와이트아일랜드 해안에 인접한 수역에서 준설한 84,443m³의 퇴적물을 사용하였다(Turner, 개인면담). 비교적 작은 지역에 걸친 사업으로 세류충전기법이 이용되었다. 이 방법은 최저조위선 주위에 퇴적물을 부려서 파랑에 의하여 해빈으로 이동되도록 하는 것이었다(Lelliott, 1989).

1974~1975년에 806,665파운드(Turner, 개인면담)를 들여 풀 베이의 또 다른 준설허가지역에서 759,066m³의 모래를 채취하여 대규모의 양빈을 수행하였다. 1800m에 이르는 해안에는 세류충전방식을 이용하여 원빈에 106,000m³의 퇴적물을 공급하였고 6500m 이르는 해빈에는 658,000m³를 직접 공급하였다. 전체적으로 4.5%(1:22)의 해빈경사를 조성하였고 +2.0m O.D.(ordnance datum)가 되도록 양빈하였다. 하지만 이 사업은 해빈 유실 문제의 원인을 처리한 것이라기보다는 단순히 증상을 처리한 것이었다. 따라서 양빈사업 이후에도 해안침식의 자연적인 프로세스가 지속되었고 해빈의 부피는 점차 감소되었다.

1974~1975년의 양빈사업 이전에는 해빈고도가 임계해빈고도 이하로 저하되었는데(Cooper, 1998), 체적감소는 6,000,000m³로 추정되었다. 1974년 양빈사업이 승인되었을 때, 양빈사업 과정에 퇴적물과 시간에 대한 해빈의 반응을 정량화할 수 있도록 정기적 모니터링 계획에 재정을 지원한다는 조건

이 포함되었다. 조사에는 해빈체적 분석, 수문조사, 그리고 지형조사가 포함되었다(Turner, 1994). 모니터링 프로그램으로 확보된 자료를 바탕으로 1990년대 초기까지 두 번째의 대규모 양빈이 필요하다는 것이 밝혀졌다. 1980년대 후반 임계해빈고도에 다시 도달하였다(Cooper, 1998).

한편 번머스에서 서쪽으로 수마일 떨어진 풀 하버의 출입로를 준설할 계획이 있었는데, 양빈 퇴적물 확보에 이상적이었다. 양빈 후 파랑에 의하여 세립물질이 원빈으로 이동하여 패류 양식업에 문제를 일으킬 수 있다는 의견이 제기됨에 따라 준설 퇴적물 입자크기의 범위에 대한 우려가 나타났다. 그러나 연구를 더 진전시킨 결과 문제의 패류양식업 지역보다 더 외해로 세립물질이 이동하기 때문에 문제가 되지 않을 것이라는 보고가 있었다.

준설토사가 너무 조립질이기 때문에 폐기 처리해야 하는 경우도 발생했다(Turner, 1994). 1988년 겨울에 준설을 시작하여 여름휴가 기간 동안 잠시 쉬었다가 1989년 겨울까지 계속되었다. 1,454,501파운드의 사업비를 들여 998,760㎥의 퇴적물이 사용되었다(Turner, 개인면담).

모니터링으로 얻은 장기적인 자료는 이 해안을 따라 일어나는 해빈의 거동을 모형화하는 데 좋은 자료가 되었다. 쿠퍼는 재양빈 시간의 예측 모형 검증에 이 자료를 사용하였다(Cooper, 1998). 이 자료만을 근거로 재양빈의 시기는 2003년이 될 것이라고 제안하였다. 퓌른뵈테르(Führböter)의 모형과 페르하겐(Verhagen)의 모형(Cooper, 1998 참조)을 이용하였을 때에는 각각 2004년과 2002년이었다. 광범위하게 진행된 모니터링 때문에 다양한 양빈수명 예측 모형을 검증할 수 있게 되었다.

### 2) 육지 퇴적물을 직접 공급하는 방법

외해빈 퇴적물 준설의 경제적 타당성이 낮은 경우나 해빈 퇴적물이 재활용되는 경우에는 트럭을 주로 사용한다. 여기에 쓰이는 퇴적물은 잠재적으로 다음과 같은 장소에서 얻을 수 있다. 첫째 상류에 있는 퇴적물, 예컨대 도류제의 상류에 축적되어 있는 것, 둘째 육지에서 채취해서 해빈으로 운송하는 경우(채석장 등)가 있다.

연안류가 강하거나 혹은 퇴적물 이동이 해안 구조물에 의하여 차단되어 있는(제4장을 참조) 해안에서는 하류에서 퇴적물을 채취하여 최상류의 해빈에 되돌릴 수 있다. 혹은 인위적으로 구조물을 우회하여 운반할 수 있다. 해안체계 내의 퇴적물을 사용하는 것은 해빈의 형성과 프로세스의 측면에서 이상적이다. 암질, 입자크기, 입자모양의 관점에서 자연 해빈과 조화를 이루는 퇴적물을 이용하면 양빈 단면이 보다 안정적일 수 있기 때문이다.

기본적으로 퇴적물을 재순환시키는 것은 중장비를 동원하여 퇴적물을 채취하고 트럭을 이용하여 양빈지점으로 운반하는 것이다. 최상류에 항구가 있고 하류 방향의 퇴적물 이동을 막는 도류제가 있는 경우에는, 구조물을 우회하여 퇴적물을 공급해야 한다. 상류의 퇴적물 공급이 불충분한 경우에는 퇴적물을 상류로 되돌려야 한다. 서섹스의 페트에서는 매년 자갈 약 4만 톤을 라이항 상류에서 채취하여 페트의 상류로 되돌린다. 시포드에서도 매년 상류인 서쪽으로 자갈 16만 톤을 이동시킨다. 그리고 쇼어햄에서는 항만 도류제의 상류에 퇴적된 자갈을 해빈의 상류에 공급한다. 이러한 세 가지 예를 통해 영국의 남동해안을 따라 해안관리자와 자연프로세스 간의 투쟁을 유형화하는 흥미 있는 연구가 나왔다. 해안을 따라 서에서 동으로 자갈을 이동시키는 강한 해류가 던지니스의 첨상 곶을 향해 흐르고, 이곳에서 켄트 해안을 따라 반대 방향에서 흘러오는 해류를 만나게 된다. 해안을 따라 여러 항구에 건설된 일련의 도류제들에 의하여 퇴적물 이동이 방해를 받아왔는데, 그 결과 퇴적물 이동의 균형이 깨지게 되었다. 도류제와 도류제 사이에서 연안이동을 따라 동쪽으로 이동되었던 퇴적물을 트럭을 이용하여 인위적으로 서쪽으로 운반함에 따라 일련의 인공적인 퇴적물 순환 셀이 만들어지게 되었다. 퇴적물입력의 순손실은 순침식으로 이어지기 때문에 던지니스에 미치는 영향은 매우 심각하였다. 특히 두개의 핵발전소가 곶에 위치하고 있다는 사실 때문에 더욱 그렇다. 부(負)의 퇴적물수지로 말미암아 곶의 동쪽 측면으로부터 매년 3만m³의 자갈을 채취하여 발전소 전면에 대규모 양빈사업을 수행하고 있다(Townend and Fleming, 1991).

퇴적물 재순환이 영국의 자갈해빈에 국한된 것은 아니다. 오스트레일리아의 아델라이데에서는 모래 이동이 자연적으로 보충되지 않아 퇴적물 결핍이 발생하였다. 이러한 상황에 대처하고자 트럭을 이용하여 해빈 북측의 퇴적물을 남측으로 운반하였다. 이를 통하여 문제가 잘 해결되었지만, 퇴적물이 쌓여 있었던 북쪽 해빈을 보호하려는 환경보호론자들의 압력과 함께 사업으로 인한 교통량 증가로 주민들의 항의가 거세지자 사업은 중지되었고 항만 준설토로 대체되었다(Bird, 1996). 말레이시아에서는 퇴적물이 빠르게 유실되는 해빈에 트럭을 이용하여 양빈을 수행하였다. 이곳에서 해빈이 사라지는 현상은 해안제방이 초래한 것으로 반사파가 강해져서 해빈의 고도가 저하되었다(3장 참조). 이는 양빈의 다른 측면을 드러내고 있는데, 뒷부분에서 다룰 것이다. 모든 양빈사업은 해빈침식을 해결하기 위한 것이지만, 단지 증상에 대한 대처이지 근본적인 문제를 해결하는 것은 아니다.

양빈과정에서 연안 퇴적물을 확보할 수 없는 경우도 있다. 대안으로 육지기원의 퇴적물을 선택하고 도로를 통하여 운송한다. 육지기원의 퇴적물은 연안의 분급과정을 거치지 않았기 때문에 육지기원의 퇴적물은 연안 퇴적물보다 덜 바람직하다. 그러나 적합한 연안 퇴적물이 없는 경우에 다른 대안을 택할 수밖에 없다. 이탈리아의 몬테 시세오에서는 잘게 부순 석회암을 양빈에 사용하였다. 자연해빈의 퇴적물 입자보다 크게 석회암을 분쇄하고, 입자 사이의 매트릭스를 자연해빈의 모래로 고정시켰다. 1980년에서 1983년 사이에 수행된 양빈 이후 해빈 퇴적이 발생하였다(Evangelista et al., 1992). 또 다른 예로 플로리다, 오하이오, 모나코, 그리고 일본에서 분쇄된 암석을 양빈사업에 이용하였다(Wiegel, 1993). 플로리다의 스마더스 비치에서는 석회암 분쇄물로 인공해빈이 조성되었고, 오하이오의 이리호 호안에는 산호초석회암 분쇄물을 이용하였다. 모나코의 몬테카를로에서는 고회암 분쇄물로 인공해빈을 조성하였고, 일본의 오사카 만에서는 대리석 분쇄물을 사용하였다. 오스트레일리아의 포트필립 베이에서는 채석장에서 산출된 모래를 이용하였다. 이 경우 모래의 분급이 불량하기 때문에 양빈 이후, 곧 세립물질이 씻겨나갔다. 연안 이외에서 채취한 퇴적물을 이용할 때 어떤 문제가 발생하는가를 잘 보여주는 사례다. 퇴적물 입경 범위가 양빈대상지의 환경에 잘 맞는 것이 아니기 때문에 양빈 이후 체적의 변화가 발생할 수 있다.

마지막으로, 육지기원의 퇴적물에는 채석장의 폐기물도 고려될 수 있다. 위에서 언급한 몇몇 양빈 사례에서도 퇴적물을 채석장에서 확보하였다. 다른 관점에서 본다면, 해빈을 조성하기 위해 채석장 폐기물을 투기하는 것이다. 어쩌면 해빈을 조성하거나 양빈을 하는 것이 아니고 단지 폐기물의 처리하는 것이라는 논쟁도 가능하다. 그러나 이러한 방법으로 이전에 해빈이 존재하지 않은 곳에 인공해빈을 조성하거나 해빈의 폭을 넓힐 수 있다는 주장도 가능하다. 칠레의 차냐랄 베이에서는 구리광산의 광미(鑛尾) 약 4.4백만$m^3$가 해빈에 공급되었는데(Paskoff & Petiot, 1990) 모래 성분이 해안에 잔류하여, 바다 방향으로 해빈이 900m 정도 성장하였다. 세립물질은 씻겨 나가 외해빈에 퇴적되었다. 이곳에서는 해안을 따라 이와 같은 방식으로 암석해안이었던 곳에 해빈을 만들어왔다. 남부 오스트레일리아의 래피드 베이에서는 인근의 석회석 채석장에서 발생한 폐기물을 이용하여 바다 쪽으로 230m 정도 해안선을 확장시켰다(Bourman, 1990). 1982년의 양빈 이후에 해안후퇴가 대규모로 발생하였는데, 현재의 해빈은 균형에 가까운 상태를 유지하고 있다. 예를 더 들어 본다면, 영국의 더럼 카운티에서는 광산 폐기물을(Hydraulics Research, 1970), 남부 오스트레일리아에서는 제철소에서 나온 광미를 사용하였다(Bird, 1996). 한편, 우크라이나 북해의 오뎃사에서는 채석장의 부산물을 이용하였고

(Shuisky and Schwartz, 1979), 뉴질랜드의 오리엔탈 베이에서는 폐선의 바닥짐을 이용하여 양빈을 수행하였다(Bird, 1996).

### 3) 점적(漸積) 양빈(Trickle charge)

점적 양빈은 해빈의 한 지점 혹은 일련의 지점에 퇴적물을 떨어뜨려 파랑과 조류에 의해 천천히 해빈으로 운반시키는 과정을 가리킨다(그림 7.2c). 퇴적물을 위치시키는 전형적인 지점은 원빈 혹은 수심이 낮은 곳이다. 이 방법을 적용할 수 있는 곳은 파랑이 퇴적물을 육지방향으로 밀어올리는 지역이나 연안퇴적물 이동률이 높은 지역이다. 이 방법의 장점은 파랑과 조류의 작용에 의해서 만들어지기 때문에 자연스런 형태의 해빈단면이 형성된다는 것이다.

연안이나 저수심에 둔덕의 형태나 연안에 평행한 마루 형태로 퇴적물을 쌓아두는 것은 종종 니질 간석지의 충진에 이용되는데, 니질 간석지에 퇴적이 빠르게 일어나면 내서생물(infauna)에게 치명적인 악영향을 줄 수 있다(9장 참조). 이 방법은 향안류와 이안류에 관한 정황이 잘 파악된 사질 해빈의 양빈에도 적용될 수 있다. 원빈에 퇴적물 둔덕을 쌓게 되면, 이안제와 같은 역할을 하여 파랑에너지를 감쇄시키는 이점이 있다(6장 참조). 그림 2.1에서 이해할 수 있는 바와 같이 퇴적물 둔덕을 정상파한보다 높게 쌓아야 파랑이 퇴적물을 재동시켜 육지방향으로 운반시킬 수 있다. 미국 노스캐롤라이나의 뉴 리버 인릿에서 좋은 예를 찾을 수 있다. 해안선으로부터 서로 다른 거리에 두 개의 퇴적물 둔덕을 쌓아놓았는데, 얕은 곳에 위치한 퇴적물 둔덕(<4m)에서는 해빈방향으로 퇴적물이 이동하였고, 깊은 곳에 위치한 퇴적물 둔덕에서는 다만 바다방향의 이동이 일어났다(Schwartz and Musialawski, 1977). 점적양빈의 그 밖의 사례로는 미국의 태평양연안 해안에서 많이 찾아볼 수 있고, 남아프리카공화국의 더반(Zwamborn et al., 1970), 브라질의 코파카바나 비치(ver-Cruz, 1972), 덴마크(Mikkelson, 1977), 그리고 오스트레일리아의 골드 코스트에서도 찾아볼 수 있다.

성공사례와 실패사례가 공존하기 때문에 퇴적물을 원빈에 부리는 것에 대해서는 논란의 여지가 있지만, 이러한 연구문제를 통해 퇴적물의 투척위치 선정에는 파한을 고려해야 한다는 것을 알 수 있다. Hands와 Allison(1991)은 여러 사례에서 퇴적물 투척 수심과 퇴적물 이동한계 수심(closure depth)을 비교하여 투척된 퇴적물이 퇴적물 이동한계수심보다 얕은 수심에서는 퇴적물이 분산되고 해빈을 향하여 빠르게 운반되는 경향을 확인하였다. 퇴적물 이동한계수심보다 깊은 곳에 퇴적되었을 때, 특수한 조건에서는 육지방향으로 움직이기지만 항상 그러한 현상이 발생하는 것은 아니며 퇴적물 이동에는 불확실성이 크다. 그림 2.1을 보면 물 분자의 원형/타원형 운동이 해저에 접촉할 때, 퇴적물이 움직인다. 이 궤적의 속도가 퇴적물을 움직일 수 있을 때, 퇴적체를 움직일 수 있다. 수체가 파랑의 활동으로 이동하는 것이 아니기 때문에, 파한 이하에서는 이 정도의 속도가 발생하지 않는다. 퇴적물을 외해빈에 부리는 것은 해빈을 양빈하기보다는 외해빈대에 퇴적물을 공급하며 연안의 경사를 완화시킨다. 이러한 목적으로 행해진 양빈사업들을 미국에서 쉽게 찾을 수 있다(Chrlier와 de Meyer, 2000). 외해빈에 퇴적물을 부려서 퇴적물의 재동과정을 통하여 조하대 단면에 넓게 분산됨으로써 파한이 일어나는 수심을 바다 쪽으로 옮겨지도록 유도하고 있다.

지금까지 논의된 내용은 원빈에 퇴적물을 부려서 파랑으로 하여금 퇴적물을 해빈이나 외빈대 주변으로 이동시키는 방법이다. 한편 연안류가 강한 해빈에서는 연안류를 이용하여 퇴적물을 공급할 수 있다. 상류에 퇴적물을 부려서 완만한 속도로 양빈이 일어나도록 유도하는 점적기법은 이러한 퇴적물 재활용 원리에 따른 것이다. 퇴적물의 재활용보다는 새로운 퇴적물이 사용될 때, 이러한 방법을 널리 사용하고 있다. 상류에 퇴적물을 쌓아두면, 파랑이나 연안류의 흐름을 따라 로브의 형태로 하류부로 이동하기 때문에 그로브 등(Grove et al., 1987)이 보고한 캘리포니아의 샌 오노프레 사례에서는 입자크기가 점진적으로 작아진다. 모래 20만$m^3$를 상류에 쌓아두고 로브 퇴적체가 매일 약 2m의 속도로 해안을 따라 움직이도록 하였는데, 이때 퇴적물의 입경은 매 300일마다 반으로 감소되었다. 연안류를 이용한 양빈이 성공적으로 수행된 사례는 많이 찾아볼 수 있다. 독일의 질트에서는 770,000$m^3$의 퇴적물을 양빈대상지의 상류에 부렸을 때, 이 중 60%가 연안류에 의해 해빈으로 이동되었으며, 오스트레일리아의 골드 코스트에서는 이 기법으로 2.5백만 $m^3$의 퇴적물을 처리하였다(Bird, 1996).

## 4. 양빈의 주요 고려사항

양빈기법은 다양하지만 단순하기 때문에, 양빈이 모든 해빈침식 문제의 해결책이 될 수 있다고 생각하기 쉽다. 그러나 해안관리에서 자연환경을 고려하여 관리한다면 양빈이 모든 해빈에서 적용할 수 있는 만병통치약은 아니다. 양빈은 자연의 대체 재료를 자연환경에 공급하는 것으로 볼 수 있지만, 그 과정은 생각보다 훨씬 복잡하다.

해빈은 파랑과 조석 조건에 따라 수시로 형태가 변한다. 해빈에 따라 퇴적물 입도 조성, 해빈경사, 혹은 단면이 상이하다. 그러므로 해빈에 퇴적물을 부리는 것은 첫 단계에 불과하며, 양빈이 성과를 얻기 위해서는 해빈 환경에 적절히 동화되어야 한다. 이러한 동화과정에는 파랑, 조석, 바람뿐만 아니라, 주변의 다른 구조물과 그 쓰임새가 모두 관련된다.

이런 복잡한 상황을 모두 고려했더라도 새롭게 조성한 해빈이 일정한 기간에 걸쳐 유지되지 못한다면 양빈은 실패라고 할 수 있다. 양빈사업을 착수하기 전에 해안관리당국이 다음 사항을 이해하는 것은 중요하다. "왜 기왕의 해빈이 침식되고 있는가?" 이에 대한 정보는 문제의 원인을 찾는 데 도움이 된다. 퇴적물 연안 이동이 방해를 받아 퇴적물 고갈이 일어났다면, 퇴적물을 넣어주는 것이 좋은 대책일 것이다. 다른 요인, 예컨대 제방이 파반사를 일으켜서 발생하는 침식이 원인이라면, 제방문제를 해결하여 같은 일이 반복되지 않도록 해야 한다. 오스트레일리아의 포트필립 베이에서 해식애를 고정시키기 위하여 해안제방을 축조했는데, 제방으로부터 파반사가 일어나고 동시에 해식애 앞의 해빈에 공급되는 퇴적물이 감소함에 따라 침식이 발생하였다. 1969년에 5000m³의 모래를 해빈에 투입하였지만 다음 겨울철에 파랑에 의하여 씻겨나갔다. 이 사례에서 실패원인은 해안제방의 역할과 이 지역의 연안류의 세기를 고려하지 않았다는 것이다. 해안 제방과 관련된 비슷한 문제가 말레이시아의 클랑 삼각주에서 발생했는데, 트럭 1,2000대 분의 양빈공이 파반사에 의하여 제거되었다. 노스캐롤라이나에서는 연안이동에 의하여 양빈물질이 제거되는 과정에서 해빈단면의 형태가 중요하다는 것을 확인할 수 있었다. 하류방향으로의 퇴적물 손실을 막기 위한 말단 돌제의 건설로 침식 문제를 개선하였지만, 해빈이 연안이동보다는 쳐오름에 의해 형태를 결정짓게 되었다. 연안이동뿐만 아니라 파랑의 접근각이 갖는 중요성을 과소평가했던 것이 실패원인이었다.

퇴적물 확보 가능성뿐만 아니라 그 지역의 해안과정, 기왕의 구조물과 해안과정이 일으키는 상호작용 등을 확인하는 것이 매우 중요하다. 모든 정보를 획득할 수 있어야만 성공적으로 양빈을 수행할 수 있다. 이러한 지역적 조건뿐만 아니라 해빈단면과 퇴적물 입자 크기와 같이 양빈의 여러 가지 고려사항에 대하여 이해하는 것도 중요하다.

#### 1) 해빈단면

해빈단면은 퇴적물의 입경, 파랑 조건과 폭풍의 강도에 따라 변화하기 때문에, 양빈의 목적에서 단면을 평가한다는 것은 어려운 일이다. 그러나 주변 조건과 동적 평형을 이루는 해빈단면으로 조정되어 있다면, 해빈은 안정적이며 더 이상의 문제가 없다고 볼 수 있다. 실제로 정온 조건에서 안정적이면, 폭풍에서는 불안정적이기 때문에 엄격한 의미에서는 해빈은 결코 안정을 이룰 수 없다. 어쨌든, 양빈사업의 계획단면은 자연의 해빈단면에 접근시켜 파랑이 양빈물질을 재동시켜 자연상태의 오목한 단면을 형성하도록 해야

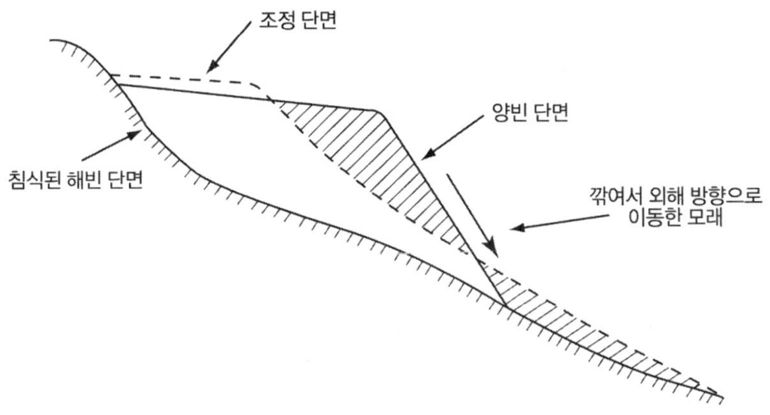


그림 7.3. 파랑에 의한 양빈 단면 조정

파랑은 해빈 면을 침식, 퇴적물을 외해 쪽으로 이송하여 더 얕은 단면을 생성한다.

한다. 경사가 급한 해빈에서는 파반사가 일어나 해빈고도가 낮아지고 지나친 급경사는 침식을 일으킨다(그림 7.3). 지나치게 완만한 경사를 계획하면 많은 양의 양빈 퇴적물이 필요하며 비용이 증가된다. 외해빈으로 지나치게 많은 퇴적물이 이동하는 것을 방지하거나 평형상태의 단면을 만드는 데 필요한 퇴적물의 양을 절약하기 위한 방법의 하나는 이안제(offshore breakwater)를 축조하고 내측을 퇴적물로 채워서 현가 해빈을 조성하는 것이다. 이것은 양빈과 이안 기술을 결합한 것이다(그림 6.4와 6장을 참조).

이상과 같이 퇴적물을 부리는 방법에 따라 단면 조성방식이 다르다. 전체를 대상으로 하는 양빈은 자연단면의 추정과 이에 따른 해빈조성으로 이루어진다. 상부해빈(upper beach)에 양빈하는 방법은 쳐내림으로 조정되도록 급한 해빈을 조성하는 반면, 점적기법을 이용할 때는 파랑이 스스로 해빈단면을 형성하도록 한다.

자연단면을 추정하기 위한 이론적인 접근은 현존하는 해빈을 연구하고 이를 근거로 계획단면을 모형화하는 것이다. 양빈이 필요하다는 사실은 현존하는 해빈에 침식이 일어나고 있기 때문에 현재의 단면은 평형단면이 아니라는 것을 의미한다. 파고, 파랑 주기, 그리고 방향, 수심, 퇴적물 특성 등을 통하여 적절한 단면을 모형화할 수 있다. 딘은 해빈단면을 다음과 같이 간단하게 표현하고 있다(Dean, 1991).

$$h(y) = Ay^{2/3}$$

이때, h(y)는 해안에서 거리 y일 때의 수심

y는 특정 점으로부터 바다방향으로의 거리

A는 퇴적물의 특성과 관련된 축척 변수

고조위(high water)를 알고 있다면, 해안선에 수직인 단면을 따라 수심을 계산할 수 있다. 단순하지만 이러한 접근은 실제의 단면과 쉽게 대비할 수 있기 때문에 해빈의 재조성에 좋은 정보를 제공해줄 수 있다(Dean, 1991). 또한 새로운 단면을 설계하면 기왕의 단면과의 비교를 통하여 체적 차이를 계산해낼 수 있고, 우선적으로 양빈을 수행해야 할 지점을 확인할 수 있다. 필키는 이러한 접근에 대하여, 체적 예측에 수학적 모형을 사용하는 방법은 위험하고 많은 경우에 실패를 안겨줬다고 주장한다(Pilkey, 1990). 침식을 통하여 얼마나 많은 퇴적물이 유실되었는지를 계산하고 양빈 이후에 잔류할 체적을 추정하는 네덜란드의 접근방법을 추천하였다. 양빈 후의 조정과정에 보충될 퇴적물은 추후에 공급한다(아래 참조, 퇴적물의 입자크기와 퇴적물의 양).

위와 같은 방법으로 최종 양빈단면을 계획할 수 있는 단계에 이르러 있다. 설계 단면은 부분적으로 직접적인 퇴적물 펌핑 방법을 통하여 조성될 수 있다. 해빈의 경사는 파랑활동과 퇴적물의 특성에 따라 결정된다. 일반적으로 퇴적물 입경이 작으면 완만하다. 따라서 역빈의 경사는 급하고, 사질 해빈은 완만하다. 니질 해빈은 거의 수평에 가깝다.

### 2) 퇴적물의 입자크기

많은 양빈 사례에서 밝혀진 바와 같이 적절한 입경의 퇴적물을 이용하는 것(예를 든다면 원래의 해빈 퇴적물과 비슷한 입경의 퇴적물을 이용)은 중요하다. 제2장에서 거론한 해안 과정의 기초적인 원리를 생각해 본다면, 파랑, 바람, 조석 에너지의 크기에 따라 해안 퇴적물의 입도가 결정된다. 단순하게 말하면, 조석이 우세한 저에너지 환경은 점토질과 실트질 퇴적물이 특징이며, 반면에 파랑이 우세한 고에너지 환경에서는 모래와 자갈이 퇴적된다. 에너지 수준이 특히 높은 곳에서는 퇴적물이 쌓이지 않고 암석 파식대가 형성된다. 양빈의 첫째 원리는 문제의 퇴적 환경에 적절한 크기의 퇴적물을 사용해야 한다는 것이다. 전통적으로 퇴적물의 호환성이 중요하게 인식되어 왔고, 적절한 입도의 퇴적물을 찾기 위해 비용과 노력을 경주해 왔다.

파랑에너지와 연안이동이 해안퇴적물 이동의 주요결정 요인이기 때문에 부적절한 입도의 퇴적물을 사용한다면 이는 해빈의 작용에 영향을 줄 수 있다. 예를 들면 평균 입경이 x㎛인 퇴적물로 어떤 해빈이 구성되어 있다고 하자. 퇴적학적 측면에서 이 해빈에 작용하는 흐름은 x㎛보다 작은 입자를 퇴적시키기에는 너무 강하고 이보다 큰 입자를 운반하기에는 부적절하다는 것을 의미한다. 그러므로 x㎛보다 작은 크기의 퇴적물을 이용한다면, 양빈물질이 곧 제거될 것이다.

뉴저지의 오션 시티에서 이러한 예를 찾을 수 있는데, 이곳에서는 파랑의 작용에 의하여 세립물질들이 빠르게 유실되었다(Pilkey and Claytion, 1987). 비슷하게 베르그와 두안(Berg & Duane, 1968)은 양빈 물질에 세립질이 지나치게 많이 포함되어 있었던 이리 호 연안의 사례에서 급속한 퇴적물 손실을, 카터(1988)는 세립질 퇴적물을 이용한 아일랜드의 로스레어의 사례에서 500,000$m^3$의 퇴적물 손실을 보고하였다. 또한 에이트너와 래굿츠키(Eitner & Ragutzki, 1994)는 독일 노르데니 섬에서 같은 문제가 있었다고 보고하였다.

어쨌든 작은 입자의 퇴적물이 항상 손실될 수 있는 것이고 이것은 매우 당연하다는 것을 이해해야 한다. 양빈 후 첫해에 퇴적물이 급속한 분급현상을 일으켜, 세립질이 선택적으로 유실되는 현상은 전형적으로 겪는 과정이다. 이와는 대조적으로 조립질을 사용하면, 퇴적물의 움직임이 일어나지 않는다.

이런 경우에는 양빈단면(그림 7.3 참조)이 고정되어, (고도저하를 통한) 동적 평형 단면 형성이 방해를 받는다.

역사적으로 해빈의 안정성을 증가시키기 위하여 이러한 입자 크기를 고려해 왔다. 해빈이 침식되는 곳에서는 해류 에너지 수준이 높아 퇴적현상을 방해한다. 안정성을 증가시키기 위해서는 침식력에 저항할 수 있는 크기의 입도를 사용한다(Wiegel, 1994; Dean, 1983). 이론적이기는 하지만 입자의 크기와 내구성 사이의 관계도 설명하고 있다. 뉴만(Newman, 1976)은 사질 해빈의 안정을 위하여 원래보다 1.5배 큰 평균입경의 퇴적물을 추천하고 있다.

양빈과 호안기법에 대하여 다루고 있는 문헌과 교과서에서는 입자크기의 적절성이 강조되었다. 그러나 1990년을 거치면서 이 오래된 신념에 의심이 일기 시작하였다. 미국 서부와 동부 양안의 양빈사업을 조사한 후에, 레오나르드 등(Leonard et al., 1990a; 1990b)은 입자 크기 이론은 불확실하다는 증거가 있다고 밝혔다. 그들의 연구에 포함된 사례의 수가 적고, 해빈퇴적물 입도의 범위도 좁기는 하였지만, 해빈의 내구성과 양빈퇴적물의 입자크기 간에는 아무런 관련이 없다는 결론을 내렸다. 필키(Pilkey, 1990)와 딘(Dean, 1991)은 입자 크기의 중요성이 지나치게 강조되어 왔다는 생각을 지지한다. 앞으로의 연구가 이러한 믿음의 변화를 뒷받침한다면, 필키의 주장대로 지금까지 지나치게 많은 비용이 적정입도의 퇴적물의 확보를 위해 낭비된 것이다.

양빈 프로세스의 성패를 판단하는 기초 사항에 있어서 합의점에 도달하지 못한 부분이 있다. 어떠한 계획은 성공했고 어떠한 계획은 실패했다는 것을 경험으로 확인해 왔다. 그러나 입자크기가 중요하다는 믿음 때문에, 대부분의 양빈사업은 적정입도를 강조해 왔다. 적정한 입도의 퇴적물을 이용하는 전통적인 방법을 적용했지만 성공과 실패를 모두 경험하였다. 중요한 것은 입자크기가 성공과 실패의 여부를 결정하는 많은 변수들 가운데 하나일 뿐이라는 것이고, 이를 다른 변수들로부터 분리해내기가 쉽지 않다는 것이다.

### 3) 양빈 계획에 사용되는 퇴적물의 양

양빈에 필요한 퇴적물을 예측하는 것은 단순해 보인다. 온전한 상태의 해빈(healthy beach)의 체적과 침식 해빈의 체적을 구하여 그 차이를 비교해 보면 침식량을 계산할 수 있다. 그러나 온전한 상태의 해빈에 대한 측정 자료가 없는 경우가 대부분이기 때문에 계산 자체가 어렵다. 네덜란드에서는 침식률을 계산하여 체적을 추정하는 반면에(Pilkey, 1990), 그 밖의 나라에서는 수학적 모형을 이용하여 안정 단면과 양빈량을 예측한다. 이들 사이에는 접근상 근본적인 차이가 있다. 모형화는 양빈 후 해빈의 최종 형태와 양빈량, 그리고 양빈이 필요한 위치를 예측한다. 그러나 현재의 지식은 해안선의 작용을 정확하게 예측하고 모형화할 수 있는 수준에 이르지 못하고 있다. 정확한 예측을 위해서는 파후와 풍후(wind climate), 폭풍의 빈도와 강도, 그리고 퇴적물의 이동과 해빈의 거시적 거동에 대한 상세한 정보가 필요하다. 그러나 대부분의 해빈에서 이러한 정보가 뒷받침되고 있지 못하다. 따라서 모형화는 가이드가 될 수 있지만 고비용 호안사업을 결정하는 근거가 되어서는 안 된다. 대안을 사용하여(Verhagen, 1992; 1996) 손실된 퇴적물의 양이 얼마인지를 예측할 수 있다. 이 방안도 손실률이 일정하다는 가정을 전제로 하기 때문에 적용 방법과 관계없이, 예측을 위해서는 많은 요소를 고려할 필요가 있다. 양빈 이후 첫해에 급속한 퇴적물 손실이 발생한다는 것에 대해서 이미 언급하였다. 이는 단면조정의 과정을 보여주는 것이고(그림 7.3), 세립물질이 제거되는 과정이다. 그러나 이와 같은 손실은 최초의 체적추정치로부터의 손실을 의미하는 것이고 이에 대한 예방책을 마련하지 않으면, 일 년 이내에 퇴적물 부족 현상을 겪게 된다. 이를 극복하기 위해 과충진 방법을 쓴다. 필키(1990)에 따르면, 예측되는 값보다 20% 정도 더 많은 퇴적물을 공급해야 한다. 페르하겐(Verhagen, 1996)은 일련의 양빈프로젝트를 검토한 결과 40%를 추가해야 한다고 주장한다. 초기 손실이 발생한 후에도 중장기적으로도 손실이 일어나게 된다. 결국, 양빈의 목적은 퇴적물 손실의 문제를 극복하는 것이지만, 양빈을 통하여 문제의 원인을 해결할 수는 없다. 여기에서 말하는 퇴적물 과충진은 전적으로 초기 퇴적물 손실의 문제와 관련되는 것이고 양빈 이후에 계속되는 침식과 연안이동을 보충하는 것과는 관계가 없다. 이러한 문제는 다음에서 다루어질 양빈수명과 양빈주기와 관련되어 있다.

양빈에 필요한 퇴적물의 양을 추정하는 과정에서 더 많은 변수들을 고려해야 한다. 양빈이 단지 증상을 처방하기 위한 것이고 문제의 근원을 치유하는 것이 아니고 해빈의 침식이 지속적으로 일어난다는 것을 고려한다면(원인과 증상 모두를 다루는 다른 단계가 없다고 한다면), 침식률을 이용하는 네덜란드의 방법이 장기적인 관점에서 유리하다. 평균적인 퇴적물 손실량을 파악할 수 있다면 양빈이 얼마나 오랫동안 지속되어질 것인지를 예측할 수 있다(이것은 어느 정도 논란의 여지는 있지만 향후 침식률이 동일하게 발생하는 것을 가정한다). 양빈 수명을 연장시키기 위하여, 20~40%의 과충진보다 더 많은 퇴적물을 공급할 수 있다. 그러나 더 많은 퇴적물을 부려서 연장하는 것도 중요하지만, 적절한 단면, 비용, 그리고 퇴적물의 가용성 등과 같은 다른 고려사항이 있다는 것을 기억해야 한다.

## 5. 성공적 양빈을 위한 기타 고려 사항

양빈의 가장 중요한 조건은 파랑, 바람, 조류, 그리고 인간 활동이 해빈과 이루고 있는 상호작용을 이해하는 것이다. 그러나 해안 과정에서 전개되는 복잡한 관계에 대한 인간의 이해가 매우 제한되어 있는 상황에서 최선의 방법이란 총체적인 관점을 구성하는 요소들을 이해하는 것이다. 위에서 언급한 퇴적물의 양, 해빈단면, 그리고 입자크기와 관련된 논의는 양빈의 조건에 포함되어야 할 중요한 요소이다. 이 밖에도 고려되어야 할 요소들이 있다.

연안퇴적물이동을 손실로 평가한다면, 해빈의 길이는 중요한 요소로 간주된다. 즉 연안퇴적물이동이 발생하는 해빈의 길이가 증가한다면 오랜 기간 동안 해빈에 남아있을 것이다. 따라서 양빈이 이루어지는 해빈의 길이가 늘어난다면 양빈물질도 그러할 것이다. 다소 인위적이지만 다른 측면에서도 양빈의 효율성을 높일 수 있다. 양빈을 실시하면 고조수위와 저조수위가 바다방향으로 이동한다. 이러한 과정은 해안프로세스에 영향을 미친다. 돌제와 유사한 기능을 갖기 때문에 연안류의 흐름에 물리적인 상벽이 될 수도 있다(제4장 참조).

그림 7.4는 규모가 작은 양빈을 했을 때 발생하는 문제를 보여주고 있는데, 그 결과로 해안선 형태는 자연스럽지 못하다. 양빈의 의도는 자연에 가까운 해안선을 유지함으로써 자연 프로세스를 증진시키는 것이다. 따라서 자연 프로세스의 유지를 촉진시키기 위해서는 자연성을 반영하는 해안선을 유지하는 것이 중요하다. 양빈이 이루어지면, 퇴적물이 바다 쪽으로 천천히 움직이면서 원빈의 경사가 조절된다. 이러한 과정을 통해 등수심선이 변경되고 양빈지역의 전면에 낮은 수심이 형성되는 것을 의미한다(그림 7.4a). 이는 파랑의 굴절을 야기하고(French, 1997: 37 참조) 파랑의 활동이 양빈지역의 양쪽 끝부분에 집중되어 퇴적물 이동을 야기할 수 있는 잠재력을 높인다(Work와 Rogers, 1997). 그림 7.4b처럼 일련의 소규모 양빈사업이 수행된다면 이는 해안의 교란을 일으켜 톱니형태의 해안선을 만들어낸다. 그림 7.4a와 같이, 해안선을 따라 간격을 두고 양빈지점의 사이에 파랑이 집중하는 과정은 등수심선을 통해 설명할 수 있다. 이러한 형태는 유명 관광 리조트에서 찾아볼 수 있는데, 개인적으로 자신들의 호텔 전면 해안에 양빈을 수행했기 때문이다. 그림 7.4c에서와 같이 하나의 양빈 프로젝트가 해안에 길고 평행하게 이루어지면 자연에 가까운 해안선이 형성된다.

코마(1998)는 해안선 발달의 관점에서 이러한 문제를 고찰하였다. 수학적 접근을 통해 양빈의 길이와 수명 사이의 관계를 예측하였다. 그에 따르면, 양빈 수명은 길이의 제곱에 비례한다. 즉 양빈의 길이가 2배가 되면 퇴적물의 유지기간이 4배 길어지고 3배가 되면 9배로 증가한다. 따라서 길이가 짧은

a)

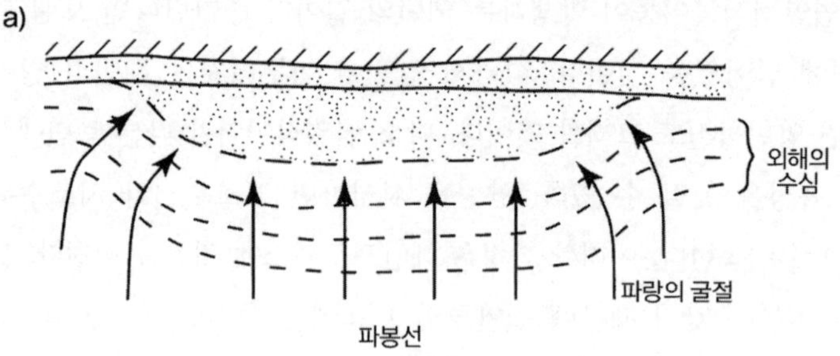


b)

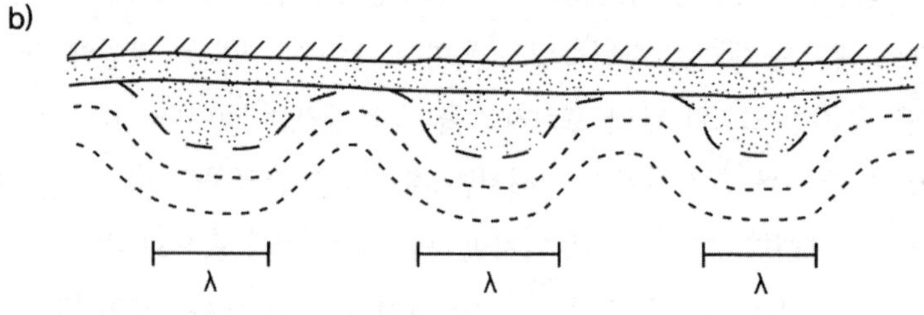


c)

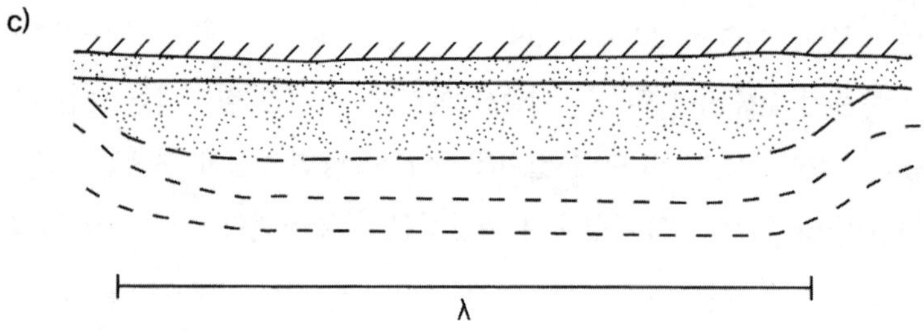


그림 7.4. 양빈 지역의 길이가 해빈 수명에 미치는 효과

a) 전형적인 파랑 굴절 패턴. 양빈 해빈을 조성하면서 형성된 외해 수심.
b) 소규모의 개별적인 양빈은 외해 수심과 파랑의 굴절 패턴을 복잡하게 한다. 일반적으로 소규모 민간기금으로 실시되는 이와 같은 양빈은 수명이 짧다.
c) 대규모 양빈사업 전면부에는 외해의 기복이 부드러운 형태를 띤다.

양빈 사업은 퇴적물 손실이 빠르게 일어날 수 있고 자주 보충해야 한다. 또한 같은 식에 따르면, 파고가 2배가 되면 해빈의 내구성이 17.7% 감소된다. 레오나르드 등(1990a)이 미국 동부해안에서 수행한 연구에 따르면, 길이 :

내구성의 관계에는 통계적인 유의성이 없다. 그러나 그들의 연구에서도 길이가 가장 긴 해빈이 가장 오랫동안 유지되었다. 그러나 이 연구가 하나의 해안선에서 진행되었고, 다른 변수들로부터의 복합적인 영향이 결과를 왜곡시켰을 가능성이 있다.

양빈 후의 손실이 문제가 된다면 상류에 퇴적물 공급처를 마련하여 양빈 단면에 계속 퇴적물을 공급하는 것도 기술적 해결책이다. 이는 연안을 따라 지속적으로 일어나는 퇴적물 유입을 모사하는 것으로 양빈의 수명을 증가시킬 수 있는 방안이다.

양빈의 수명에 관련되는 또 다른 요소로서 해빈의 단위거리(m)당 양빈량($m^3$)으로 표현할 수 있는 퇴적물 밀도(sediment density)가 있다. 퇴적물 밀도는 분급과 쌓임새(packing)의 영향을 받는다. 해빈퇴적물의 유효공극과 통과류(through-flow)가 발생하는 유로의 형성이 원활하면 쳐내림 과정에서 지표유출을 감소시킨다. 쳐올림이 일어날 때 물의 침투가 증가되면 쳐내림의 에너지가 감소되어, 침식이나 외해로의 손실이 저감된다. 스타우블레와 호엘(Stauble & Hoel, 1986)이 플로리다 해안에서 수행한 연구에 따르면 양빈 밀도가 일년 후에 남아있는 퇴적물의 양을 제어하는데, 양빈 밀도가 150$m^3$/m일 때 양빈량의 60%가 남는다. 양빈 밀도는 입도 분포와 관련이 있는데, 다양한 크기의 입자로 구성된 퇴적물은 단일한 입자 크기로 구성된 물질보다 밀도가 높다(공극이 세립물질로 채워졌을 때 밀도가 증가할 수 있다). 그러나 다양한 크기의 입자가 존재한다면 세립질이 제거됨으로써 초기 손실이 크게 일어날 수도 있다.

영국 남부의 두 사례(McFraland et al., 1996)에서 퇴적물의 밀도와 관련된 문제를 살펴볼 수 있다. 역빈에서 양빈 이후 자갈 사이의 공극을 세탈된 입자들이 채움으로써 퇴적물의 밀도가 증가했다. 이는 해빈의 투수성과 쳐오름 과정에서 물의 침투를 감소시켰고, 그 결과 쳐오름과 쳐내림이 일어날 때 지표유출을 증가시켜 퇴적물을 바다방향으로 이동시켰다. 자갈과 세립질 매트릭스 물질의 결합은 콘크리트와 같은 해빈을 형성시켜 파랑에 의한 단면

조정을 방해하였다. 따라서 해빈은 주위의 파후와 평형을 이루지 못하고 급경사의 양빈단면을 그대로 유지했고, 파반사와 해빈 단애가 발생했다.

밀도와 단면이 양빈의 수명에 영향을 준다는 것을 고려한다면, 해빈에 퇴적물을 부리는 방법도 중요하다. 방법에 따라 다른 변수들이 영향을 받기 때문이다. 물을 섞어 퇴적물을 운반하는 분사식 펌핑(rainbow pumping)은 해빈에 씻겨 올라가면서 퇴적물이 분급을 일으킬 수 있다. 점적충전(trickle charging)에서도 파랑에 의하여 퇴적물 분급이 일어날 수 있다. 트럭을 이용해 해빈에 직접 퇴적물을 부리고 단면을 조성하는 방법은 퇴적물 분급을 일으킬 수 없다. 따라서 그 후에 파랑에 의한 재동이 필요한데, 이 과정에서 퇴적물 손실이 크게 발생할 수 있다. 뉴저지 샌디 훅의 예(Nordstrom et al., 1979)를 보면, 트럭을 이용한 양빈에 비해 외해빈으로부터 펌핑을 이용한 양빈의 수명이 길었다. 이는 초기의 쌓임새(packing)가 통과류(through-flow)와 파랑[2)]에 영향을 주었기 때문이다.

어떤 경우에는 퇴적물의 입자 크기뿐만 아니라 원마도(圓磨度)가 중요하다. 원마도가 낮은 퇴적물의 경우 서로 맞물려 쌓이기 때문에, 원마도가 높은 퇴적물에 비하여 침식이 잘 일어나지 않는다(Bird, 1996). 컨닝햄(Cunningham, 1966)은 플로리다에서 외부로부터 유입된 각진 모래(어란석 기원의 외해모래)와 원마도가 높은 본래의 해빈모래를 비교하였다. 결과를 보면 각진 어란석 기원 모래의 이동성이 떨어지기 때문에 상대적으로 오랜 기간 동안 해빈에 잔류되었다. 일반적으로 퇴적물의 이동성이 낮을 필요는 있으나, 너무 낮으면 해빈단면 조정이 잘 일어나지 않을 수도 있다.

앞의 논의로부터 양빈의 수명에 영향을 미치는 요소는 다양하다는 것을 알 수 있다. 이러한 모든 요소들이 서로 연결되어 그 결과를 예측하기 힘들다. 특히, 파랑의 변화나 폭풍강도와 같은 요소가 포함된다면 더욱 예측이 어려워진다. 양빈에는 아직도 해결되지 않은 문제가 많다는 것을 인식해야 한다.

---

2) 여기에서는 파랑의 해빈퇴적물 재동 능력을 가리킨다 — 역자주.

양빈의 문제를 이해하면 양빈의 수명을 연장할 수는 있지만, 지금까지 누구도 양빈을 통해서 자연해빈과 같이 작용하는 해빈을 만들지 못했다.

이상 논의한 것은 중단기에 관한 것이다. 양빈은 증상에 대한 처방일 뿐 원인을 해결하는 것이 아니다. 이 때문에 어느 양빈사업에서나 시간이 지나면 퇴적물이 줄어들 수밖에 없다. 이것은 지속적으로 재양빈이 필요하다는 것을 의미한다.

## 6. 양빈의 수명

양빈의 성패는 얼마나 오랫동안 양빈의 효과가 지속되느냐에 달려있다. 어떠한 해안보호사업도 문제를 영구적으로 해결할 수는 없다. 해수면 변동, 파랑의 변화, 퇴적물 공급의 변화와 같이 문제의 원인이 끊임없이 변화하기 때문이다. 더욱이 대부분의 해안보호사업은 증상을 다루는 것일 뿐 원인을 다루는 것이 아니기 때문이다.

이는 사업의 예상 수명 기간과 실제 수명 기간의 비교를 통해서 판단된다. 목적에 따라 양빈사업의 성패를 계량화시키는 몇 가지 접근방법이 있다. 레오나르드 등(1990a)은 해빈 수명을 충진된 퇴적물이 제거되는 데 걸리는 시간이라고 하였다. 다른 방법으로는 수명을 정의하는 대신 반감기(half-life)를 이용한다. 즉 충진 퇴적물이 반으로 줄어드는 데 소요되는 기간을 가리킨다. 또 다른 방법은 임계해빈고도(critical beach level)를 이용한다(그림 7.5). 대부분의 양빈사업에서 해빈단면이 파후와 평형을 이루어가는 과정에서 초기손실이 크게 일어난다. 이러한 과정에서 발생하는 퇴적물의 초기손실이 일반인들에게는 실패로 비추어지기 쉽다. 그러나 보다 장기적인 관점에서 본다면 자연적인 해안작용이 우세해지고 연안방향과 외해로의 퇴적물이동이 발생하면서 초기 손실 이후에도 손실은 계속된다. 이와 같이 초기 이후에 발생하는 손실률이 양빈사업의 수명을 결정한다. 연안류와 조류에 의하여 퇴적물의

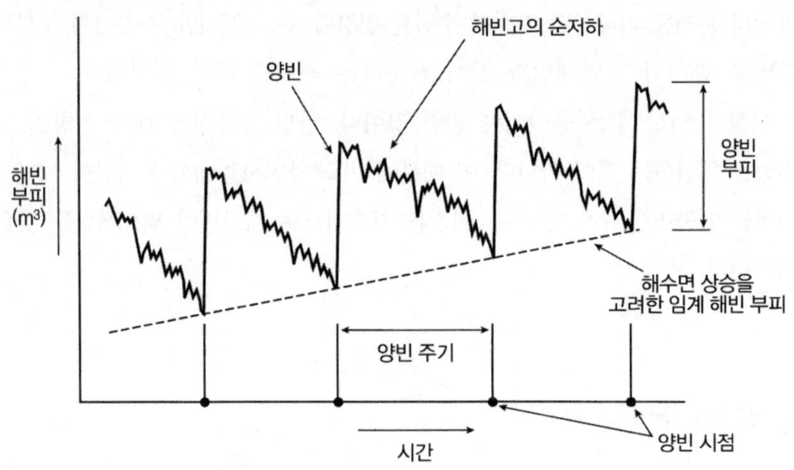


그림 7.5. 임계 해빈 부피(CBV)와 해수면상승에 따라 결정되는 양빈 주기

임계 해빈 부피가 증가하는 경향을 보이는 것은 해수면상승분에 대해 유효해빈고를 유지할 필요가 있기 때문이다.

지속적인 이동이 일어나기 때문에 모든 양빈사업은 일정한 간격을 두고 반복해야 한다. 그림 7.5는 반복과정을 설명하고 있다. 적정한 수준의 파랑감쇄를 일으키는 것과 같이 해안보호의 효과가 유지되기 위해서, 해빈은 일정수준 이상의 체적을 유지해야 한다. 적절한 호안이 이루어질 수 있는 최소의 해빈 고도를 가리키기 때문에 종종 임계해빈고도(Critical Beach Level)라고도 한다. 해수면상승이 일어난다면, 임계해빈고도는 시간에 따라 변화하며, 같은 수준의 파랑감쇄를 일으키기 위해서는 바다방향으로 해빈을 더 성장시켜야 한다. 따라서 그림 7.5에서 보는 것처럼 이전의 양빈 결과와 동일한 수준의 성과를 올리기 위해서는 양빈사업이 반복될 때마다 지난 번 해빈고도보다 증가되어야 하기 때문에 임계해빈고도를 나타내는 직선의 경사는 위로 향해야 한다.

퇴적물 손실률이 측정된다면 적절한 해빈수준을 유지하기 위한 양빈 빈도를 결정할 수 있을 것이다. 이는 미래의 해안보호 계획을 위한 예측 도구가 될 것이다. 쿠퍼(Cooper, 1998)는 번머스 양빈사업의 실행과정을 평가하고 체적 손실률을 구했다. 퓌르뵈테르(Führböter, 1991)와 페르하겐(Verhagen,

표 7.3. 번머스 양빈사업의 역사

| 일시 | 부피($m^3$) |
|---|---|
| 1970 | 84,500 |
| 1974~1975 | 654,000 |
| 1988~1990 | 999,000 |
| 2002~2003 | ? |

* 요구되는 양빈부피가 조금씩 증가하고 있다(상자글 7.1 참고).

1996)의 예측모델에 이 자료를 적용하여 시간에 따라 발생하는 퇴적물의 손실률을 예측할 수 있었다. 표 7.3에는 번머스에서 양빈사업의 개요와 함께 차후에 시행될 양빈 계획이 정리되어 있다(상자글 7.1참조). 표 7.3에서 적절한 호안과 함께 해수면상승 문제를 대처하기 위해서는 양빈이 반복될 때마다 퇴적물의 양이 점차 증가함을 알 수 있다. 대략 13년 주기로 양빈이 반복되었는데, 다른 예와 비교하면 13년 주기는 매우 긴 것이다. 레오나르드 등(1990a; 1990b)에 따르면, 미국 동부해안 양빈사업의 기대수명은 5년 미만이며, 멕시코만 주변의 미국 해안에서도 비슷하다(Dixon and Pilkey, 1991). 독일 베스틀란트의 양빈사업은 1972년 100만$m^3$의 퇴적물을 투입하였고, 6년 후에 더 넓은 면적에 100만$m^3$를 투입하였다. 그리고 1985년에는 더 넓은 면적의 해빈에 약 200만$m^3$를 투입하였다(Verhagen, 1996). 이 예는 면적의 차이가 있지만 점차 더 많은 퇴적물을 양빈에 사용해 왔다는 것을 알 수 있다. 각 양빈사업 사이의 기간 차이는 그 해빈이 가진 동역학에 따르는 문제라고 할 수 있다. 파랑의 활동, 입자크기, 그리고 폭풍의 강도가 서로 다를 때에는 퇴적물의 손실률에서 차이가 발생한다.

이와 관련하여 몇 가지 중요한 고려사항을 들 수 있다. 첫째, 많은 사례에서 나타난 바와 같이 많은 양의 퇴적물(표 7.1 참조)과 함께 짧은 재양빈 간격으로 말미암아 막대한 양의 퇴적물 공급 문제가 대두되고 있다. 이것에 대해서는 다음 장에서 상세히 다루도록 한다. 둘째 문제는 비용이다. '연성'이냐 '경성'이냐의 논쟁을 떠나 양빈의 배경 논리는 양빈이 저렴하다는 것이다. 양빈

표 7.4. 양빈사업 비용

| 지역 | 비용(US$) | 시기 | 참고자료 |
|---|---|---|---|
| 호주 | | | |
| 포트필립 베이 | 2,930,300 | 1975-87 | Bird (1990) |
| 덴마크 | | | |
| 북해 연안 | c.500,000 | 매년 | Moller (1990) |
| 독일 | | | |
| 북해 연안 | 3,300,000,000 | 1955-92 | Kelletat (1992) |
| 북해 연안 | 100,000,000 | 매년 | Kelletat (1992) |
| 영국 | | | |
| 번머스 | 2,088,000 | 1988-9 | May (1990) |
| 시포드 | 21,200,000 | 1987 | NRA (시기미정) |
| 미국 | | | |
| 에디즈 훅 (워싱턴) | 5,600,000 | 1977-8 | Galster and Schwartz (1990) |
| | 970,000 | 1985 | Galster and Schwartz (1990) |
| 멕시코만 | 36,403,000 | 1964-87 | Dixon and Pilkey (1991) |
| 키 웨스트 (플로리다) | 100,000 | 1989 | Wiegel (1993) |
| 이리 호 (오하이오) | 2,100,000 | 1990-1 | Wiegel (1993) |
| 오션사이드 (캘리포니아) | 3,081,172 | 1981 | Bagley and Whitson (1982) |

일회 시행 비용이 경성호안(hard defence) 구조물의 설치보다는 비용이 적게 들어가지만, 양빈이 매 5년마다 반복된다면 비용은 급증한다. 기술자들은 양빈을 바다에 돈을 뿌리는 것과 같다고 비유한다. 양빈에 들어가는 비용의 가치에 대한 문제는 중요하다. 표 7.4에는 양빈의 비용이 정리되어 있다. 어떤 경우에는 지출이 양빈 기간 중에 간헐적으로 발생한다. 반면에 다른 예, 예를 들면 독일의 북해연안에서는, 양빈의 비용이 매년 수억 달러 수준이다(Kelletat, 1992). 이는 해안관리당국에 매우 큰 재정적 부담을 지운다. 1990년대에 미국 정부는 양빈사업비에 대한 우려를 표명했다(Finkl, 1996). 특히, 전체 해안보호비용의 삼분의 일(1천만 달러에서 2천만 달러)이 플로리다에 투입되었다는 사실이 우려의 대상이었다(실제 플로리다의 해빈보호에 쓰이는 비용은 연간 2천만~4천만 달러에 이른다). 이 결과, 연방정부 재정 삭감을 위한 법제화가 추진되었다. 이에 따라 플로리다 해안당국은 해안관리와 함께 관광의 측면에서 엄청난 재정적 부담을 안게 되었다. 그 정도의 재정을 지출할 수

없는 경우, 특히 이 지역에서 평균 5년 미만의 양빈 수명을 고려하였을 때, 지금까지와는 다른 측면에서 이 문제를 살펴볼 필요가 있다. 예를 들면 양빈사업비에서 발생되는 편익과 사업을 수행하지 않았을 때 나타나는 영향을 생각할 수 있다. 즉 관광만 생각한다면 플로리다의 해빈에서 직접적으로 벌어들이는 수입은 약 102억 달러에 이른다. 관광산업은 76만 명을 부양하는데, 이 가운데 38만 명은 해빈과 관련된 관광산업에 완전 고용되어 있다(Finkl, 1996). 해빈 유지비용보다 많은 수입을 해빈으로부터 직접 얻을 뿐만 아니라, 해빈이 관광지로서의 역할을 제대로 수행하지 못한다면 수십만 명의 사람이 실직자가 될 가능성이 있다. 이러한 비용은 순전히 관광만을 고려한 것이다. 갈수록 늘어나는 호안 비용과 해안거주자들의 안전보장비용은 계산되지 않았지만, 이는 다른 측면에서 양빈사업의 비용을 상쇄시키고 있다. 이러한 통계를 근거로 살펴볼 때, 양빈을 위한 자금 확보는 의미가 있다.

재정 문제는 비단 플로리다만의 문제가 아니다. 해안 당국은 양빈의 재정적 측면을 양빈의 비용과 편익(해안보호와 관광산업)을 고려하여 다각적으로 접근해야 한다. 예를 들면 힐리어 등(Hillyer et al., 1997)은 레크리에이션뿐만 아니라 해안보호 강화에서 나오는 이익을 포함한 양빈의 편익을 계산하였다. 부정적인 측면으로는 해안보호 수준이 높아지면 해안 개발압력이 증가된다는 것이다. 이는 배후지역의 지가를 상승시켜 호안의 압력을 높이게 된다. 이것은 단순한 해안보호의 차원을 넘어서는 부분들과 연결되어 있으며, 제12장에서 이러한 문제를 논의할 것이다.

양빈은 정기적으로 수행되어야 하는데 양빈 비용은 자체뿐만 아니라 부수적인 비용을 포함한다. 번머스 양빈사업과 같은 경우, 몇몇 항목의 비용은 다른 활동, 예컨대 준설된 퇴적물 사용으로 상계될 수 있다. 비용-효과를 균형 있게 판단하기 위해서는 관광수입과 해안보호의 편익을 포함시켜야 한다.

## 7. 양빈퇴적물의 확보

양빈은 일반적인 해안보호방법이며 또 점차 널리 적용되고 있다. 양빈에 대한 인지도가 증가하고 해안의 거동에 대한 이해가 증진됨에 따라 적용이 늘어가고 있다(표 7.1). 전 세계적으로 해안 당국은 '연성호안 정책'을 채택하고 있으며, 연성호안이란 주로 양빈을 가리킨다.

차일드(Child, 1996)는 연성호안과 양빈을 권면하는 영국 정부의 출판물을 소개하고 있다(Pethick and Bird, 1993; MAFF et al., 1995). 네덜란드에서도 양빈이 해안보호의 주요 수단이며, 차일드는 가까운 미래에 여러 나라에서 양빈이 보편적인 호안대책이 될 것이라고 주장하였다. 이 같은 상황에서 양빈에 사용할 퇴적물의 확보가 큰 문제로 대두하고 있다.

영국에서 건설 산업을 위해 준설되는 퇴적물은 약 700만m³에 달하며, 2010년까지 1,400만m³으로 증가될 것으로 추산된다. 영국은 양빈사업에 200만m³의 퇴적물을 사용하고 있다. 버드(1985)에 따르면, 전 세계 해빈의 70%가 침식 받고 있고, 지역사회는 당국에 해안보호 압력을 행사하고 있다. 관광지역에서는 친수공간 확보가 중요하기 때문에 양빈을 통해 이러한 요구를 해결하고 있다. 양빈은 '자연스러움'과 현실적 침식문제의 해결책이라는 이점으로 나날이 선호되고 있다. 양빈에 대한 수요 증가에는 깊게 성찰해야 할 문제가 내포되어 있다. 외해빈에 자연적으로 퇴적이 일어나지만 퇴적률이 인간의 이용으로 제거되는 양을 상계될 수는 없을 것이다. 그 결과 외해빈 퇴적물이 줄어들고 있다. 이를 감안할 때, 외해빈 퇴적물을 양빈사업에 적용하는 일이 과연 지속가능한 것인가에 대한 검토가 필요하다.

외해빈 퇴적물이 부적절한 경우에는 대안을 찾는 것이 중요하다. 양빈에 연안 퇴적물을 이용하는 것이 좋지만, 미래에는 공급과 수요의 관계로 말미암아 연안퇴적물의 비용이 증가될 것이다. 밀턴 등(Milton et al., 1997)은 미국에서 연안의 모래가 줄어들어 대안을 찾아야 할 필요가 증가하고 있다는 것을 보고하였다. 재활용을 통하여 부분적으로 이 문제를 극복할 수 있다. 필요한 지점에서 양빈에 사용했다가 퇴적물을 다시 공급하는 방법으로 꾸준히 재사용할 수 있기 때문이다. 이 방법은 퇴적물이 연안을 따라 이동하는 지역에서 비교적 소규모로 양빈사업이 이루어지는 경우에 적정하다. 그러나 퇴적물이 외해로 빠져나가는 곳에서는 부적절하다. 외해로 이동한 퇴적물 가운데 대부분은 해빈으로 다시 운반되어 범을 형성한다는 예전의 생각은 잘못된 것이다. 이러한 현상이 몇몇 경우에 발생하기는 하지만 이러한 퇴적물은 조하대 해저 바닥에 넓게 흩어지는 것이 일반적이다(Pilkey, 1990). 여기에서 좀 더 생각해 보아야 할 사항이 있다. 해빈의 안정성을 증대시키기 위하여 양빈을 사용한다면, 왜 주어진 해빈조건하에서 침식을 받는 물질, 즉 해빈안정에 적절하지 못한 퇴적물을 사용하는가라는 점이다. 외해빈으로 침식되는 퇴적물은 해빈에 부적절하며, 따라서 보다 안정적인 조립질 퇴적물이 필요하다.

앞으로도 양빈용 퇴적물 공급원을 지속적으로 탐색할 것이다. 이미 이러한 문제에 대하여 언급하였지만 이 부분에서 다시 살펴볼 필요가 있다. 버드(1996)는 오염되어 있지 않는 한, 침식에 견딜 수 있는 적정한 입경의 퇴적물은 양빈에 사용될 수 있다고 보았다. 비용에 대한 문제를 고려할 때 퇴적물의 채취장소가 양빈장소에 가까워야 한다. 내규모의 채취장소보다는 해안에 분산된 많은 수의 소규모 채취장이 중요하다. 전형적으로 퇴적물 공급지는 다음과 같은 지역이 있다.

- 채석장(육지수송)
- 채석장이나 광산 폐기물의 재사용
- 고해안의(화석화된) 해빈퇴적물 재사용
- 연안하류 퇴적물(재순환)
- 항만 준설토
- 석호/사주섬 해안
- 하천 퇴적물
- 외해빈 퇴적물

표 7.5. 다양한 모래공급원

| 공급원 | 연구지역 | 문제/효용 |
|---|---|---|
| 채석장 | 몬테레이 베이 (미국) | 높은 운송비용 |
| | 에디즈 훅 (미국) | 도로사정에 좌우 |
| | 미시간 (5대호) | 건설경기에 따라 수요가 달라짐. |
| | 시드머스 (영국) | |
| | 포트필립 베이 (호주) | |
| 채석장/폐광 폐기물 | 래피드 베이 (호주) | 중금속 오염 |
| | 차냐랄 베이 (칠레) | 원마도와 크기 |
| | 토르포인트 (플리머스) | 운송비 |
| | 카운티 더럼 (영국) | |
| '화석화된' 해빈퇴적물 재이용 | 던저니스 (영국) | |
| 연안류 하류에서 재사용 (재순환) | 애버리스투위트 (웨일즈) | 새로운 공급원 개발의 필요 절감 |
| | 쇼어햄 (영국) | 비용이 저렴 |
| | 비데사네 (덴마크) | |
| | 시포드 (영국) | |
| | 라이 (영국) | |
| 항만 준설토 | 번머스 | 폐기물의 재사용 |
| | 로커웨이 비치 (뉴욕) | 오염 문제 |
| | 샌디 훅 (뉴저지) | |
| | 코파카바나 (리오데자네이루) | |
| | 오클랜드 (뉴질랜드) | |
| 석호/사주섬 해안 | 아틀란틱 시티 (뉴저지) | 오염문제, 서식지 안정성/훼손 |
| | 헬 스핏 (폴란드) | 입도 문제 |
| | 리도 디 제솔로 (이탈리아) | |
| | 케언즈 (호주) | |
| 하천공급 토사 | 흑해 (그루지아) | 공급적지의 문제 |
| | 골드 코스트 (호주) | 삼각주의 쇠퇴 |

이러한 장소의 퇴적물은 외해빈 퇴적물의 부족을 잠재적으로 완화시킬 것이다. 이전에 논의하였던 것과 마찬가지로 각각의 채취 장소는 환경문제와 관련되어 있고 양빈사업의 전반적 관점에서 살펴보아야 한다. 이러한 문제에

도 불구하고 이러한 공급원들은 다양한 계획과정에서 이용되고 있다(표 7.5).

## 8. 양빈과 관광

해빈을 끼고 있지 않은 해안 휴양지는 상상할 수 없다. 따라서 관광당국은 양빈을 통해서든 경성호안의 방법을 통해서든 해빈이라는 주요 관광자산을 보호하기 위해 많은 노력을 기울일 것이다. 해안이용은 해안의 침식과 퇴적 패턴을 고려하여 유연하게 이루어져야 한다. 해안에서 퇴적패턴이 변화하여 침식이 발생하면, 또 다른 어딘가에 새로운 해빈이 조성되기 시작한다. 그러나 리조트의 하부구조는 기존 장소에 고정되어 있다. 그 결과 해안관리는 하부구조에 맞추어야 하고, 어떠한 상황에서는 환경의 변화에도 불구하고 퇴적 지형이 그대로 존치되도록 힘쓸 필요가 있다. 이러한 경우 양빈은 많은 장점을 가지고 있으며 해안보호와 관광활동 사이의 연계를 뒷받침하고 있다.

양빈 기준이 전통적인 해안보호의 관점으로부터 벗어나고 있다. 해안보호의 관점에서 해안이 위협받는 해빈의 고도를 임계해빈고도라고 간주했다. 해안관광의 관점에서는, 해빈고도의 최소 충족 한계라고 간주하고, 이것을 임계해빈고도라고 볼 수 있다. 관광관점의 임계해빈고도는 호안의 관점에서 정의하는 임계해빈고도보다 높은 수준이 될 것이다. 호안이 위협받기 이전에 관광목적을 달성하기 위해 양빈을 시작할 수 있다.

몇몇 해안관광당국은 관광 지원을 위해 인공적으로 해빈을 조성하고 있다. 적당한 기후와 내륙에 관광명소를 가지고 있어도, 해빈이 없다면 약점이 될 수 있다. 이러한 문제는 새로운 해빈을 만들어서 극복할 수 있다. 그러한 해빈을 조성하는 이유는 전적으로 재정적 수입에 있다. 즉, 사람들로 하여금 그 지역을 방문하도록 이끄는 매력을 확보하기 위한 이유이다. 해안관리의 관점에서는 해빈이 없는 지역에 모래를 공급하는 것은 불합리하다. 2장에서 파랑이나 조류와 같은 해안프로세스가 해안 퇴적물 유형을 결정짓는 것을 살펴보았다. 현재 퇴적물이 없다면, 두 가지 중 하나이다. 즉 퇴적물이 없거나(탄산칼슘의 침전이 주를 이루는 열대 해안에서와 같이), 보다 일반적으로는 파랑의 활동이 커서 퇴적이 일어나지 않는 것이다. 이러한 원리에도 불구하고, 관광 목적에서 해빈을 만드는 예는 드물지 않다. 리비에라(칸느로부터 이탈리아와의 국경에 이르는 해안)에는 전체 해안연장의 21.5%가 인공해빈으로 구성되어 있다. 원래 해빈이 존재하지 않던 곳과 관광이용에는 턱없이 빈약했던 해빈에 인공해빈이 조성되어 있다. 1974년과 1994년 동안 조성된 14개의 해빈은 28㎞에 달했는데, 대부분 육지의 채석장에서 가져온 모래나 자갈을 이용하였다. 1970년에는 포르투갈 프라이아 다 포카의 해식애 앞의 해양목장에 약 110만㎥의 모래를 공급하였고, 1983년에 35만㎥의 모래를 더 공급하여 서쪽 방향으로 해빈을 확장하였다(Psuty and Moreira, 1990). 하지만 두 번째로 양빈된 퇴적물은 파랑의 활동에 노출되어 1980년대 후반에 이르러 거의 대부분 제거되었다. 일본 동경만에서는 상업목적의 간척사업으로 해빈이 많이 소실되었는데, 446억 엔을 들여 1970년대 초기부터 총연장 13㎞에 이르는 9개의 인공해빈을 조성하였다(Koike, 1990). 인공해빈의 방문객은 연간 약 370만 명에 이른다. 쿠웨이트 시의 해안에도 지역주민뿐만 아니라 관광객을 목적으로 여러 곳에 인공해빈이 조성되었다(Al-Obaid and Al-Sarawi, 1995).

관광을 위한 양빈에서는 해안보호 시나리오에서와 같이 넓은 조간대 단면은 중요하지 않다. 이 때문에 현가 해빈의 형태로 조성되어 왔는데, 해빈뿐만 아니라 파랑으로부터의 보호 효과도 얻을 수 있다.

## 9. 양빈의 영향

양빈은 파랑으로 제거되었던 퇴적물을 다시 채우는 방식이기 때문에 호안 기법들 가운데 가장 간단하다고 할 수 있다. 그러나 이 방법도 여전히 자연 프로세스와는 상반되게 이루어진다. 자연적으로는 퇴적물이 존재하지 않을 환경에 퇴적물을 공급하는 것이기 때문이다. 해빈에 많은 양의 퇴적물을 쌓음으로 말미암아 다양한 영향이 초래된다. 파랑에너지를 저감시키고 퇴적물수지를 호전시키는 효과는 양빈의 긍정적 영향이다. 그러나 다른 측면에서는, 즉 그 지역의 지형과정에 역행한다면, 양빈은 해안선에 부정적 영향을 미친다.

영향은 크게 두 가지로 나누어 살펴볼 수 있다. 하나는 펌핑과정과 해빈을 조성할 때 발생하는 영향이고, 다른 하나는 새롭게 조성된 해빈단면이 초래하는 것이다. 어떠한 양빈사업도 영향은 있다는 논쟁이 있을 수 있지만, 사업의 성과에 따라 상이한 영향이 나타난다. 예를 들면 과중한 다짐은 해빈 배수를 저감시켜 유출을 증가시키고, 이에 따라 해빈침식이 가속화된다.

#### 1) 양빈 과정에서 발생하는 영향

모래를 해빈에 펌핑할 때 첨가되는 물이 해빈으로부터 유출되면서 조간대 세굴을 일으킬 수 있다. 펌핑과정에서 10%의 물이 추가되는데, 이렇게 추가된 물이 배수과정에서 유로를 형성시켜 침식을 일으킬 수 있다. 또한 이러한 침식지점에 파랑의 침식작용이 집중될 수도 있다. 물이 바다로 되돌아갈 때 세립질의 입자가 수반되는데, 세립질은 파랑에너지가 낮은 지역에서 퇴적된다. 이러한 물질이 사니질(沙泥質)이 우세한 환경에 퇴적되면, 생물 군집이 미립질로 뒤덮일 수 있다. 또한, 탁도가 증가하고, 퇴적물의 입도가 변하고, 이에 따라 퇴적 단면과 생태계의 변화가 일어날 수 있다. 이것은 다시 이차적 영향을 초래할 수 있다. 왜냐하면 이 장에서 살펴본 바와 같이 주어진 에너지 환경조건에 비하여 조립질 입자를 공급하여 단면을 고정시키면 더욱 심각한 문제로 진전될 수 있기 때문이다. 게다가 수분이 제거되는 과정에서 발생하는 세립물질의 이동으로 말미암아 적정한 크기 이상의 퇴적물로 해빈이 구성될 수 있고, 이 때문에 해빈의 형태가 환경과 조화를 이룰 수 없게 된다. 더욱이, 세립 퇴적물이 공극으로 씻겨 들어가 공극이 채워지면 통과류가 방해를 받아

표면에서는 쳐내림이 증가되어 침식이 가중된다. 이러한 문제는 자갈을 이용한 영국 남부의 양빈사업에서 찾아볼 수 있다(McFarland et al., 1994; Whitcombe, 1996). 이곳에서는 공극이 세립물질로 채워져서 해빈단면의 단애화가 진행되었다. 육상으로부터 퇴적물을 운반하거나 외해에서 채취한 퇴적물을 이용하여 해빈단면을 조성할 때 중장비가 이용될 수 있다. 중장비가 사용되면 퇴적물이 압축되어 공극이 줄어들 수 있다. 앞에서 살펴본 것처럼, 해빈표면에서 유출이 크게 발생하여, 퇴적물의 침식과 작은 유로를 일으키는 쳐내림이 증가된다. 이러한 문제의 해결 방안으로 지하수면을 낮추는 해빈 배수방법을 사용할 수 있다. 즉, 이 방법으로 통과류를 증가시키는 것이다(아래 참조). 그러나 표면이 압축되거나 공극이 세립물질로 채워져 수분 침투가 억제된다면 이러한 방법도 효과가 미약해진다.

양빈할 퇴적물의 채취방법과 채취 과정에서 발생하는 영향이 고려되어야 한다. 이미 여러 공급원에 대하여 논의하였고, 공급원에 따라 악영향이 나타날 수 있다. 육상에서 퇴적물을 채취할 때는 교통수단과 중장비가 필요하다. 외해에서 채취하는 경우, 적절한 감시와 주의가 수반되지 않으면 저서생물과 산호초 등에 영향을 줄 수 있다. 채취 장소에서 발생하는 주요 영향은 준설과정에서 발생한다. 우선, 해안프로세스의 관점에서, 퇴적물 채취장소가 자연적인 방파제의 역할을 수행하고 있는지, 즉 파랑으로부터 해안의 주요 부분을 보호하고 있는가를 확인해야 한다. 파랑으로부터 해안을 보호하는 외해의 사퇴나 사주섬을 제거하면 침식문제를 더욱 가중시키거나, 새로운 지역에 침식을 일으킬 수 있다. 둘째, 준설이 근안(nearshore)의 수심을 증가시켜서는 안 된다. 수심이 깊어지면 파랑에 대한 노출이 증가되거나 대규모의 해빈단면 조정 과정이 일어날 수 있기 때문이다.

준설 과정은 부유퇴적물을 증가시키고 탁도를 높이며, 생물의 먹이 섭취지역과 보육지에 영향을 줄 수 있다. 조개류와 같은 현탁물 식성에게는 치명적이다(Adriaanse and Choosen, 1991). 그리고 퇴적물이 가라앉으면서 해초를 덮어버리면 광합성 능력을 저하시킬 수 있다. 프랑스 마르세이유의 양빈사업은 근안의 모래를 이용하였는데, 준설로 인하여 주변 식생이 훼손되었다(Rouch and Bellessort, 1990). 폴란드 헬 스핏에서는 인접한 석호로부터 퇴적물을 공급했는데, 석호의 식생이 피해를 입었다(Basinski, 1994). 이러한 피해 범위는 광역에 걸쳐 발생할 수 있는데 리츠와터스튜트의 연구에 따르면 부유퇴적물은 준설지점에서 반경 수백 미터까지 영향을 줄 수 있다(Rijkswaterstaat, 1979).

준설은 서식지에 심각한 손실을 발생시키기 때문에 저서생물 혹은 내서생물의 피해는 불가피하다. 이들을 새로운 해빈에 이주시킬 수도 있으나 생존가능성은 매우 낮다. 경우에 따라서는 상업적 가치나 희귀성을 가지는 생물군집이 있을 수도 있다. 따라서 퇴적물을 채취하기 전에 철저히 조사해야 한다. 아드리안스와 추센(Adriaanse & Choosen, 1991)은 퇴적물 채취 장소에 서식하는 동물에 미치는 영향을 논의하고 있다. 회복이 되더라도 특정 조건에서는 오랜 시간이 걸릴 수 있고 원래의 규모와 다양성을 가진 군집으로 복구되기 어렵다.

마지막으로 항만 준설퇴적물을 양빈에 이용하는 사례가 점차 증가하고 있는데, 이와 관련하여 퇴적물의 오염수준과 독성에 대한 조사가 필요하다. 심하게 오염된 퇴적물은 조간내 혹은 근안역에 피해를 줄 수 있다. 레일리와 벨리스는 높은 수준의 황화수소가 포함된 퇴적물을 사용한 노스캐롤라이나의 보그 뱅크 양빈사업의 영향을 조사하였다(Reilly & Bellis, 1983). 오염 물질은 대형 무척추 동물을 대규모로 괴사시키는 등 서식지에 큰 변화를 일으켰다. 준설퇴적물의 잠재적인 독성도 간과해서는 안 된다. 예컨대 미국의 뉴 베드포드 항에서 준설된 퇴적물은 높은 수준의 아연, 구리, 그리고 납을 포함하고, PCB 수준도 매우 높게(높은 수준 때문에 준설된 퇴적물의 일부분은 위험폐기물 규정에 따라 처리되었다) 나타났다(Fraser, 1993).

### 2) 해안 환경에 미치는 영향

양빈이 일단 이루어지면, 해안선의 주변지역에 끼친 영향과 함께 양빈이 일어난 해빈도 일련의 변화를 겪는다. 양빈 이후, 해빈 퇴적단면은 조정 과정을 겪는다. 퇴적단면의 고도가 낮아지고, 일부 퇴적물은 외해로 이동한다. 준설과정과 함께, 이러한 조정과정은 탁도를 증가시키고 저서동식물을 퇴적물로 덮을 가능성이 있다. 퇴적물의 입자크기가 부적절한 경우에는 이 문제가 더 심각해지는데, 양빈물질이 급속하게 빠져나가고 세립물질의 이동이 일어난다.

제9장에서 머드가 우세한 환경에서는 전빈에 많은 양의 퇴적물을 인위적으로 부리는 것에 비해 자연과정에 따른 퇴적증가가 바람직하다는 것을 설명할 것이다. 이는 퇴적물이 점진적으로 쌓이도록 유도하여 내서동물이 매몰되는 현상을 줄일 수 있기 때문이다. 내서동물의 매몰은 모래가 우세한 환경에서도 일어날 수 있다. 모든 내서동물은 자신들의 생활형에 따라 적합한 깊이를 택한다. 자연적인 침식과 퇴적이 일어나는 곳에서는 이러한 유기체가 자신의 위에 일정 두께의 퇴적물이 유지되도록 조정할 수 있다. 그러나 퇴적이 너무 빠르게 진행되면, 예를 들어 양빈과정에서 퇴적물이 짧은 시간 내에 1m 이상 높아지면, 내서동물은 퇴적단면 내에서 신속히 이동할 수 없어 매몰된다. 아드리안스와 추센(1991)에 따르면 부가되는 퇴적물의 두께가 0.5m를 넘게 되면 대부분의 내서동물은 죽게 된다.

양빈이 내서동물에 미치는 영향에 대해서는 아직도 잘 알려져 있지 않다. 사우스 캘리포니아 머틀 비치의 양빈에서는 사업 직후 생물종수가 감소했고, 이후 회복이 관찰되었다(Baca와 Lankford, 1988). 종 다양성의 회복 속도는 다양하고(Pullen과 Naqvi, 1983), 퇴적물의 유형과 연중 양빈 시기 등의 요인에 따라 달라진다. 풀렌과 나퀴브(Pullen & Naqvi, 1983)는 내서동물의 생존에 가장 중요한 요인은 매몰의 깊이뿐만 아니라 매몰된 시간의 길이, 연중 어느 때인가, 퇴적물 입자의 크기, 퇴적물의 유형, 그리고 다른 특수한 요건들(예를 들면 수분함량 수준, 환원전위)이 중요하다고 하였다. 양빈에 특별하게 민감한 종이 많이 포함되는 그룹은 산호이다. 산호 개체 중에 어떤 종은 탁도변화에 민감하게 반응하고 부유 퇴적물이 증가하면 잘 견디지 못한다. 반면에 몬순기간 동안 높은 탁도에 잘 견디는 타일랜드 만의 어떤 종들은 저항력이 높다. 퇴적물의 변화에 민감한 산호초로 둘러싸인 해빈에서는 퇴적물이 빠르게 외해로 이동하면, 산호가 쉽게 죽고 소실되어 해빈이 파랑의 활동에 노출된다. 이는 해안침식을 발생시킬 가능성이 높기 때문에 양빈과정에 세심한 주의가 필요하다. 마치와 투버빌은 준설이 일으킨 물리적인 손상뿐만 아니라 퇴적물이 뒤덮어 발생시킨 플로리다 남동부의 산호초 피해를 설명하고 있다(March & Tubeville, 1981).

동물과 관련된 연구 가운데에는 바다거북의 서식처와 관련된 것이 있다. 바다거북의 몇몇 종은 상대적으로 희귀하고, 특별한 보호대상이기 때문에, 민감한 서식지에 양빈을 할 때에는 번식에 해를 끼칠 수 있는 영향을 파악하는 것이 중요하다. 플로리다에서는 전통적으로 양빈에 사용되어 온 외해의 모래 공급원이 감소함에 따라 새로운 양빈사 공급원이 개발되고 있다. 새로운 공급원이 붉은 거북(loggerhead turtle)의 번식에 미치는 영향에 대한 우려가 제기되어 왔다(Milton 등, 1997; Davis 등, 1999). 몇몇 양빈사업에서 아라고나이트사(aragonite sand)가 사용되었다. 이 모래가 원래의 해빈사와 입도의 측면에서 비슷하기는 하지만 입자의 형태, 쌓임새(packing), 그리고 온도에서 차이가 있다. 온도는 아라고나이트사를 부은 지점이 낮았고, 이것이 번식에 영향을 미칠 것이라는 우려를 낳았다. 입자 형태의 차이는 쌓임새와 밀도의 차이를 초래하는데(Milton 등, 1997), 이는 거소의 형성에 영향을 줄 수 있다. 이러한 우려에 대하여, 데이비스 등은 쌓임새의 차이는 별다른 영향을 주지 못하며, 양빈으로 해빈의 폭이 넓어지기 때문에 양빈이 이 생물종에 미치는 부정적인 영향은 대수롭지 못하다고 주장한다(Davis et al., 1999).

해빈에 서식하는 내서동물, 조류, 거북 등에게 미치는 악영향은 적절한 계획을 통해 어느 정도 극복할 수 있다. 예컨대, 거소에 깃드는 기간이나 생물생산성이 높을 때를 피해서 양빈을 수행해야 한다(Domurat, 1987).

해빈을 포함한 해안시스템의 여러 부분이 침식을 받는 경우도 있다. 해안사구가 중요한 지역에서는 사구 자체와 사구의 독특한 생태계가 양빈해빈으로부터 퇴적물을 공급받아 유지되어야 하기 때문에, 양빈 물질이 바람에 의해 이동될 수 있는 특성을 갖추어야 한다. 양빈 이후 배수나 파랑의 재동을 통해 세립물질이 세탈될 경우, 해빈에서 특정 크기의 입자군이 결여될 수 있고, 이것은 바람에 의한 퇴적물 이동의 효율성을 감소시킬 수 있다. 이러한 현상은 사구의 축소(퇴적물 부족)를 야기한다. 사구와 관련된 관리정책에서 중요한 것은 제8장에서 논의한다.

## 10. 양빈의 편익

위에서 언급한 여러 가지 잠재적인 문제에도 불구하고, 양빈은 연성호안 방법으로 널리 쓰이고 있으며, 준설토의 적절한 처리 방법으로 간주되고 있다. 양빈은 또한 해안프로세스를 유지하면서 해안을 보호할 뿐만 아니라 상당한 정도의 '자연성'을 통하여 수변환경의 쾌적성을 높일 수 있다. 한편 염수 석호와 같은 새로운 서식처를 조성할 수 있어 종 다양성에 기여할 수 있다. 연안퇴적물이동이 방해받지 않기 때문에 돌제나 도류제에서 나타나는 여러 문제를 (바다 쪽으로 너무 멀리까지 양빈을 하지 않거나 쳐올림 지대에서 연안이동이 간섭받지 않는다면) 극복할 수 있다(제4장 참조).

양빈은 배후지를 보호하면서도 해안프로세스를 유지하고 해안 본연의 모습을 유지할 수 있는 이상적인 방법으로 알려져 있다. 수변환경을 고려할 때, 또한 앞에서 논의했던 플로리다 해안의 수입증가를 고려할 때, 양빈은 관광개발을 고양시킬 수 있는 수단이며, 양빈비용은 충분히 보상받는다. 많은 휴양지역에서 관광의 기본적 필수요건으로서의 해빈을 조성하기 위해서 양빈이 채택되어 왔다.

양빈의 이점에 관한 논의에서 두 가지 사항을 고려해야 한다. 첫째는 퇴적물 이동의 자연적인 프로세스가 유지될 수 있도록 자연환경이 관리되어야 한다는 것이고, 둘째는 사회·경제적 환경을 고려했을 때, 사람들의 안전을 보장하고 수익을 증대시킬 수 있는 방법이 되어야 한다는 것이다. 여기에서 여러 다른 기법과 마찬가지로 안전도가 높아졌다는 인식은 해안 개발의 증가로 이어질 수 있다는 점을 주의해야 한다. 양빈사업을 예로 든다면, 안전수준이 증가된다는 것은 건축물의 안전이 증가된다는 것 이상을 의미한다. 즉, 건강한 해빈의 조성은 호안수준의 증가뿐만 아니라 지역주민의 이익창출을 위한 더 커다란 개발을 뒷받침할 수 있는 자원이 된다는 것이다. 이는 양빈사업이 전형적인 해안보호에만 국한되는 것이 아니고, 두 가지 측면(해안보호와 지역경제 안정)에서 매우 중요하다는 점을 보여준다.

## 11. 양빈과 해수면상승

양빈은 수변환경의 질 저하 문제를 극복할 수 있고, 파랑저감 효과를 높이기 때문에 침식해빈에 널리 적용되고 있다. 이런 경향은 해수면상승이 지속적으로 일어나고 있는 상황에서 더욱 일반화되고 있다. 그러나 이러한 접근은 단기적인 것으로, 장기적 해결책이 될 수 없다. 수심과 파한이 증가하면, 양빈의 수명은 줄어들게 될 것이고, 비용-효과의 문제가 제기될 것이다. 이러한 문제는 퇴적물의 공급원 문제에 대한 우려를 더욱 심각하게 만들 것이다. 실제로 양빈은 임기응변적인 단기처방이다. 예측된 대로 해수면상승이 일어난다면 장기적 대책이 다시 고려되어야 한다. 이는 문제해결에 더 좋은 대안이 있는가를 점검하는 것에서 시작된다. 육지방향으로 배후지 경계선을 이동시키는 방법 등 여러 가지 대안이 있으나, 이는 지역적인 차원에서 효과적이다. 이러한 고려는 다음 장에서 살펴보도록 한다.

중단기적인 측면에서, 양빈은 해빈을 바다 쪽으로 확장시킴으로써, 해수면상승 문제를 야기하는 파랑활동의 증가를 완화시킬 수 있다. 그림 7.5에서 보았듯이 임계해빈고가 중요한 요소이며, 이의 유지에 필요한 비용을 조달할 수 있는 한에서 해빈이 유지될 수 있다. 이는 적합한 퇴적물을 충분히 공급할 수 있느냐에 달려있다. 침식문제와 같이 해수면상승으로 인한 해빈 유실은 해빈고를 상승시켜 보상할 수 있다. 이 방법은 이미 널리 쓰이고 있지만, 해수면상승으로 해빈이 유실될 가능성이 높기 때문에 앞으로 급속하게 확산될 것이다. 니콜스(Nicholls, 1998)는 해수면상승이 해빈의 부피에 미치는 영향이라는 관점에서 문제를 살폈고, 여러 가지 해수면상승의 시나리오하에서 수변환경을 유지하는데 필요한 양빈(퇴적물의 양)을 고찰하였다. 유사한 맥락에서 미국 메릴랜드 오션 시티는 해수면상승으로 가중되는 위험에 대처하기 위하여 경성호안에서 양빈으로 해안관리 전략을 수정하였다(Titus, 1986). 시간이 지남에 따라 양빈에 필요한 퇴적물이 증가하고, 여기에 공급원의 문제가 겹쳐지면, 해수면상승이 일어나는 지역의 양빈사업은 관리전략의 변화를 모색할 것이다. 육지방향으로 해안선을 이동시키거나(브룬의 법칙에 따라), 양빈과 함께 현가해빈을 조성하는 이안제(offshore breakwater)를 적용해야 할 것이다. 이러한 접근은 안전도를 증가시키고 파랑을 저감시키지만, 해수면상승과 관련된 근본적인 문제, 예컨대 육지 방향으로의 해안선을 조정해야 할 필요에 직면하게 될 것이다. 현가 해빈은 친수공간을 확보하고 해빈의 자연적인 파랑에너지 분산 능력을 높일 수 있지만, 그 단면은 평형상태가 아니다. 해안의 안정성에 도움을 주지 못하고, 다만 해안선의 인공성을 높일 뿐이다.

퇴적물의 역동성과 수명의 문제는 매우 복합적이다. 파랑과 조류는 퇴적물을 해안 쪽으로나 외해 쪽으로 또는 연안을 따라 이동시킨다. 그리고 이러한 흐름은 파랑에너지와 수심, 그리고 해저 지형에 의하여 조절된다. 해수면이 상승되면 수심이 깊어져 파한과 에너지 수준에 변화가 일어나 해저지형이 변할 수 있다. 이로 인해 조류방향의 변화가 발생하여 해빈퇴적물의 역동성에 변화가 일어날 것이다. 퇴적물의 손실을 겪고 있는 해빈에서는 손실이 더욱 증가할 수 있다. 영국 서머셋 폴록의 자갈 사주는 해수면상승률의 변화가 퇴적물공급률을 조절한다는 것을 보여주는 좋은 예가 된다. 이곳에서는 해수면상승률이 높아지면 퇴적물의 공급이 증가하고, 상승률이 낮아지면 퇴적물 공급이 줄어 순손실이 발생하고, 릿지 지형이 파괴되는 현상이 나타났다(Jennings 등, 1998). 이 시나리오에서는 해수면상승률이 높아지면 퇴적물 유입이 증가되고, 이는 다시 해빈 손실이 발생하는 곳으로 이동한다. 물론 반대의 경우, 즉 해수면상승이 조정 등의 이유로 퇴적물 유입량을 감소시키는 현상을 일으킬 수 있다.

## 12. 기타 연성 해빈관리기법

양빈에 관련된 우려를 두 가지로 나누어 살펴보았다. 첫째, 육상 퇴적물을 이용하거나 펌핑 방법을 적용할 때 해빈단면을 인공적으로 조정을 할 필요가 있다. 이 방법은 퇴적물을 추가하지 않는 경우에도 적용된다. 즉, 폭풍으로 해빈의 형태가 변형된 곳에서도 사용될 수 있다. 불도저를 이용하여 변형된 단면을 조정하거나 해빈이 보다 안정된 각을 갖도록 조정하여 안정성을 높일 수 있다. 둘째, 지나친 쳐내림이 해빈침식을 일으키는 곳에서 퇴적물은 외해로 이동한다. 이러한 과정으로 해빈 고도가 지나치게 낮아진 경우에는 해빈 배수 등을 적용하여 지하수면을 지속적으로 낮추고 표면 유출보다 통과류를 증가시킨다. 이러한 두 가지 주제는 해빈관리의 방법에서도 논의될 것이다.

### 1) 해빈단면 조정

파랑이 퇴적물을 이동시키고, 해빈단면을 조정하는 과정, 그리고 이러한 프로세스가 해빈 침식을 일으키는 과정을 여러 차례 살펴보았다. 이러한 침식 문제에 퇴적물을 보충하는 양빈이 적용된다. 어떤 경우에는 해빈의 실제 손실은 적고, 퇴적물이 단면 내에서 큰 규모의 이동을 겪는다. 예를 들면, 큰 폭풍 이후 해빈고의 저하로 퇴적물이 해빈단면 내에서 다른 지점으로 이동하여 쌓이는 경우 해빈 퇴적물을 재배치하는 것만으로 충분하다. 배후지의 보호를 위하여 해빈을 육지 쪽으로 움직여 둔덕이나 범 형태의 구조를 조성하는 것만으로도 충분할 수 있다. 이러한 프로세스를 해빈단면 조정(beach re-profiling) 혹은 비치 스카핑(beach scarping)이라고 한다.

이 기술 자체는 불도저를 이용해 퇴적물을 해빈으로 밀어올리는 것으로 간단한 개념이다. 전형적으로 해빈열이 형성되는 파 쳐오름 지대(up-rush zone)의 윗부분에서 퇴적물을 끌어내어 공급한다. 이러한 열(列) 구조가 잘 형성되었을 때 이 방법을 사용하는 것이 중요한데 일반적으로 봄과 여름에 이러한 조건이 잘 조성된다(Bruun, 1983). 이렇게 간단함에도 불구하고 이를 과학적으로 검증하는 연구는 좀처럼 수행되지 않았다. 그래서 일각에서는 이를 비판적인 시각으로 보고 있다(McNinch와 Wells, 1992). 브룬은 이 방법이 인접한 해빈에 유해하고 퇴적물 연안이동을 방해할 수 있지만, 일정한 기준에 따라 이 방법을 적용한다면 문제가 없다고 주장한다(Bruun, 1983). 퇴적물 입자크기에 따라 0.2m에서 0.5m 깊이의 퇴적물을 이용하고 기술적 신중성을 기울인다면, 주변의 해빈에 악영향보다는 도움이 될 것이다.

퇴적물을 모으는 방식이 사업의 성패를 결정짓는 요소라는 것이 밝혀지고 있다. 미국의 톱세일 비치에서는 자연 사구보강을 위하여 프론트엔드 로더(front-end loader)를 이용하여 퇴적물을 사구 전면에 쌓아올렸다. 인접한 지점에는 이에 대한 대조군을 조성하였다. 대조군에 비하여 해빈단면 조정지점에서 모래의 유실량과 해빈 후퇴가 적게 발생했다. 두 번의 큰 폭풍을 겪으면서, 한 번은 대조 해빈보다 침식이 유의미한 수준으로 적었고, 또 다른 한 번을 반대의 결과를 얻었다. 상호 모순되는 정보를 보이고 있지만, 두 폭풍의 주 풍향이 달랐기 때문이 것으로 추측된다. 해빈은 주 풍향에 따라 적응한다. 예를 들면 돌제군이 축조된 해빈에서 쳐올림에 따라 해빈의 방향이 조절되는 것을 볼 수 있다. 파랑의 방향에 따라 해빈의 안정성이 변하는 것으로 추측된다. 해빈단면 조정 기법은 폭풍에 대한 해빈의 안전도를 높이고 해빈의 수명을 증가시킬 수 있다. 아쉽게도 이에 대한 연구는 거의 이루어지지 않았다. 양빈에도 이와 유사한 해빈단면과 형태의 조정과정이 포함되어 있기 때문에 양빈

연구에 매몰되었을 가능성이 크다.

### 2) 해빈배수

해빈의 퇴적은 쳐올림 과정의 퇴적·침식과 쳐내림 과정의 퇴적·침식의 관계에 따라 정해진다(Duncan, 1964). 쳐올림 과정의 침식은 퇴적물을 이동시켜 해빈 윗부분으로 퇴적물을 올린다. 이 과정에서 해빈단면이 변하지만 퇴적물은 해빈 내에 유지된다. 이에 대해 쳐내림이 강하면 퇴적물의 손실이 일어난다. 파랑이 해빈을 타고 올라갈 때, 파랑의 속도는 파랑의 모멘텀, 해빈 경사, 수심, 그리고 퇴적면의 거칠기에 따라 감소한다(Grant, 1948). 건조한 모래에서, 즉 해빈의 지하수위(WT)가 낮은 곳에서 수분은 모래 속으로 빠르게 침투하기 때문에 수심이 빠른 속도로 낮아지고 파랑의 쳐 올라가는 속도도 급속하게 감소한다(그림 7.6). 속도가 떨어지면, 흐름의 형태는 난류에서 층류로 변하며 퇴적이 발생한다. 캘리포니아 맨해튼 비치에서 관찰할 수 있는 바와 같이 종종 이러한 과정을 통하여 쳐올림대(swash zone)에서 해안방향으로 두꺼운 렌즈형태의 모래퇴적을 일으키기도 한다(Duncan, 1964). 쳐내림이 일어나는 동안에는 반대로 유황이 층류에서 난류로 변화하며 침식이 일어난다(Grant, 1948). 렌즈형태의 모래퇴적체를 보전하기 위해서는 이러한 변화가 가능한 한 지체되어야 한다. 유황변화에 걸리는 시간은 해빈의 경사와 지하수위의 깊이에 따라 달라진다. 지하수위가 높은 해빈에서는 수분의 침투가 잘 일어나지 않고 층류가 빠르게 난류로 변하여 대부분의 수분이 지표수의 형태로 흘러나간다. 이러한 과정에서 퇴적물은 바다로 이동된다. 더욱이, 수리수두(hydraulic head of pressure)보다 고도가 낮아 지하수가 지표로 흘러나오는 유출대(effluent zone)에서는 쳐내림의 유속이 증가한다(그림 7.6).

해빈의 지하수위와 유황, 그리고 퇴적물의 퇴적·침식 패턴 사이의 관계를 바탕으로 쳐내림 과정에서 발생하는 침식문제를 극복할 수 있는 방안을 생각해 볼 수 있다. 첫째는 해빈의 폭을 증가시켜 파랑이 퇴적물 표면을 지나면서

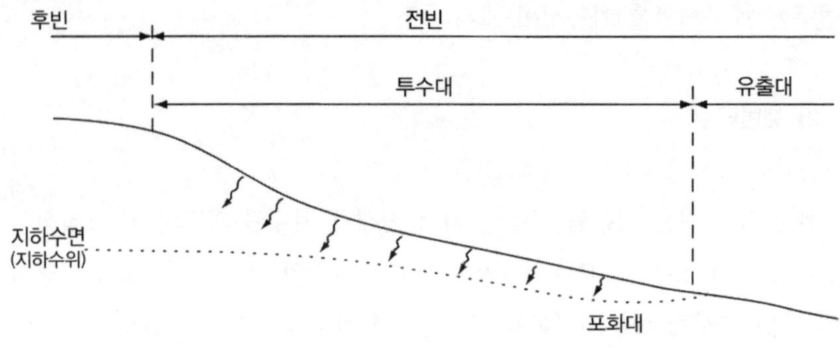


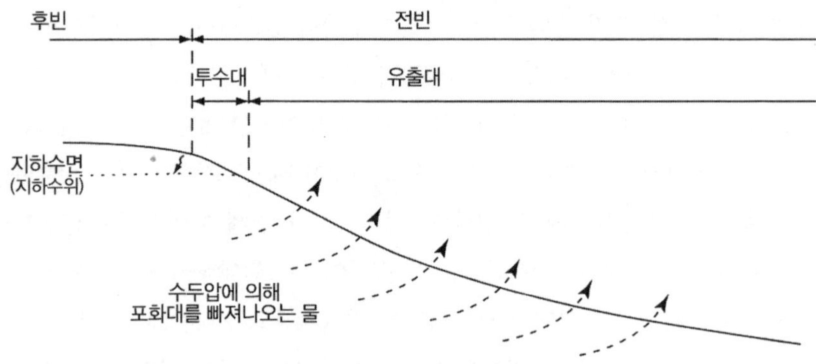


그림 7.6. 해빈의 지하수위와 쳐올림 시 발생하는 침투

지하수면이 낮을 경우 쳐올림 투수가 증가하며 쳐내림 시 지표 유출이 감소한다. 이로 인해 해빈 침식이 감소한다.

발생하는 마찰을 통하여 파랑에너지가 소진되도록 하는 것이다(7장과 9장 참조). 둘째는 쳐내림이 층류 형태로 유지하는 기간을 증가시켜 침식을 감소시킬 수 있다. 이를 위해서는 쳐내림이 지표유출로 발생하지 않도록 경사를 증가시키고, 유출대에서 해빈표면으로 흘러나오는 물의 양을 감소시켜야 한다(지하수위를 낮추는 것이 하나의 예이다). 퇴적물 내부로 수분침투가 일어나면 쳐내림 에너지는 감소된다. 이러한 기본 원리는 실험실 연구를 통해 배그놀트(Bagnold, 1940)에 의해 처음으로 제시되었다. 터너와 레더만(Turner &

사진 7.1. 역빈의 통과수를 증가시키기 위한 돌망태형 배수로
영국 서섹스 지방의 워딩 소재

Leatherman, 1997)은 이 분야의 최근 연구를 논의하고 실험실 연구와 현장연구를 연결시켰다.

기본적으로 이 방법은 배수와 펌핑을 통하여 지하수위를 낮추어 쳐내림 과정에서 수분침투를 증가시켜 해빈 표면에 퇴적을 일으킨다. 이러한 접근은 팩우드(Packwood, 1983)가 모형 연구를 통해서 뒷받침하고 있다 투수성의 증가는 쳐올림 과정에서 파랑에너지를 감소시키고, 해빈의 불포화 층은 쳐올림과 쳐내림 과정에서 수분을 흡수한다. 가장 기본적인 방법은 배수관이나 배수로의 설치이다. 이 방법은 서섹스의 워딩(사진 7.1)에서 수행한 중력을 이용한 배수방법이다. 두 번째 방법에서는 일련의 배수구(排水溝)를 중앙 배수구에 연결하고 모인 물을 펌핑한다. 배수펌프시스템을 사용하여 현장연구를 한 첫 번째 사례는 오스트레일리아 뉴 사우스 웨일스에서 수행되었다(Chappell 등, 1979). 여기에는 두 가지 시도가 있었는데, 이 두 과정에서 배수시스템을 이용하여 분당 65리터의 물을 양수하였다. 첫 번째 시도에서는 대조군에서 관찰되는 퇴적물 표면 고도보다 다소 증가하는 것을 보였지만, 두 번째 시도에서는 수분침투가 증가했을지라도 퇴적물의 증가는 없었다. 펌프를 이용하지 않은 배수시스템이 오스트레일리아 시드니의 디와이 비치에 설치되었다(Turner와 Leatherman, 1992). 일련의 선형 배수구가 해안을 따라서 일정간격을 두고 설치되었다. 해빈지형상의 영향은 뚜렷하지 않았지만, 해빈의 지하수위는 0.3m 정도 낮아졌다. 성과가 늘 동일하지는 않았지만, 해빈 배수 시스템은 퇴적 증가를 발생시킬 수 있다는 것을 보여주는 연구였다. 동시에 이것은 해빈 프로세스가 갖는 또 다른 복잡성을 보여주는 것이다. 퇴적의 증가는 단순한 해빈 배수 이상의 것을 포함하고 있다.

해빈 배수 방법은 상업적인 이유에서 채택되기도 한다. 1981년 덴마크의 히르트스할스에서 PVC 파이프를 2.5m 깊이로 해안선을 따라 수평하게 200m 정도 묻었다. 이는 주변의 수족관과 냉난방장치에 물을 공급하기 위한 것으로, 파이프를 통하여 시간당 400㎥의 물이 배수되었다. 해빈 배수가 주목적은 아니었지만 비슷한 방법이 사용되었기 때문에 유사한 상황이 펼쳐졌다. 파이프 위에 쌓이는 퇴적물 때문에 6개월 후에는 수분공급이 40%가 줄었다. 덴마크의 토르민데와 에노에 스트란, 미국의 낸터킷 아일랜드, 세일피쉬 포인트와 엥글우드, 그리고 영국의 토완 베이(Turner와 Leatherman, 1992)를 비롯한 여러 지역에서 이러한 사업이 실시되었다. 덴마크의 토르민데에서는 히르트스할스에서 사용되었던 시스템을 발전시켰는데, 해안선의 후퇴가 멈췄고 바다방향으로 확장되었다. 플로리다 세일피쉬 포인트에서도 유사하게 침식감소 경향이 나타났고, 지하수위가 1m 정도 낮아진 곳을 따라 퇴적증가가 발생하였다. 토완 베이에서는 급속한 퇴적이 발생하였지만, 폭풍으로 퇴적물의 대부분이 제거되었다. 전반적으로 해빈 배수는 해빈의 능력, 즉 폭풍으로부터 배후지역을 보호하는 해빈호안기능을 증가시킨다.

배수시스템을 통해 해빈고를 높일 수 있고 해빈을 바다방향으로 확장시킬 수 있다. 또한 지점에 따라 배수시스템이 더 효과적으로 작용하는 것으로 추측되고 있다. 외해에 노출된 해안선은 폭풍의 영향 때문에 차폐된 해안에 비하여 장기적으로 불안정하다. 정온기간(폭풍이 없는 시기)에 쌓이는 퇴적물은 정온 해빈단면의 안정도를 높일 수 있다. 그러나 폭풍이 발생하면 해빈단면은 대규모 조정을 겪게 된다. 한편, 실패 사례의 원인도 불확실하다. 해빈지하수위가 떨어지면 해빈단면의 변화와 퇴적률의 변화가 발생한다는 것도 명백하다. 그러나 시간지체현상, 퇴적물 내의 지하수 이동 특성에 대한 이해, 조석에 따른 지하수위 변화, 그리고 쳐올림과 쳐내림에 따라 일어나는 단기간의 변화 그리고 이러한 현상들 사이의 관계가 아직 정확하게 이해되지 못하고 있다. 이에 관한 지식의 발전이 계속되고 있지만(Turner와 Leatherman, 1997), 프로세스와 해빈관리 방법론에 관한 이해가 확장되어야 한다.

이 방법과 관련하여 리 등은, 해빈 배수 시나리오에서 지하수위 변화를 모의하는 2차원 모형을 개발하였다(Li et al., 1996). 이 모형을 이용하여 펌핑배수와 중력배수시스템의 영향을 모의하여 위에서 논의한 현장 연구와 유사한 결과를 얻었다. 이 연구에서 얻은 지침에 따르면, 배수시스템의 위치와 크기가 효율성에 영향을 미친다. 고도와 규모가 증가하면 퇴적률이 높아지고, 반면에 배수구를 육지방향으로 옮기면 효율이 떨어진다.

해빈배수와 지하수위 저하는 해빈고도를 증가시킬 뿐, 퇴적물의 순증가를 일으키지 못한다. 그러므로 돌제, 도류제 그리고 폴더의 계획에서와 같이 인접해안에 퇴적물 결핍을 발생시키는 영향을 초래할 수 있다. 그러므로 문제를 개별적으로 접근할 것이 아니라 해안의 전체적인 특성을 고려하여 해안관리 기법을 채택해야 한다.

## 13. 정리

이 장은 방대한 정보를 포함하고 있기 때문에 이 책에서 가장 많은 부분이 할애되었다. 이는 우연이 아니다. 양빈이라는 주제에 관한 많은 참고자료를 반영하는 것이다. 표 7.2에 정리된 목록은 이용할 수 있는 사례연구들이다. 실제로 양빈을 통해 많은 해안 문제가 해결되고 있다. 양빈은 폭풍으로부터 해안을 적절히 보호할 뿐만 아니라 휴가철 관광객을 유인할 수 있는 수단이기도 하다. 수많은 관리 당국에서 배후지의 보호와 관광수지의 유지를 목적으로 양빈을 지속적으로 수행해 왔다. 점차 더 많은 지역에 이러한 경향이 확산되고 있다. 양빈에 필요한 퇴적물을 확보하는 문제를 이 부분에서 살펴보는 것이 타당하고도 실질적이다. 퇴적물의 공급은 제한적일 수밖에 없고, 공급부족이 점차 심화되고 있기 때문에 어쩌면 지속 불가능한 기술에 너무 의존하는 것이 아닌가 하는 우려가 커지고 있다. 물론 양빈은 다른 방법과 비교할 때 이점을 가지고 있다. 해안프로세스를 유지시키고 해안의 자연기능을 보존시키기 때문이다. 양빈의 수명을 길게 유지하게 위해서는 좀 더 넓은 퇴적물 순환 셀을 고려하고, 해빈 유실의 실제적 원인을 살펴야 한다.

양빈은 침식문제 해결에 목적이 있다. 그러나 퇴적물을 해빈으로 되돌리는 과정에서 실제로 해빈이 '필요로 하지 않는' 퇴적물을 공급하고 있다. 침식문제는 증상일 뿐이고 가능하다면 침식을 일으키는 원인을 확인하여 이를 해결해야 한다. 말레이시아 모립의 양빈사업에서(Bird, 1996), 트럭 1,2000대 분의 모래를 해빈에 공급하였지만 곧 사라져 버리고 말았다. 해안제방의 파랑에너지 반사가 문제의 원인이었지만, 이에 대한 이해가 없었다. 해안제방이 잔존함에 따라 양빈 물질은 그때마다 제거되었다. 양빈과 더불어 제방을 제거했다면, 양빈의 수명은 길어졌을 것이다. 반 드 그라프 등(Van de Graaff et al., 1991)은 이 문제를 병(원인)과 증상(영향)의 관점에서 설명하고 있다. 퇴적물 연안이동이 상류로부터 지속적으로 공급되는 물질에 의하여 보충되지 않기 때문에 해빈유실이 발생하는 시나리오(증상)에서는 양빈을 통해 연안이동을 지속시킬 수 있다. 그러나 상류로부터 퇴적물이 지속적으로 공급되지 못하는 문제는 여전히 남아있다. 이러한 증상이 도류제가 퇴적물 이동을 차단하기 때문에 발생한다면, 측로를 통하여 퇴적물을 우회시키는 바이패스(bypass)를 통해 증상뿐만 아니라 원인을 해결하여 사업의 수명과 통합성을 높일 것이다. 양빈사업에서는 양빈사가 오랜 기간 유지되지만 그렇지 않은 경우도 있다. 현재의 지식수준에서는 다만 여러 가지 원인을 추측할 뿐이다. 예측하지 못했던 폭풍과 이로 인해 양빈사가 대량으로 사라졌다고 설명하기도 한다(Pilkey, 1990). 해빈은 폭풍을 겪으면서 퇴적물의 소모를 통해 평탄해진다. 여기에서의 문제는, 왜 퇴적물이 외해로 빠져나가 해빈이 평탄해지느냐 하는 것이 아니고, 폭풍이후에 퇴적물이 되돌아와 해빈지형이 회복되는 자연해안과 같이 작용하지 않는 이유라는 것이다. 이것이 양빈의 주요한 문제들 중 하나이다. 양빈해안은 자연해안과 같이 작용하지 않는다. 양빈해안의 기능에는 한계가 있고, 그 이유를 파악하지 못하고 있다. 해안기술자들은 전통적으로 해빈의 역동성에 관련된 많은 변수들 중에서 일부분만을 설명해 주는 공식에 지나치게 의존해 왔다. 여기에서 해안기술자들을 비판하고자 하는 것은 아니다. 성공적인 양빈사업도 많이 있었다. 어쨌든, 해안 작용의 기초에 대한 이해의 폭이 증가하면 양빈사업의 수명과 효율이 높아질 것이다. 파랑으로부터 퇴적물 입경, 배수 등에 이르는 측정 가능한 변수들 사이의 상호작용을 파악함으로써 해빈의 기능을 좀 더 잘 설명하려는 노력이 경주되고 있다.

해빈에 퇴적물을 추가하지 않고 단면 조정과 배수를 통하여 해빈의 효율성과 퇴적률을 높일 수도 있다. 간단하게 정리하면, 퇴적물의 위치를 이동시켜서 파랑감쇄가 효율적으로 일어날 수 있도록 해빈형태를 조정하는 방법이다. 이러한 접근은 '친환경적'인 것으로 간주될 수 있다. 퇴적물을 해빈에 밀어올림으로써 물질이 위치했던 곳으로 되돌리는 것이기 때문이다. 단순한 방법이지만, 여기에는 생각해 보아야 할 문제가 있다. 이 방법은 단기적 처방일 뿐이다. 특히 폭풍으로 해빈이 평탄해졌을 때, 다음 폭풍이 다가오기 전에 해빈고를 정비하는 방법이다. 그러나 표층퇴적물을 긁어모아 붙이는 형태의 단면조정을 계속한다면 해빈의 장기적 단면조정과정이 방해받는다. 해빈은 단기간(폭풍)뿐만 아니라 장기간(구조물과 해수면상승)의 환경적인 조건에 반응한다. 해빈이 안정을 이루기 위해서는, 자연적인 단면조정과정이 유지돼야 한다. 인위적인 퇴적물 이동을 통하여 단면조정을 지속한다면, 자연과정이 억제된다. 단면조정은 친수공간의 이용을 높이기 위한 것으로 관광지에서 많이 찾아볼 수 있다. 폭풍으로 평평해진 겨울 단면에서 경사가 있는 여름 단면으로 조정되는 과정을 인위적으로 촉진시키는 방법이다.

해빈배수는 해빈 퇴적을 증가시킬 수 있는 합리적인 방법이다. 그러나 현장 경험에 비추어볼 때, 이 기법의 성패는 지하수위를 낮추는 것 이외에도 여러 가지 변수와 관련되어 있다. 이 방법도 단기적 접근으로 퇴적률을 증가시켜 해빈침식을 상쇄시키려 할 때 적당하다. 반면에 해수면상승이나 해안의 압착과 같은 보다 심각한 원인이 있다면, 지하수위보다는 파랑의 활동이 해빈안정을 결정한다.

양빈의 이점

- 해빈의 고도를 높여 호안기능을 향상
- 친수공간 이용을 위한 해빈 개발의 향상
- 해안 지역사회의 사회경제적 안정 증진
- 자연적인 해안 과정의 유지
- 파랑의 역동성을 변화시키기 않고 해빈을 보호

양빈사업의 문제

- 준설지역과 쳐내림 지역 주위의 탁도 증가
- 많은 경우에 짧은 수명과 재시공의 필요성
- 내서동물에 대한 영향
- 자연 해빈 기능의 결여
- 친수공간 이용의 증가와 개발압력의 증가

활용도

- 퇴적물 고갈이 일어나는 지역에서 해빈의 보호와 조성
- 친수공간의 이용 증진과 보호
- 자연경관 또는 경관의 자연성이 필요한 지역
- 다른 보호 구조물(잠제/돌제)의 보충

제8장

# 인공사구의 조성

## 1. 도입

사구는 유수(流水)가 아니라 바람에 의해 형성된다는 점에서 독특하며 조상대(潮上帶)에서 모래 저장고의 역할을 한다. 파랑과 조석도 사구의 역동성에 중요하다. 파랑과 조석의 작용을 통해 퇴적물이 조간대로 운반된 후에 바람에 의해 조간대에서 조상대로 이동될 수 있기 때문이다. 폭풍 기간에는 파랑이 사구 시스템의 전면부에 도달하여 사구 퇴적물을 다시 해빈으로 끌어내리며, 이로 인해 폭풍 해빈단면이 형성된다. 네덜란드의 연구는 폭풍 기간에 파랑이 사구를 침식하여 사구모래가 쇄파대 외부까지 이동되는 과정을 잘 보여주고 있다(Edelman, 1968, 1972). 이런 연구들은 폭풍에 대한 사구의 반응을 예측하는 모형을 발전시켰다(Edelman, 1968, 1972; Kriebel and Dean, 1985; Kriebel, 1986, 1990). 모래가 사구로 이동하는 과정에 대해서는 2장에서 다루었으며 이런 작용은 해빈 퇴적물수지의 관점에서는 순손실이며 사구 시스템에는 순증가라고 할 수 있다. 건전한 해빈-사구 시스템에서는 해빈으로 공급되는 모래의 양이 해빈에서 사구로 이동하는 모래의 양에 비해 커야 한다. 알렉산드리아 해안(남아프리카)에서 행한 일렌버거와 러스트(Illenberger & Rust, 1988)의

표 8.1. 해빈에서 사구로 공급되는 퇴적물량

| 사구지대 | 총부피 ($m^3$ $a^{-1}$) | 단위해빈길이당 부피 ($m^3$ $a^{-1}$ $m^{-1}$) | 자료 |
|---|---|---|---|
| 알렉산드리아 | 375,000 | 8.3 | McLachlan (1990) |
| 케이프 하타라스 | 528,000 | 5.3 | Pierce (1969) |
| 애사디그 아일랜드 | 462,000 | 8.0 | Barberger (1976) |
| 말페그 사주섬군 | 91,000 | 2.7 | Armon (1979) |

연구에 따르면 해빈에서 사구로 이동한 모래의 양은 연간 37만5천$m^3$인 데 반해 파랑 침식작용으로 해빈에 되돌아온 퇴적물은 연간 4만5천$m^3$에 불과했다. 따라서 사구는 연간 33만$m^3$씩 성장하였다. 이는 해빈 퇴적물수지에서 같은 양의 순손실이 발생하였음을 뜻한다. 표 8.1은 해빈에서 사구로 운반되는 모래의 부피를 보여주는 사례이다. 이는 사빈이 연안퇴적물 이동으로 발생하는 손실 이상으로 모래를 공급받아야만 배후의 사구가 건전하게 유지될 수 있음을 보여준다.

2장에서 살펴본 바와 같이 사구지대로 퇴적물이 이동하는 과정에서 바람이 주도적이지만, 퇴적물의 이동성은 풍속, 해빈 폭, 습한 지면과 퇴적물의 크기 등과 같은 여러 가지 요소들에 의해 결정된다. 육지로의 퇴적물 이동이 큰 규모로 일어나는 곳은 넓고 경사가 완만한 소산형 해빈(dissipative beach)이며, 해빈폭이 좁은 반사형 해빈(reflective beach)에서 일어나는 퇴적물 이동 규모가 가장 작다(Viles and Spencer, 1995). 이와 같이 뚜렷한 해빈/사구의 관계로 말미암아 사구의 발달 규모는 해빈의 형태에 따라 다양하다. 일반적으로 소산형의 넓은 해안에서 크고 넓은 사구지형이 형성된다.

사구의 또 다른 특성인 사구식생의 안정도는 염습지와 달리 해수침수와 무관하다. 사구식생은 주로 수분, 토양구조와 영양 수준에 영향을 받는다. 뿌리로 퇴적물을 얽어매고 풍속을 떨어뜨려 퇴적을 촉진하기 때문에 식생은 사구지형 유지에 매우 중요하다. 사구가 조간대에서 벗어나 있고 대체로 식생으로 덮여 있기 때문에 사구의 보전에 문제가 일어난다. 전통적으로 사구지대를 바다와는 무관한 지역으로 인식하여 다른 형태의 토지이용을 위해 개간을 해왔다. 예컨대, 조림지, 주거지, 규사광산이나 친수공간, 특히 골프장으로 개발해 왔다.

다른 해안지형과 마찬가지로 해안사구는 바람의 패턴이나 퇴적물 공급의 변화에 따라 꾸준히 반응하는 역동적인 시스템이다. 내륙으로 갈수록 해안의 영향을 덜 받는데 이곳에서 사구지대는 성숙과정, 또는 천이과정을 겪는다. 퇴적물 공급이 풍부한 건강한 사구지대를 관찰하면 해빈으로부터 육지방향으로 이행하면서 차례로 뚜렷이 구별되는 지형과 식생이 나타난다. 우선 만조선 주위를 따라 배사구가 형성되고 배사구에는 갯보리류와 같이 내염성이 강한 식물종이 정착하기 시작한다. 일단 식생이 정착하면 식생에 의해 지표면의 조도(粗度)가 증가하며, 이로 인해 모래의 퇴적이 증가함에 따라 전사구(종종 황색사구로 불린다)가 성장한다. 전사구대에는 염수의 영향이 미미하여 내염성이 작은 사초류 식생(marram grass)들이 정착할 수 있다. 식생피복의 증가는 퇴적을 증가시키고 사구의 규모도 성장시킨다. 예를 들어 사구 사초류(marram)는 연간 1m씩 성장하는 모래 속에서도 생존할 수 있기 때문에 전사구가 10m 정도까지 성장하도록 돕는다. 전사구 지대에서 식생에 의해 많은 양의 모래가 차단되기 때문에 내륙으로의 모래이동은 감소한다. 그러나 전사구 내륙에서 퇴적은 계속되기 때문에 30m 높이까지도 사구가 성장한다. 이런 지역에서 이른바 성숙사구 또는 회색사구가 나타난다. 사구 사초류가 이곳에서도 존재하지만 훼스큐 잔디(fescue: 김의털, 들묵새)나 모래 세지(sand sedge) 등도 함께 서식한다. 좀더 내륙으로 가면서 성숙토양으로 이행됨에 따라 사구는 육상서식지의 특성에 접근해 간다(그림 8.1).

위의 예는 퇴적물 공급에 제한이 없고 사구가 제한 없이 배후지로 이어지는 이상적인 환경에서 이루어지는 것으로 다소 예외적이라고 할 수 있다. 제한된 퇴적물 공급이나 배후지 개발 등으로 말미암아 이와는 다른 결과가 나타날 수 있다. 표 8.1은 사구지대에 필요한 모래공급을 표현하고 있다. 해안을 따라 일어나는 모래이동의 제한요인들을 고려할 때 대부분의 경우 건강한

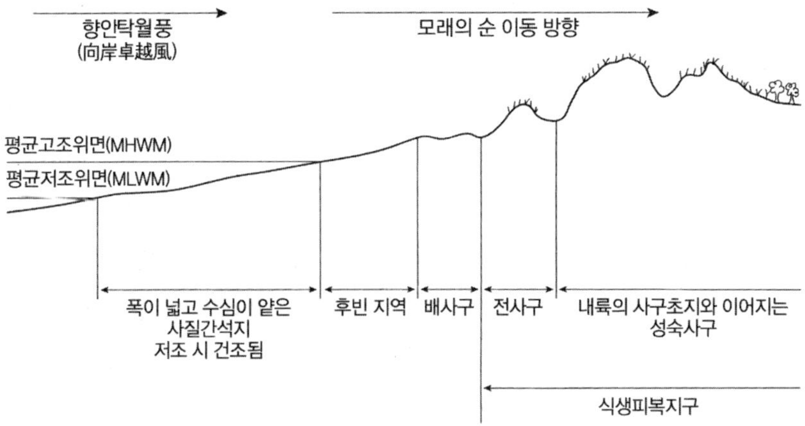


그림 8.1. 해빈에서 배후 사구군집에 이르는 육상천이

사구지대를 유지할 만큼 퇴적물이 충분하지 않다. 사구지대의 핵심은 적절한 퇴적물 공급과 식생의 역할이다. 식생은 퇴적물을 차단하여 사구를 성장시키는 과정에서 중요한 위치를 차지한다. 해안사구 관리에서 퇴적물을 중심으로 한 접근이 중요하다. 예컨대 양빈과 같은 접근을 통해 퇴적물 공급을 늘여줌으로써 현존 식생을 보호하고 훼손된 식생을 복구함으로써 사구지대를 원상태로 되돌릴 수 있다.

이 장의 도입부와 제2장의 풍성 프로세스를 다룬 절에서 사구가 어떻게 형성되는지, 저질화되고 손상된 사구지대의 복구과정에 사구의 지형형성작용, 즉 풍성 프로세스를 어떻게 활용할 수 있는지를 간단하게 살펴보았다. 세부적이고도 깊이 있는 지식을 얻는 데는 해안지형을 다룬 서적들 특히 노드스트롬 등(Nordstrom et al., 1990)의 저서가 도움이 될 것이다.

사구관리와 사구보호를 살펴보기 전에 검토해야 할 두 가지 중요한 측면이 있다. 첫 번째는 사구의 존재와 안정성이 해안보호에서 차지하는 근본적 중요성이며, 두 번째는 사구가 어떻게 위협을 받고 있는지에 대한 것이다. 이 두 가지 문제를 이해하고, 기존의 사구지식을 이들 측면과 연결함으로써 주어진 조건에서 적절한 관리방안을 찾을 수 있을 것이다.

## 2. 해안보호에서 사구가 지니는 중요성

여러 사질 해안에서 보는 바와 같이 사구는 해안보호에서 중요한 역할을 담당하고 있다. 사구는 해안제방(사진 8.1)과 같이 바다와 육지 사이의 방벽이기도 하지만 사구 전면과 배사구는 역동적인 특징을 지니고 있어 해빈에 모래가 필요할 때 모래를 공급해 주고 그렇지 않을 때는 모래를 저장한다. 간단히 말해서 사구는 자체적으로 해빈에 모래를 공급할 수 있는 자연적인 해안제방이다. 이러한 사구/해빈의 상호작용이 매우 중요하기 때문에 동적 상호작용의 기능이 보호되어야 한다.

폭풍이 몰아치면 사구전면은 파랑에 의해 침식된다. 이는 파랑에너지의 증가에 대한 해안 시스템의 반응이므로 즉각적인 조치는 필요하지 않다. 일반적으로 하절기에 파랑에너지가 낮아 많은 양의 퇴적물이 사구지대로

**사진 8.1. 넓은 해빈 뒤에 위치한 침식된 사구면**

넓은 해빈은 사구를 성장시키는 모래 공급원이 될 수 있다. 북서 잉글랜드에 위치한 세프턴 사구지대

불려 들어간다.[1] 알렉산드리아 해안의 사례를 보면 사구 전면에서 매년 4만5천$m^3$의 모래가 침식되고 37만5천$m^3$가 되돌아온다(Illenberger and Rust, 1988). 장기간의 경향이 더 중요하다. 연간 사구 침식량이 바람의 작용으로 되돌아와 쌓이는 양보다 더 많다면, 사구는 후퇴 단계에 접어든 것으로 판단할 수 있다. 이런 상황에서 사구의 순침식은 사구의 쇠퇴가 시작되었다는 것을 의미하므로 개입이 필요하다. 이와 같은 현상이 발생하는 이유는 인위적인 것으로부터 자연작용에 이르기까지 다양하다.

사구관리를 신중하게 적용하면 풍성해안의 보호에 큰 도움을 준다. 네덜란드에서 사구는 해일에 대비하는 핵심 방어선을 구성한다. 주요 산업시설과 도시지역 대부분의 고도가 평균해수면보다 낮기 때문에 사구의 강도와 건전도가 내륙의 보호에 치명적으로 중요하다(Verhagen, 1990). 상자글 8.1에서 살펴볼 수 있는 것처럼 사구가 침식을 받거나 내륙으로 이동하더라도 해안사구의 기능을 유지할 목적으로 개입하지 않았다. 그러나 사구의 폭이 너무 좁아지는 경우에는 인위적 보수를 수행했다. 특히 일만 년 확률 폭풍에 대해서도 견딜 수 있는 높은 기준을 적용하여 해안을 따라 발달되어 있는 많은 사구지대에 보수사업을 수행한 결과 네덜란드의 사구해안은 많은 부분이 인공적이다(Komar, 1998). 미국의 사주섬 해안을 따라 발달한 해안사구에도 유사한 중요성이 부여되고 있다. 자연사구와 인공사구의 기능을 비교한 흥미로운 연구를 다음에서 살펴볼 것이다.

지금까지 살펴본 것으로도 사구의 중요성을 잘 알 수 있다. 한편, 사구형성에 필요한 환경조건에서 폭넓은 사빈이 매우 중요하다. 그러나 넓은 사빈, 즉 백사장(사진 8.1)은 해안지역의 다양한 이용 욕구를 불러일으키는 원인이 된다. 다양한 이용은 사구의 보전에 문제를 일으킬 수 있으며 앞서 논의한 사구기능에도 심각한 영향을 줄 수 있다.

---

1) 이것은 유럽의 해황에서 관찰되는 현상으로 지역에 따라 차이가 날 수 있다 — 역자주.

상자글 8.1.

**해안사구가 네덜란드 해안보호에서 차지하는 의미**

네덜란드 해안의 대부분은 사구로 보호받고 있다. 사구열이 약 250km에 걸쳐 있고 총 면적은 4만ha에 달한다. 해안사구는 해안보호뿐 아니라 식수공급이라는 측면에서도 중요성을 지닌다(전 인구의 3분의 2에 해당하는 천만 명에게 식수를 공급한다: North Holland Water Supply, 1992). 또한 국제적인 위락지구로도 중요하다(Helmer et al., 1986).

사구보전은 해안보호와 식수공급에 매우 중요하며 사구관리 노력은 풍식을 억제하고 사구울타리 설치와 식재로 퇴적을 촉진시키는 데 집중되고 있다. 또한 침식 받은 사구를 인위적으로 손질하고 사구조성을 촉진시키기 위해 양빈을 하기도 한다.

이런 접근은 해안보호에는 유익하지만 사구해안을 직선형태로 바꾸어 취식와지나 그 밖의 다른 지형적 특성이 사라지게 되었다. 이런 점에서 네덜란드 해안사구는 자연성이 낮다. 그러나 해안보호에서 사구의 중요성을 고려하고 해안퇴적물이 지니는 역동성을 유지하도록 하며 해빈과의 상호작용을 할 수 있도록 관리한다는 점을 참작할 때 이러한 접근을 이해할 수 있을 것이다.

역사적으로 사구는 중요한 해안보호구조로 간주되어 왔기 때문에 사구관리는 해안간척지위원회(Polder Board)가 장악해 왔다. 해안간척지위원회가 해안보호의 목적으로 사구에 대해 특별 통제권을 지니고 있지만, 사구지대의 일부분은 음용수회사가 소유하고 있다.

사구의 중요한 용도는 해안보호, 위락, 자연보전, 식수공급이다(North Holland Water Supply, 1992). 이토록 다양한 용도를 관리하는 과정에서 다양한 사용자 그룹과 파급효과를 고려해야 하며 이들 간의 갈등도 피해야 한다. 로위제와 반 데어 모일렌(Louisse & van der Meulen, 1991), 페르하겐(Verhagen, 1990)은 해안사구관리의 특성과 중요성, 다양성을 밝히고 있다. 네덜란드 정부는 비록 배후지의 높은 지가로 인해 이해상충이 있기는 하나 가능한

한 해안사구가 자연상태로 남아있을 수 있도록 하기 위해 많은 예산을 투자해 왔고 자연상태의 유지가 가능한 곳에서는 연성호안기법을 적용하고 있다.

사구는 해수면보다 낮은 배후지의 안전에 매우 중요하다. 네덜란드의 국토는 3분의 1이 해수면보다 낮기 때문에 사구는 재산과 인명의 보호를 위해서도 중요하며, 이는 국가정책에도 반영되어 있다(Louisse and van der Meulen, 1991). 사구가 안전조건을 지니지 못하면(지역에 따라 1만 년 확률 또는 4천 년 확률 폭풍을 버틸 수 없는 상태를 의미), 해안간척지위원회는 정부에 호안개선자금을 요구할 수 있다(Verhagen, 1990). 호안개선사업은 대부분 연성호안기법 특히 양빈을 통해 이루어진다.

1963년 이후 매년 저조위에서 사구에 이르는 해안선을 따라 매 250m마다 해안횡단면 조사측량이 시행되고 있다. 최근 5~10년의 자료를 이용하여 평형단면(equilibrium profile)을 참고로 사구 안정도가 측정된다(Vellinga, 1983). 이 자료에 기초하여 해안간척지위원회는 사구가 해수범람으로부터 내륙을 적절하게 보호할 수 있는가의 여부, 그리고 침식되는 추세가 명백하다면 앞으로 몇 년 내에 사구 안정도 한계에 대한 조정이 필요할 것인지를 결정한다. 이런 접근은 문제가 발생할 가능성이 높은 지역을 조기에 발견하여 필요한 조치를 취할 수 있다는 점에서 적극적 사전관리라고 할 수 있다.

퇴적물 공급도 중요한 것으로 알려져 있다. 횡단면 측정에는 해안단면조정의 경향분석에 필요한 연안수심측량이 포함되어 있다. 부피적분방식을 통해 필요한 퇴적물 공급량을 예측하며 해빈과 사구에 필요한 퇴적물 공급량도 유사한 방법으로 예측할 수 있다. 해빈과 사구의 침식률을 측정하는 일이 동시에 진행되기 때문에 퇴적물수지 접근법을 이용하여 사구의 거동을 상세히 알 수 있다.

이러한 접근에서 중요한 고려사항으로 사구의 배후지보호역할을 염두에 두어야 한다. 해수면상승에 대한 사구시스템의 반응이 주어지면 이러한 접근을 통해서 중요한 관리결정을 선택할 수 있다. 사구의 거동 이력에 대한 상세한 지식을 통해서 현재 상태의 해안선 유지가 언제까지 가능한지, 해안선을 언제 내륙으로 후퇴하는 것이 가장 실용적인가 등을 판단하는 지식을 개발할 수 있기 때문이다.

해안시스템의 교란경향은 이미 나타나기 시작했다. 시스템 교란은 장차 해안의 관리에 대한 경고를 던져주고 있다. 헬머 등(Helmer et al., 1986)의 보고에 따르면, 여러 사구에서 바다 쪽 사면의 침식이 일어나고 있다. 이것은 사구 안정화 문제, 퇴적물 공급, 해수면상승을 포함하여 다양한 이유에서 기인한다. 침식 결과 조간대 단면의 경사는 점점 급해지고 이와 함께 파한이 증가하고 폭풍의 침식력도 증가한다.

이러한 상황에서는 중대한 결정이 필요하다. 여기에서 양빈은 단기적 대책이 될 수 있다. 그러나 주요 문제는 사구의 위치와 해수면상승이다. 사구를 고정시켜 왔기 때문에 해수면상승하에서 사구는 평균 고조위와 가까워진다. 앞에서 살펴 보았듯이 후빈으로부터 사구로 이루어지는 퇴적물 공급은 매우 중요하다. 후빈이 협소해지면 퇴적물 공급은 감소할 것이고, 이에 따라 사구의 성장 능력도 감소할 것이다.

자연상태에서 사구는 내륙으로 이동하는 경향을 가지고 있고 이로써 현상을 유지한다. 그러나 개발정책으로 인하여 현실적으로 이러한 관리전략이 채택되지 않는다. 사구에 대한 적절한 보호가 필요하다면 빠른 시일 내에 이러한 견해를 심각하게 고려해야 한다. 헬머 등(1986)은 이러한 방법을 적용할 수 있는 지역과 편익을 설명하고 있다. 국토 3분의 1의 안전이 건전한 사구의 유지에 달려 있으므로 사구의 효과적인 보전은 네덜란드의 최우선 고려사항이다.

## 3. 해안사구 문제

사구는 매우 쉽게 훼손되는 환경이지만 사구 전면의 해빈안정과 배후지 보호에 있어서 매우 중요한 역할을 가지고 있다. 퇴적물이 단단하거나 치밀하지 못하고 식생의 뿌리도 이를 단단히 얽어매지 못하고 있기 때문에 사구는 쉽게 훼손된다. 특히 과중한 이용이나 부적절한 토지이용으로 쉽게 손상될 수 있다. 사구에 영향을 미치는 요인은 네 가지 범주로 나눌 수 있다(표 8.2, 8.3). 첫째 유형은 형질 변경(conversion)이다. 조림, 경작활동, 골프장 조성 등을 통해 식생유형을 변화시키거나 개발을 통해 사구 자체의 속성을 변화(택지개발 등)시킨다. 이러한 영향은 사구의 자연적 기능을 중단시킨다. 식생의 높이가 성장함에 따라 퇴적물의 내륙이동이 거의 불가능해지기도 하고 사구 자체가 사라지기 때문이다. 두 번째 유형은 '제거'이다. 말 그대로 모래를 골재 채취나 규사 채취 등의 이유로 퍼가는 것이다. 여기에는 해빈에 대한 접근성을 촉진하기 위해서 혹은 배후지에 건설되는 건물의 '(바다로의) 전망'을 제공하기 위해 사구의 단면을 바꾸는 경우도 포함된다. 세 번째는 사구의 '이용'으로 현존하는 사구자원을 활용하는 것도 포함된다. 사구의 건전성에 영향을 주는 행위로 흔히 인식되는 것은 친수공간으로 활용하는 것이지만 용수(用水)의 추출이나 보전 활동 등과 같은 요인도 역시 사구의 기능에 영향을 준다. 마지막으로 외부환경으로부터 사구에 미치는 영향을 생각할 수 있다. 지금까지 살펴본 바와 같이 사구는 퇴적물의 충분한 공급이 있어야 유지된다. 호안구조물이 해빈퇴적물수지에 악영향을 미치고 이것이 사구에 공급되는 모래의 양을 감소시키면 사구의 축소와 해안보호 문제로 진행될 것이다. 해안보호 기능을 수행하는 해안사구에 미치는 영향이라는 맥락 속에서 이 문제가 장차 쟁점으로 대두될 것이다.

사구에 영향을 미치는 원인이 무엇이든 사구는 변화에 민감하다. 역치라는 관점에서 보면 사구의 역치는 매우 낮은 편이기 때문에 매우 낮은 수준의 간섭으로도 뚜렷한 변화가 발생할 수 있다. 그러나 사구관리에는 균형을

표 8.2. 인간이 사구에 미치는 다양한 영향

| 토지의 형질변경 | 제거 | 이용 | 외부효과 |
|---|---|---|---|
| 도시개발 | 모래채취 | 관광 | 퇴적물 공급의 감소 |
| 골프코스 | 개발 | 모래 밟기/승마 | 호안사업 |
| 농지 | | 모래요트타기 | 사구 이동성 억제 |
| 조림 | | 오프로드 | |
| | | 지하수 추출 | |
| | | 보전활동 | |
| | | 군사훈련 | |

표 8.3. <표 8.2>에 제시된 사구이용 양태별 영향규모

| 영향유형 | 사구의 호안효과에 미치는 정도 |
|---|---|
| 토지형질변경 | |
| 도시개발 | 심각함. 사구이동성 저해. 퇴적물 손실. |
| 골프코스 | 미약함. 자연적인 사구지대로 복구할 수 있는 여지가 있음. |
| 농지이용 | 미약하거나 중간 정도. 자연적인 사구지대로 복구할 수 있는 여지가 있음. |
| 조림 | 심각하거나 중간 정도. 벌목이 요구됨 |
| 초지이용 | 미약함. 토질개선작업이 어느 정도 이루어졌는지에 따라 차이가 있음. |
| 외래종 | 미약함. 외래종의 침입 정도와 현재 종의 서식정도에 따라 차이가 있음. |
| 제거 | |
| 골재(규사)채취 | 심각함. 퇴적물의 손실이 일어나며 사구의 안정성이 저해됨. |
| 사구개발 | 심각함. 퇴적물의 손실이 일어나며 사구의 이동성이 감소함. |
| 이용 | |
| 모래밟기 | 미약함. 답압으로 인한 식피의 제거와 취식와지의 생성에 따라 다름. |
| 승마 | 답압의 관점에서 볼 때 미약함. |
| 모래요트타기 | 답압의 관점에서 볼 때 미약함. |
| 오프로드 | 답압의 관점에서 볼 때 미약함. |
| 지하수 추출 | 미약하거나 중간 정도. 추출량에 따라 다름. |
| 보전활동 | 미약함. 희귀종의 손실을 막고자 할 때 문제가 발생. |
| 군사작전 | 미약함. 용도변경을 막는 구실을 하기 때문. |
| 외부효과 | |
| 퇴적물 공급 감소 | 심각하거나 중간 정도. 사구의 성장과 이동 능력이 감소. |
| 호안 | 심각함. 해빈-사구 상호작용을 차단 |
| 사구이동성 억제 | 심각함. 해안압착이 발생. |

* 천연의 호안구조물로서 사구가 지니는 효율을 기준으로 살펴본 것임.

추구해야 한다. 즉, 이용과 영향을 서로 견주어봐야만 한다. 전 세계의 해안사구시스템 중 다수가 인간에 의한 변화와 영향의 징후를 보이긴 하지만 해안사구에 대한 접근을 완전히 막을 수는 없다. 따라서 해안사구 환경 내에서 관찰되는 다양한 영향, 사구보전방법, 사구의 해안보호 기능을 증대시키는 방법들 사이에서 이해득실을 살펴보아야 한다. 편의상 사구에 영향을 미치는 요인을 4가지 범주로 구분 지었지만 이들 영향은 복합적으로 나타날 가능성이 높다.

#### 1) 사구의 형질변경

사구를 개발해서 다른 토지이용으로 전환하게 되면 서식지가 커다란 변화를 받게 되어 사구 시스템이 완전히 변형된다는 점에서 가장 심각하다.

도시개발

주택과 휴양지용 숙소를 사구지대에 짓는 것은 사실상 사구를 구성하는 모래를 포장도로, 잔디, 건물 등의 하부에 고정하는 것으로 사구를 정적으로 즉, 움직이지 못하도록 만드는 것이다. 이것은 바로 퇴적물 저장고의 손실로 이어진다. 개발되지 않고 남아있는 부분도 자연성을 크게 상실한다. 개발이 계속되고 사구에서 날아드는 모래를 차단하려는 대책이 적용되면서 사구의 역동성은 점차 약화될 것이기 때문이다. 이 밖에도 서식지의 분절과 손실, 외래종, 그리고 건축물과 개발로 지역풍 체계(local wind regime)의 변화로 말미암아 사구시스템이 가지고 있었던 자연적 역동성은 더욱 위축된다.

페리와 드미엘(Perry & D'Miel, 1995)이 이스라엘 해안사구에서 행한 연구는 사구 인근에서 도시개발이 진행된 이후 많은 수의 동물종이 감소하고 식물 개체군이 증가했음을 보였다. 중요한 원인은 서식지의 분열과 손실, 그리고 개와 까마귀들의 유입이었다. 미국의 골드 코스트 시티에서는 도시개발과 관련하여 주요 관심분야를 다음과 같이 제시하였다. 1) 활성 사구지대의 잠식

2) 전망확보를 위한 식생제거, 이로 인한 사구훼손 3) 잔디나 그 밖의 부적절한 식생의 침입 4) 무분별한 통행 5) 폭풍으로 인한 재산손실 위험 6) 잔존 공유지를 사유지로 인식하는 문제 등이다.

어느 개발에서나 서비스와 접근성 확보를 요구하기 마련이다. 이 때문에 개발에 따라 이미 훼손되어 취약한 상태에 있는 사구 생태계가 받을 압력도 증가하게 된다. 사진 8.2는 영국의 북서부에 위치한 파일드 해안의 사구시스템이다. 이곳의 주요 해안도로는 활성사구를 관통하고, 복합휴양단지가 사구에 접해 있다. 이곳에서는 사구를 거쳐 휴양단지와 해빈을 통행하기 때문에 사구의 훼손이 심각하게 일어나고 내륙으로 날아오는 모래가 도로에 쌓이는 등 문제가 지속적으로 발생한다. 유사한 사례를 여러 문헌에서 찾아볼 수 있다. 랜웰과 보어(Ranwell과 Boar, 1986)는 스코틀랜드 클라크톨의 사구지대에 개발한 트레일러 단지의 문제를 설명하고 있다. 방문객 수가 증가함에 따라

**사진 8.2. 육지 방향의 사구 이동을 제한하고 있는 배후지 개발**

사진의 휴양지는 전사구를 고정시키는 조치를 취하게 할 뿐 아니라 해빈 접근로를 구비하는 과정에서 사구지대에 대한 방문객의 압력을 증가시키는 이유로 작용한다(사진 3.1 참조).

식생이 감소하고 토양층이 얇아졌다. 이러한 현상은 풍식과 함께 넓은 지역이 나지로 변해가는 원인이며 여러 지역에서 악순환을 겪고 있다. 카터(1988)도 휴양 활동이 야기하는 사구훼손을 설명하고 있는데, 바비큐 파티 정도나 일상적으로 일어나는 무심한 사구손상행위로도 사구 시스템이 훼손될 수 있다는 것을 강조하고 있다. 트레일러 단지와 같은 휴양단지는 어느 정도 임시 구조물이기 때문에 필요에 따라 큰 노력을 들이지 않고서도 이전시킬 수 있다. 그러나 주거지나 호텔, 촌락은 상대적으로 영구시설이기 때문에 영향이 크다.

카터 등(1990)은 개발사업에서 사구가 갖는 매력에 대해 논의하고 있다. 모래가 풍부하고 심미적으로도 아름답기 때문에 호텔개발업자들에게 사구는 이상적이다. 몇몇 나라에서는 이런 개발이 극심했는데 스페인 세비야 인근의 마탈라스카나스가 대표적인 예이다. 이곳에서는 사구시스템 위에 25만 명을 수용할 수 있는 택지개발이 이루어졌다. 이러한 개발 자체만으로도 해안보호 측면에서 심각한 문제가 발생한다. 그러나 이에 더해 해안을 바라보는 아파트 주민들에게 좋은 전망을 제공하기 위해 바다 쪽에 남아있는 사구마저 고도를 낮추고 경사를 정비하는 작업이 진행되었다. 해안보호 구조물로서의 사구라는 관점에서 이 문제를 고려한다면, 더 좋은 진망을 얻기 위해 해안제방을 훼손하는 행위라고 할 수 있다.

그러나 이런 방식의 해안 개발이 스페인에서만 발견되는 것이 아니다. 미국 뉴저지 주의 아일랜드 비치에서도 사구지대 개발 사례를 찾아볼 수 있다(Gares, 1990). 사취 상에 발달한 사구지대의 대부분이 개발되었는데, 이로 인해 지가가 높아져서 해안보호 구조물을 설치해야 한다는 목소리가 높다. 하지만 과연 얼마나 많은 사람들이 해변에 집을 짓겠는가?

### 골프 코스

골프 코스에 대해서는 두 가지 상반된 입장이 있다. 골프 코스는 외래종을 유입시키고 집약적 관리(비료와 물주기)를 요구하기 때문에 비자연적 환경으로 이행시킨다. 한편 골프장을 조성하면 관목을 관리할 수 있고 방문객을 제한할 수 있어 사구보호와 관리에 유익한 측면도 있다. 비록 골프코스의 자연성과 야생 식생 등의 요구에 따라 존치시키기도 하지만 그린 주변을 중심으로 서식지를 변화시키는 것은 사실이다. 골프장의 대부분을 차지하는 면적은 관목이나 어린 나무가 잠식해 들어오지 않도록 반자연 상태로 관리되고 있다.

최근 골프장 시설에 대한 수요가 크게 증가하여 사구지대에 영향을 주고 있다. 골프 코스의 관리는 사구 시스템의 관리와는 다르지만 변화의 정도가 적고 골프 코스로 사용하는 것이 사구의 보전 형태라는 주장이 있다. 이론적으로 골프장으로 사용된 사구지역은 자연상태로 회복될 수 있다. 그러나 자연상태와 같은 양의 퇴적물을 받을 수 없고 자연환경과의 상호작용도 동일하지 않기 때문에 사구가 긴 시간의 변화를 겪는 자연상태로 회복되는 것은 단순한 과정이 아니다. 더욱이 그린 관리 등을 통하여 토양화 과정이 촉진되며 시비활동은 토양의 지화학적 특성을 변화시킨다(French, 1997). 그린에 사용되는 잔디는 토착종처럼 건조에 잘 견디지 못하기 때문에 계속 물을 주어야 한다. 골프 코스에 따라 그린에 뿌리는 물을 주변에서 끌어오기 때문에 사구의 지하수위가 낮아질 수 있고 사구슬랙 군락이 영향을 받을 수 있다(상자글 8.1 참조).

사구를 골프 코스로 사용하는 과정에서 비사공급과 퇴적물 이동을 중단시키지만 이것이 반드시 해빈과 사구 사이의 상호작용을 중단시키는 것은 아니다. 주요 티샷 지점과 그린이 사구 가장자리에서 멀리 떨어져 있다면 겨울철에 일어나는 사구 높이의 저하가 골프 코스에 영향을 주지 않을 수도 있다. 골프 코스의 가장자리에 사구의 역동성을 보장할 수 있는 부분이 필요하다.

### 농지

많은 사구가 경작지로 전환되고 있으며 특히 배후지에 인접한 사구의 경우에 그러하다. 사구의 토질은 척박하지만 목초지로 이용할 수 있고 몇몇 뿌리채

소작물에는 적합하다. 경작활동이 일어나면 사구토양의 영양분 손실이 급속히 일어나고 토질이 저하된다. 대부분의 경작활동이 배후지역 가까운 곳에 있기 때문에 자연사구의 기능과 해안보호에 미치는 영향은 작은 편이다. 적절히 관리하지 않으면 표토층이 심하게 훼손되어 풍식이 크게 일어날 수 있다.

사구를 농업적 목적으로 이용하는 또 다른 형태는 방목이다. 사구식생 특히 황색사구(전사구)에 가축(토끼와 같은 야생동물도 포함)을 방목하는 것은 토양의 안정성에 영향을 줄 수 있다. 부어만(Boorman, 1989)에 의하면 저밀도의 동물 방목(1헥타르당 소 0.5두 또는 양 4마리의 밀도)도 심각한 식생파괴(나지화)를 초래하여 침식위험을 높이며, 특히 취식와지를 발생시킬 수 있다.

소가 밟아서 발생한 문제도 국지적으로 심각하지만 주요 문제는 토끼가 초래한다. 랜웰과 보어(1986)에 따르면 토끼의 피해는 풀을 뜯어먹는 것뿐만 아니라 굴을 파는 것 때문에 심각하다. 토끼의 굴파기가 식물뿌리에 간접적인 영향을 주고 당분이 풍부한 식생뿌리는 직접 갉아 먹는다. 방목은 식생의 키를 낮춰 모래퇴적을 감소시킨다. 양은 식물의 밑둥까지 갉아먹기 때문에 더 큰 피해를 일으킨다. 밴드(Band, 1979)에 따르면 방목은 뿌리의 깊이를 축소시겨시 퇴적물을 얽어매는 기능도 떨어뜨리고 건기에 식생이 말라죽는 현상을 초래한다.

### 조림

사구에 나무를 심는 것은 오랜 기간 여러 지역에서 행해져 왔다. 그러나 사구의 숲을 제거하여 사구가 자연상태로 재생되도록 해야 한다는 압력이 증가하고 있다. 중요한 논점은 나무숲이 풍속을 낮추고 모래의 내륙이동을 막아 넓은 지역에 걸쳐 사구의 모래를 억류한다는 것이다. 도날드에 따르면 내륙으로 나무 높이의 25배에 달하는 거리에 걸쳐서 바람의 유동이 간섭을 받고 이에 따라 모래이동도 교란을 받는다(Donald, 1954).

또한 숲 바닥에서는 하층식생의 발아가 장애를 일으키고 다양한 외래종이 침입하여 부정형 군락(atypical community)이 형성된다. 특히 조림이 이루어진 사구 시스템이 침식을 받기 시작할 때 부정형 군락은 심각한 문제를 일으킨다. 일반적으로 사구가 침식을 받으면 전사구의 바다 쪽 사면에 사구사초가 다시 착생하면서 재활성화 과정을 겪고 이를 통해 사구전면의 안정성이 높아진다. 만약 전사구시대에 사구사초류가 충분하지 않다면 사구지대의 침식은 빠르게 진행될 것이다.

이러한 문제는 최근에 드러나고 있다. 사구조림은 내륙의 자연림 손실을 보상할 수 있는 이상적인 수단으로 고려되기도 했으나 이로 말미암아 많은 사구지역이 문제를 짊어지게 되었다. 스코틀랜드 동부 텐트스미르에서는 1890년부터 시작된 조림으로 1,300ha의 삼림이 형성되었지만 식생생태계에 커다란 변화가 일어나고 토착종의 훼손을 겪게 되었다(Ovington, 1951). 앵글시 뉴버로우에서 1947년부터 1965년 사이에 산림청이 수행한 720ha의 사구지역 조림사업도 사구초지를 대체하는 등 사구생태계에 큰 변화를 초래했다(Hill and Wallace, 1989).

사구조림사업이 초래하는 여러 가지 폐해를 지적해 왔으나 이러한 활동은 계속되고 있다. 매일리 등(Mailly et al., 1994)은 사구를 안정화시켜 내륙 농경지로의 이동을 억제하기 위한 세네갈의 조림사업을 설명하고 있다. 지속적인 사막화를 막고 농경지를 보호할 수 있는 유효한 사업으로 인식되고 있으나 장기적 결과는 불투명하다. 사구의 위치가 고정되면 폭풍이나 해수면 변동에 대한 조절 반응은 불가능하다.

### 2) 모래채취

모래채취는 사구의 구조 자체를 소멸시킨다. 사구에서 모래를 제거할 때 발생하는 문제는 명확하지만 채취량보다 퇴적량이 더 많은 건강한 사구에서는 별다른 문제가 없다. 모래채취가 퇴적물수지에서의 손실을 의미하지만 해안으로부터 들어오는 공급량이 손실량보다 많기 때문에 퇴적물 중량의 손실이 일어나지 않는다. 그러나 채취로 인한 손실이 퇴적물수지에 순손실을 초래하는 경우에는 심각한 악영향이 초래된다. 우선 사구의 고도를 낮춰 폭풍의 피해를 증가시키고 지형의 파괴를 발생시킨다. 둘째 퇴적물 이동을 교란시켜 회색사구(배후사구)에 공급되는 퇴적물을 감소시킨다.

### 규사광

모래는 여러 가지 목적으로 사구로부터 채취된다. 대표적으로는 건축재료로 사용하기 위해서이며 유리 제작이나 광물질 추출 또는 토양개선물질로도 사용된다(Ranwell and Boar, 1986). 또한 모래는 양빈사업을 위해 채취되며 여러 사용사례는 귈처와 할리고트(Guilcher & Hallegouet, 1991)의 브리타니 사구연구에서 소개하고 있다. 이와 같은 모래 채취 활동이 사구에 미치는 영향은 매우 심각하다. 중장비를 동원한 모래채취는 비사의 형태로 유입되는 퇴적물 양보다 많기 때문에 퇴적물수지의 순손실이 일어나 사구의 질이 떨어지고 침식이 발생한다. 사구를 위협하는 또 다른 활동에는 관광, 조림, 그리고 아스파라거스나 튤립의 경작이 있다. 유사한 문제가 웨일즈 켄피그 사구에서 관찰되는데 이곳에서는 45만 톤의 모래가 채취되었다(Jones, 1996).

모래채취에 대한 논의를 끝내기에 앞서 사구지대 내에서 일어나는 모래채취만 악영향을 초래하는 것이 아니라는 점이 강조되어야 한다. 전빈이나 외빈에서 수행되는 모래채취도 해빈의 모래공급에 영향을 주고 나아가 사구에도 영향을 미친다.

## 3) 사구지대의 이용

사구의 물리적 구조를 제거하거나 변경시키지 않더라도 사구 자체를 자원으로 이용하는 활동, 예컨대 관광이나 위락지구로 활용하는 것도 사구에 커다란 영향을 미친다. 해안관광은 다양한 영향을 초래한다. 해안사구에서 이러한 영향이 가장 민감하게 나타난다. 바람에 의해 퇴적물이 큰 규모로 재이동하는 것을 막고 사구를 안정화시키는 데는 사구식생이 중요한 역할을 한다. 그러나 답압(踏壓: 사람들이 밟고 지나가는 것)으로 인한 영향을 막는 데에는 부적절하다.

답압에 대한 서식지의 반응 가운데 하나는 이에 대한 저항력이 있는 종이 증가하는 것이다. 그러나 열악한 사구환경에서 생존할 수 있는 종 자체가 제한적이기 때문에 위와 같이 종조성의 변화가 늘 가능한 것은 아니다. 사구에서는 답압에 대한 반응이 종조성의 변화보다 종의 손실로 나타난다. 부어만과 풀러(Boorman and Fuller, 1977)는 영국 노포크 윈터턴 연구에서 답압과 나지통로 사이의 상관관계가 특히 사구사초류나 갯보리류와 같이 답압에 취약한 초본류의 지대에서 높다는 것을 밝히고 있다. 약간의 답압도 변화를 일으킨다. 부어만(1976)에 따르면 한 달에 열 명의 통행으로도 식생 높이를 66%까지 감소시킨다. 이는 단지 다섯 사람이 사구를 통하여 해빈을 왕래할 때 일어난다. 매달 40명의 통행으로 식생 높이는 75%까지 감소되며 80명의 통행으로 나지화가 시작된다. 150명이 통행하면 식생의 절반이 손실된다. 이렇듯 인간에 의한 영향은 매우 크며, 특히 관광객의 방문이 많은 지역에서는 엄청난 영향을 받는다. 사진 8.2는 블랙풀의 남쪽 해안에서 발생한 식생훼손 사례를 명료하게 보여준다. 이곳에서는 해빈으로 연결된 통로가 사구를 지나가며 대부분의 관광객이 이 통로를 택하고 있다. 결국 광범위한 사구식생의 소멸이 일어나고 취식와지가 형성되고 있다.

답압 이외에 다른 활동도 식생 소멸을 일으킨다. 승마, 모래요트놀이, 오프로드 차량활동 등이 그러한데, 궁극적으로는 식생 손실을 일으키는 압력으로 작용한다(French, 1997). 군부대 훈련장도 오프로드 차량 활동과 유사한 영향을 주나 이점이 있다면 민간인의 출입을 통제하여 다소간의 보호가 가능하다는 점을 들 수 있다. 그럼에도 불구하고 군사시설은 식생을 대거 제거하여 사구를 나지 상태로 만들고 풍식에 노출시킴으로 사구의 안정성에 치명적인 영향을 미칠 수 있다. 이런 문제가 이스트 로시안의 걸레인에서 발생하였다. 1940년대에 이곳에서는 사구지대로의 차량출입이 잦아 사구의 쇠퇴를 확장시키고 모래 이동이 광범위하게 발생하였다(Ranwell and Boar, 1986). 1940년대 영국 도셋 스터드랜드에서도 군부대 훈련으로 말미암아 대규모의 사구가 손상되었다. 이곳에서는 그 후에 지뢰제거작업이 수행되었는데 지뢰를 찾기 위해 사구식생을 불태웠고 이로 말미암아 광범위한 모래이동이 일어났다.

### 지하수 개발

지역에 따라 사구는 주요한 용수공급원이다. 네덜란드에서 좋은 예를 찾을 수 있는데 해안사구가 암스테르담을 포함한 많은 지역에 식수를 제공한다. 또한 사구가 좋은 대수층이기 때문에 방대한 용수가 필요한 맥주공장이나 표백공장의 입지에도 유리하다(*North Holland Water Supply*, 1992).

사구는 좋은 용수공급원으로서 큰 잠재력을 지니고 있다. 그러나 용수를 추출하는 것은 사구 안정성에 여러 가지 악영향을 일으킬 소지가 있다. 충분한 재충전 없이 지하수를 지속적으로 뽑아내면 지하수위가 낮아진다. 이에 따라 인근의 습지가 영향을 받는다. 더욱 중요한 것은 모래의 이동과의 관련성이다. 습기를 함유한 모래는 건조한 모래보다 이동성이 낮기 때문이다. 지하수위가 높아질수록 풍성작용에 의한 모래이동이 억제된다. 그러나 지하수위가 낮아지면 건조한 모래층이 두터워지고 이에 따라 침식이 증가하여 사구의 고도는 낮아진다. 기랜 등(Geelan et al., 1995)은 1886년 이후 지속적인 지하수 개발로 말미암아 지하수위가 크게 저하된 암스테르담 인근의 1,200ha에 걸친 사구를 연구하였다. 라인 강물을 정화시켜 사구에 인공적으로 충전하는 사업이 1957년 이후 행해져 왔으나 강물에 영양분이 너무 많고 지하수의 유동방향과 유량에 변화가 일어나 지하수위의 변동이 부자연스럽기 때문에 지하수위와 지하수 식물군락을 복구하려는 노력은 만족스런 결과를 얻지 못했다.

또 다른 영향으로 염수침입을 들 수 있다. 사구 내 지하수를 추출함에 따라 지하수위가 낮아지고 바다 쪽의 염수지하수가 사구로 침투한다. 사구습지의 생물은 어느 정도 염분에 대한 내성이 있지만 염수침입으로 염도가 증가하게 되면 손상을 받는다. 이러한 사례는 영국의 서포크 사우스울드와 네덜란드에서 관찰되었는데 네덜란드에서 지하수위가 지역에 따라 5m까지 저하되었다(van der Meulen, 1979).

### 4) 외부로부터의 영향

마지막으로 사구지대의 외부로부터 유래하는 영향을 생각할 수 있다. 사구에 있어서 지속적인 퇴적물 공급은 매우 중요하다. 사구가 쇠퇴하는 이유 중 하나는 퇴적물 공급의 중단, 혹은 감소에서 찾을 수 있다. 퇴적물의 공급이 중단되거나 감소되는 이유는 앞서 살펴본 바와 같이 다양하다.

주목할 점은 어떤 구조물, 즉 제방, 돌제, 도류제 등의 구조물은 연안퇴적물 이동에 영향을 주며 해빈 퇴적물 채취와 외해빈 준설과 같은 활동들도 퇴적물 수지에 영향을 미친다. 일례로 웨일즈 켄피그의 사구지대는 현재 퇴적물수지의 손실을 겪고 있는데 그 원인 가운데 하나는 사구지대 상류의 탈보트 항에 건설된 도류제로 알려져 있다(Jones, 1996).

이 절에서는 해안사구 시스템에 영향을 주는 다양한 활동들에 대해 살펴보았다. 이러한 내용은 호안에 관련된 문제와 그 해결을 다루는 이 책의 내용에 부적합해 보일 수도 있다. 그러나 사구는 자연상태의 해안제방이며 무엇을 막론하고 사구의 기능을 저해하는 활동은 호안의 관점에서 중요한 사안으로 다루어져야 할 것이다. 전통적으로 답압이나 관광객이 사구에 미치는 영향은 생태적 주제로 다루어져 왔다. 그러나 호안의 관점에서는 생태적 손상 이상의 문제로 인식된다. 앞서 극소수의 사람들이 사구를 통과하는 것만으로도 사구 식생에 커다란 훼손을 입힌다는 것을 살펴보았다. 이러한 식생은 자연해안제방의 '접착제' 역할을 하여 모래를 얽어매고 있다. 식생이 사라지게 되면 호안능력은 심각하게 저하된다. 동시에 해안은 역동적인 시스템이고 해안 시스템을 구성하는 사구와 해빈은 상호작용한다. 이러한 역동성이 보전되기 위해서는 시스템을 구성하는 원재료, 즉 모래가 지속적으로 공급되어야 한다. 폭풍이 지나간 후에 훼손된 콘크리트 벽을 발견했다면 기술자들은 피해를 복구할 새로운 콘크리트나 블록을 공급할 것이다. 사구 시스템에도 유사한 피해를 입을 수 있지만 훼손을 복구하는 재료(모래)는 이미 해빈에 준비되어 있다. 기술자들이 피해복구를 위해 준비한 콘크리트가 부족할 때 발생하는 문제와 마찬가지로 해빈에 충분한 양의 모래가 존재하지 않으면 사구는 스스로 복구할 능력이 없으며 따라서 호안기능을 상실하게 된다.

해안사구는 잘 보전된다면 비용효율이 높은 사연적 호안구조물이다. 다음 절에서는 이러한 관점에서 해안사구의 문제를 다루고자 한다.

## 4. 해안사구 보호와 복구 기법

사구 훼손을 일으킨 원인에 따라 보호대책이나 복구대책이 모색된다. 가장 간단한 방법은 사구가 자연작용에 따라 이동하여 사구의 기능을 유지하도록 인위적인 개입을 철저히 억제하는 것이라고 할 수 있지만 현실적으로는 적용이 어렵다. 사구는 이미 오래전부터 인류사회의 발전이나 활동과 밀접히 연관되어 왔기 때문에 인위적 개입이 불가피하며 최선의 관리와 보호 대책을 강구할 수밖에 없다. 여기서 중요한 것은 사구관리의 목적을 결정하는 일이다. 여러 시각이 있을 수 있는데 여기에서는 사구의 해안보호 기능을 중요시하기로 하자.

사구는 이상적인 해안보호구조물이다. 호안목적의 관리를 고려할 때 다음과 같은 관리기준을 염두에 두어야 한다.

- 상호작용 : 사구는 가능한 한 인위적 간섭으로부터 자유로워야 하며 자연작용과 상호작용할 수 있어야 한다.
- 식생 : 식생은 사구안정성에 필수적이다. 그러나 지나치게 밀생하는 식생은 퇴적물을 고정시켜 폭풍 이후 사구복구의 과정에 장애가 될 수 있다.

- **이동** : 사구는 이동성이 보장되어야 하며 따라서 모래를 가두는 행동은 바람직하지 않다.
- **퇴적물 공급** : 사구는 단기적인 침식과 퇴적의 순환과정을 지속적으로 겪는다. 이 과정을 일으킬 수 있도록 충분한 퇴적물이 해빈환경으로부터 공급되어야 한다.

이 기준들과 표 8.2와 8.3에 언급된 문제들을 고려하여 관광활동으로 심하게 훼손된 경우나 시설 및 거주지, 농경지로 개발된 경우 등 각 상황에 적합한 사구관리 방안을 계획할 수 있다.

이용도가 높은 사구를 관리할 때는 사구가 수행하고 있는 여러 가지 기능을 염두에 두어야 한다. 이러한 사구는 친수공간으로 휴양지의 질에 필수적이고 폭풍기간에는 퇴적물을 공급하여 해빈의 단기적 조절능력을 유지시키고 배후지를 보호하는 제방기능을 수행한다. 따라서 관리방향은 자연적 기능이 유지되는 동시에 사람들의 접근이 허용되도록 설정해야 한다. 사람들의 사구 접근 목적이 대체로 해빈까지의 통행이기 때문에 이동로, 예컨대 목도를 설치하여 넓은 지역에 걸쳐 발생할 사구의 질 저하를 막을 수 있다.

사구의 관리는 세 가지 접근방법으로 정리할 수 있다. 첫째는 사구를 전체적으로 복구하는 것으로 사구의 구조와 보전상태가 심하게 훼손된 경우에 적용된다. 사구와 퇴적물수지의 복구에 많은 퇴적물이 필요하기 때문에 해안관리에서 극단적인 사례라고 할 수 있다(7장에서 다룬 양빈과 비교) 모래공급이 자연적으로 가능하더라도 이로 말미암아 하류의 서식처에 악영향을 미친다. 해빈의 높은 지점이나 조상대에 인위적으로 모래를 공급하는 방법이 많이 사용되고 있는데 양빈기술과 유사하다. 그러나 사구의 경우에는 준설로 채취한 모래를 직접 사용하는 것은 곤란하다. 사구 시스템을 용수공급원으로 사용하기도 하고 사구 식생의 염분에 대한 저항력이 낮기 때문에, 염분을 함유한 준설토를 사구보강에 직접 사용하는 것은 커다란 환경영향을 초래한다. 사구의 지하수와 생태계에 미치는 악영향을 차단하는 노력이 필요하다.

아드리안스와 추센(Adriaanse와 Choosen, 1991)은 사구의 인위적 모래공급과 관련된 방법론과 환경적 문제를 설명하고 있다. 사구의 양빈에 관련된 사례 연구는 캐나다에서 사구복구를 다룬 배이어(Baye, 1990)와 미국 오리건 주 네도나 해안사구 관리를 살펴본 코트라이트(Cortright, 1987), 오대호 연안의 사구보강을 고찰한 마치(March, 1990), 오리건 해안사구의 인위적 경사조정을 살펴본 노드스트롬(Nordstrom, 1987) 등에서 찾아볼 수 있다. 사구조성/복구의 측면에서 자연에 가까운 정도, 그리고 해안작용에 순응하는 정도가 매우 중요하다. 돌랜과 갓프레이(Dolan & Godfrey, 1973)는 폭풍 이후 인공사구와 자연사구의 회복 정도를 비교하고 있다. 이 연구에 따르면 인공사구가 더 많이 침식되고 회복에도 더 오랜 시간이 걸리는 경향이 있다. 이 경향은 양빈 해빈단면과 자연 해빈단면 사이의 비교에서 나타난 결과와 유사하다.

사구의 복구가 해결책이다. 사구 복구과정에서 고려해야 할 주요 요소는 문제의 실제적 원인이다. 사구 쇠퇴의 원인이 퇴적물수지 악화로 인한 공급부족이라면 퇴적물 공급이 문제해결에 적합할 수 있다. 그러나 사구쇠퇴가 조림이나 다른 토지이용으로 인해 퇴적물이동이 일어나지 않기 때문이라면 퇴적물의 이동성 복구가 관리 목표로 설정되어야 한다. 퇴적물을 공급한다고 해서 바로 온전한 지형을 만든다거나 환경적 안정성을 찾을 수 있는 것은 아니다. 퇴적물에 풍성작용이 가해져서 지형이 형성되어야 한다. 풀이나 작물의 식재는 퇴적물 이동행태를 변화시키고 넓은 지역에 걸친 조림은 바람의 패턴을 바꾼다. 계획의 성공을 위해서는 양빈이나 퇴적물 공급의 여러 측면을 모두 고려하는 것이 중요하다.

두 번째는 심각한 훼손을 입지는 않았으나 전사구의 바다 방향 사면에서 복구나 손질이 필요한 것으로 가장 일반적인 경우이다. 어떤 기법을 동원하더라도 사구의 복구에는 해안프로세스의 관점에서 모래의 공급/이동을 염두에 두어야 한다. 앞서 살펴본 바와 같이 모래는 저조위 동안 조간대로부터 이동된다. 따라서 지표 위의 구조물이나 식생은 퇴적물을 차단하여 퇴적을 촉진시킨다. 모래퇴적을 유도하는 가장 흔한 방법은 풍속을 낮추는 것이다. 일반적으로 1m 높이의 철망이나 잡목 울타리, 토목섬유 울타리 등을 설치하면 조립질의 모래는 퇴적되지만 미세한 물질은 울타리를 통과해서 사구의 높은 지점에 퇴적되기 때문에 퇴적물 고갈 문제를 해결할 수 있다(사진 8.3a). 이러한 사구울타리는 풍하 방향으로 대략 높이의 8배의 거리에 걸쳐 풍속을 낮춘다. 즉 1m 울타리는 내륙으로 8m까지 퇴적을 촉진시킨다. 재닌(Janin, 1987)은 사구울타리 주변의 퇴적패턴을 조사했는데 울타리까지의 풍상사면에서는 표면포행으로 퇴적이 일어나고 울타리부터 시작되는 풍하사면에서는 전단속도가 도약이나 부유현상의 역치이하로 낮아짐에 따라 넓은 지역에 걸쳐 퇴적이 일어나는 현상을 밝혀냈다(사진 8.3b). 퇴적의 상세한 형태는 울타리의 높이, 간극률,[2] 풍향과 울타리 사이의 각도, 퇴적물 입경에 따라 결정된다. 홋타 등(Hotta et al., 1987)은 간극률의 기능을 파악하기 위해 여러 가지 울타리 형태로 실험했다. 양치식물로 만든 울타리(간극률을 측정하지 않음), 세로로 쪼갠 대나무 울타리(간극률 50%), 지름 3~4cm의 대나무 울타리(간극률 50%), 그리고 폭 15cm, 두께 1cm의 나무판자(간극률 40%) 등 네 가지의 울타리를 통한 실험 결과 퇴적물 집적에 가장 효과적인 울타리는 양치식물 울타리이고 효과가 가장 낮은 것은 나무판자 울타리라는 것을 확인하였다. 전반적으로 50% 이하의 간극률을 갖는 울타리에서는 퇴적률이 낮고 간극률이 높을수록 더 크고 긴 사구의 형성을 촉진한다. 이 연구는 탁월풍에 대한 울타리 각도를 조사하였던 키무라(Kimura, 1957)의 연구를 연장시킨 것이다. 키무라에 따르면 두 가지 기준은 상호작용하며 모두 중요한 요소이다. 그는 울타리에 대한 풍향의 차이에 따라 퇴적률을 최대로 발생시키는 간극률이 변한다는 것을 보였다. 바람이 90도로 불어오면 최대퇴적은 간극률 67~71%에서 발생하고 80도로 불면 간극률 50%에서, 55도로 불어 들어오면 60%에서 최대 수준의 퇴적이 일어난다(Kimura, 1957). 영국 캠버 샌즈의 사구 안정화 사업에서는

2) 퇴적물의 특성을 가리키는 porosity는 보통 공극률로 번역되지만 여기에서는 울타리 재료의 성긴 정도, 밀도를 가리키므로 '간극률(間隙率)'이라고 구분하였다 — 역자주.

사진 8.3. 사구지대에 모래가 퇴적되는 것을 유도하기 위한 인공구조물의 사용

a) 전사구의 성장을 위해 설치한 모래 울타리. 두 열의 울타리는 침식되던 사구 전면부에 모래를 집적시키는 작용을 한다. 랭카셔의 폼비 해안 소재.

b) 해안선에 평행한 방향으로 이동하는 비사를 퇴적시키는 데 사용된 모래 울타리

(위 두 사진은 런던 대학교 로얄 할러웨이 캠퍼스 지질학과의 켄 파이 교수의 허락을 얻어 전재함.)

4열의 철망 울타리를 사용해서 울타리의 간극 효과를 크게 실험하였다(Metcalfe, 1977). 간극률이 69%에서 42%로 감소하자 퇴적이 크게 증가하였고 주울타리에 수직방향으로 1.2m 높이의 보조울타리를 11m 간격을 두고 세웠을 때에도 퇴적을 크게 증가시켰다. 탁월풍에 대한 울타리의 방향뿐만 아니라 평균고조위선에 대한 울타리의 위치도 중요하다. 바다 쪽으로 지나치게 멀리 울타리를 세우면 폭풍기간의 침식이 증가하고, 사구에 너무 가까우면 퇴적량이 감소하고 사구 성장의 공간적 범위도 축소된다. 빌스와 스펜서(Viles & Spencer, 1995)에 따르면 바다 쪽으로 지나치게 멀리 세우면 계절에 따른 침식/퇴적 주기가 뚜렷하게 나타난다. 이러한 발견을 감안하여 사구나 바다로부터 울타리까지의 최소/최대거리 범위가 거론되어 왔다. 우드하우스 등에 따르면 폭풍으로 훼손된 노스캐롤라이나 사주섬 사구지대에서는 평균고조위(MHWM)로부터 100m 지점이 사구울타리에 이상적인 위치이다(Woodhouse et al., 1976a). 평균고조위로부터 수평거리보다 수직거리를 사용하기도 한다. 아드리안니와 터윈트(Adriani & Terwind, 1974)는 대부분의 유럽해안에서 평균고조위로부터 수직으로 1m 높이가 적합하다고 주장하는 반면에 브룩스(Brooks, 1979)는 2m를 선호한다(Ranwell and Boar, 1986).

사구울타리의 퇴적촉진 기능은 울타리가 퇴적된 모래에 묻힐 때까지 일어난다. 그러나 울타리 설치와 함께 심은 식생은 모래를 안정화시키며 계속 위로 성장하기 때문에 바람의 흐름을 지속적으로 방해하여 꾸준히 퇴적을 촉진시킨다. 사구울타리와 망사매트를 설치하고 동시에 사구사초류를 심으면 퇴적현상과 식생군 형성이 자연작용에 따라 발생하여 사구복구의 성과를 높일 수 있다. 지중해는 관광객 활동이 높은 지역으로 관광객 유치를 위해서도 사구관리가 매우 중요하다(van der Meulen and Salman, 1996). 이곳의 사구는 양빈, 퇴적현상의 활성화, 조림 등의 여러 기술의 사용으로 안정화되어 있다. '자연상'의 식물군락 조성과 천이를 촉진시키기 위해서는 사구지대의 토착종을 사용하는 것이 중요하다. 일반적으로 배사구에 흔히 적용하는 사구사초류나 갯밀류는 성장이 빠르고 뿌리의 침투력이 높아서 모래를 얽어매어 풍식에 대한 저항력을 높일 뿐 아니라 퇴적현상을 촉진시킨다. 사구사초류는 여러 나라에서 널리 적용해 왔고 식재 방법도 소상히 밝혀져 있는 편이다. 식재 설계나 식재 간격은 장소에 따라 다양하지만 지나치게 빽빽한 밀도는 사구를 '고정'시키기 때문에 피해야 한다는 점이 매우 중요하다. 홉스 등(Hobbs et al., 1983)에 따르면 퇴적현상이 빠르게 진행되는 곳은 근경(根莖)을 수직으로 심어야 하며 침식이 우세하게 일어나는 곳에서는 비스듬하게 심고 식재 간격을 크게 설정해야 한다.

일반적인 식재 법칙에 따르면 '도미노-5' 패턴으로 깊이는 0.15~0.2m, 식재 간격은 0.3~0.9m로 한다(Ranwell and Boar, 1986). 정확한 식재간격은 훼손 정도나 경사, 그리고 바람에 노출된 정도에 따라 다르며 종의 선택도 토착종 가운데에서 현장의 특성에 따라 선택하는 것이 현명하다. 사구사초류나 갯밀류, 갯보리류가 흔히 사용되는 종이다. 이들을 섞어서 심는 혼재는 퇴적물이 심하게 부족한 지역이나 비사량이 부족한 지역에서 널리 적용된다. 사구사초류가 퇴적을 가장 잘 촉진시키기 때문에 침식이 심하게 일어나는 곳에는 종종 다른 종과 함께 적용된다. 아드리안니와 터윈드(Adriani & Terwind, 1974)에 따르면 사구사초류나 갯밀류와 함께 갯보리류를 교대로 식재했을 때 좋은 성과가 나온다. 혼재는 스코틀랜드 이스트 로시안의 걸레인에서 성과를 보였다. 갈매나무와 나무판자로 구성된 사구울타리를 통하여 6년간 3.6m 높이의 사구를 퇴적시켰다. 이후 새로 형성된 사구의 바다 쪽 사면에 갯보리류를 심고 내륙 쪽 사면에 사구사초류를 심은 것도 사구안정화에 도움이 되었다. 이 사업에서는 모래를 공급하여 적정한 경사를 조성하는 과정을 통하여 심하게 훼손된 취식와지를 복구하였다(Ranwell and Boar, 1986). 초본류의 식재가 가장 일반적이기는 하나 다른 식생종도 사용될 수 있다. 내륙의 회색사구(성숙사구)는 그 성숙도에 상응하는 식생을 적용하여야 하는데 털갈매나무나 튤립나무 같은 다년생 목본이 적합하다.

사구보호에는 다양한 방법과 식생종이 적용된다. 자연보호단체에 의해 정리된 식재패턴, 식생종, 그리고 식재시기 등을 다룬 포괄적인 안내서가

표 8.4. 사구보호·복원 연구 사례

| 나라 | 연구자 | 연구지역 |
|---|---|---|
| 캐나다 | Baye (1990) | 북동부 |
| | Kellman and Kading (1992) | 온타리오 |
| 이집트 | El Raey (1997) | 나일강 삼각주 |
| | Misak and Draz (1997) | 이집트 전국 |
| 프랑스 | Bressolier-Bousquet (1991) | 아캬춘 베이 |
| | Favannec (1996) | 애퀴텐 |
| | Guilcher and Hallégouët (1991) | 브리타니 |
| 이스라엘 | Perry and D'Miel (1995) | 이스라엘 전국 |
| 지중해지역 | van der Meulen and Salman (1996) | 지중해 전체지역 |
| 네덜란드 | Adriaanse and Choosen (1991) | 네덜란드 전체 |
| | van Dijk (1989) | 네덜란드 전체 |
| | Louisse and van der Meulen (1991) | 네덜란드 전체 |
| | van der Maarel (1979) | 네덜란드 전체 |
| | North Holland Water Supply Co. (1992) | 노스 홀랜드 사구보존지대 |
| | Rutin (1992) | 데브릭 사구지대 |
| | Verhagen (1990) | 네덜란드 전체 |
| | Watson and Finkl (1990) | 네덜란드 전체 |
| 뉴질랜드 | Gagil and Ede (1998) | 뉴질랜드 전체 |
| | Partridge (1992) | 카이토레트 스핏 |
| 세네갈 | Maily et al. (1994) | 북부 해안 |
| 남아프리카공화국 | van Aarde et al. (1996) | 콰 줄루 나탈 |
| | van Aarde et al. (1998) | 콰 줄루 나탈 |
| 타이완 | Lin (1996) | 남서부 지방 |
| 영국 | Boorman (1989) | 영국 전체 |
| | Carter (1980) | 북아일랜드 |
| | Carter and Stone (1989) | 말리건 (북아일랜드) |
| | Hill and Wallace (1989) | 뉴버로우 (앵글시) |
| | Houston and Jones (1987) | 세프턴 사구지대 |
| | Jones (1996) | 켄피그 (웨일즈) |
| | Page et al. (1985) | 이니슬라스 사구지대 (카디건 베이) |
| | Pye (1990) | 세프턴 사구지대 |
| | Whatmough (1995) | 멀러우 (북아일랜드) |
| 미국 | Cortright (1987) | 네도나 비치 (오레곤) |
| | Dahl et al. (1975) | 텍사스 |
| | Gares (1990) | 아일랜드 비치 (뉴저지) |
| | Jagschitz and Wakefield (1971) | 미국 전체 |
| | Lancaster and Baas (1998) | 오웬스 레이크(캘리포니아) |
| | Marsh (1990) | 오대호 |
| | Nordstrom (1987) | 오레곤 |
| | Nordstrom and Psuty (1980) | 미국 전체 |
| | Psuty (1993) | 퍼디토 키 (플로리다) |
| | Reckendorf et al. (1985) | 웨런턴 (오레곤) |
| | Trent et al. (1983) | 캘리포니아 |

* 자세한 내용은 책 뒤편의 문헌목록을 참고

있다. 시작단계에서 유익한 것으로 랜웰과 보어(1986)를 들 수 있다. 다양한 접근방법과 연구지역, 식생종을 다루고 있는 현장연구 사례들을 표 8.4에 정리하였다.

렉켄도르프 등(Reckendorf et al., 1985)은 사구보전과 복원에 관련된 여러 가지 쟁점들을 다루고 있다. 미국 오리건 주 사구안정화에 관해 논의하는 과정에서 1885년 콜롬비아 강 하구에 도류제가 건설되고 그로 인해 도류제 하류로 이동하는 퇴적물이 차단되어 1930년대 초 도류제 상류에 1,214ha에 걸쳐 모래가 퇴적되었다. 풍식으로 손실이 급속하게 발생했음에도 불구하고 배사구가 형성되었다. 이 사구는 세 단계를 거쳐 안정화되었다. 첫 번째로 전사구를 형성시키기 위해 사구울타리를 설치하였다. 두 번째로 초본류로 사구를 피복시켰다. 세 번째로 초본류와 목본류를 통하여 장기적 안정화를 도모하였다. 사구울타리를 설치한 후 8~9개월 내에 울타리 양측 3~5m에 걸쳐 사구가 1m 성장하였다. 캘리포니아에서는 식생을 이용하여 오프로드 차량의 과도한 출입을 억제했다(Trent et al., 1983). 식재와 사구울타리의 대안으로 기아씨랜 등(Ghiassian et al., 1997)이 제안한 망을 사용하여 사구침식사면을 안정시킬 수 있다. 그러나 이 방법은 퇴적물이 내륙사구로 이동하는 과정을 방해하는 것으로 보인다.

사구관리에서 문제의 원인을 외면한 채 사구의 복구에만 매달린다면 문제는 재차 발생할 것이다. 일례로 웨일즈 남부의 탈보트 항에 설치된 도류제가 컨피그의 사구와 해빈에 공급되는 퇴적물의 양을 감소시킨 경우를 들 수 있다(Jones, 1996). 도류제와 함께 사구모래 채취와 연안준설활동으로 말미암아 사구/해빈 시스템의 퇴적물수지가 크게 악화되었다. 이러한 경우에는 사구의 축소와 저질화를 일으키는 원인들을 해결할 수 있는 전체적 관점의 관리방안을 개발하는 것이 중요하다. 사구조성 기술은 간단하고 저렴한 기법으로 실현될 수 있다. 사구쇠퇴의 주요 원인 중 하나로 많은 사람들이 밟고 지나감으로써 발생하는 답압문제는 방문객을 통제하는 기본적인 관리를 통해 효과를 얻을 수 있다. 이 문제에는 목도(木道)가 해결책이 될 수 있다. 목도의 양측에 식생이 자랄 수 있고 모래 자체는 사람들이 걷기에 불편하기 때문에 사람들의 통행이 목도에 집중되게 된다. 울타리를 통해서도 사람들의 통행과 가축방목을 억제할 수 있다. 나무울타리는 사구에서 벌어지는 파티에 화목으로 사용될 수 있기 때문에 피하는 것이 좋다. 정보게시판이나 알림판 등을 이용한 대중 교육프로그램과 함께 사구관리가 수행되는 것도 효과적이다. 사구보호 활동이 필요한 이유를 알게 되면 사구를 존중하기 때문이다.

## 5. 사구보호와 관련된 파급효과

사구관리가 잘 이루어지면 여러 측면에서 환경적 편익이 나타난다. 사구는 연성호안구조물의 기능을 갖고 있는 중요하고도 지탱 가능한 서식지를 제공한다. 둘째, 건전한 사구는 폭풍기간에 해빈이 사용할 수 있는 모래의 저장고로서 해빈고를 유지시키는 기능을 가지고 있다. 세 번째, 사구는 중요한 환경보전과 친수공간을 제공한다. 이와 같은 세 가지 측면은 해안작용, 특히 바다와 육지의 상호작용 유지에 매우 중요하다. 해안보호와 해빈 안정성의 추구를 통한 해안환경의 건전성은 지역의 사회경제적 요소를 굳건하게 지속시키기 때문에 신중한 사구관리는 중요한 환경적 편익을 끼친다.

사구는 쉽게 훼손되기 때문에 과잉보호하려는 경향이 강하다. 사구 과잉보호는 문제를 일으킨다. 해빈과 사구 사이에는 지속적인 퇴적물 교환이 유지되어야 한다. 사구가 '안정'을 넘어 '고정'되면 퇴적물이 사구에 가두어져 해빈의 작용에 사용될 수도 없고 내륙으로의 이동도 일어나지 않는다. 침식 문제를 대처하는 과정에서 왕왕 이러한 위험이 일어난다. 퇴적물의 과도한 손실을 막기 위해 모래의 이동성을 줄이는 것이 지나쳐 완전히 중지시키면 사구 전면에 제방을 축조한 것과 같은 악영향이 발생한다. 파랑에너지를 효율적으로 흡수할 수 있는 형태로 적응해 나가지 못하고 나아가 장기적인 해빈 안정성에 악영향을 초래한다. 사구울타리나 퇴적유도기법을 지나치게 적용하여 퇴적물을 사구에 축적하지만 바다 쪽으로 이동하는 길을 차단하는 경우에도 같은 결과를 초래한다. 이 경우에는 사구에서 내륙의 회색사구로 이동하는 퇴적물도 차단한다. 과보호는 앞에서 살펴본 해식애 사면을 따라 해안제방을 설치하는 것과 동일한 결과를 초래한다. 이는 곧 배후지와 해빈을 분리시켜 퇴적물이 해안으로 공급되는 것을 차단한다.

따라서 어떤 관리방안도 문제의 환경에 대한 철저한 이해가 없이 적용되어서는 곤란하다. 관리의 부족은 목표에 미달하는 비효율적인 보호대책인 반면에 과도한 관리는 지나치게 퇴적물을 고정시켜서 환경의 역동성을 억제한다. 최선의 사구보호전략을 세웠다고 하더라도 사구는 환경변화에 따라 쉽게 훼손되기 때문에 사구를 친수공간으로 활용하는 등의 이용계획을 추가하는 경우에는 적절한 관리대책을 병행해야 한다. 이 경우 취약지역을 사람들의 통행으로부터 보호하기 위한 보도나 목도를 설치하는 단순한 대책을 세울 수도 있고 전체적 관점의 대책, 즉 퇴적물 공급, 공중의 영향(예. 답압), 그리고 모래나 지하수 채취 등의 사구관리와 관련된 문제를 포괄하는 대책을 세울 수도 있다. 앞서 인용한 켄피그 사구의 사례는 사구관리가 다각적 접근을 통해 이루어져야 한다는 것을 보여준다(Jones, 1996). 이 지역의 관리계획은 이런 문제들의 극복에 초점을 맞추고 있다. 전체적 관점에서는 역설이 나온다. 다른 곳에서 복구대상이 되고 있는 나지는 이곳에서 매우 귀중하다. 양들이 파헤쳐 놓은 와지는 이동성이 있는 모래지역일 뿐 아니라 희귀종의 서식처로 기능하고 있다. 도류제는 어쩔 수 없이 허용하고 있으나 모래채취는 중단시켰다. 어느 부분은 식피를 조성하고 어느 부분에서는 침식을 허용하여 사구시스템 내의 퇴적물수지가 유지되도록 관리하고 사구시스템이 고정(화석화)되는 것을 억제시키고 있다. 그러나 해빈으로부터 퇴적물이 공급되지 않는다면 전사구 환경(시스템)은 육지 방향으로 옮아가게 될 것이다.

영국 북서부의 국제적으로도 중요한 세프턴 사구는 사구관리에서 일반적으로 겪는 문제들을 가지고 있을 뿐만 아니라 시가지 인근에 위치하여 리버풀과 맨체스터의 친수공간으로도 활용되고 있다. 따라서 이 사구지역은 휴양지구, 산업지구, 보존지구, 그리고 호안지구로서 전체적 기능을 고려한 시각에서 관리되어야 한다. 세프턴 해안관리(Houston and Jones, 1987)는 이와 같이 다양한 수요를 수용하고 환경의 질 향상, 위락 및 교육적 활용, 일자리 창출, 호안 등의 목표를 망라하고 있다. 이 해안에서 작지 않은 부분이 보전지구로 지정되어 있고 어떤 부분은 지방정부나 환경보전단체가 소유하거나 관리하고 있다. 사구의 일부는 지방의 관리와 보호사업을 통하여 지속가능한 형태로 경작하거나 관리하도록 임대하기도 한다.

사구의 인문환경과 자연환경의 관리에 공통적으로 적용될 수 있는 상세한 지침은 없다. 어느 한 지역에서 적정한 지침이 다른 곳에서는 부적합할 수 있기 때문이다. 해안사구는 호안기능의 관점에서 매우 중요하지만, 친수 위락 공간으로서, 농목지와 용수공급원으로서도 중요하기 때문에 이용과 보존 사이의 지속적인 절충이 일어나고 있다. 사구관리 사업이 성과를 거두기 위해서는 이들 양자 사이의 조화가 뒷받침되어야 한다.

## 6. 사구와 해수면상승

최근 해수면상승으로 사구가 급속하게 육지 쪽으로 이동하고 있다는 지질학적 증거가 많이 나타나고 있다. 이미 후빙기에 세계 여러 해안에서 발생한 해진을 통해 해안사구가 육지방향으로 이동한 바 있다(Hesp and Thom, 1990). 충분한 퇴적물이 뒷받침된다면 육지 쪽으로 사구의 대규모 이동이 일어날 것이다(Pye and Bowman, 1984; Shepard, 1987; Thom et al., 1981).

위와 같은 현상이 충적세에서 관찰되는 것이기는 하지만 최근의 해수면상승과 미래의 사구해안을 유추할 수 있는 근거를 마련해 주고 있다. 자연상태에서 사구는 육지 쪽으로 이동한다. 이때 새로운 퇴적현상을 통해 해빈에서는 배사구가 성장한다. 그러나 현재 여러 사구해안은 해안개발과 퇴적물수지의 악화로 말미암아 육지방향의 이동이 더 이상 불가능하다. 해수면상승이 일어나는 현재의 환경 속에서 이 두 가지의 제한요소가 해안사구의 존속에 위협을 주고 있다. 존속문제를 심각하게 하는 것은 폭풍이다. 쿠퍼(1958)에 따르면 해수면상승에 따라 폭풍 발생빈도 또는 악천후가 증가하고 이는 다시 사구이동을 촉진시킨다. 이것은 기후변화의 상황에서 전형적으로 발생하는 현상이며 세계 여러 바다와 해양에서 측정되고 있다. 환언하면, 사구가 해수면상승에 대해 일으키는 반응과 그 반응을 일으키는 작용이 발생하고 있다. 그러나 해안선에 설치한 다양한 인공구조물로 말미암아 해수면상승에 대한 자연의 반응이 원활하게 일어나지 못한다. 배후지의 여유 공간과 해안시스템 내의 퇴적물이 부족해졌기 때문이다. 이 장에서 해안사구가 호안구조물로서의 중요성을 살펴보았다. 사구는 해수범람에 대한 방벽으로의 기능뿐만 아니라 퇴적물을 공급하고 저장하는 기능을 지닌다. 네덜란드에서 해안사구는 주요한 해수범람 저지선의 기능을 가지고 있다. 이 지역 사구의 많은 부분은 바다와 자유롭게 상호작용을 일으키는 자연사구체제를 유지하고 있다. 또한 배사구의 흔적이 침식되고 전사구가 침식을 받아 후퇴하는 등 안정성이 낮아진 사구도 많이 발견된다. 브룬의 법칙에 따라 침식된 모래의 많은 부분이 내륙으로 이동된다. 이동된 퇴적물은 새로운 사구를 형성하고 성숙(회색)사구가 미성숙(황색)사구로 전환되는 과정을 통해 내륙에서 자연적인 사구천이과정을 다시 밟는다. 배후지 일부가 새로운 사구지대에 의해 잠식되는 문제는 있지만, 이러한 과정을 통해보면 해수면상승이 전반적인 사구시스템에 악영향을 미친다고 볼 수는 없다. 노드스트롬 등(Nordstrom et al., 1990)은 해수면상승이 예측대로 일어난다면 이러한 과정이 광범위하게 일어날 것이라고 주장한다.

그러나 사구의 내륙에 설치한 하부구조가 심각한 문제로 대두될 수 있다. 내륙의 높은 지가로 말미암아 사구가 내륙으로 이동하는 것을 막는다면 해안의 폭이 줄어드는 해안압착이 발생한다. 한 예로 파일드 해안의 블랙풀 남부 사구의 내륙 이동으로 해안도로와 휴양지, 공항이 위협을 받고 있다(사진 8.2). 당국은 사구를 고정할 것인지 아니면 시설을 이전할 것인지를 결정해야 한다.

사구와 관련해서 식생문제도 중요하다. 해수면상승으로 지하수위의 변동(상승)이 일어나면 염수 침입과 담수군락이 반염수 군락으로 변화된다. 사구의 주요한 정착 생물종은 염분이나 건조에 내성을 가지고 있기 때문에 큰 영향을 받지 않지만 사구습지 생태계는 영향 받을 수 있다. 사구습지가 호안기능을 가지고 있지는 않지만 보전가치는 높게 평가될 수 있다. 따라서 사구습지가 훼손되면 보전상의 우선순위와 잠재적인 관리전략이 변화될 것이다. 관리전략의 변화는 호안관리에도 간접적인 영향을 미치게 된다. 물 공급의 관점에서도 영향이 크다. 네덜란드 사구와 같이 몇몇 넓은 사구지대가 많은 양의 식수를 공급하므로 해수면상승과 염수침입은 식수공급을 위협할 것이다.

사구는 해수면상승에 쉽게 대처할 수 있는 대표적 해안시스템 가운데 하나이다. 그러나 여러 사구지대에서 인위적 간섭으로 말미암아 그 능력을 상실했다. 이러한 사구지대에서는 공통적으로 현재의 위치에 사구를 유지하면서 해수범람으로부터 배후지를 보호하기 위한 노력이 경주되고 있다. 앞부분에서 살펴본 바와 같이 사구의 안정성을 고려할 때 모래의 이동성과 함께 침식방지 문제가 중요하다. 해수면상승하에서 사구가 내륙으로 이동하는 과정의 일부로서 사구사면의 침식은 반드시 발생한다. 브룬의 법칙에 따라 이러한 현상은 해빈의 퇴적물 공급을 증가시키고 이에 따라 퇴적물 총량도 증가한다. 카터(1988)에 따르면 해수면상승은 침식을 일으켜 해안퇴적물을 증가시킨다. 사구 안정화를 통해 해안선의 위치를 고정시키려는 경향이 있다. 지속적인 해수면상승에도 불구하고 이러한 시도가 계속되면 침식문제는 더욱 심각해질 것이다. 사구의 지속적 보호가 과연 지탱 가능한 것인가를 고뇌할 때가 도래할 것이다. 앞서 설명한 해식애의 경우같이 사구의 침식을 방지하여 사구의 내륙이동을 허용할 것인가의 여부를 함께 고민해야 할 것이다. 여기에는 내륙의 토지이용을 고려해서 결정해야 하는 어려움이 있다.

사주섬의 사구는 좀 더 심각하다. 미국에서 사주섬의 많은 면적이 개발되어 왔고 해수면상승으로 이러한 지역이 위협받고 있기 때문에 환경보호국

(Environmental Protection Agency: EPA)은 많은 관심을 쏟고 있다. 사주섬에 건축하는 것 그 자체가 합리적인 행위인가라는 논쟁은 일단 뒤로 하더라도 다양한 해수면상승 시나리오상에서 사주섬의 개발지역을 보호하는 데는 엄청난 양의 양빈사가 필요하다는 분석이 제시되었다(Titus, 1990). 사주섬의 보호는 사주섬의 고도를 높이거나, 사주섬을 내륙으로 확장시키고 시설을 이전하는 과정(기술적인 후퇴)을 통해서 이루어진다(두 경우 재산을 재배치하는 것이다. 어차피 이렇게 옮길 것이라면 위협받는 사주섬을 떠나 더 안전한 곳으로 이주하면 되지 않을까?). 2100년까지 해수면이 210cm 상승한다는 최악의 시나리오에 따르면 롱비치 아일랜드에만도 4천 7백 9십만 입방미터의 모래가 필요한 것으로 추산된다. 그렇다면 앞서 논의한 양빈을 다시 생각해 볼 필요가 있다. 과연 그 많은 퇴적물을 어디에서 확보할 것인가가 큰 문제이다. 이 문제에 대해 즉답을 찾을 수는 없지만 이 문제는 엄연한 현실이다. 사구와 관련된 해수면상승의 문제를 다음과 같이 요약할 수 있다.

- 해수면상승하에서 자연적으로 사구는 내륙으로 이동한다(홀로세 해진에 비유)
- 사구지대는 개발지역으로 막혀 있기 때문에(여유 공간이 없으므로), 내륙이동은 제한을 받는다.
- 사구의 이동을 위해서는 새로운 배사구가 형성되어야 하고 이를 위해서는 퇴적물 공급이 필요하다. 그러나 퇴적물수지상의 한계로 말미암아 지속적 공급에 어려움이 있다.
- 많은 사구가 토지이용 변화를 겪고 있기 때문에 이동이 불가능하다. 사구를 과보호한다면 자연시스템으로부터 고립된 인공사구가 될 것이다.

사구관리에 관한 논쟁이 계속되고 있다. 관리에는 여러 가지 고려해야 할 사항이 있다. 관리 방향의 결정은 장소와 조건에 따라 이루어져야 한다.

결정에 따라 광범위한 지역에 걸친 사구의 안정성이 영향을 받을 것이다.

## 7. 정리

이 장에서 자연 퇴적체(해안사구)가 수행하는 주요 호안기능을 살펴보았다. 사구는 배후지를 보호하는 호안기능을 가지고 있는 한편 다양한 파랑과 조석 조건 아래에서 그 기능을 유지해 나간다. 이런 상호작용의 능력은, 식생으로 덮여있더라도 사구전면은 여전히 상대적 이동성을 유지하면서(유지하고 있기 때문에) 해빈이 낮아졌을 때에는 해빈에 퇴적물을 공급할 수 있고 높아졌을 때에는 퇴적물을 저장할 수 있는 역동성에서 나온다.

한편, 사구는 저렴한 호안구조물이다. 외부 압력이 없는 경우에는 이상적인 해안관리 대책이다. 모래를 저장하고 공급하는 사구의 기능은 해빈고를 유지하는 점에서는 이상적이지만 변화에 민감하고 훼손이 쉽게 일어나기 때문에 위락시설이나 개발의 측면에서는 약점을 가지고 있다.

사구의 작용과 퇴적물 이동에 관한 연구를 바탕으로 사구성장을 촉진할 수 있는 방안을 개발할 수 있다. 사구관리의 목표는 사구시스템을 보호하면서도 사구와 해안프로세스 사이의 자연적인 상호작용이 지속되도록 하는 것이다. 특히 해수면상승을 생각할 때 이러한 성과가 중요하며 사구가 '안정적'으로 유지되기 위해서는 내륙이동이 허용되어야 한다.

역사적으로 인간의 간섭이 존재해 왔고 이에 따라 사구의 이동잠재력은 상실되어 왔다. 과도한 사구보호는 해안제방과 유사한 결과를 초래할 것이며 미진한 보호는 문제를 지속시킬 것이다. 결론적으로 퇴적물 공급이 지속되고 해수면상승에 대한 반응으로 내륙이동이 일어날 수 있을 때 사구의 기능이 원활하게 작동한다. 그러나 이 두 가지 기본적인 필요조건을 충족시킬 수 있는 환경은 축소되고 있다.

사구보호전략의 이점

- 자연적 해안프로세스에 조응할 수 있는 역동적 해안보호
- 일단 설치되면 경관상의 문제가 없는 한 지속적인 성장이 가능
- 중요한 보전지역을 제공
- 국지적으로 중요한 퇴적물 저장고와 미래의 해안 퇴적물 공급원을 보호

사구보호전략에 관련한 문제

- 지나친 구조물의 설치로 인한 퇴적물 고정
- 식재 및 토지이용 전환으로 인한 이동성 저하
- 부적절한 해안개발을 유도하는 '잘못된' 안전감(신뢰)을 고양

권장사항

- 주요 호안선의 유지와 보호에 사구조성을 적용
- 사구의 이동성과 통합성이 보전되는 방향으로 사구를 조성

제9장

# 조간대환경에서의 퇴적활성화 기법

## 1. 도입

제7장에서 잘 발달된 조간대는 파랑의 에너지를 저감하여 배후지에 미치는 영향을 줄이는 등 중요한 역할을 담당한다는 것을 살펴보았다. 퇴적물 순손실이 나타나는 환경에서 양빈이나 퇴적물 고정 구조물을 이용한 파랑에너지 저감방법도 살펴보았다.

그러나 많은 퇴적물이 해안을 따라 이동하지만 파랑에 노출되거나 조류가 강한 곳과 같이 퇴적에 부적합한 환경조건으로 말미암아 퇴적물이 부유상태에 머물러있거나 퇴적되더라도 퇴적상태를 유지하지 못하는 경우가 있다. 이러한 현상은 특히 점토나 실트의 구성비가 높은 하구역 환경에서 관찰된다. 이러한 곳에서는 인위적으로 퇴적물을 공급하는 것보다는 퇴적현상과 퇴적물의 유지를 이끌어내는 것이 필요하다. 이러한 내용은 이미 앞에서 여러 차례 다룬 내용이다. 즉, 해안구조물은 퇴적물의 이동로를 차단하여 퇴적을 유도한다. 돌제는 퇴적물 연안이동을 막고 사구울타리는 풍성 퇴적물 이동을 차단한다. 이안제는 파랑에 대한 노출을 억제시켜 이안제 배후에 퇴적을 일으킨다.

그러나 앞에서 논의된 방법들은 사질 퇴적물이나 사질보다 굵은 퇴적물, 특히 점성이 없는 퇴적물에 관련된 것이다. 조립질 퇴적물의 경우는, 부유상태나 정상적인 파랑과 조류의 환경에서 진행되는 운반 기작에서도 퇴적이 가능하다. 그러나 저에너지 환경에서 세립질은 개개의 입자가 퇴적되거나 응집[1]을 일으키는 과정에 시간이 소요되기 때문에 앞서 논의된 방법들은 간석지, 특히 사니질 환경에는 부적합하다.

점토나 미사가 부유상태에서 직접 또는 갯골과 연관되어 개펄에 퇴적되는 과정에 대해서는 이미 2장에서 논의하였다. 그러나 2㎛ 크기의 점토입자의 경우 침전속도가 0.00024㎝/s이다. 유속이 이 수준 이하로 떨어지면 비로소 입자는 퇴적이 시작된다. 사실 이러한 조건은 창조류에서 낙조류로, 또는 낙조류에서 창조류로 바뀌는 정조기를 전후해서만 나타난다. 개펄의 수심이 1m라면 이러한 입자가 퇴적되는 데는 거의 58시간이 걸리거나 아니면 퇴적이 이루어지지 않는다. 그러나 응집에 의해서 이러한 작은 입자들이 서로 뭉치면, 퇴적에 필요한 시간이 짧아진다. 퇴적에 걸리는 시간은 세사에서 조립 미사 정도의 크기에 이르는 응집체의 크기에 달려있다. 125-62㎛의 세사 입자는 0.4㎝/s의 속도로 침전한다. 이 장에서는 사니질의 구성비가 높은 조석우세 환경에서 세립질의 퇴적을 활성화시키는 방법을 살펴보고자 한다.

지난 수십 년간, 간석지 환경의 퇴적활성화 기술이 큰 발전을 이루었다. 퇴적물의 점성 유무, 또는 점성정도에 따라 기법의 차이가 나타난다. 사질은 유동억제 구조물을 통해 억류될 수 있지만 점토는 퇴적과정에 많은 시간이 필요하기 때문이다. 따라서 세립질의 퇴적에는 새로운 접근이 필요하다.

1) 염수가 담수를 만나는 환경에서 개개의 입자들이 서로를 끌어당기는 표면전하 반응에 따라 서로 결합하여 입자의 크기와 부피를 확대하는 과정 — 역자주.

## 2. 세립질 퇴적 활성화 원리

개펄의 고도를 급속하게 높여서 긴급히 보호해야 하는 지역이 있다면 가장 쉬운 접근 방법은 준설토(외해의 것이거나 깨끗한 상태라면 그 지역 항만의 것)를 갯벌에 쌓는 것이다. 단시간 내에 좋은 결과를 낳고 파랑 감쇄에 따르는 이점도 가속화될 것이다. 종국에 인공 식재가 진행된다면 파랑 감쇄와 해안보호 기능은 더 증가할 것이다. 그러나 핵심적인 문제는 개펄이 생태적으로 매우 생산성이 높은 환경이며, 생물학적으로 가장 풍부한 서식처 중의 하나라는 점이다. 개펄의 생물(내서생물)은 퇴적층의 단면을 따라 오르내림을 통해 퇴적현상에 적응하며, 지속적으로 일정한 깊이를 유지한다. 이러한 적응과정에는 최대 한계 속도가 있기 마련이며, 퇴적이 지나치게 빠른 속도로 이루어질 경우에 내서생물들은 이에 적응할 수 없다. 일시에 대량의 퇴적물을 공급하는 방법은 이러한 문제를 유발한다. 풍성한 내서생물이 다른 생물의 생존을 뒷받침하는 환경에서는 생태적 건전성을 보전하는 것이 필요하다. 점진적인 퇴적물 공급이 중요하다. 예컨대, 세류충진기법을 통해서 연안의 낮은 곳에 퇴적물을 공급하여, 파랑에 의해 운반되도록 유도하는 방법은 이러한 지형의 생태적 특성에 적합할 것이다. 그러나 여전히 일시에 많은 퇴적물을 투입하는 것이기 때문에 주의가 필요하다.

퇴적이 빠른 속도로 진행되어야 할 특별한 이유가 없고, 수체 내에 많은 퇴적물이 포함되어 있는 경우에는 자연의 퇴적 잠재력을 이용할 수도 있다. 퇴적을 유도하고 조장시키는 과정에 어느 정도 인간의 간섭이 필요하다. 즉, 유속이 임계속도 이하로 떨어질 때에 퇴적이 진행된다는 점을 감안하여 적절하게 조절해야 한다(Pethick 1984의 예를 참조). 유속의 저하를 통하여 퇴적량을 증가시킨 후에는, 퇴적물이 다른 곳으로 이동하지 않도록 유지하는 것이 필요하다. 이 과정에서 자연적인 퇴적물 압밀작용이나 습지조성기법을 적용할 수 있다.

## 3. 자연 퇴적과정 활성화 기법

궁극적으로 퇴적을 활성화하기 위해서는 세립질의 퇴적이 진행될 수 있도록 유속을 낮추어야 한다. 이를 위해서는 여러 기법을 적용할 수 있는데, 앞부분에서도 일부 다룬 바가 있다. 6장에서 설명한 영국 에섹스 해안의 이안제가 좋은 예라고 할 수 있는데, 세립질의 급속한 퇴적이 이안제 후면에 발생하여 개펄의 고도가 높아졌다. 이 장에서는 간석지에 중점을 두고 논의를 진행하고자 한다. 개펄의 퇴적을 활성화하는 데는 다양한 접근법이 있는데 이 중 몇 가지가 비교적 널리 통용된다. 각각의 방법에 대해서 차례로 살펴보기로 하자.

### 1) 잡목 울타리: 오우저 댐

해안선에 수직인 형태(돌제) 또는 해안에 수직 형태와 평행 형태를 혼합한(사각 돌제) 형태로 투수성 잡목 구조물을 간석지에 설치하면 효과적인 파랑 격벽이 이루어져 퇴적률이 상승한다. 창조가 일어날 때 물을 가두었다가 낙조 시 잡목울타리를 통하여 배수가 일어나는 과정을 겪으면서 감속이 일어나 퇴적이 조장된다. 이러한 울타리 배열로 구성된 퇴적유도구를 통하여 여러 곳에서 개펄의 고도를 높여왔다. 에섹스의 왈라지아 아일랜드에서는 잡목구조물(수직말뚝을 두 줄로 배열하고 그 사이를 크리스마스트리와 같은 작은 나뭇가지로 채운 구조)을 이용하여, 침식이 일어나는 염습지 가장자리에서 퇴적 활성화 효과를 얻었다(사진 9.1a). 이것은 다른 사례(사진 9.1b)에 비해 규모가 작은 편이다. 이 밖에도 영국의 해안을 따라 다른 사례들을 찾아 볼 수 있는데, 남 웨일즈의 럼니 그레이트 워프에서는 1988년에 설치한 사각돌제 형태의 구조물을 통하여 1991년까지 개펄의 고도를 50cm 높였다(Pye and French, 1993a). 미국 루이지애나에서는 습지 복원과정에 잡목울타리를 적용하였다(Good, 1993). 이곳에서도 퇴적유도구는 에섹스의 잡목구조물과 유사한 구조

사진 9.1. 개펄의 퇴적을 유도하기 위한 잡목 울타리

a) 침식되는 개펄의 전면부에 퇴적물의 집적을 유도하기 위해 사용되는 잡목 돌제
b) 퇴적 활성화를 위해 사용되는 격자형 돌제 시스템
(두 사진 모두 영국 에섹스 지방의 왈라지아 아일랜드에서 촬영한 것임).

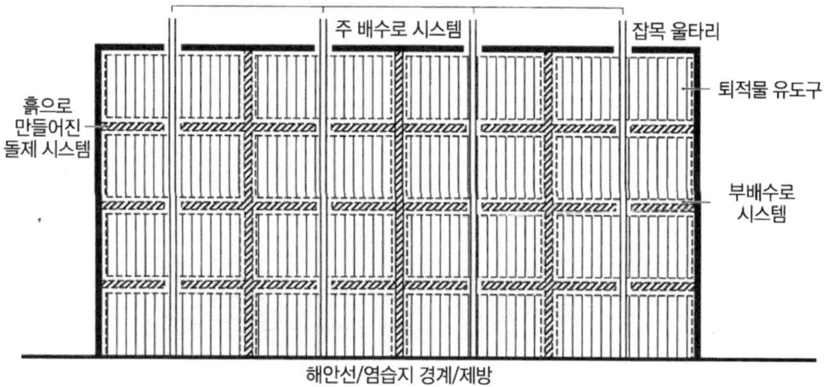


그림 9.1. 펄 퇴적을 유발하기 위해 사용되는 슐레스비히-홀스타인식 퇴적유도구

(폭 1.5m, 높이 1.2m)로 이루어졌고, 신속한 퇴적효과를 얻었다.

사각 퇴적유도구와 함께, 아래에서 설명하고 있는 이보다 다소 정교한 형태인 슐레스비히-홀슈타인(Schleswich-Holstein) 기법을 많이 적용해 오고 있다. 지역에 따라 그 성과는 다양하다. 에섹스 해안의 성과는 글상자 9.1에 정리되어 있다.

앞에서 설명한 잡목 돌제의 배열에서 좀 더 정교하게 발전시킨 형태는, 길이 800m, 폭 400m 정도의 대규모 사각 돌제를 설치하고 그 내부에서 다시 해안선에 대해 직각방향과 평행방향으로 일련의 토사 돌제와 수로를 조성한 배열이다(그림 9.1). 수로를 통하여 창조 시에 마찰을 증가시키고 깊은 수심에서는 퇴적을 유도한다. 또한 수로는 개펄의 표면 조도를 증가시켜 낙조 시 퇴적물의 재동을 막는다. 이러한 기법을 슐레스비히-홀슈타인 기법이라고 하는데, 독일 북해 연안에서 처음으로 시도되었다. 에섹스 뎅기 반도에서는 이 구조물이 1981년에 설치되었으며 1983년에는 두 번째 구조물이 병치되었다(사진 9.2, 글상자 9.1). 이후, 퇴적이 급속하게 진행되었고, 인접해안에 비해 고도가 크게 높아졌다. 같은 해안 북쪽의 머시 아일랜드에는 같은 형태의 구조물이 1988년에 설치되어, 연간 10mm 정도의 순수직퇴적률을 기록하고 있다.

사진 9.2. 퇴적물 집적을 위한 슐레스비히-홀스타인 기법

에섹스 지방의 뎅기 반도(케임브리지 대학 항공사진 자료실 허락을 받아 전재).

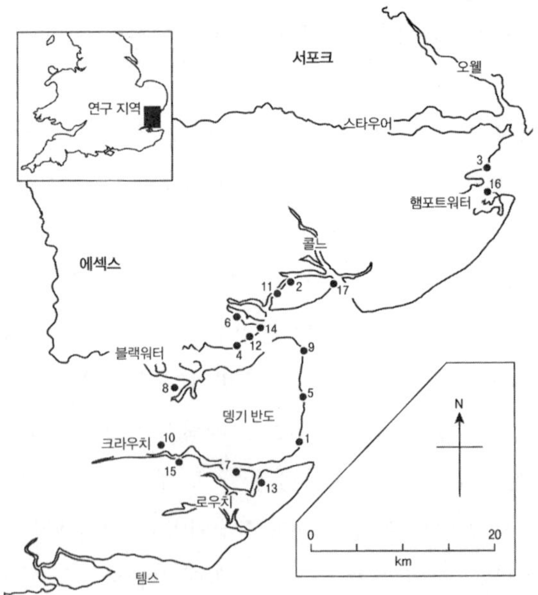


그림 9.2. 에섹스 해안의 퇴적유도구 사업 지역

(각 번호에 해당하는 지역은 표 9.1 참조)

표 9.1. 에섹스 지방의 퇴적활성화 사업지

| 위치 | 방법 | 시기 | 성과 |
|---|---|---|---|
| 1. 딜 홀 (뎅기 반도) (사진 9.2) | 잡목울타리(1989년 3차 설치) | 1980, 1989 | 성공적인 퇴적 |
| 2. 메이데이즈 크릭 (콜느 하구역) | 잡목돌제, 갯골 울타리 | 1981-2 | 성공적인 퇴적 |
| 3. 풀턴 홀 (햄포드 워터) | 잡목울타리 | 1982 | 포기 |
| 4. 밀포인트 (블랙워터 하구역) | 잡목돌제, 갯골 울타리 | 1983 | 포기 |
| 5. 마쉬하우스 (뎅기 반도) | 이안제 + 잡목돌제(1987) | 1984,1987 | 성공(1987-) |
| 6. 톨즈베리 (블랙워터 하구역) | 잡목울타리와 잡목돌제 | 1986 | 지속적인 침식 |
| 7. 그랩넬즈 팜 (크라우치/로우치 하구역) | 잡목울타리와 잡목돌제 | 1986,1989 | 성공적인 퇴적 |
| 8. 브릭하우스 팜 (블랙워터) | 잡목울타리와 잡목돌제 | 1986 | 별 영향 없음 |
| 9. 세일즈 포인트 (뎅기 반도) (사진 9.3) | 이안제와 잡목돌제 | 1986,1989 | 성공적인 퇴적 |
| 10. 스탬포즈 팜 (크라우치 하구역) | 잡목울타리와 잡목돌제 | 1986 | 별 영향 없음 |
| 11. 웰하우스 팜 (블랙워터 하구역) | 잡목울타리와 잡목돌제 | 1986,1989 | 별 영향 없음 |
| 12. 보헌스 팜 (블랙워터 하구역) | 잡목울타리와 잡목돌제 | 1987 | 별 영향 없음 |
| 13. 플리트홀 팜 (로우치 하구역) | 잡목돌제 | 1987 | 성공적인 퇴적 |
| 14. 멜 팜 (블랙워터 하구역) | 잡목울타리와 잡목돌제 | 1987 | 지속적인 침식 |
| 15. 레이피츠 팜 (크라우치) | 잡목울타리와 잡목돌제 | 1987 | 성공적인 퇴적 |
| 16. 호시 아일랜드 (햄포드 워터) | 이안제와 잡목돌제 | 1987,1989 | 별 영향 없음 |
| 17. 커드모어 그로우브 (콜느 하구역) | 잡목울타리 | 1988/89 | 별 영향 없음 |

* 주: 위치는 그림 9.2에서, 자세한 설명은 상자글 9.1 참조
* 자료: Pye and French, 1993a의 표를 수정. 본래의 표는 Toft and Townend, 1991.

상자글 9.1.

**영국 에섹스 해안의 퇴적유도구: 이용과 영향**

영국 에섹스 해안에서는 개펄의 퇴적을 활성화하고 파랑작용으로 일어나는 습지침식을 억제하기 위하여 퇴적유도구를 광범위하게 적용하고 있다. 퇴적유도구의 형태는 잡목울타리에서 사각 돌제, 이안제, 그리고 슐레스비히-홀슈타인 기법에 이르기까지 다양하다. 슐레스비히-홀슈타인 기법이 처음 시도된 것은 1980년이었고, 장소는 뎅기 반도의 딜 홀이었다. 이 계획은 20~30년 동안 급속한 후퇴를 겪어온 습지 전면에 퇴적을 일으키기 위한 목적에서 시작되었다. 그 구조는 사진 9.2에서처럼 잡목으로 중간을 채운 두 줄의 나무말뚝을 이용하여 사방 400m 길이의 사각형태를 이루고 있다. 사각형태는, 다시 해안선에 수직방향을 이루는 돌제로 200m씩 나누어지며, 내부에는 일련의 얕은 수로를 파놓았다. 1986년에 수행된 계획에서는 이안제(사진 6.3)를 설치하였는데, 이안제 끝에는 해안선 수직방향으로 2개의 돌제가 설치되었다. 1986년에 세일즈 포인트, 1989년에는 호시 아일랜드에 위와 유사한 계획을 채택하였다. 이러한 사업들의 성과를 가늠할 수 있는 주요 내용들은 표 9.1에서 찾을 수 있다.

표 9.1에 따라 유사한 방법을 적용한다고 하여도 성과는 다양하게 나타난다는 것을 알 수 있다. 그러나 성과를 판단하는 기준은, 침식중지, 또는 급속한 퇴적을 통한 습지조성 등이기 때문에 다소 유동적이다. 이러한 기준에 관련된 논의보다는, 해안보호의 관점에서는 호안기능의 수행 정도가 오히려 중요하다. 크라우치 하구와 로우치 하구의 계획은 전반적으로 가장 성공적인 사례에 해당한다(Pye and French, 1993a). 퇴적물이 풍부하고, 일단 퇴적물이 퇴적유도구에 유입하면 침전과 압축과정을 거치는 점이 높은 성과의 일차적인 원인으로 평가된다. 그러나 블랙워터 하구역은 성과가 낮았는데, 이 경우에서도 퇴적물의 양이 주요 제어요인으로 추측된다.

딜 홀의 사업에서는 두 개의 퇴적유도구에서 급속한 퇴적을 나타냈으나,

몇 해가 지난 후 조성된 세 번째 퇴적유도구에서는 그렇지 못했다. 세 번째 유도구 내부에는 수로나 내부 제방을 조성하지 않았다.

마쉬 하우스에서는 1983년에 돌제를 추가한 이후에 퇴적활성화가 나타났다. 그 후 퇴적이 급속하게 진행되어 선구형태의 습지가 형성되기 시작했다. 유사한 형태의 초기 정착과정은 딜 홀과 플리트 홀 팜에서도 나타난다. 세일즈 포인트의 이안제 계획은 연 5mm의 수직퇴석률을 기록했다. 이 과정에는 커드모어 그로브와 마찬가지로 계절적인 변이가 크게 나타났다. 이것은 파랑에너지의 계절적인 변화에 따라 퇴적과정에도 계절적 역동성이 반영되기 때문이다.

이상의 짧은 논의를 통해서, 에섹스 지역에서 퇴적유도구 설치계획이 성과를 거둘 수 있었던 것은 여러 가지 중요한 조건이 만족되었기 때문이라는 것을 알 수 있다. 여기서 가장 중요한 요소는 수괴가 함유하고 있는 퇴적물의 양이다. 파랑에 대한 노출이나 퇴적물의 침전과 압축 속도와 같은 요소들도 퇴적물 고정에 중요하다. 퇴적 자체는 퇴적유도구 내의 수로설치 여부에 따라 조절된다. 에섹스 사업의 경험을 바탕으로 몇 가지 기준을 제안하면 다음과 같다.

- 적합한 퇴적물이 적절하게 공급되어야 한다는 점에서 퇴적물수지는 매우 중요하다.
- 퇴적유도구 내의 수로는 퇴적유도 과정에서 핵심요소를 이룬다.
- 퇴적물의 배수와 압축이 진행되는 동안, 퇴적물을 파랑의 침식으로부터 보호하기 위해서는 돌제를 전략적으로 설치해야 한다.

이러한 기준을 적용하면, 퇴적유도구의 비용 효율성을 제고할 수 있다. 퇴적유도구의 적용으로 국지적인 침식 추세를 반전시키지는 못하지만, 파랑에너지를 저감시키고 습지침식을 상쇄할 수 있다. 이러한 과정에서 배후지의 안전에 편익을 얻는다.

### 2) 소규모 파랑격벽

퇴적유도구가 대규모의 접근방법이라면 최근에 들어 소규모의 파랑격벽(wave baffle)을 이용하여 퇴적과정을 조장하고 식생정착을 유도하는 사례가 많아지고 있다. 1970년대 초반 이 방법이 갈베스턴 만에서 처음으로 사용된 이후, 미육군공병단은 모래를 채운 토목섬유백(geotextile bag)으로 이루어진 소규모 방파제를 통하여 퇴적활성화기법을 발전시켜 왔다. 잡목울타리의 경우와 마찬가지로 창조 시 파랑격벽(소규모 방파제)을 넘어 유입한 해수가 낙조 시에 갇혀지면, 정온상태가 발생하여 퇴적이 진행된다.

모래주머니를 이용하는 방식은 영국에서도 소규모로 진행되었다. LRDC 인터내셔널(1993)에 따르면, 리밍턴과 햄프셔 지역에서는 침식으로부터 습지를 보호하기 위한 수단으로 모래주머니를 사용하였다. 그림 9.3은 전형적인 파랑격벽의 구조를 보여주고 있다. 모래주머니 구조물은 훨씬 규모가 작지만,

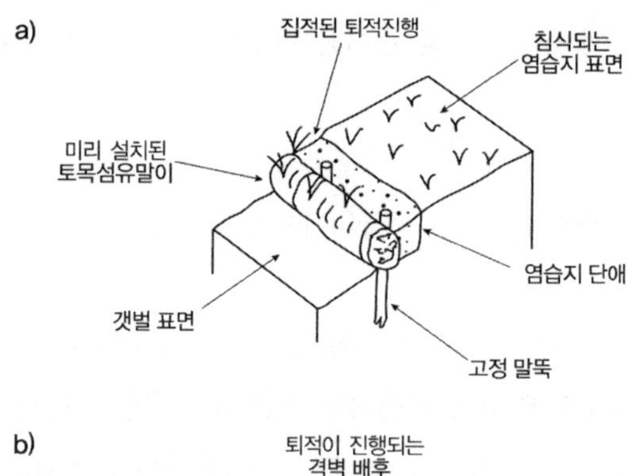

그림 9.3. 조간대의 퇴적률 증가를 위해 토목섬유를 이용하는 사례
(LRDC International, 1993 자료에서 수정)

잡목 돌제와 유사한 방식으로 파랑격벽의 역할을 한다. 모래주머니 구조물과 함께 습지 선구식생을 착생시키면 개펄의 고도가 높아져 다음 단계의 식생이 정착할 수 있고, 이것은 다시 안정성을 증가시킬 것이다.

### 3) 퇴적물 공급과 세류충진

습지와 간석지의 조성을 뒷받침하는 전반적 논거는 파랑에너지의 저감과 직접적인 파랑의 공격으로부터 해안선을 보호하는 것이므로, 퇴적물 공급이 부족하거나 급속한 퇴적이 필요한 지역에서는 어느 정도의 인위적 퇴적물공급이 필요하다. 이것을 뒷받침하는 물리적 원리는 퇴적체 표면의 마찰력을 통해 파랑에너지를 감소시키는 것이다. 이미 7장 등에서 이와 같은 원리를 살펴보았다. 사니질 간석지가 수직으로 성장하면 파한(wave base)이 외해 쪽으로 옮겨지기 때문에 파랑이 해안에 도달하는 거리가 증가하는 만큼 마찰이 증가되어 파랑에너지가 감소한다. 이러한 목적으로 사니질 간석지 환경에도 양빈기술을 적용할 수 있다. 다만, 이때에 내서생물의 매몰, 준설토의 오염 등의 문제를 염두에 두어야 한다. 간석지에 투입된 준설토는 탈수와 압축의 과정을 거치고, 간석지의 고도가 적정한 수준으로 상승하면 염생식물이 정착한다. 드 라운 등(De Laune et al., 1990)은, 미시시피 강으로부터 세립질 퇴적물을 공급하여 급속하게 일어났던 스파르티나 습지 훼손문제를 해결했던 사례를 설명하고 있다. 습지고도는 약 10cm, 생체량은 2배 증가했고, 새로운 스파르티나 개체가 번져나가 습지의 횡적 확산을 이루었다. 이 사례를 근거로, 퇴적물이 많이 함유된 강물을 끌어들여 퇴적물을 공급하면 습지훼손을 빠른 시일 내에 치유할 수 있을 것이다.

간석지에서는 일반적으로 세류충진기법이 적용된다. 이 기법은 간석지에 퇴적물을 바로 공급하지 않고, 조간대 하부(고도가 낮은 곳)에 적정한 입경의 퇴적물을 공급하여 조류를 따라 외빈으로 이동하도록 유도한다(그림 9.4). 이 기법은 여러 가지 장점을 가지고 있다. 단계적으로 자연과정에 따라 퇴적물

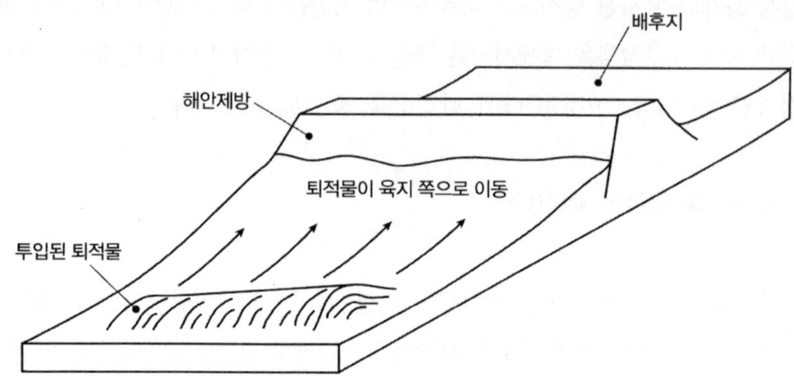


그림 9.4. 하부 개펄에 준설토를 공급하여 개펄을 점진적으로 보충하는 방식(세류충진)

을 이동시키기 때문에 퇴적체 형성속도가 상대적으로 완만하여 내서생물이 지형과정에 적응할 수 있고, 지형도 자연성을 유지할 수 있다.

## 4. 식생을 이용한 파랑감쇄

염습지 선구식생이 정착할 수 있는 기준고도 이하의 간석지 환경에서 표면 조도를 증가시킬 수 있는 기법이 꾸준히 연구되어 왔다. 특히, 장기간의 수몰에 견딜 수 있는 해초나 바다말과 같은 자연식생, 또는 인조식생이 적용되어 왔다. 엘로이터리어스는 3종의 해초(*Thalassia, Cymodocea, Diplanthera*)를 이용한 조간대 퇴적물의 고정에 대하여 논의하고 있다(Eleuterius, 1975). 식생을 주변의 생육조건이 좋은 곳에서 이식하고, 뿌리내림에 도움이 되는 장치를 사용하여 퇴적물 표면에 고정시켰는데, 일부 지역에서는 높은 파랑에너지와 기층의 불안정으로 말미암아 실패했다. 이를 근거로 할 때, 이 기법은 모든 지역에 적합한 것은 아니며, 몇몇 환경인자에 대한 고려가 필요하다는 것을 보여준다. 여기서 한 가지 중요한 논점은, 이식된 장소에서 식생이 자라지 못하는 이유이다. 높은 수온, 염도, 거친 해황 등에서 비롯되는 생리적 이유에서 비롯된다면,

이식은 성과를 거둘 수 없을 것이다. 가르비쉬 등에 따르면, 몇 가지 이식조건이 만족되어야 이식과 복원이 성과를 거둘 수 있다(Garbisch et al., 1975). 체사피크 만의 사업은, 6월 중순까지는 높은 파랑에너지가 나타나기 때문에 이식을 미루고, 이식 후에는 거위가 먹지 못하도록 망을 씌우는 노력을 통해서 성과를 거둘 수 있었다. 이 밖에도 여러 가지 고려요소가 있다. 예컨대, 인접 하구역으로부터 대규모의 담수유입이 일어나지 않도록 대비하는 것도 중요하였다.

기본적으로 간석지 환경의 식생은 해안으로 이동하는 파랑에너지를 줄인다. 폰세카 등에 따르면 해초류는 흐름에 영향을 미치는데, 유속이 식생의 수관부에서 감소하는 반면 식생 위에서는 오히려 증가한다(Fonseca et al., 1982). 후에 이루어진 폰세카와 캐허랜(Fonseca & Cahalan, 1992)의 연구에서는, 서로 다른 수심과 식생밀도에서 3종의 해초(*Halodule wrightii, Syringodium filiforme, Thalassia testudinium*)와 잘피류(*Zostera*)를 비교했다. 이들 모두 염습지와 유사한 파랑에너지 저감효과(단위거리당)를 가지고 있으며, 식생의 키가 수심과 같을 때 약 40%의 저감 효과를 나타났다. 이 연구에서는 키가 작고 넓은 초원형태의 해초군락도 파랑에너지에 큰 영향을 미칠 것으로 추론하고 있다. *Zostera marina* 종을 제외한 다른 종들은, 식생의 밀도와 수심이 증가할수록 파랑에너지 저감효과가 큰 것으로 나타난다.

이러한 연구결과로부터, 저조위 또는 조하대의 식생이 파랑에너지 감쇄를 촉진한다는 사실과 외해에 노출된 사니질 간석지 해안에 추가적으로 보호기작을 적용할 수 있다는 것을 알 수 있다. 즉, 환경조건이 자연식생의 성장에 적합하지 않다면 다른 기법을 적용하거나 식생과 같은 효과를 낼 수 있는 인위적 방법을 사용한다. 인조해초는 자연식생의 대안으로 많이 사용되며, 여러 가지 형태를 가지고 있다. 폴리프로필렌 테이프를 연결하여 열을 짓거나, 테이프 묶음으로 덤불을 만들거나, 서로 엮은 다발을 사용하는 등 여러 가지 방법으로 구성된다. 형태를 불문하고, 인조해초가 자연식생과 유사한 방식으로 거동하도록 한다는 발상이다. 한편, 인조해초의 효용성에 대한 비판도 있다. 실험실과 현장조사에서 인조해초의 성능은 기대치 이하로 나타났다

(Rogers, 1987). 영국수리연구소의 연구(Price et. al, 1968)에 따르면, 한 방향으로 유동이 일어나는 환경에서 이 기법은 효과가 있다. 그러나 미육군공병단은 일반적인 해양의 파랑조건에서는 감쇄효과가 없다는 결론을 내리고 있다(Ahrens, 1976). 이후, 노스캐롤라이나에서는 이러한 비판적 내용을 극복하는 방향으로 설계를 시도하여 성과를 올렸다. 다른 해안구조물의 영향과 자연적 해빈 주기에 따른 효과가 포함된 수치이지만 평균고조면을 해양 쪽으로 약 58m 이동시킬 수 있었다. 그러나 이와는 다른 결과가 나타나는 현장도 드물지 않아 이 기법에 대한 평가는 다양하다. 미국 플로리다의 하구역에서는 섬유와 식물의 잎으로 엮어 만든 구조물을 이용하여 파랑의 힘을 낮추는 성과를 얻었다(Snyder, 1987). 그러나 이러한 방법이 델라웨어와 뉴저지에서는 가시적인 성과를 내지 못했다(Rogers, 1987). 이러한 사실은 중요한 차이점을 시사한다. 하구역 환경에서는 성과가 나타나는 반면, 개방된 해안에서는 그러하지 않다는 사실은, 상대적으로 낮은 에너지 환경의 하구역에 이 기법이 적합하다는 것을 의미한다. 파랑에너지 감쇄와 퇴적증가를 확증할 수 있는 현장 증거가 없고, 현장의 측정결과에서 파랑의 침식을 제어하는 데에 비효과적으로 나타나기도 하지만, 이 기법은 특정한 환경에서 세굴을 줄이는 데 효과적이라고 판단된다.

#### 1) 염생식물의 파랑감쇄

일단 간석지가 인공적으로 또는 자연과정을 통해 수직적으로 성장하면, 염생식생이 정착할 수 있게 되고, 표면조도가 증가하여 파랑감쇄효과가 커진다. 이 과정에서 세 가지 이점이 추가된다. 첫째, 표면 조도는 파랑에너지를 감쇄시키고, 둘째, 식생이 퇴적물고정을 촉진시켜 안정성이 증가하며, 셋째, 식생의 잎과 줄기는 파랑 격벽으로 작용하여 수직 퇴적률을 높인다.

식생으로 피복된 표면을 파랑이 진행하면, 파랑의 에너지와 파고가 기하급수적으로 감소한다. 파랑감쇄 수준은 습지로 입사하는 파랑의 파고와 습지를

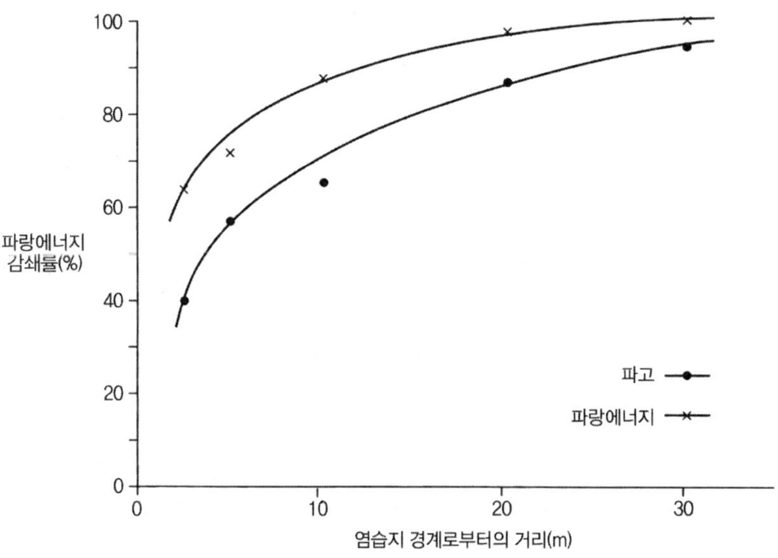


그림 9.5. 파랑의 염습지 통과거리에 따른 에너지와 파고의 감소
(Knutson, 1988 자료를 이용하여 편집)

통과한 거리, 수심, 식생의 직경과 간격에 따라 결정된다. 특정한 조건에서 식생이 넓게 분포한다면 파랑의 영향을 완전히 제거할 수도 있다. 넛슨 등(Knutson et al., 1982)과 넛슨(Knutson, 1988)에 따르면, 멕시코 만과 체사피크 만에서 각각 스파르티나 습지가 효과적으로 파랑의 영향을 저감시키고 있다. 그림 9.5는 파랑의 습지통과거리에 따라 파랑에너지와 파고가 감소하는 경향을 보여주고 있다. 파랑에너지가 가장자리로부터 30m 이내에서 소실되는 것으로 나타난다. 실제로 침식에 노출되어 있는 해안습지의 폭은 대부분 30m에 이르지 못한다. 가장자리로부터 처음 2.5m 이내에서 파랑에너지의 약 절반이 소실되고 파고는 약 40% 낮아지는 것으로 나타난다. 양츠강 하구역 연구(Yang, 1998)에 따르면, 식생으로 피복된 간석지에서는 노출된 개펄에 비해 훨씬 작은 파고와 파랑에너지가 관측된다. 식생피복지의 평균 파고와 최대 파고는 각각 미피복 개펄의 40%와 43%에, 평균 파랑에너지와 최대 파랑에너지는 각각 16%와 19%에 해당한다. 모엘러 등(Moeller, 1996)은 노포

크 습지 북부에서 유사한 연구결과를 얻었다. 즉, 습지를 통과하면서 일어나는 파랑에너지 감소는 47.4%에서 100%까지 나타나며, 에너지 소실과 수심과는 강한 상관관계를 보인다. 낮은 수심에서 중간 수심의 환경에서 에너지 저감이 가장 크고, 깊은 수심에서는 파랑이 식생의 윗부분을 지나가기 때문에 폰세카(1982)가 해초류 연구에서 밝혀낸 바와 유사한 결과가 나타난다. 넛슨 등(1981, 1982)에 따르면, 해양과 접하고 있는 습지의 가장자리에서 7.2J/㎡/m를 나타내던 에너지가 스파르티나 습지를 30m 통과할 때 1.35J/㎡/m로 감소한다. 쉬 등(Shi et al., 1995)은 수로실험을 통해 식생의 수관부 높이에 따라 나타나는 유속의 차이를 연구하였는데, 수심에 따라 유속이 감소하며, 표층 퇴적물 세굴능력도 떨어지는 것으로 나타났다. 긴스버그와 로웬스탬(Ginsburg & Lowenstam, 1958), 그리고 무스(Muus, 1967)의 연구는 특정한 조건에서 높은 식생 밀도는 거의 정체 상태의 수괴를 형성하여 세립질의 퇴적물이 일어날 수 있다는 것을 보여주고 있다. 이러한 연구들의 결론은, 습지가 확대되고 식생의 키와 밀도가 높아지면서 파랑에너지와 파고를 저감시키는 능력도 증가한다는 것으로 요약된다. 따라서 호안구조물에 대한 투자를 낮출 수 있기 때문에, 염습지는 해안보호에 매우 중요하다.

염습지의 폭과 해안제방의 높이 사이에는 직접적인 상관관계가 있기 때문에, 이 관계를 호안비용 계산에 바로 대입할 수 있다(King and Lester, 1995). 습지가 소실을 겪다가 마지막 부분이 사라지면, 호안비용은 기하급수적으로 상승한다. 영국 농수산식량부의 자료에 따르면, 80m 폭의 습지가 있으면 해안제방은 3m 정도의 높이가 요구되고, 습지가 완전히 파괴된 경우에는 12m 높이의 제방이 필요하다(그림 9.6).

이러한 맥락에서 염습지를 경제적 가치로 환산해 볼 필요가 있다. 전통적으로 염습지는 잠재적인 농경지 또는 야생동식물 서식처로서의 가치라는 관점에서 평가되어 왔다. 1989년 영국 에섹스 지방의 73㏊ 규모의 습지를 야생조수단체가 ㏊당 1,096파운드(0.11파운드/㎡)에 구입했다(King and Lester, 1993). 그러나 이제는 해안보호라는 측면에서도 습지의 가치를 평가해야 한다. 예컨

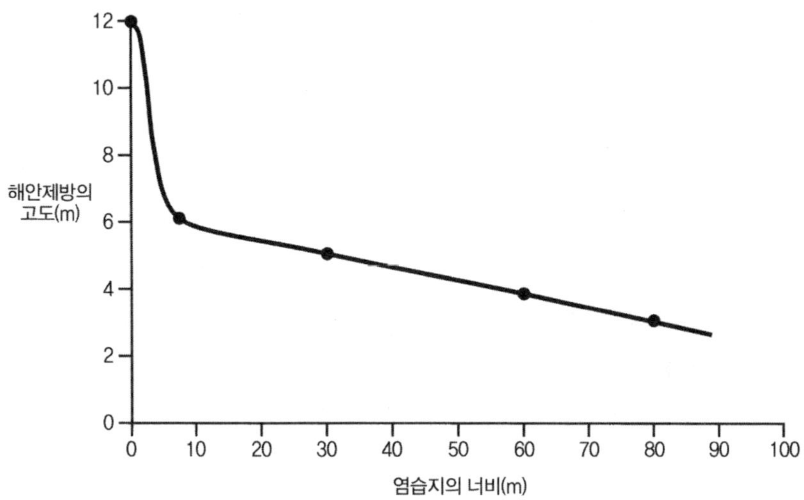


그림 9.6. 해안제방의 요구고도와 전면부 염습지 너비 간의 관계
(MAFF 자료를 이용해 편집)

대, 습지는 해안제방 건설비용을 절감시킨다. 킹과 레스터(King and Lester, 1995)에 따르면, 해안제방 전면의 폭 6m의 습지는 해안제방 건설비용에서 250~600파운드/㎡를 절감시키고, 24m의 습지는 30파운드/㎡, 그리고 30m의 습지는 10파운드/㎡의 절감효과가 있나. 거대한 해안제방과 같은 호안구조물을 건설하지 않아도 된다는 점을 고려한다면, 건강한 해안습지의 가치는 에섹스 습지에 지불된 0.11파운드/㎡보다 훨씬 클 것이다.

염습지는 파랑작용을 저감시키고 해안보호를 증진시킨다. 파랑감쇄와 함께 부유물질의 퇴적도 증가시킨다. 이러한 과정을 겪으면서 습지의 지속적인 발달과 고도증가가 일어나, 해수면상승에 적응해 나간다. 습지식생의 밀도와 퇴적량 사이에는 양의 선형상관관계가 있다(Gleason et al., 1979). 양츠강 하구역에서 진행된 양(Yang, 1998)의 연구와 노스캐롤라이나 인공습지에서 6~12㎝/yr의 수직 퇴적률을 측정한 우드하우스 등(Woodhouse et al., 1974)의 연구도 같은 결론을 가지고 있다. 부어만 등(Boorman et al., 1998)은 노포크에서 수직퇴적률을 3.08mm/yr까지 관찰하였는데, 퇴적률은 식생의 높이와 양의 선형관계를 보였다. 양(Yang, 1998)에 따르면, 염습지에서는 개펄에 비해 실트/점토 구성비가 1.5배 높게 나타난다. 이러한 현상은 염습지가 에너지 수준을 저감시켜 미립질의 퇴적을 조장한다는 추론을 뒷받침하고 있다. 페씩(Pethick, 1993)은 식생줄기의 밀도가 흐름을 변화시키는 주요한 요인으로 파악하였다. 그러나 그의 발견내용은, 식생이 증가시키는 것은 단순한 퇴적률이 아니라 순퇴적률이라는 것이다. 동일한 양의 퇴적이 일어나더라도 식생으로 말미암아 재동되는 퇴적물의 양이 적어지기 때문에 순퇴적량이 크다는 것이다. 이러한 퇴적물의 고정은, 단기적으로는 식생줄기의 밀도가 높아짐에 따라 조류를 방해하고, 중장기적 시간 스케일에서는 식생 뿌리가 퇴적물을 얽어매는 과정을 통해서 일어난다. 퇴적물 고정은 전단력을 증가시키고 침식에 대한 저항력을 높인다. 페스트롱(Pestrong, 1972)은 미피복 유로(갯골)와 개펄, 그리고 서로 다른 식물의 줄기가 가지고 있는 전단력을 비교하였다. 이 연구에서 식생의 뿌리에 의해 고정된 퇴적물의 전단력은 미피복 퇴적물의 경우에 비해 200~300%가 증가하는 것으로 나타났다. 험버 하구역에서 스파르티나 종이 퇴적물고정에 가장 효과적이라는 브라운(Brown, 1998)도 이를 뒷받침한다.

한편, 몇몇 문헌에 따르면 염습지의 퇴적활성화는 단순하지 않다. 식생의 밀도와 파랑에너지 저감과의 관계는 상세히 설명되고 있지만, 염습지와 개펄 사이의 퇴적률의 비교는 단순하지 않다. 페씩(1993)에 따르면, 수체 내에 포함된 퇴적물의 양(즉, 가용 퇴적물량)이 직접적으로 퇴적률과 연관되어 있다. 따라서 퇴적물수지의 지역적 특성을 고려하지 않은 염습지 조성은 (가용 퇴적물이 부족한 경우에는) 실패할 가능성이 높다. 가용 퇴적물의 양을 증가시키는 하나의 방안으로 단계적이고 지속적으로 퇴적물공급이 이루어지는 세류충진을 들 수 있다.

### 2) 식생을 활용한 염습지 조성

조석이 우세한 해안에서는 자연적인 천이과정을 겪으면서 식생이 정착할

사진 9.3. 개펄의 안정성 증대

a) 조류(藻類)의 일종인 엔테로모파(*Enteromorpha*)가 발달하면 퇴적물을 응집시켜 파랑에 의한 재부유를 막아준다. 에섹스 지방 폴니스 아일랜드 소재.

b) 주 서식종(스파르티나)과 고위 염습지 식생(*Halnione*). 에섹스 지방 에이더 하구역 소재.

수 있는 고도까지 세립질 퇴적이 일어난다. 우선 일차적 정착은, 조류 중에서 특히 파래 속의 해초류(*Enteromorpha*: 사진 9.3a)에 의해서 일어나고, 이어서 일차 식물로 스파르티나 종이나 퉁퉁마디(*Salicornia*)류가 나타난다. 염습지의 조성에는 시간이 걸리지만, 선구식생의 식재를 통해 퇴적물 고정을 증가시키면 시간을 앞당길 수 있다. 그러나 습지조성에서 두 가지의 접근법을 구분하는 것이 필요하다. 이 절에서는 식재를 통한 간석지의 퇴적 활성화와 안정화에 관련된 지식을 살펴보기로 한다. 본질적으로, 이것은 염습지를 바다 쪽으로 확장시키는 방법에 해당한다. 다른 방법은, 과거에 간척이 이루어졌던 부분을 염습지로 조성하고 호안선을 육지 쪽으로 이동시키는 것이다. 이 과정은 해안선의 조정으로 알려져 있으며 다음 장에서 다룰 예정이다.

제2장에서 살펴본 기초 원리에 따르면 간석지의 고도와 폭이 증가하면 파랑에너지 감쇄효과도 증가하게 되고 나아가 파랑이 호안에 미치는 영향도 줄어들게 된다. 파랑작용의 저감을 위해서 저고도의 하부 간석지에서 취할 수 있는 대책도 이미 살펴보았다. 앞 절에서 살펴본 바와 유사하게 상부 간석지에서도 파랑 감쇄효과를 가져올 수 있다. 표층이 식생으로 덮여있다면 표면조도가 증가하여 파랑의 감쇄와 퇴적물의 고정을 늘어나고 동시에 퇴적물을 서로 얽혀서 침식을 줄일 수 있기 때문이다. 페씩(1993)은 염습지의 식생에 대한 연구에서 후자의 측면을 강조하고 있다. 미피복 간석지 환경과 비교할 때, 염습지에서 관찰되는 높은 퇴적률은 식생의 줄기와 잎, 그리고 뿌리에 의한 퇴적물의 억류효과에 기인한다.

식생이 조류의 흐름을 바꾸고 파랑에너지를 감쇄하여 퇴적률을 높이고 호안에 미치는 파랑의 영향을 줄이기 때문에 건강한 습지는 해안관리에 커다란 편익을 준다. 그러나 다른 호안대책과 마찬가지로, 식생을 이용한 염습지 조성도 장소의 특성에 따라 다르며, 적합한 조건에 적용되어야 한다. 적합한 지역을 나타내는 가장 확실한 지시자는 그 지역에 습지가 존재했었는가의 여부이다. 이것은 습지가 성장할 수 있다는 증거가 되는 동시에 습지가 성숙해지고 천이과정으로 이어지는 데 필요한 종자은행을 갖추고 있다는 것을 의미한다.[2] 급격한 해안침식이 일어나고 있다면 습지의 유지를 위해 거친 해황을 보이고 있는 외해 쪽보다는 내륙 쪽에 습지를 조성(제10장 참조)할 필요가 있다. 식재 지점의 선택에는 그 밖의 요소들도 중요한데, 예컨대 고도, 경사, 조차, 염도, 기질과 수문특성이 중요하다. 고도에 따라 적절한 식생종을 선택하는 것도 중요하다. 염습지는 고도에 따라서 조수의 범람 빈도와 지속시간이 결정되는 전형적인 지역이기 때문이다. 예컨대, 스파르티나는 잦은 조류의 범람에 잘 견디고 조간대에 쉽게 정착하는 특성을 갖고 있기 때문에 선구종으로 널리 선택되고 있다.

개펄의 표고는 습지조성사업에서 최우선적으로 고려해야 할 요소이다. 이미 살펴본 바와 같이 식재 이전에 고도를 증가시키는 데는 두 가지의 방법이 있다. 첫째는 퇴적을 유도하는 기술이고, 둘째는 조간대 지역에 준설토를 직접 공급하는 것이다. 대부분의 인용사례는 두 번째 방법과 관련된 것으로, 고도를 우선 증가시킨 이후에 침식방지를 위해 안정화 과정을 거친다(표 9.2). 이러한 환경에서는 호안에 대한 요구가 내서생물의 보전보다 중요하게 받아들여진다. 이러한 목적으로 스파르티나 종이 가장 흔하게 적용된다. 헙바드와 스텝빙스(Hubbard and Stebbings, 1967)는, 해안선과 개펄의 고정을 위해 1898년 최초로 스파르트티나가 식재된 햄프셔의 비유루 강을 포함한 35개의 하구역을 연구하였다. 스파르티나 종은 급속한 성장속도와 침입속성, 특히 불필요한 지역으로 확산하는 경우가 발생하기 때문에 호평을 받지 못했지만, 사니질 퇴적물의 고정에는 적합한 것으로 나타났다. 리와 패트리쥐(Lee & Partridge, 1983)에 따르면, 뉴질랜드 뉴리버 하구역에서 스파르티나는 연간 4m 정도 확산하는 것으로 측정되었다. 크리스티안센과 밀러(Christiansen & Miller, 1983)는 1959년에 처음 식재를 시작한 덴마크 마리아게르 피요르드에서 1966년과 1978년 사이에 4,4000m²에 걸친 식피면적의 증가(연 3667m²/yr의

2) 과거에 습지가 있었던 곳에는 퇴적물 내부에 습지식생의 씨앗이 보존되어 있고, 조건이 갖추어지면 발아가 시작된다 — 역자주.

증가율)를 확인하였다. 이러한 식피면적의 확대는 빠른 시간 내에 파랑에너지 저감을 촉진시킨다. 중국에서 광범위한 지역에 걸친 연구에 따르면, 스파르티나 종으로 구성된 식생피복은 파랑에너지와 파고를 88~95%, 해안침식은 67%까지 저감시킨다. 중국에서는 이러한 긍정적 결과에 힘입어 100개 이상의 지역, 36,000㏊에 이르는 광범위한 면적에 스파르티나 종을 심어왔다.

스파르티나는 다른 곳으로부터 이식하거나 묘상에서 기른 것을 사용한다. 심는 과정에서 가장 실질적인 방법은 수작업이다. 가능한 빠른 속도로 노출된 개펄을 덮어야 하고 비용을 줄여야 하기 때문에 식재 간격이 중요하다. 파랑에 노출되어 있지 않는 지역의 경우에는 처음 1m 간격으로 심었을 때에 1년 후 스파르티나가 완전히 개펄을 덮는다. 그러나 부룸(Broome, 1990)은 45~60㎝가 적절하다고 보았다.

최종 목표는 자연상태와 유사한 기능을 갖는 습지 조성이다. 묘목을 식재하고 나면 파랑 감쇄효과가 나타나며, 식재구역에서는 퇴적이 증가할 것이다. 한편, 습지토양의 발달과 내서생물, 물새의 군집 등의 현상은, 충분한 시간을 거쳐 이루어진다. 특히, 준설토를 이용하여 습지를 조성한 경우가 그러하다. 이상적으로는, 식재를 하고난 후 스스로 유지되어 더 이상의 관리가 불필요해야 한다. 그러나 다른 호안구조물의 경우처럼 염습지도 어느 정도의 관리가 필요하며, 성장률과 고사 가능성에 대한 모니터링이 뒷받침되어야 한다.

사니질 해안의 안정화에 식생을 적용하는 기법에는 흥미를 끄는 부분이 있다. 세너카 등(Seneca et al., 1975)은 노스캐롤라이나 식재사업에서 몇 가지 사실을 발견하였다. 묘종과 더불어 직파가 적용되었는데, 직파는 고도가 높은 곳에서 성공적이었지만, 두 방법 모두 적용할 수 있는 것으로 나타났다. 샌프란시스코 만에서 진행된 뉴컴브(Newcombe et al., 1979)의 연구에서 직파는 비효과적인 것으로 나타났다. 그런데, 이 부분에서 성패를 제어하는 기작에 대한 중요한 의문이 제기된다. 몇 가지의 사례에서는 파랑 노출, 수심 또는 염도가 직파에 부적합하고, 몇몇 경우에는 오염물질을 침출시키거나 식물의 생육에 적합하지 않은 준설토를 사용한 것이 원인으로 의심된다.

표 9.2. 개펄퇴적작용·염습지 생성에 대한 연구 사례

| 나라 | 연구자 | 연구지역 |
|---|---|---|
| 브라질 | Netro and Lana (1997) | 파라나구아 베이 |
| 중국 | Chung (1993) | 여러 지역 |
| | Yang (1998) | 양츠강 하구역 |
| 덴마크 | Brashears and Dartnell (1967) | 북해 연안 |
| | Christiansen and Miller (1983) | 마리아게르 피요르드 |
| 네덜란드 | Groenendijk (1986) | 오스터쉘테 |
| 뉴질랜드 | Lee and Partridge (1983) | 뉴리버 하구역 |
| 영국 | Alizai and McManus (1980) | 테이 하구역 |
| | Holder and Burd (1990) | 에섹스 |
| | LRDC International (1993) | 리밍턴 (햄프셔) |
| 미국 | Broome (1990) | 미국 남동부 |
| | Cammen (1976a+b) | 노스캐롤라이나 |
| | Garbisch et al. (1975a) | 체사피크 만 |
| | Garbisch et al. (1975b) | 체사피크 만 (뉴저지) |
| | Good (1993) | 여러 지역 |
| | Goodwin and Williams (1992) | 캘리포니아 |
| | Hardisky (1990a) | 조지아 |
| | Lewis (1990a) | 플로리다 |
| | Lewis (1990b) | 푸에르토리코 / US 버진아일랜드 |
| | Newling and Landin (1988) | 조지아 |
| | Sacco et al. (1988) | 노스캐롤라이나 |
| | Seneca (1974) | 노스캐롤라이나 |
| | Seneca et al. (1975) | 노스캐롤라이나 |
| | Shisler (1990) | 미국 북동부 |
| | Snyder (1978) | 팜 비치 |

* 자세한 내용은 책 뒤편의 문헌목록을 참고

한편 몇몇 환경에서는 동물을 이용하여 퇴적물을 안정화시킬 수도 있다. 미도우스 등(Meadows et al., 1998)에 따르면, 조간대에 홍합 종패를 뿌린 후 일정시간이 경과하면 임계 침식 속도가 낮아진다. 특히, 홍합이 부착할 수 있는 자갈이 있는 지역에서 커다란 성과가 나타났다. 그러나 홍합은 폭풍기간에 일어나는 세립질 퇴적물 범람에 치명적으로 약하기 때문에 이 방법은 다소 제한적이다.

### 3) 식생 고사와 관련된 문제

몇몇 환경조건에서 습지식생이 고사하여 식생피복이 사라지면, 퇴적물 표면이 파랑에 완전히 노출된다. 이러한 현상은 습지가 물에 잠기거나(제2장의 해수면상승 참조), 해빈의 폭이 좁아질 때(제10장 참조) 나타날 수 있는데, 조수의 범람 빈도와 지속시간이 증가하여 염습지가 다시 개펄로 바뀌게 된다. 아직 잘 알려지지 않은 또 하나의 이유는 스파르티나의 자연 고사이다. 1930년대에 영국 남해안을 따라 분포하던 스파르티나가 대부분의 지역에서 고사하여 염습지가 개펄로 바뀌는 현상이 나타났다. 파랑에너지에 노출된 사니질 퇴적층이 침식되기 시작했고 많은 지역에서 잘피류가 스파르티나를 대체하게 되었다. 해이네스와 코울슨(Haynes & Coulson., 1982)은 영국 남해안 랭스톤항의 식생고사문제를 관찰하였다. 이 연구에 따르면, 스파르티나가 잘피류로 대치되면, 종 다양성, 영양소의 순환, 수생 생태계, 그리고 섭금류의 서식조건에 편익을 초래한다. 아담(Adam, 1990)이나 그 밖의 연구도 이러한 결과를 뒷받침하고 있다. 그러나 해안보호의 관점에서는 문제가 다르다. 스파르티나는 파랑에너지 감쇄나 퇴적활성화에서 잘피류보다 훨씬 탁월하다. 생태학자나 해양 생물학자는 고사문제를 환영할지 모르지만, 해안관리당국의 관점에서는 퇴적물 고정이나 퇴적 잠재력을 감소시키기 때문에 호안에 바람직하지 못한 현상으로 인식된다.

## 5. 퇴적과정 활성화에 따른 영향

전통적인 관점에서 식생이 식재한 곳에서 잘 자라고 배후지 보호효과를 가지고 있다면, 습지조성은 성과를 거두었다고 말할 수 있다. 그러나 이와 다른 기준에서 습지조성을 평가할 수도 있다. 인공습지가 자연습지의 기능을 어느 정도까지 발휘하는가, 즉 자연습지의 생태학적·수문학적 특성을 갖고 있는가, 또는 환경에 악영향을 미치지는 않는가 등은 또 다른 판정기준이 될 수 있다. 그러나 현실에서는 이 두 가지 판단기준은 모두 달성되기 어렵다. 인공습지는 자연과정에 따라 조성되는 것이 아니고, 더욱이 염습지가 수용되지 않는 시스템 역동성 아래에서 인위적 간섭으로 조성된 것이기 때문이다. 따라서 그 평가에는, 인공습지가 가지고 있는 '자연성'의 정도와 환경영향이 주로 반영되어야 한다.

다른 기법에서와 마찬가지로 이 기법도 조간대 환경을 인위적으로 개조시키기 때문에 자연 조건에서 나타나지 않을 변화를 강제로 일으킬 수 있다. 이러한 변화의 결과로 계획을 실패로 이끌 수 있는 치명적인 부작용이 생길 수 있다. 잡목울타리나 슐레스비히-홀슈타인 기법은 비교적 최근부터 적용되었기 때문에 환경영향을 평가하기가 쉽지 않다. 그러나 상자글 9.1에서 나타나는 것처럼 몇 가지 사업은 바람직한 성과를 보이는 반면, 그렇지 않은 경우도 있다. 조간대의 퇴적 활성화 계획의 성패와 관련해서는 다양한 시각이 존재한다. 식생의 적용과 관련한 평가는 대체적으로 고무적이며 이러한 기법을 뒷받침하는 증거가 많다. 그러나 퇴적환경, 생태, 퇴적물 특성과 관련된 다양한 환경영향이 발생이 발생할 수 있다. 발생 가능한 문제를 다음에서 살펴보도록 한다.

### 1) 내서생물의 매몰

앞부분에서 이미 살펴본 바와 같이 급속한 퇴적으로 여러 가지 문제가 야기될 수 있다. 한편, 가능한 한 빠르게 개펄의 고도를 높이는 것을 목표로 한다면, 급속한 퇴적에 대한 비판은 모순으로 비추어진다. 그러나 내서생물은 급속한 매몰에 취약하고, 퇴적이 지나치게 빠른 속도로 이루어지면 개체수도 급격히 감소한다. 영국의 워시 만과 모어캠 만, 캐나다의 펀디 만, 미국의 체사피크 만과 같이 대규모 조간대 지역은 모두 야생조류의 서식지로 유명하며, 보전지정지구를 가지고 있다. 이들 지역에서 조류들이 번성할 수 있는 이유는 일차적으로 개펄에 먹잇감이 풍부하다는 점이다. 급격한 매몰은 내서생물과 이들을 섭취하는 조류에게 치명적인 결과를 초래하기 때문에 이러한 상호관계를 파괴시킬 수 있고, 조류 개체수의 감소로 이어질 수 있다.

이러한 문제를 우려한다면, 세류충진과 같은 방법으로 서서히 퇴적물의 공급을 유도하는 것이 좋을 것이다. 그러나 가장 일반적으로 적용하는 방법은 짧은 기간에 준설토를 펌핑하는 것으로 내서생물에 커다란 충격을 줄 수 있다. 대부분의 연구는 이러한 사업을 통하여 이루어진 염습지의 퇴적률 증가, 해안 안정성의 향상 등을 보고하고 있으나, 내서생물이나 야생조류에 미치는 영향에 관한 조사는 드물다. 준설토를 이용하여 조성된 습지를 다룬 몇몇 연구에서는 내서생물의 생체량이 감소한 것으로 나타났다. 챔멘(Cammen., 1976a)의 노스캐롤라이나 인공습지 연구에 따르면, 내서생물 생체량은 조성 후 2년이 지나면 자연습지 생체량의 10%에 도달한다. 같은 습지에서 15년이 경과한 후에 수행된 조사에서 생체량을 기준으로 크게 개선되었다(Sacco, et. al., 1988). 내서생물의 감소와 퇴적활성화 기법 사이를 바로 연관시키는 것은 문제가 있지만, 습지조성과정의 어느 단계가 내서생물에 중대한 영향을 미치는 것으로 보인다. 가장 유력한 이유 중 하나는, 급속한 퇴적물의 수직 성장일 것이며 생물체가 퇴적체 내에서 충분한 속도로 수직위치를 조절하지 못하는 것으로 사료된다.

### 2) 자연습지와의 차이점

내서생물의 생존문제는 또 다른 문제, 생태보전의 문제로 이어진다. 영국과 미국에서 점차 습지조성사업이 침식이나 개발로 인한 손실을 보상하는 수단으로 간주되고 있기 때문에, 인공습지가 자연습지(원형)에 근접하는 정도(기능)를 중요시하고 있다.

인공습지와 자연습지를 비교하기 위해서는 퇴적학, 수문학, 생태학을 포함하는 시스템 전체에 걸친 조사가 필요하다. 하디스키(Hardisky, 1978)가 미국 조지아의 버터밀크 사운드에서 진행한 연구에 따르면, 스파르티나 *alterniflora*가 식재된 후 4년이 경과했을 때 지상생태량은 자연습지에 비해 1.3~5.5배 정도 적게 나타났으며 지중 생체량은 2.1~2.4배 적게 나타났다. 즉, 인공습지의 성장속도는 상대적으로 느리며, 자연습지에 근접(토착화 또는 귀화)하기 위해서는 일정한 기간이 필요하다는 것을 시사한다. 뉴링과 랜딘(Newling & Landin, 1985)에 따르면, 식재 후 8년이 경과하더라도 생체량은 여전히 자연습지에 비해 적은 것으로 나타난다. 이것은 성숙과정을 지시하는 것일 수 있다. 그러나 뿌리의 발달이 줄기나 잎의 발달 속도를 따라가지 못하는 것을 가리키기 때문에 인공습지의 장기적 생존능력에 의문을 일으킨다. 이 사례에서는 기층을 구성하고 있는 준설토가 뿌리의 발달에 악영향을 미쳤을 수도 있다. 텍사스 볼리바르 반도의 인공습지에서는 지중 생체량은 적지만 지상생체량은 자연습지와 같거나 오히려 높게 나타났다(Newlin and Landing, 1985). 한편, 노스캐롤라이나의 예(Hardisky, 1978)에서는 인공습지와 자연습지 사이에 유의한 차이가 나타나지 않았다. 8개 연구지역을 다루었던 뉴저지의 예(Shisler and Charette, 1984)에서는 인공습지에서는 모두 생체량이 적게 나타났다. 대부분의 경우에서 인공습지의 생체량, 특히 지중생체량이 자연습지에 비해 적게 나타나지만, 이들 사이에서 일반적인 경향은 발견되지 않는다. 이러한 맥락에서 보다 중요한 것은 준설토 자체의 특성, 특히 입도구성이나 수분함량, 오염물질 함량 등이라고 추측된다. 다른 나라에서 이러한 자료를 참고하거나 이로부터 시사점을 찾으려고 할 때, 이것은 미국의 사례, 그것도 동부와 서부 해안에 나타나는 습지유형의 전형적 특성이라는 사실을 염두에 두어야 한다. 습지유형의 지리적 변이는, 모든 습지가 같은 양식으로 거동하지는 않는다는 것을 의미한다. 더욱이, 위에서 인용한 사례는 모두 준설토를 이용한 습지조성에 해당한다. 잡목울타리를 이용한 퇴적유도구는 비교적 최근에 시작한 기법이기 때문에 이 기법의 결과를 준설토를 이용한 경우와 비교, 특히 생체량을 기준으로 한 비교는 불가능하다. 장래에는 이러한 비교를 통하여 내서생물과 같은 대조표본을 평가할 때 유용할 것이다. 준설토를 일시에 공급하는 과정은 내서생물에 충격을 주며 이는 퇴적층 사이의 내부적 생물교반구조(生物攪拌構造)의 감소로 이어질 것이다. 육상 생태계의 경우, 토양의 이러한 특성이 식생의 생장률에 중요한 영향을 주기 때문에, 염습지 토양에서도 그러할 것으로 추측된다.

퇴적물 자체가 나타내는 인공습지와 자연습지의 차이를 이해하는 것도 중요하다. 퇴적유도구나 세류충진이 적용되는 곳에서는 그곳의 자연적인 과정을 어느 정도 반영하면서 퇴적이 일어난다. 이것은 다른 퇴적물과 마찬가지로 분급과 층서구분이 이루어지며 물리적 특성이 그대로 유지되는 것을 의미한다. 퇴적물을 단시간 내에 공급하면, 분급과 층 구분이 불량하다. 이것은 이미 살펴본 바와 같이 내서생물에 큰 영향을 미친다. 이 밖에도 수분과 유기물 함량, 산화환원 전위, 그리고 영양염류에도 영향을 미친다.

퇴적유도구에서 발생할 수 있는 문제점 가운데 하나는, 주변에 비해 인공습지의 수분함량이 높다는 것이다. 지나치게 물로 포화된 환경은 내서생물의 건강에 부적합하며, 개체 수의 감소로 이어질 수 있다. 시간이 지나면서 퇴적물의 탈수가 진행되어 일정한 시간이 지나면 문제가 축소되지만, 이 과정이 신속하게 진행되지 않을 경우에는 내서생물군에 악영향을 미친다. 퇴적물의 입도구성도 중요하다. 퇴적활성화 계획의 원인은, 세립질의 퇴적속도의 관점에서 파랑이나 조류의 에너지가 너무 크다는 것이다. 이런 이유로 퇴적유도구에 퇴적되는 입자의 크기는 자연상의 간석지보다 세립화하는 경향을 나타낸다. 퇴적물의 입도구성도 내서생물이나 주변 환경에 영향을 주기 때문에 이에 대한 주의가 필요하다.

### 3) 하류의 퇴적물 공급에 미치는 영향

호안시설이 하류에 악영향을 미치는 문제는 이곳에서도 예외가 아니다. 특히, 학술적 관점에서 이 문제가 자주 거론되고 있지만, 해안관리 현장에서 간과되는 경우는 흔하다. 어느 간석지에서 인위적 퇴적물 고정이 일어난다면,

다른 어느 곳에서는 그 영향, 즉 퇴적물 손실을 겪게 될 것이다. 즉, 자연상태에서 그 퇴적물이 쌓이던 곳에는 순침식 조건이 형성될 수 있고, 이에 따라 호안대책이 필요할 수도 있다. 즉, 퇴적활성화계획에는 퇴적물의 이동경로에 대한 이해가 뒷받침되어야 한다.

퇴적유도구의 목표가 정상적으로 발생하는 퇴적물보다 세립질의 퇴적을 유도하는 것이기 때문에 대부분의 경우에는 하류에 악영향을 미치지 않는다. 즉, 폴더에 모이는 퇴적물은 주변의 간석지에 쌓이지 않는다. 그러나 퇴적물 순환 셀의 어느 곳, 즉 세립질의 퇴적이 일어나는 배후수체에서와 같은 곳에서는 중대한 문제로 나타날 수 있다.

### 4) 미적인 면

간석지 복원사업이 초래하는 영향 가운데 미적 측면을 빼놓을 수 없을 것이다. 건강한 염습지의 경관에 대해서는 거부감이 없지만, 녹조류로 덮인 잡목울타리나 조간대에 두껍게 쌓인 준설토 더미에 대한 인식은 다르다. 그러나 준설토 더미의 경우는, 탈수기간이 지나 식생이 이식되고 몇 번의 생육기간을 거쳐 식생 피복이 형성된다는 것을 감안하면 단기적인 문제일 뿐이다. 퇴적유도구는 약간 다르다. 잡목울타리는 상당한 기간 동안 지역주민 일부의 시각에 거슬릴 것이다. 하지만, 잡목울타리가 해안 침식을 억제하고 토지포락을 감소시킨다는 생각을 하면 눈감아줄 만한 수준이다. 더욱이, 대다수의 하구역에서 진행되고 있는 개발보다는 훨씬 더 가치 있게 될 것이다.

## 6. 해안 퇴적 활성화의 이점

퇴적 활성화의 기본적 장점은, 간석지 고도의 상승과 식생을 통하여 파랑에너지를 저감시킴으로써 호안효과를 확대하는 것이다. 해안관리의 관점에서

이 기술을 평가한다면, 호안효과를 비교적 쉽고도 저렴하게 얻을 수 있는 장점을 가지고 있다. 또한, 고비용의 투자가 필요하면서도 시각적으로 거슬리는 해안제방이나 사석피복공의 수요를 크게 줄여준다.

습지조성과정에서 나타나는 문제점을 받아들인다 해도 잘 조성된 습지는 해안시스템의 파랑에너지 저감능력을 확대할 뿐만 아니라 생태적 편익을 향상시킨다. 부룸(Broome, 1972)에 따르면, 스파르티나 *alterniflora* 습지는 하구역의 일차 생산, 에너지 흐름, 영양소 순환에서 중요한 역할을 담당하는데, 이 기능은 하구역 내 육식동물부양체제에서 핵심적 요소를 이룬다.

## 7. 해수면상승과 조간대

파랑작용에 따른 염습지의 유실은 대체로 해수면의 상승에 대한 반응으로 일어나거나 강력해진 파랑작용이나 폭풍활동과 연관되어 있다. 실제로, 브룬 법칙에 따라 사니질 환경이 육지 쪽으로 이동하는 것을 관찰할 수 있다. 많은 사례에서, 새로운 해수면 조건에 따라 염습지가 다시 개펄로 바뀌는데, 이것이 새로운 조건에서 평형을 이루는 지형이 된다. 영국 세번 하구역은 해수면상승 과정에서 조간대 개펄 환경이 육지 쪽으로 이동한 대표적인 사례에 해당한다(Allen, 1990). 광범위한 개펄에 걸쳐서 빈번하게 현생 퇴적물로 덮이고 폭넓게 진행된 세굴로 인해 뻘층이 드러나는 곳이 많다. 이러한 개펄 주변에는 일 년에 수 미터씩 후퇴가 일어나 습지 단애가 길게 나타난다. 해수면이 상승하면서 개펄 가장자리는 지속적으로 수면아래에 잠겨 조하대를 형성한다. 이와 상응하여 사니질 환경이 육지 쪽으로 확장되고 있다. 암석해안이거나 이미 염습지가 모두 파괴된 경우에는, 해빈폭이 축소되는 해안압착이 일어나 종국에는 조하대로 변하게 된다.

해수면상승에 따라 수심이 깊어지게 되면 파한(wave base)도 깊어져 더 강한 파랑에너지가 육지 쪽으로 입사한다. 또한, 난류(turbulence)가 격심해지고 퇴적물이동이 심해짐에 따라 탁도가 증가한다. 이러한 변화는 잘피류와 같은 해초류의 생존에 영향을 미친다. 염습지의 경우와 마찬가지로 해초군락은 육지 쪽으로 이동하여 생존조건을 제공하고 있는 해안 가까이에 정착한다. 기층이 부적절하거나 수심의 급속한 증가로 서식지 이전과정이 원활하게 일어나지 않는다면, 해초류 군락은 고사할 것이며 식생이 제공해 온 해안보호 기능은 축소될 것이다. 이러한 상황과 대비되는 경우도 발생할 수 있다. 해수면상승에 따라 해안 저지대가 범람을 겪으면서, 가용한 퇴적물이나 영양염류가 증가하면 해초류 군락이 확대될 수 있다.

해수면상승문제를 논의하게 되면, 이 장에서 언급한 많은 부분이 상충한다는 것을 느낄 것이다. 고도가 높은 개펄에서 식재나 퇴적 활성화기법을 적용하여 인공습지를 조성하는 과정은 실제로 호안선을 바다 쪽으로 옮기는 것인데, 이것은 해수면상승 환경하에서 해안선이 육지 쪽으로 이동하는 자연의 경향과는 배치된다. 결국 연성호안의 철학을 부인하고, 해안선의 자연과정에 맞서는 것으로 나타난다. 습지조성은 급속하게 침수되는 해안에서는 부적합하고, 해수면의 상승폭이 작은 지역에서도 중단기적인 해결책에 불과하다. 장기적인 해안선의 안정을 유지하기 위해서는 해안시스템 전체를 육지 쪽으로 이동시켜야 한다. 해수면상승이 일어나는 환경에서 인위적으로 이러한 문제를 해결하는 방안에 대해서는 다음 장에서 다룬다.

## 8. 요약

이 장에서는 사니질 환경에 적용되는 퇴적활성화기법과 습지조성을 살펴보았다. 이러한 기법들은 퇴적물과 식생을 적용하기 때문에 다분히 연성호안에 해당한다. 이 장의 전반부에서 여러 가지 통계수치를 통하여 염습지가 수행하는 호안기능의 범위를 가늠해 보았다. 정상 파랑의 조건에서 해안제방이 불필요할지라도, 폭풍발생에 대비하여 해안제방에 대한 수요는 여전하다.

해안제방 전면에 건강한 염습지를 유지한다면, 폭풍의 영향은 대폭 경감된다. 허리케인에 의한 피해 사례를 다룬 문헌에서도 염습지가 유지되어 있는 지역의 피해는 드믄 것으로 나타난다.

해안제방 전면의 염습지 벨트는 커다란 편익을 가지고 있다. 표 9.2는 습지조성으로 얻을 수 있는 호안효과를 보여준 사례들을 정리하고 있다. 해수면상승을 일으키는 기후조건은 만조선의 위치를 육지 쪽으로 밀어 올린다. 이러한 환경조건에서 호안선을 바다 쪽으로 이동시키려는 시도는 그 자체가 명백히 모험이다. 그러나 해수면상승 추세와의 상충이나 모순은 장기적 관점의 문제이기 때문에, 습지조성을 단기적 관점에서 받아들일 수 있다. 해수면상승은 많은 영향을 초래한다. 이 가운데 수심의 증가는 해안제방에 전달되는 파랑에너지를 증가시킨다. 이 장에서 제시된 방법론은 바로 이러한 문제의 해결을 모색하고 있다.

이러한 방법론과 관련하여 약간 왜곡된 경향이 대두되기 시작했다. 정치인이나 계획가들은 습지조성을 점차 하구역 개발을 촉진시키기 위한 기반공사로 간주하고 있다. 자연보존단체들은 서식처 유실과 해안보호를 이유로 조간대 간척을 포함한 해안개발을 반대하고 있다. 인공습지, 특히 준설토를 이용한 습지조성기술이 발달하면서, 계획당국은 인공습지를 간척지 대체자원으로 인식하고 있다.[3)] 인공습지는 서식지를 대체하는 방안이 될 수는 있지만, 이미 살펴본 바와 같이 자연습지의 다양한 기능을 원활하게 수행할 수 없다. 따라서 해안관리당국은 성숙한 습지를 개발에 이용하고, 이를 다른 곳의 인공습지로 대체하려는 개발당국의 압력에 저항할 필요가 있다. 역사적으로 하구역의 습지가 지나치게 소실되어 왔기 때문에 기존의 습지는 그대로 유지하면서, 새로운 습지를 조성하려는 경향이 증가하고 있다.

---

3) 미국에서는 이를 위해 습지은행(wetland bank)의 개념을 만들어냈다. 자연습지의 개발허가 요건으로 일정 단위이상의 훼손된 습지를 복구하거나, 육지의 고도를 낮추어 인공습지를 조성하도록 한다는 것이다. 인공습지는 오염권처럼 시장에서 거래할 수 있다는 발상이다 — 역자주.

사니질 퇴적활성화와 염습지조성의 장점

- 파랑에너지 저감으로 해안보호
- 야생조수 서식지의 확장
- 하구역의 자연성 증진
- 준설토를 호안에 선용

사니질 퇴적활성화와 염습지조성의 문제점

- 인공습지의 자연성 부족
- 한 지점의 퇴적활성화는 다른 지점의 퇴적물 고갈을 초래
- 미관의 훼손
- 내서생물에 미치는 악영향과 야생조수에 미치는 파급효과

적용부문

- 염습지가 있었던 곳, 파랑의 침식을 받는 곳
- 서식지 조성이 보전에 유익한 곳

제10장

# 해안선조정*

## 1. 도입

지금까지 해안 지역사회의 일관된 논리는 침수나 범람을 방지하기 위한 것이었다. 환언하면, 현재의 호안선을 유지하거나 호안선을 바다 쪽으로 전진시키는 것이다. 순토지손실을 억제하는 것이라고도 할 수 있다. 그러나 현재 해안선에 가장 큰 위협이 되고 있는 해수면상승을 고려하면, 이와 같은 노력이 열매 맺기 어려울 것이다. 현재의 호안선을 유지하여 해안선을 정적으로 관리하는 것보다는 해안 일부를 바다가 침식하도록 놓아두는 것이 더 큰 편익을 가져올 수 있다는 증거가 점증하고 있다. 해안침식을 긍정적으로 수용하여 토지를 해양생물 서식지로 전환한다는 발상은, 대부분의 사람들이 '호안'라는 용어와 함께 떠올리는 의미와는 상치된다. 그러나 해안관리 측면에서 호안이란 배후지를 효과적으로 보호하는 것을 의미한다. 따라서 해안선

* 원제목 managed realignment에서 realignment란 해수면상승의 조건을 고려하여 인위적으로 호안선을 후퇴시켜 완충공간을 확보하는 것을 의미한다. 그러나 인위적 조정과정은 다양한 이유로 반복되어 왔기 때문에 여기서는 '조정'으로 번역한다 — 역자주.

조정은 배후지를 침식으로부터 보호하는 기능을 갖는다고 할 수 있다.

이러한 주장의 정당성은 연성호안의 특성에서 찾을 수 있다. 연성호안의 목적인 자연과정에 순응하면서 해안지역을 보호한다는 기본 원리를 살리기 위해서는 자연의 작동원리를 상세히 살펴보아야 한다. 긴 지질사와 함께 최근의 역사에 걸쳐서, 해수면 변동에 따라 해안선이 변동해 왔다는 증거는 풍부하다. 간단히 말해 해안선의 위치는, 해수면이 상승할 때 육지 쪽으로 이동하고 해수면이 하강할 때 바다 쪽으로 이동한다. 해수면이 상승하는 조건하에서 해안선이 내륙으로 이동하는 것이 자연의 반응이라면, 해안관리도 이와 유사한 방향을 택하는 것이 '자연스러울' 것이다.

이 장에서 논의할 내용이 바로 이러한 접근이다. 여러 문헌들에서 '해안선 후퇴', '셋백'(setback, 완충지 확보) 등의 용어가 혼용되고 있으나, 이 책에서는 '해안선조정'이라는 용어를 사용한다. 해안선 후퇴라는 용어는 '적(바다)을 맞이하여 후퇴한다'는 해안관리 상의 소극성을 시사하기 때문에 대다수의 해안관리자나 해안지역에 거주하는 주민들이 거부반응을 보인다. 해안선조정이라는 용어는 이 기술을 비교적 정확히 묘사한다. 이 기술이 호안구조물의 위치를 내륙 방향으로 조정하는 과정을 다루기 때문이다. 이 기법과 '방치(do nothing)' 사이에는 주요한 차이가 있다. 앞에서 해식애의 문제를 다룰 때 논의한 바가 있는 방치는 여기에서도 같은 의미를 가지고 있다. 해안선조정은 호안선을 내륙으로 옮기는 것을 가리킨다. 예컨대, 에섹스의 노디 아일랜드에서는 원래의 해안제방보다 75m 내륙에 새로운 제방을 건설하였다(Leafe, 1992). 이러한 측면에서 해안선조정은 해안침식을 허용한다. 그러나 침식은 통제 밑에서 미리 정해진 선까지 허용될 뿐이다. 이에 대해 '방치'에는 인위적인 개입이나 방해가 없이 자연적인 해안침식 과정이 진행되도록 방치된다.

해안선조정은 해안관리에서 가장 중요한 쟁점 가운데 하나이며, 특히 간척이 이루어졌던 지역을 다시 조간대로 환원시키는 작업이 진행되고 있는 하구역 환경에서 점차 그 적용이 확대되고 있다. 몇몇 학파들은 해안선조정을 궁극적인 보전방안으로 간주하고 있다. 양빈을 개방해안의 궁극적 보전대책으로 여기는 것과 동일하다. 그러나 앞서 살펴본 바와 같이 양빈이 나름의 문제와 불확실성을 지니고 있듯이, 해안선조정에도 아직 잘 밝혀지지 않은 부분도 많고 환경문제도 안고 있다.

해안선조정이나 방치 모두 상당한 반발을 유발한다. 직접적으로 영향을 받는 사람들에게 더욱 그렇다. 두 접근의 토대를 이루는 과학적인 논리는 견고하다. 해안선을 보호하려 하다가 퇴적물수지와 해안 작용에 변화를 일으키고 결국 치명적인 퇴적물 결핍을 초래하는 일이 적지 않다. 이는 전반적으로 문제를 처음보다 더 나쁘게 만들 가능성이 있다. 해안선조정이나 방치는, 해수면상승에 대한 자연해안의 반응을 모사하는 적극적이고도 효율적인 관리전략이다. 더욱이 해안선조정은 현재의 해안선을 유지하는 것보다 저렴하다. 염습지 훼손으로 입사 파랑에너지가 증가함에 따라 기존의 호안이 위협에 처해 있는 경우가 많다. 이러한 상황에서는 지속적으로 호안시설을 보수해야 하며, 미래에는 호안에 대한 우려가 더욱 커질 것으로 전망된다. 에섹스의 노디 아일랜드에서는 재정적 이유 때문에 해안선조정 방안이 채택되었다. 리퍼(Leafe, 1992)에 따르면, 해안선조정 계획에 드는 비용은 22,000파운드인 반면 기존의 해안선을 유지보수하고 갱신하는 비용은, 추후 보수에 들어갈 비용을 제외하더라도 30,000~55,000파운드에 이른다.

해안선조정을 채택하는 과정에서 문제를 복잡하게 만드는 주요인은, 해안지역이 인간의 정주와 산업 입지처로 매우 인기가 있고 동시에 해안에는 유휴지가 충분하지 않다는 사실이다. 따라서 해안선조정의 적용은 과학적인 문제이며 동시에 일반대중에 대한 교육과 설득을 요구하는 문제이다.

해안선조정은 점점 더 널리 받아들여지고 있으며, 특히 조석작용이 우세한 해안을 적절히 보호할 수 있는 지속가능한 방안으로 인식되고 있다. 여러 가지 호안 기법들과 마찬가지로 해안선조정도 다른 기법들과 결합되어 사용될 수 있다. 영국의 경우 대부분의 해안선조정 계획은 기존의 제방 일부를 무너뜨려 조간대 작용(해수유통)이 일어날 수 있도록 하는 데 그치고 있다. 부룩(Brooke, 1992)의 보고에 따르면, 미국에서는 해안선조정을 다른 기법들과 연계시켜 적용하고 있다. 노스캐롤라이나에서는, 준설토를 이용하여 지반의 고도를 높인 후 해안제방의 일부를 허물고 염습지 식생을 착생시켰다. 캘리포니아에서는 제방의 일부를 무너뜨려 염습지의 생성을 유도하고 있다. 이때 지반 고도를 높이기 위해 준설토를 투입하거나 자연적인 퇴적작용을 유도하고 인공식재나 자연과정을 통해 식생을 정착시킨다. 루이지애나에서는 자연작용을 활용하여 염습지를 조성하는 반면, 텍사스와 조지아, 뉴욕에서는 준설토를 투입하여 염습지를 조성해 왔다. 영국의 햄프셔, 글루세스터셔(세번 하구역), 데본, 랭커셔 등의 해안에서는 호안선을 조정하여 염습지를 복원하였다. 그러나 연구가 가장 활발하게 진행되는 곳은 에섹스 지방으로 다수의 해안선 조정 계획이 수립되었다. 대표적인 사례로는 1991년 노디 아일랜드의 블랙워터 하구역(0.8 ha)의 사업, 1995년 톨즈베리 플릿(21ha)과 오플란즈(40ha)의 사업, 1996년 애보츠홀(20ha)의 사업 등이 있다. 위 사업에 대한 상세한 설명과 기타 사례연구는 상자글 10.1과 표 10.1과 같다.

정의에 따르면, 해안선조정기법은 모든 종류의 서식지, 즉 배후를 막고 있던 도로나 경성호안구조물을 이전하면 내륙 방향으로 이동할 수 있는 공간이 확보될 수 있는 해안사구지대나 해빈에 적용할 수 있다. 이러한 접근들은 모두 해안 서식지가 내륙으로 이동될 수 있도록 현재의 호안선을 이전시키는 과정을 포함하고 있다. 한편, 문헌을 검토해 보면, 대부분의 해안선조정은 조석과정이 우세한 환경, 특히 염습지에 편중되어 왔다는 것을 알 수 있다. 이러한 지역에서는 대체로 내륙으로 해안선을 조정할 수 있기 때문이다. 외해에 노출되어 있는 해빈 환경은 대부분 배후지가 개발되어 있어 내륙으로 해안선을 이전시키는 전략을 택하기가 어렵다. 문헌에 인용된 사례는, 영국 남부해안 던지니스의 자갈해빈이다(Maddrell, 1996). 이 지역에서는 양빈의 수요를 줄이기 위한 방안으로 해안선조정이 적용되었다.

표 10.1. 에섹스 지방 해안선조정 사업의 지역특성

| 대상지 | 면적 (ha) | 고도 (m+OD) | 개구 (수) | 갯골 | 평균퇴적률 (mm/년) | 토지이용 | 간척지로 유지된 기간 |
|---|---|---|---|---|---|---|---|
| 톨즈베리 플릿 | 21.0 | 1.0-3.0 | 1 | 구갯골 + 인공수로 | 29.08 | 클로버 목초지 방목지와 농지 | 약 200년 |
| 노디 아일랜드 | 0.8 | 2.5-3.2 | 1 | 구갯골 + 인공수로 | 41.25 | 방목지 (토질개선) | 약 150년 |
| 애보트홀 | 20.0 | 1.0-2.5 | 2 | 2.2km 인공수로 | - | 농지 | |
| 오플란즈 | 40.0 | -1.0-4.0 | 2 | 인공수로 | - | 목초지, 농지, 연구지 | |

* 자료: 본문에서 인용한 다양한 문헌

상자글 10.1.

**에섹스 지방의 해안선조정사업**

에섹스 지방의 해안선은 후빙기 직후 지각평형에 따른 융기를 겪었다. 이후 해수면이 상승하고 지표고도가 낮아짐에 따라 상대적인 해수면상승이 일어났다. 지난 수천 년 동안 염습지가 40,000ha에서 4,400ha로 크게 감소하였으며 현재도 연간 2%씩 줄어들고 있다(Dixon et al., 1998).

고도가 낮은 해안에서 염습지의 소실이 발생하여 파랑감쇄 능력이 저하되면, 해안의 안정성은 심각한 영향을 받는다. 염습지의 말단부가 내륙 방향으로 침식되면 해안의 안정성을 제고하기 위한 노력이 필요하다(그림 9.6). 지난 수십 년간 이와 같은 우려를 해결하기 위해 폴더와 퇴적유도구의 설치를 포함한 일련의 호안대책이 취해져 왔다(상자글 9.1). 특히 블랙워터 하구역에서는 다음과 같은 내용의 해안선조정 사업이 수행되었다.

| | | |
|---|---|---|
| 오플란즈 | 1995년에 실시 | 면적 40ha |
| 애보트홀 | 1996년에 실시 | 면적 20ha |
| 톨즈베리 | 1995년에 실시 | 면적 21ha |
| 노디 아일랜드 | 1991년에 실시 | 면적 0.8ha |

이들 사업은 각각 해안선조정의 실험이었다고 할 수 있다. 각 사업에서 발견된 사항은 해안선조정 기법을 발전시키는 데 사용되었기 때문이다. 위에 언급된 사업 외에도 에섹스 지방에는 해안제방의 자연적 붕괴로 인해 해수유통이 일어난 13곳의 추가사업지역이 있다(IECS, 1993). 해안선조정이 이루어진 면적은 모두 500ha를 상회한다. 피도나 침식/퇴적조건의 변이가 심하지만, 대다수의 지역에는 염습지 식물이 정착하고 있다.

해안선조정 사업지역 가운데 대표적인 네 지역이 표 10.1에 정리되어 있다. 이들 사업지구에서는 광범위한 설계요소, 즉 구갯골 혹은 인위적으로 조성된 배수 체계, 1개 혹은 2개 이상의 개구, 고도, 경사, 토지이용 역사 등이 포함되어 있다. 네 지역 가운데 두 곳은 특별히 연구와 모니터링이 잘 되어 있고 문헌으로 정리되어 있어 소개하고자 한다.

### 1. 노디 아일랜드

1991년 영국 최초의 사례로서 0.8ha에 걸친 소규모 해안선조정 사업이다. 이 사업에는 과거의 해안제방으로부터 75m 내륙에 호안선을 설치하였다. 해수유통을 실시한 지역은 본래 1843년과 1873년 사이에 간척된 지역으로 생산성이 낮은 방목지로 사용되고 있었다. 구갯골의 흔적들이 희미하게 남아 있기는 하였으나, 갯골 하나를 인위적으로 팠다. 여기서 나온 토사는 과거 해안제방 축조과정에서 골재채취 후에 방치된 웅덩이를 메우는 데 사용됐다. 비록 초기에는 식생 정착이 느리게 진행되었으나, 현재는 어느 정도의 대상구조를 갖춘 염습지가 형성되었다. 이것은 이 지역의 비교적 높은 고도(2.5~3.2m OD; 평균 2.8m OD; Pye and French, 1993a)와 경사를 잘 반영하고 있다. 지표고도가 높다는 것은 침수횟수가 적으며, 침수 깊이도 얕다는 것을 의미한다. 이와는 대조적으로 갯골 체계의 발달은 미약하고, 산재되어 있는 와지는 물웅덩이를 이루고 있다. 퇴적률은 해수유통이 일어난 초기에는 5.5~41.3mm/년에 달했으나, 5년이 지난 이후 0.1~19.2mm/년으로 감소하였다. 퇴적률은 고도와 개펄/염습지 면적의 비에 따라 다르다.

2. 톨즈베리 플릿

톨즈베리의 해안선조정 사업은, 농경지로 이용되던 21ha에 걸친 것으로 노디 아일랜드 사업지역에 비해 규모가 크다. 이 지역은 18세기 후반에 간척되어 여러 번 토지이용 변천을 거쳤고, 5개의 지구로 나뉘어 클로버 재배, 곡물 재배지, 방목지 등으로 사용되었다. 해수유통 이후 고도는 1.0~3.0m OD(평균 1.35m OD; Woodward, 1998)의 범위를 보이고 있다. 구갯골의 흔적을 따라 얕은 갯골망을 조성하라는 권고를 받았으나 비용 때문에 채택하지 못했고, 배수계를 개구와 연결시키는 하나의 하도를 조성하였다. 해수유통 이후 자연 갯골망이 발달하기 시작했으나, 현재는 초기단계에 머물러있다.

본래의 개구는 폭을 20m로 설정하여 2시간 만에 배수가 이루어지도록 설계되었으나, 배수과정이 느리고 상당한 양의 물이 웅덩이에 정체되는 현상과 함께 개구 주변에서 굴식 현상이 뚜렷하게 나타나고 있다. 퇴적률은 연간 -0.25±3.23mm에서 63.55±5.94mm로 곳에 따라 차이가 크다. 톨즈베리 사업지구의 연 평균 퇴적률은 29.08mm로 인근의 연간 퇴적률 3.05mm를 크게 상회하고 있다.

* * *

4~5년의 기간이 지나면서 두 지역 모두 식생이 1.5m OD 지역까지 정착하였는데, 이 고도가 식생이 안정적으로 정착할 수 있는 최저선으로 추측된다.

## 2. 토지를 바다로 전환시키는 이유

연성호안기법의 목표는 자연과정에 순응하는 방식으로 해안을 관리하는 것이다. 육지가 침수되도록 허용하는 것이 해수면상승에 대한 자연적인 반응 양식이라는 것을 이미 살펴보았다. 이러한 논의는 여러 하구역이 가지고 있는 역사를 검토함으로써 심도 있게 다룰 수 있다. 선진국에서 간척이 진행되지 않은 하구역이란 거의 없다. 수리동역학적 관점에서 보면 간척은 간석지 면적을 축소시켜 조석작용을 제한시키고 하구역의 규모(체적)를 감소시킨다. 역사를 통해서 간척은 하구역의 조간대 면적의 25%를 소실시킨 것으로 추정되며, 이에 따라 전 세계적으로 광범위한 해안지역의 환경훼손을 야기시켰다(French, 1997). 해안의 지속적인 개발은 야생생물과 서식지에 커다란 영향을 미친다. 간척과 호안사업이 진행될수록 염습지에 대한 압력도 커지기 때문이다. 더욱이 해수면상승이 진행됨에 따라 하구역에 미치는 영향이 심화되고 있다. 자연적인 요인에 기인한 것이든지 혹은 인위적인 요인에 기인한 것이든지 수심이 깊어지고 범람기간이 증가함에 따라 식물군락의 불안정이 초래되어 광범위한 염습지의 손실이 일어나고 염습지가 개펄로 전환되고 있다(아래의 해안압착에 대한 논의를 참조할 것). 이와 함께 하구역에 남아있는 조간대 면적(크기)이 창조류를 수용하기에는 턱없이 작아졌기 때문에 하구역의 기능이 제대로 발휘되지 못하고 있다. 이 기능의 회복을 위해서는 본래 조간대에 해당하던 부분을 다시 간석지로 환원하여야 한다. 이러한 필요는 해안선조정을 통해서 충족될 수 있다.

제9장에서 염습지가 가지고 있는 파랑감쇄기능의 중요성을 살펴보았다. 전 세계 하구역에서 일어나는 주요 문제들 중 하나는 염습지가 점점 사라지고 있다는 것이다. 어떤 경우에는 9장에서 논의한 기법들을 적용하여 호안선을 전진시킴으로써, 환언하면 습지조성을 통해서 문제를 해결할 수 있다. 그러나 이런 방법이 적용되기 어려운 경우에는 보다 내륙에 염습지를 조성할 필요가 있다. 해안선조정은 이러한 목적을 효과적으로 수행할 수 있는 기법

이며, 이 밖의 여러 가지 목적으로도 활용될 수 있다. 첫째, 해안선조정은 호안기능을 통해 해안지역의 안정성을 높인다. 둘째, 해안선조정은 해안 서식지를 조성하여 보전 잠재력을 증가시킨다. 셋째, 해안선조정은 해수면 상승의 영향을 완화시키고 하구역의 간석지를 확대시켜 범람에 대한 완충력을 높인다.

### 1) 해안압착과 염습지 손실

하구역에서 염습지가 사라지는 이유는 다양하다. 염습지 손실은 부분적으로 간척이나 준설과 같은 인위적 요인들로 인해 발생한다(French, 1997). 하지만 자연작용에 따라 해수면이 상승할 때 해안제방과 같이 인위적인 제약을 받는 경우에도 이러한 손실이 발생한다. 이와 같은 과정은 결과적으로 해안의 폭을 축소시키는 '해안압착'을 일으킨다.

염습지의 식물군락은 종종 고도를 반영하여 대상(帶狀)의 패턴을 나타낸다(Adam, 1990). 대상패턴은 밀물 때의 수심, 조수에 의한 범람주기와 범람빈도에 의해 조절된다(그림 10.1a). 서로 다른 범람주기와 범람빈도에 따라 서로 다른 식물종이 분포한다. 범람에 가장 잘 견디는 종들은 하부 염습지에 위치하는 반면 짧은 범람기간이나 주기적인 범람만을 견딜 수 있는 종들은 상부 염습지에 위치한다. 그림 10.1a는 하부, 중부, 상부 염습지의 식생군집 분포를 보여주는 모식적인 단면이다. 간단하게 말해서 하부 염습지 식생의 경우 수심은 dl~dL에서, 범람빈도는 fl~fL에서 안정적이다. 마찬가지로 중부 염습지 식생군집은 dL~dM, fL~fM에서 안정적이다. 이보다 육지 쪽으로는 상부 염습지와 전이 식생군집이 우점한다. 해수면이 상승하면(MHWS에서 MHWS로 이동하면), 하구역의 수심이 증가하고 염습지 전체에 걸쳐 침수빈도와 침수기간이 증가한다(그림 10.1a). 이러한 환경변화는 식물종들의 안정을 해치고 고사로 이어진다. 식물군락은 적합한 수심과 범람주기 등 서식조건을 찾아 내륙으로 이동하여 새로운 서식처에 정착한다. 그러므로 하부와 상부 염습지

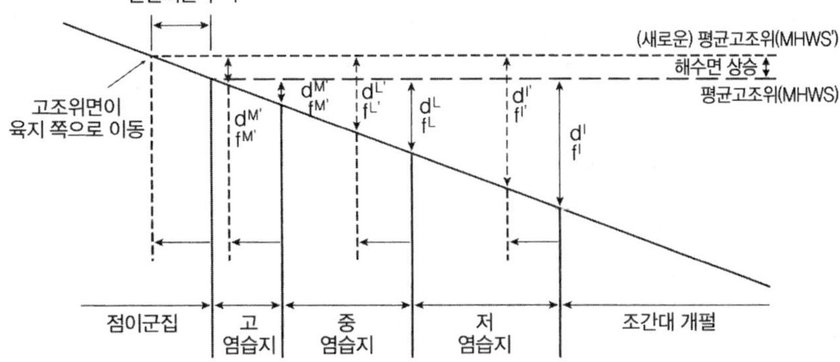


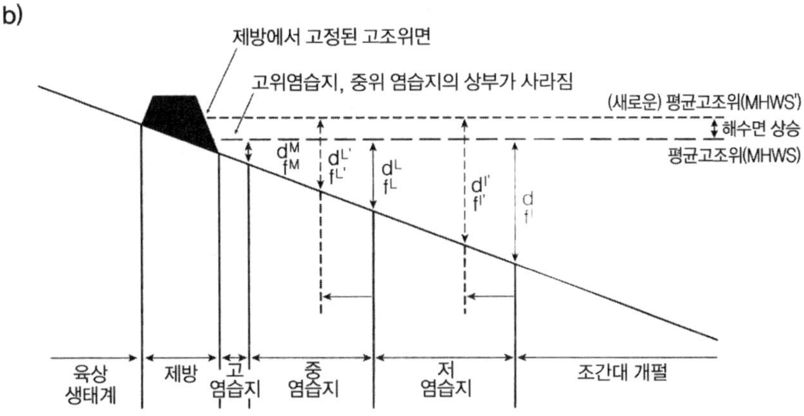


그림 10.1. 해수면상승이 염습지의 대상패턴에 미치는 영향과 해안축소

a) 육지 쪽으로 이동을 제약하는 구조물이 없을 경우 해수면상승에 따라 염습지 식생의 대상구조가 육지 쪽으로 이동한다.

b) 제방이 있을 경우 염습지의 육지 쪽 이동이 제약을 받아 해안선 축소과정을 통해 상부 염습지 군집의 손실로 이어진다.

군집의 경계가 해수면상승 이전의 수심과 동일한 지점까지 내륙으로 이동한다. 그림 10.1a에서는 dl과 fl이 각각 dl' 과 fl' 로, dL과 fL이 각각 dL'과 fL'으로, dM과 fM이 dM'과 fM'으로 이동하게 된다. 해수면이 상승할 때 이와 같이 염습지가 내륙 쪽으로 이동하는 것에 대한 증거는 몇몇 염습지, 특히 미국의 멕시코 만과 대서양 연안을 따라 분포하는 염습지에서 잘 나타난다(Bird, 1993). 메릴랜드의 경우 체사피크 만에서 담수 삼림이 염습지로 대체되고 있으며(Darmody and Foss, 1979), 육상초지 습원이 염생식물의 침입을 받고 있다(Bird, 1993).

인간의 간섭이 배제된 자연상태로 하구역이 유지되고 있다면, 장기에서 중기에 걸쳐 발생하는 해수면상승은 습지의 식물대(植物帶)를 내륙부로 이동시킬 것이다(그림 10.1a). 그러나 호안이라는 물리적 장벽이 설치되면 식물대의 내륙부 이동은 제약을 받는다(그림 10.1b). 해수면상승과 서식지 이동 과정은 부분적으로 그림 10.1a와 같이 진행된다. 그림 10.1a의 사례에서는 염습지가 내륙부로 이동할 수 있었던 반면, 10.1b에서는 해안제방으로 인해 육지부분, 즉 고수위면이 고정된다. 그러므로 시간이 지남에 따라 하부와 중부 염습지의 식생은 내륙으로 이동할 수 있지만 상부 염습지는 더 이상 이동할 공간이 없기 때문에 해안제방 앞부분까지 압착되다가 결국 소실된다(그림 10.1b). 해수면상승이 이후에도 지속된다면 새로운 범람특성과 수심에 하부 염습지 식생종만 적응할 수 있기 때문에 중부 염습지도 사라지게 된다. 수심과 범람빈도, 주기가 더 증가되면 동일한 과정에 따라 하부 염습지만 생존하거나 이마저도 개펄로 전환될 것이다. 수심이 증가하고 식생에 의한 파랑에너지 감쇄효과가 축소되면, 사실상의 파랑작용이 증가하여 월파(越波)와 이로 인한 범람의 위협이 커진다. 염습지의 폭이 줄어들수록 해안제방에 도달하는 파랑의 에너지와 파고가 더욱 커지게 되며, 이는 호안시설의 규모와 비용의 증가로 이어진다(그림 9.5와 9.6을 참조할 것).

* * *

세계 도처의 수많은 하구역이 해수면상승과 이에 따른 염습지의 유실을 겪고 있기 때문에, 하구역 해안선 관리를 위한 방안의 하나로 해안선조정을 진지하게 고려하자는 논의가 팽배하다(표 10.2의 사례). 그러나 단순하게 기존

표 10.2. 해안선조정과 호안구조물 붕괴로 인해 자연적 해수유통이 일어난 사례

| 나라 | 저자 | 지역 |
|---|---|---|
| 네덜란드 | Helmer 등 (1986) | 북해 |
| 푸에르토리코 | Lewis(1990b) | 여러 지역 |
| 영국 | Boorman과 Hazelden (1995) | 에섹스 |
| | Brooke (1992) | 여러 지역 |
| | Dixon 등 (1998) | 에섹스 |
| | English Nature (1995) | 톨즈베리, 에섹스 |
| | French (1999) | 메드웨이, 켄트 |
| | Hutchings (1994) | 에섹스 |
| | Klein과 Bateman (1998) | 노포크 |
| | Leafe (1992) | 노디 아일랜드, 에섹스 |
| | Maddrell (1996) | 던지니스, 켄트 |
| | MAFE (1994, 1995c+d, 1997) | 톨즈베리, 에섹스 |
| | Pye 와 French (1994) | 에섹스 |
| 미국 | Boesch 등 (1994) | 루이지애나 |
| | Brooke (1992) | 여러 지역 |
| | Lewis (1990a) | 플로리다 |
| | Titus (1991) | 여러 지역 |

의 제방을 제거하고 배후지가 침수되도록 허용하는 것으로 해결될 수 있는 문제는 아니다. 해안선조정 계획이 상세하게 수립되기 이전에 고려해야 할 다양한 측면이 있다. 여기에는 지역적 특성뿐 아니라 간척 이후의 토지이용과 해안선조정이 하구역 시스템 내의 다른 부분에 미치는 영향 등을 심사숙고해야 한다.

## 3. 해안선조정 기법과 환경요소

자연상태의 하구역은 전형적으로 내륙부가 협소하고 바다 쪽으로 진행하면서 점차 확대된다(그림 10.2). 이러한 형태는 간척으로 인해 변형된다. 자연적인 형태는 또한 수심에도 반영되어 있다. 바다 쪽으로 나아갈수록 수심이

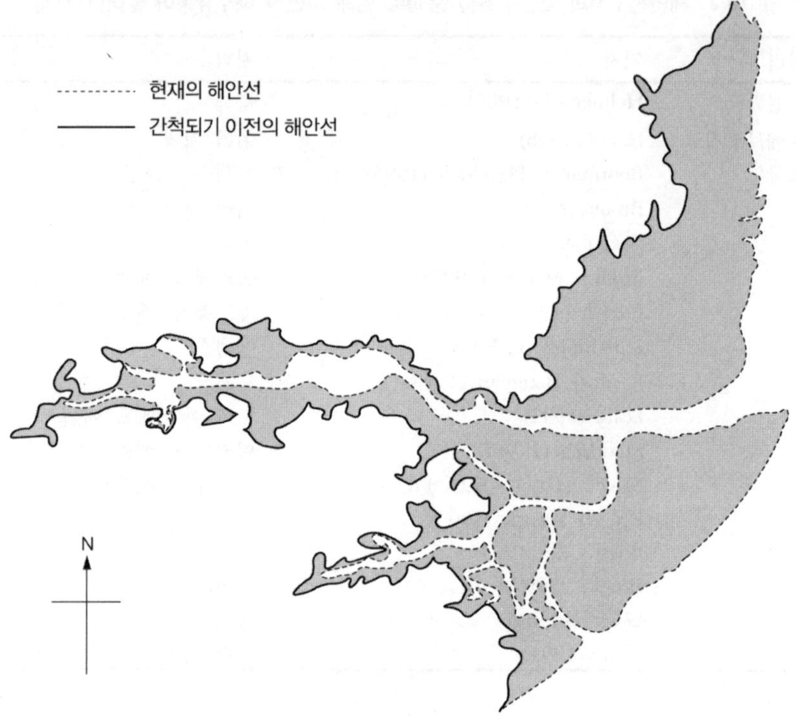


그림 10.2. 자연하구역의 형태와 변형

간척되기 이전의 하구역의 형태(실선)은 현재의 해안선(점선)에 비해 상당히 크다. 이는 광대한 지역이 간척되었음(회색 지역)을 의미하는 것이다. 에섹스 지방의 크라우치 하구역 (Burd, 1995에서 수정).

깊어지고 뚜렷한 하도가 드러나며 때때로 낙조와 창조 시 서로 다른 형태를 띠기도 한다. 이상적으로 본다면 해안선조정 사업은 원래의 형태를 다시 찾도록 계획되어야 한다. 이는 규모가 작고 부분적인 사업으로는 성취될 수 없다. 해안선조정의 기본계획자체는 단순하다. 제방을 모두 제거하거나 일부를 무너뜨려 밀물 때에 해수가 통과하여 배후지로 유통하도록 하는 것이다. 이 과정에서 유입된 해수를 저수하는 수단을 마련해 두는 것이 중요한데, 설정된 내륙 경계에 새로운 제방을 쌓거나 고도가 높은 자연상태의 지형을 이용한다. 그러나 다른 호안계획과 마찬가지로 퇴적물수지와 함께 해안시스템 내의 다른 부분에 대한 상세한 이해와 충분한 고려를 바탕으로 각각의 조치를 수행하는 것이 중요하다. 대부분의 해안선조정 사업이 하구역에서 진행되기 때문에 이 사업이 하구역 시스템 전체에 영향을 미칠 수 있다는 것을 유념해야 한다.

하구역은 인위적인 요인과 조석, 하천, 퇴적물, 식생 등과 같은 자연적인 요인 간의 다양한 상호작용들을 유지하고 있는 매우 복잡한 시스템이다. 하구역의 형태와 퇴적 패턴은 지형과 지형형성작용에 의해 결정된다. 해안선조정 사업은 지형과 지형형성작용 모두에 영향을 줄 수 있다. 해안선조정은 첫째로 기존 간척지의 일부에 해수를 유통시켜 사실상 하구역을 변형시키는 작업이며, 둘째로 하구역의 형태를 변화시켜 밀물과 썰물의 흐름에 변화를 준다. 이는 퇴적물의 이동경로와 하구역 전체의 수리동역학적 특성에 영향을 미치게 된다. 다음에서는 해안선조정이 초래하는 영향의 관점에서 주요 인자를 고려하고자 한다.

### 1) 조량

조량은 각각의 조석주기 동안 교환되는 물의 부피(고조 시 물의 부피에서 저조 시 물의 부피를 뺀 것)이다. 해안지형학 교과서들을 살펴보면 조수의 교환은 하구역 내의 퇴적과 침식을 조절하는 기본적인 인자들 중 하나이다. 조량은 유속에 영향을 미치며 유속은 결과적으로 퇴적물의 운반과 침식에 영향을 미친다. 해안선조정 계획에 따라 해안제방의 일부를 개방하여 배후지의 침수를 발생시키면 조간대의 크기가 증가함에 따라 저수할 수 있는 물의 부피도 커지게 된다. 해안제방의 일부를 개통한 후에 하구역 내에 발생하는 물의 부피에서 트기 전의 물의 부피를 뺀 것이 조수부피의 증가분이다. 증가된 물은 밀물과 썰물이 일어날 때 하구역으로 유입되었다가 다시 빠져나가야 한다. 이와 같이 증가된 물의 부피를 감당하기 위해서는 밀물과 썰물의 속도가 증가해야 한다. 해안제방을 개방하는 것은 조량의 증가를 의미한다. 이는 조수에 의한 침식증가와 연관되어 있다. 이와 같은 침식문제 때문에 에섹스 지방 블랙워터 하구역에서는 해안선조정 사업이 채택되지 못했다. 모형연구에 따르면 해안선조정 사업이 조류의 증가를 초래하여 하구역의 여러 지점에 심각한 굴식과 침식을 유발할 것으로 예측되었다. 이 연구의 결과에 따라 해안선조정 사업장소가 같은 하구역 내의 오플란즈로 변경되었다(Dixon et al., 1998: 상자글 10.1). 해안선조정 사업이 굴식의 문제에도 불구하고 채택되었던 사례는 미국에서 찾아볼 수 있다(Goodwin and Williams, 1992). 이 경우는 굴식을 가속화시켜 하도를 유지하고 토사퇴적을 방지하고자 하는 목적으로 조량을 의도적으로 증가시킨 사례에 해당한다.

### 2) 하구역의 지형

해안선조정의 궁극적인 목적은 간척으로 묶였던 조간대 지역을 풀어서 해안작용에 대해 자연적으로 반응할 수 있도록 허용하는 것이다. 이는 하구역이 보다 자연스러운 형태로 회귀시키려는 장기적인 목적이다(그림 10.2). 하구역의 자연적인 형태는 전형적으로 깔대기형(입구는 넓고 내륙으로 갈수록 좁아지는 형태)이므로 하구역의 하부에서 이루어지는 해안선조정은 이론상 상부 하구역에서 이루어지는 것보다 육지 쪽으로 더 많이 이동시켜야 하므로 결과적으로 더 넓은 토지가 요구된다. 그러나 대부분의 현대 항만이 하구역의 입구에 위치하기 때문에 하부 하구역에 해안선조정 계획을 적용하는 과정에는 어렵고도 복잡한 문제가 따른다. 더욱이 조량과 조류 속도의 증가 등으로 초래되는 문제들을 염두에 두어야 한다. 하구역의 입구에서 먼 내륙 쪽에서 진행되는 해안선조정 사업은 하구역 입구에서 진행되는 해안선조정 사업에 비해 더 큰 유속변화를 일으킬 소지가 있다. 조량은 증가하고 하구역 입구의 폭은 그대로 유지된다면, 증가된 조수 부피로 인해 조수가 상대적으로 협소해진 틈을 더 빠른 속도로 흘러야 하기 때문이다.

실제로 자연적인 하구역의 형태를 복구하는 가장 좋은 방법은 하구역 전체를 염두에 둔 대규모의 해안선조정이다. 하구역 시스템 전반에 걸친 수문특성이 단 한번의 적응과정을 거치기 때문에, 이론상 최선의 방법이다. 그러나 현실적으로 대부분의 경우에서 적용이 불가능할 뿐만 아니라 현재 존재하는 예측모형의 용량을 넘어서는 일이다. 이러한 이유로 말미암아 작은 규모의 해안선조정 사업이 전체 전략의 일부로서 수행된다. 데본의 토리지 하구역 사업이 대표적인 사례로서, 이곳에서는 곡류 내부의 간척지를 간석지로 환원시키는 작업이 진행되고 있다.

또 하나의 고려사항은 하구역의 상황을 기초로 해안선조정 사업이 수행되어야 한다는 것이다. 광활한 간척지와 함께 넓은 간석지를 포함하는 하구역은 과거의 시스템 내부에 상당한 규모의 염습지가 있었고, 이는 수문동역학적 특성과 조응을 이루고 있었다는 증거이다. 급경사의 간석지와 좁은 개펄을 지닌 협소한 하구역은 부분적으로 밀물의 빈도와 수심으로 인해, 그리고 염습지의 지속성을 제약하는 요인으로 인해 염습지의 조성과 유지에 부적합할 가능성이 있다. 버드는 영국 서포크 지방의 오웰 하구역을 인용하여 이 문제를 설명하고 있다. 이 지역은, 하구역의 관리가 주로 가항수로의 준설로 이루어져서 결과적으로 넓은 하도와 좁고 경사가 급한 개펄로 구성되어 있다. 이 지역은 해안선조정을 통해서도 염습지가 조성되기 어려운 환경이다. 조간대 단면의 경사가 급하고 중력에 의해 염습지에서 하도 방향으로 슬럼프가 일어나는 경향이 있기 때문이다(Burd, 1995).

### 3) 지역의 이력

앞에서 다룬 몇몇 사례에서 간척이전의 염습지 형태에 대한 실마리를 얻을 수 있었다. 이것은 지역의 이력이라는 문제를 제기한다. 새로운 염습지를 조성하기에 가장 적합한 지역은 간척되기 이전에 염습지가 존재했던 지역이다. 이와 같은 지역들은 위치나 토양의 화학적 특성, 물리적 구조가 염습지 조성을 위해 필수적인 식생과 내서군집을 유지하기에 적합하다. 물론 간척된 이후 발생된 변화, 변형의 정도가 면밀히 조사되어야 한다. 만일 해당 지역에 염습지가 존재한 적이 없다면 염습지가 유지될 수 없었던 이유가 있었기 때문에 그러한 지역은 피하는 것이 현명하다.

식생의 성공적 활착여부는 토양의 특성에 달려있기 때문에 해당 지역의 토양 특성에 대해서는 면밀한 조사가 요구된다. 앞에서 과거 염습지가 존재했던 지역이 해안선조정을 적용하기에 가장 좋은 지역이라고 말한 바 있다. 이미 그 지역이 한때 염습지의 식물을 부양했었기 때문이다. 그러나 간척 과정을 통해 토양의 구조와 화학적 성질에 중요한 변화가 초래되었을 수도 있다. 이러한 변화는 염습지의 유지에 영향을 미칠 수 있다. 간척 이후 토양의 건조화가 일어나면 토양 유기물 함량, 토양밀도, 토양 공극률 등에서 비가역적 변화가 발생할 수 있다. 토양염도가 크게 감소했을 것이며, 곡물생산이나 집약적 초지로 이용되었다면 비료도 공급되었을 것이다.

지역의 이력에서 또 하나의 중요한 측면은 간척 이후의 토지이용이다. 대부분의 경우 염습지는 농경지로 간척된다. 그러므로 토질개선작업이 이루어졌을 수 있고 배수 시설도 설치되었을 것이다. 토질개선작업의 정도는, 토지이용에 따라 예컨대 초지인가 또는 농지인가에 따라 다를 것이다. 하구역과 해안 과학 연구소에 따르면, 토지이용에서 농지와 초지의 차이가 염습지 조성의 성공여부를 좌우하는 주요 요소 중 하나이다(IECS, 1993). 기본적으로 초지로 사용된 간척지는 곡물 경작을 하고 비료를 투입한 지역에 비해 간척 이후의 변화가 적다. 에섹스 지방의 해수유통 지역들을 비교해 본 결과 이와 같은 주장을 뒷받침할 만한 증거가 발견되었다(Woodward, 1998). 에섹스 지방의 크라우치 하구역에 위치한 사우스 울햄 페러스의 한 지역은 블랙워터 하구역의 노디 아일랜드와 마찬가지로 초지로 사용되었다. 반면 크라우치 하구역 내의 팜브리지 지역의 경우는 농지로 사용하기 위해 토질개선작업이 진행되었으며 배수로가 설치되었다. 블랙워터 하구역의 톨즈베리는 농업에 사용되었다. 사례 전체를 통해 염습지 조성에서 가장 좋은 성과를 보인 곳은 초지로 사용된 지역이었다. 이러한 결과에 대해서는 몇 가지 이유가 있다고 할 수 있다. 첫째 초지의 경우 토양하부층의 교란이 적고 보다 자연적인 토양화 작용이 일어나기 때문이다. 둘째, 초지표면에는 계절적인 식물의 고사로 인해 부엽층이 형성되어 파랑에너지의 저감이 일어나 퇴적이 증가된다. 이로 인해 초지표면은 상대적으로 두터운 퇴적층을 가지고 식피의 밀도도 높게 나타난다(Boorman and Hazeldon, 1995; Woodward 1998). 마지막으로 초지로만 사용된 두 지역을 비교해 보면, 사우스 울햄 페러스 지역이 노디 아일랜드 지역에 비해 식물종 다양성이 높게 나타났다. 이는 사우스 울햄 페러스의 초지에 자주 석회와 퇴비를 공급되었기 때문이라고 추측된다. 또한 농지는, 특히 배수로가 설치된 경우 침식에 더 민감한 것으로 알려져 있다. 이는 배수로 자체가 물이 손쉽게 따라 흐를 수 있는 통로 — 어떤 모양이든지 — 역할을 하기 때문이다. 환언하면, 밀물 때에 배수로가 물이 들어오는 경로로 이용되어 염습지가 해체되고 소멸되는 속도를 증가시킨다. 팜브리지에서 이와 같은 작용이 아주 분명하게 관찰된다(사진 10.1). 위와 같은 비교를 통해 해안선조정 지역의 식생활착 정도는 부분적으로 지역의 이력과 상관관계가 있다는 것을 알 수 있다. 배수에 관한 논의에서는 좀 더 계량화할 필요가 있다. 염습지의 갯골 시스템은 퇴적물을 염습지 배후로 공급하는 효과적인 방법이며 염습지의 퇴적에 유리한 것으로 알려져 있다(2장). 따라서 자연상의 갯골과 인공배수로는 서로 다른 영향을 미치는 것으로 나타난다. 인공배수로와는 대조적으로 자연의 갯골 시스템은 오히려 편익을 가져온다는 것이 모순처럼 느껴질 수도 있다. 이것은 매우 복잡한 문제이며 아직 충분히 연구되지 못한 부분이다. 그러나 두 가지 주된 차이가 존재하는 것으로 추측된다. 첫째, 인공배수로는 직선을 이루고 있어 안정성이 낮다. 이로 인해 침식저항능력과 조정능력이 약하다. 둘째, 인공배수로의 빈도(자연하천 시스템의 하계밀도에 해당)가 매우 높다.[1] 이 부분은 사진 10.1에서 모식적으로 드러난다.

---

1) 일반적으로 지나치게 높은 하계밀도는 침식문제가 심각한 악지지형(badland)을 지시한다 — 역자주.

사진 10.1. 영국의 에섹스 지방 크라우치 하구역에 위치한 노스 팜브리지
기존의 농지에 해수를 유통시킨 이후 조수가 기존의 배수로를 따라 흐르고 있다.

### 4) 지표고도

간척지의 고도는 간척 이후 경과된 기간에 따라 결정되기 때문에 부분적으로는 지역의 이력과 연관이 깊다. 고도는 염습지 조성의 장기적인 성과에 영향을 미치는 또 하나의 중요한 요인이다. 염습지는 간척된 이후 바다로부터 단절되어 더 이상 퇴적물의 공급을 받지 못한다. 이것은 지표고도가 동일하게 유지될 것임을 의미할 수도 있으나 더 이상 범람이 일어나지 않는다는 것은 퇴적물 층의 수문특성이 변화된다는 것을 의미한다. 그 함의는 두 가지 방식으로 살펴볼 수 있다. 앞에서 염습지의 고도가 조수 범람의 빈도와 지속기간의 차이를 유발하여 식생의 분포에 영향을 미친다는 사실을 살펴보았다. 간척이 되면 더 이상 새로운 퇴적이 일어나지 않는다. 반면 해안제방 밖의 바다 쪽에 위치한 염습지는 지속적으로 퇴적이 일어나 성장한다. 간척된 염습지와 현재의 염습지 간에는 시간이 지남에 따라 고도차이가 발생한다. 마찬가지로 조수의 범람이 사라지면 퇴적물 내의 수분함량이 줄어들어 탈수가 일어난다. 이는 퇴적물의 압축을 유발하여 (간척지의) 침하가 발생한다. 위의 두 가지 요인이 복합적으로 작용하면 간척지의 고도는 현재 성장하고 있는 염습지에 비해 낮아지게 된다. 간척된 이후 시간이 경과될수록 고도의 차이가 더욱 커질 수 있으며 동시에 염습지 식생이 복원될 가능성이 더 낮아진다. 간척지의 고도가 자연적으로 형성되는 염습지의 고도보다 낮다면, 염습지는 결코 성장할 수 없다. 영국의 육상 생태 연구소에 따르면 에섹스 지방에서는 영국 수준점(Ordinance Datum: OD)에 따른 기준고도가 1.5m 이상 되는 지역에서만 식생이 저밀도라도 성장할 수 있다. 기준고도가 2.0m OD이면 식생활착이 잘 이루어진다(Woodward, 1998). 넛슨 등(Knutson et al., 1990)의 연구도 이러한 결과를 지지하고 있다. 이들에 따르면, 역사적인 자료를 면밀히 검토할 때 해수유통이 일어난 지역 가운데 2.1m OD 이상의 지대가 식생활착에 가장 성공적이다. 그러나 이 수치는 가변적이며 전적으로 올바른 지시자는 아닐 것이다. 블랙워터 하구역의 오플란즈와 에보츠 홀의 해안선조정 사업은 좋은 성과를 보였는데, 초기의 지표고도는 각각 -1.0m에서 +4.0m OD, +1.0m에서 +2.5m OD의 범위에 걸쳐있었다. 지표고도를 조수 범람 빈도의 관점에서 살펴보는 것이 현명하다. 조수 범람의 빈도가 식생 발달을 조절하는 주요 인자 중 하나이기 때문이다. 예를 들어 에섹스 지방의 블랙워터 하구역에서는 지표고도 2.1m OD에서는 연간 약 380회의 조수 범람이 일어나는 반면, 탬즈 하구역에서는 동일한 고도에서 연간 490회의 조수 범람이 일어난다(Burd, 1995). 따라서 블랙워터 하구역에서는 지표고도 2.1m OD에서 선구식생이 안정을 이루지만 탬즈 하구역의 동일한 고도는 범람 빈도가 너무 커서 식생이 성장할 수 없다.

본질적으로 지면이 높을수록 조수에 잠기는 시간은 짧아지기 때문에, 성숙한 염습지 식생이 정착할 수 있다. 더욱이 조류에 의한 퇴적물의 침식도 감소하며 파랑 감쇄효과가 커져서 배후지의 보호 효과도 높아질 것이다.

또한 밀물과 썰물 간의 간격이 커져서 퇴적물이 치밀하게 쌓일 수 있는 여지가 생기게 될 것이다. 계획 중인 해안선조정 사업이 염습지 조성에 적합한 수준인지를 결정하는 가장 좋은 방법은 인근 염습지의 고도와 비교하는 것이다. 고도가 더 낮은 경우라면, 퇴적이 충분히 진행되기 이전에는 식생군락이 정착하기 어려울 것이다. 고도의 상승은 퇴적물 펌핑이나 준설토 투입을 통하여 인위적으로 가속화시킬 수 있다. 이때 식물상이 바로 정착할 수 있을 만큼 고도를 높여주어야 한다(9장을 참고할 것). 고도와 연계된 또 다른 중요한 인자는 경사이다. 경사가 조수에 의해 잠기는 범위를 좌우하기 때문이다.

#### 5) 경사

천연 염습지에서는 이미 논의한 바와 같이 식생의 대상 구조가 발달한다. 이것은 식물종 다양성을 증가시킬 뿐만 아니라 파랑에너지를 저감하고 배후지 보호능력을 향상시킨다. 그러나 염습지는 평탄한 지면에서도 발달한다. 19세기 후반에서 20세기 초반으로 들어오는 즈음에 영국에서 자연적으로 발생한 제방붕괴가 일어난 여러 지역에서 염습지는 평탄한 지형에 발달하는 경향을 보였다. 완경사 지형에서 발달한 염습지는 종다양성이 낮은 특징을 보인다.

경사를 가진 지역, 특히 육지 쪽으로 갈수록 육상 식생으로 변하는 지역이 이상적이다. 이러한 지역에서는 고도에 따라 다양한 식생 유형이 발달하기 때문이다. 경사는 보다 다양한 식물상의 출현을 촉진하고 해안선조정 사업 이후 요구되는 관리업무를 경감시킨다. 그러나 대부분의 하구역 환경에서 전이군집이 나타나는 경우는 드물다. 해안선조정이 필요한 지역의 특성을 고려할 때 이러한 현상은 이해될 수 있다. 하구역에서 해안선조정 사업이 긴요한 곳은 간척 역사가 깊고 제방축조 이후 간척지를 농지 혹은 토지로 변환시키는 과정에서 전이군집을 모두 제거한 지역이기 때문이다. 이와 같은 내재적 제약요인이 이상적 식생군집 구조의 복원에 장애가 되기 때문에 서식지의 다양성과 보전 가치, 해안보호의 효율을 높이기 위해서는 해안선조정 지역이 자연적 경사를 갖추어 다양한 염습지 식생군집의 정착이 이루어질 수 있어야 한다. 또는 지면에 인위적으로 경사를 부여하여 일정한 범위의 고도를 창출하고 천연 염습지의 발달과 유사한 효과를 거둘 수 있도록 하여야 한다.

제들러(Zedler, 1984)가 미국에서 수행한 연구에 따르면 지표 경사는 염습지에 발달하는 식생의 유형을 결정짓는 기본적인 인자이다. 이 연구에 따르면, 0~2% 정도의 경사가 일반적으로 권장된다. 넛슨 등(1990)의 후속 연구에 따르면, 6~7%의 경사에서 식생 정착의 성과가 가장 높게 나타난다. 자연적인 제방붕괴 이후 해안선조정을 겪은 영국의 사례 지역들은 전형적으로 0.1% 정도의 경사를 지니고 있다. 이러한 지역에서도 염습지 식생의 정착은 잘 이루어졌으나, 단순한 종구성을 보이는 경향이 있다(Burd 1995). 경사의 중요성은 노디 아일랜드의 해안선조정 실험지구에서 잘 나타난다. 경사지에서는 다양한 종류의 식생 군집이 정착하고 있으며, 육지 방향으로 고도가 높아지는 지역일수록 종다양성이 높게 나타난다. 마찬가지로 톨즈베리의 경사지도 높은 식물종 다양성을 보여주고 있다.

### 6) 퇴적물의 특성

염습지에 따라 세사의 비율이 다르게 나타나지만, 염습지에서는 일반적으로 세립질이 주도적으로 나타난다. 전형적으로 염습지 식생은 사양질 혹은 식질 토양에서 가장 잘 자란다(Harvey et al., 1983). 퇴적물의 특성은 식생의 정착에 어느 정도의 영향을 미친다. 해안선조정과 관련하여 퇴적물의 특성이 몇 가지 측면에서 중요하다. 첫째, 조립질 퇴적물을 이용하여 토양을 변화시킨 경우는 토양의 배수성이 증가되어 염습지 식생의 정착에 부적합할 수 있다. 둘째, 유기물 함량이 중요할 수 있다. 또한 제방의 붕괴 이후 쌓인 퇴적물이 식생의 정착을 유발하기에 적절한 입경분포를 지니고 있어야 한다는 점도 중요하다. 해수유통 이후에도 인근의 염습지와 유사한 크기의 퇴적물이 남아있어야 한다. 퇴적을 유발하기에 충분한 양의 부유물질이 조수 내에 존재하고 이러한 퇴적물이 썰물 때에도 유지될 수 있다면, 이러한 퇴적물은 지표고도의 증가와 추후 식생의 정착을 위한 기초를 이룰 것이다.

이러한 퇴적조건과 함께, 식생군집을 덮어버릴 만큼 빠르게 퇴적이 진행되지만 않는다면 고도는 지속적으로 증가할 것이다. 이후에 일어나는 뿌리 시스템의 발달은 퇴적물을 붙들어 보다 견고한 지면을 형성시킨다. 한편, 염습지가 보다 오랜 기간 동안 존속되기 위해서는 해수면상승에 상응하여 지표고도가 증가하고, 하구역으로부터 퇴적물 공급이 지속적으로 이루어져야 한다. 다른 호안시설이나 조치 등으로 인해 퇴적물공급량이 줄어들면 침수 위협에 직면하거나 하부 염습지 군락으로 전환될 수 있다. 이는 최초 해안선조정의 필요를 유발한 것과 동일한 과정이다.

### 7) 갯골망

자연상태의 염습지에서는 침수와 배수의 동역학적 작용에 따라 갯골이 발달하고, 그 특성을 반영하는 퇴적물이 갯골을 구성한다. 따라서 해안선조정을 통해 조성되는 염습지 내에는 어떤 형태로든 갯골 시스템을 갖추는 것이 바람직할 것이다. 해안선조정이 적용되는 대부분의 지역은 과거에 간척이 이루어졌다는 점을 감안할 때 본래 염습지가 지니고 있던 배수 체계를 다시 활성화시키는 것이 가능할 수도 있다. 이러한 배수체계는 흔히 와지 형태로 뚜렷하게 구별된다(그림 10.3). 간척지를 농지로 사용했을 때보다 초지로 사용했을 때 과거의 배수체계를 식별하기 쉽다. 농지로 사용되었을 경우 배수와 경작 등으로 인해 과거의 배수체계가 초기에 갈아엎어졌을 것이기 때문이다. 구(舊)갯골 시스템이 뚜렷이 남아있는 경우는 새롭게 조성되는 염습지의 일부로 갯골을 활용할 수 있을 것이다. 자연작용을 이용하여 해수가 갯골로 자연스럽게 유통되도록 하거나 혹은 굴착을 통해 인공적으로

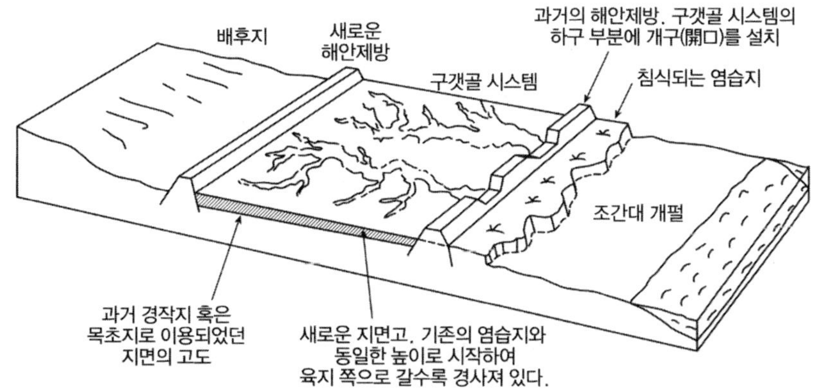


그림 10.3. 해안선조정 모식도

개구가 구갯골 시스템의 입구에 위치하고 있음을 눈여겨보라.

갯골에 해수를 유통시키는 방법을 통해 이와 같은 작업이 가능할 것이다.

간척지를 농지로 이용했을 경우는 구갯골의 잔재를 찾기 어렵다. 한 가지 대안은 제방의 일부분을 터뜨리고 자연적인 침식을 통해 갯골이 형성되도록 하는 것이다. 이러한 방안은 갯골망이 자연상태의 기하학적 구조를 갖출 수 있다는 장점을 지니고 있으나 장기간이 소요되고 식생의 정착을 방해할 수 있다. 다른 방법은 조수의 특징과 조량, 퇴적물, 퇴적률, 식생 유형 등의 조건을 통해 평형상태의 갯골의 기하학적 특징을 계산하고 이를 근거로 인공 배수망을 조성하는 것이다. 마이릭과 레오폴드(Myrick & Leopold., 1963)가 개발한 하도의 수리학적 변수들 사이의 관계식을 적용하여 하도의 특성을 예측할 수 있다. 이 방법은 캘리포니아 지방의 일련의 염습지에 적용되었고(Goodwin and Williams, 1992), 에섹스 블랙워터 하구역의 에보츠 홀에서도 이용되었다. 에보츠 홀에서는 2.2km의 인공곡류하도를 파서 구갯골망을 복원하였다. 여기에서는 물이 기존의 수문을 역류하여 곡류하도를 흐르도록 유도했다(Dixon et al., 1998). 이와 같은 예측은, 유수와 퇴적물에 관련된 다양한 변수들과 염습지 사이에 일어나는 상호작용에 관한 상세한 지식이 뒷받침되어야 하는 복잡한 문제이다. 갯골 시스템을 인위적으로 구축하는 것은 그다지 선호되는 해법은 아니지만 현장의 제약과 갯골의 흔적이 전혀 남아있는 않는 경우에는 유일한 대안이다. 최선의 방법은 그 지역에서 자연적으로 갯골 시스템이 발달하도록 유도하는 것이다.

### 8) 조수 수리학

퇴적물 운반을 조절하는 한편 사업지역 내에 퇴적물이 유지될 수 있는 능력을 결정하는 궁극적인 인자는 조수의 수리적 특성이다. 해안선조정이 수행된 지역의 조수는 천연의 염습지와 다른 거동을 보일 수 있다. 정상적인 염습지의 경우는 밀물 시 조수가 염습지의 바다 쪽 가장자리를 월류하고 갯골을 채우면서 흘러 들어오지만, 해안선조정을 적용한 지역에서는 일반적으로 조수가 해안제방의 일부를 터서 만든 개구를 통해서 흘러 들어오기 때문이다. 해안선조정 사업에서 개구의 크기는 매우 중요하다. 개구가 너무 크면 퇴적물 하중이 대부분 입구에 쌓여 전체 지역으로 확산되지 않을 수 있고, 개구가 너무 좁으면 유속이 증가하여 굴식과 침식을 유발할 수 있다.

궁극적으로 가장 좋은 방법은 제방 전체를 제거하는 것이지만 고도가 너무 낮은 경우 혹은 해안선조정을 적용할 지역이 파랑에 지나치게 노출되는 경우에는 제방 전체를 제거할 수 없다. 보수하지 않는다면 제방은 여러 해를 거치면서 자연적으로 붕괴할 것이다. 만일 흙으로 쌓은 제방이라면 새롭게 조성될 염습지의 퇴적물 공급원으로 작용할 것이다. 필요한 경우 물리적 수단을 이용하여 제방을 점진적으로 낮추어줌으로써 제방의 붕괴를 촉진시킬 수도 있다.

중요한 인자는 각각의 조석주기에 들고 나가는 물의 총량, 즉 조량이다. 조량이 너무 적으면 조수가 고여서 퇴적물의 공급이 부족해질 것이고 너무 많으면 굴식을 유발하게 될 것이다. 수학적으로, 개구의 폭과 조량 간에는 유의미한 선형관계가 존재한다(Burd, 1995). 따라서 해안선조정을 실시한 지역의 조량을 알면[즉, 고조 시 조정지역에 차는 물의 부피에서 저조 시 차는 물의 부피(일반적으로 0)를 빼면 된다], 조수의 운반과 제거에 효과적인 개구의 폭을 다음과 같이 구할 수 있다.

$$W = 37.9e^{0.0000018\,TP}$$

여기서 $W$는 개구의 폭(m)이고, $TP$는 조량($m^3$)이다.

일단 개구의 규모를 결정하면 개구의 위치를 정하는 것이 중요하다. 미국에서 수행된 연구에 따르면 해안제방에서 개구의 위치를 결정하기 위해서 고려해야 할 중요한 부분들이 있다. 이상적인 관점에서 개구의 위치는 구갯골의 입구와 동일한 지점이어야 한다(그림 10.3). 이미 존재하는 하도로 해수가 흐르면 과거의 갯골이 다시 발달하여, 염습지로 물질이 들고 나가는 통로 구실을 할 수 있다.

둘째, 갯골의 발달이 미칠 영향을 평가하는 것이 중요하다. 만일 갯골이 점점 깊어져 개구 주변에서 갯골이 성장하면, 개구 바깥에 존재하는 염습지는 수문학적 관점에서 이전과는 다른 위치(기능)를 점하게 된다. 해안제방에 개구가 생기기 전에는 개구에서 바다 쪽에 위치한 지역이 갯골의 상류에 해당하였다. 그러나 개구가 생긴 이후로는 갯골의 상류부가 이보다 육지 쪽으로 이동하기 때문에 이 지점의 흐름은 더 커지고 빨라진다. 따라서 썰물 시 발생하는 굴식으로 말미암아 개구 외측에 위치한 서식지에 발생할 잠재적인 유실을 반드시 고려해야 한다.

셋째, 염습지의 발달을 촉진하기 위해서 가능한 한 큰 면적을 파랑으로부터 보호해야 한다. 부분적으로 이는 해안선조정 지역의 제방을 유지함으로써 충족될 수 있다. 그러나 이와 더불어 개구부를 바람과 파도로부터 보호하여 보호효과를 증대시킬 수 있다. 영국의 농수산 식량부(Ministry of Agriculture, Fisheries, and Food: MAFF, 1995c)는 개구의 폭과 위치가 미치는 영향을 모의할 수 있는 방법을 제시하고 있다. 톨즈베리의 사례를 활용하여 개구의 규모, 위치, 조석 동역학의 변이를 감안하여 최선의 개구 위치를 예측하기 위해 다양한 상황에 걸쳐 모형연구를 수행하였다(MAFF, 1995d). 그러나 개구를 설치한 이후 관찰한 바에 따르면 모형연구를 통해 결정된 위치는 최적의 위치는 아니라고 판단된다.

마지막으로 개구의 수는 지형에 따라 결정된다. 구갯골 시스템이 존재하는 곳에서는 개구를 갯골의 상류부(윗부분)에 위치하도록 해야 한다(그림 10.3). 만일 해안선조정을 실시하는 지역에 두 개의 갯골망이 뚜렷하게 나타난다면 두 갯골 사이에 발달된 '지형상의 분수계'를 반영하여 각각의 갯골 상류부에 개구가 위치하도록 하는 것이 현명하다. 하나의 갯골망이 존재한다면 여러 개의 개구를 만드는 것보다 하나의 넓은 개구를 만드는 편이 좋다. 두개 이상의 개구를 만들 경우, 조수의 흐름이 어느 하나의 개구로 유입되어 다른 개구로 빠져나갈 수 있고, 이렇게 되면 퇴적물 공급에 차질을 빚기 때문이다.

에섹스의 오플란즈 해안선조정사업에서는 두 개의 개구와 인위적으로 굴착한 갯골망을 이용하였다(Dixon et al., 1998). 해안선조정을 적용할 지역이 길고 좁아(너비는 2.2km이며 폭은 지역에 따라 다름. 전체 면적= 40ha) 하나의 개구만으로는 전체 지역에 조수가 차도록 하기 어려웠을 것이다. 갯골의 위치는 개구들이 탁월풍 방향으로부터 보호받을 수 있고 두 개의 배수 체계가 형성되기에 알맞도록 결정되었다(상자글 10.1).

### 9) 퇴적물수지

퇴적가능한 물질의 부피는 호안대책의 성과에 결정적인 영향을 미친다. 해안선조정도 예외가 아니다. 해안선조정은 퇴적지역을 확장시키는 동시에 퇴적물이 침식되고 운반되는 기제를 변화시키기 때문이다. 해안선조정 사업에서 가장 큰 관심사 가운데 하나는 하구역 시스템 내의 퇴적물이 충분한지, 퇴적물의 공급이 줄어들 경우 기존의 서식지에 미칠 잠재적 피해와 관련이 있다.

개구를 설치한 직후 새로 침수되는 지역은 전형적으로 퇴적률이 급격히 증가한다. 부어만과 해즐던(Boorman & Hazelden, 1995)은 1897년 자연과정으로 해안제방 붕괴가 발생한 팜브리지에서 구(舊)토양층이 현재의 지면보다 1m 아래에 위치하고 있는 사실을 통해 퇴적률이 급격히 증가했다고 주장한다. 퇴적률이 급격히 증가한 것은 노디 아일랜드나 톨즈베리도 마찬가지였다. 노디 아일랜드의 경우 첫해에 41mm가, 톨즈베리의 경우 연간 29mm가 퇴적된 것으로 기록되고 있다(Woodward, 1998). 퇴적물수지의 관점에서 이러한 퇴적률은 퇴적물의 부피로 환산하면 그 의미가 잘 부각된다. 예를 들어 톨즈베리의 경우는 21 ha에 달하는 지역에서 연간 평균 6,093m³의 퇴적물이 퇴적되었다고 추산된다. 노디 아일랜드의 경우는 단지 1ha에 불과한 보다 작은 지역이므로 연간 410m³가 퇴적되는 것을 의미한다. 노디 아일랜드의 경우는 적은 데 반해 톨즈베리의 경우는 주변지역의 퇴적에 영향을 줄 수 있을 만큼 큰 규모이기 때문에 잠재적으로는 인근 염습지에 영향을 미칠 것이다.

## 4. 폭풍에 의한 개구: 해안선조정과 유사한 자연현상

앞 절에서는 해안선조정사업에 관련된 일련의 문제들을 다루었다. 그러나 각각의 문제가 끼치는 영향과 중요성을 평가할 때에 어느 정도 모호한 측면이 있다. 실제로 문제의 대부분에 대해 명확한 해답을 가지고 있지 않기 때문이다. 해안선조정 기법은 수십 년 전부터 적용된 비교적 새로운 것이기 때문에, 이 기법의 개발에 필요한 관찰 자료는 빈약하다. 이러한 상황에서, 배후지가 간석지로 전환된 자연적인 사례를 통해 시사점을 찾는 것이 필요할 것이다.

영국의 경우 19세기 말엽에 폭풍이 잦았다. 이로 인해 많은 호안구조물이 폭풍으로 붕괴되어 간척지가 해수에 침수되는 일들이 벌어졌다. 이러한 지역으로는 에섹스 지방의 해안지역[팜브리지, 노디 아일랜드(Boorman and Hazelden, 1995)], 서섹스 지방(French, 1991)의 메드웨이(French, 1999), 서포크 지방의 블라이드(Brooke, 1991) 등이 있다. 1953년 영국 동부해안을 덮친 폭풍해일도 호안구조물을 붕괴하였는데, 이 가운데 북 노포크의 티치웰이 대표적이다(Hollis et al., 1990), 이렇게 발생한 개구 대부분이 보수되지 않은 채 방치되었다. 이에 따라 백 년이 넘는 기간 동안 간척지의 침수사례를 살펴볼 수 있게 되었다. 물론 각각의 사례를 비교하기는 어렵다. 사례들의 비교에 이용할 수 있는 제어변수가 빈약하고, 개구가 발생하기 이전의 조건도 알 수 없기 때문이다. 부어만과 해즐던에 따르면, 자연적 해수유통에 의해 염습지가 성장하였으나 장기적 성과는 만족스럽지 못하다(Boorman & Hazelden, 1995). 그러나 지역에 따라서 비교적 건강한 염습지가 발달하였다. 이와 같은 결과는 원인에 대한 의문을 품게 한다. 사진 10.2는 서섹스의 파감 항에서 발견되는 건강한 염습지이다. 파감은 자연적인 항구이며 만입부의 역주(礫洲: shingle ridge)가 천연방파제 역할을 하고 있다. 1876년 만입부를 막고 내부의 간척지를 분할하여 초지를 조성하였으나, 1910년 폭풍으로 제방이 무너지고 침수가 일어난 후 방치되었다(French, 1991). 이 경우 해안제방의 유실로 인한 해수유

사진 10.2. 서섹스 지방의 파감 하버지역의 건강한 염습지 초지

1910년 외측 제방이 폭풍으로 붕괴된 이후 형성된 것이다.

통은 염습지의 성공적인 정착으로 이어졌다. 여기에서 해안선조정 방법을 발전시키는 데 도움을 줄 만한 시사점을 얻을 수도 있다. 염습지가 정착할 수 있었던 주요 이유들은 다음과 같다.

a) 이 간척지는 상대적으로 짧은 기간(34년) 동안 유지되었다. 즉, 고도가 해수면에 비해 그다지 낮아지지 않았다. 시기별 측량도를 조사한 바에 따르면, 지표고도가 간척기간 동안 10~30cm 정도 내려갔다. 이로 인해 해수유통이 일어났을 때 새로운 침식기준면(해수면)에 적응하는 과정을 쉽게 극복하고 습지 식생이 빠르게 다시 정착할 수 있었다.
b) 간척지를 목축용 초지로 이용하여 토양의 화학적 성질이나 물리적 구조가 크게 바뀌지 않았다.
c) 제방 개구가 작아 성장 중의 염습지가 파랑으로부터 보호받을 수 있었다.

다른 경우도 해수유통 이후 염습지가 성장하기는 하였으나, 최근에 측면후퇴와 내부 해체를 통해 파괴되고 있다. 이를 근거로 일부에서는 자연적인 해수유통은 성과가 없다고 주장한다. 자연적인 해수유통으로 형성된 염습지가 해안보호 기능을 효율적으로 감당하는 데 필요한 안정성을 지니지 못하기 때문이라는 것이다. 그러나 동일한 하구역의 다른 지점에 위치한 염습지와 연관하여 측면후퇴의 원인을 조사하고 그 수명을 평가할 필요가 있다. 프렌치는 켄트 지방의 메드웨이 하구역에서 폭풍으로 발생한 일련의 해수유통 사례를 검토하였다(French, 1999). 염습지는 자연적인 해수유통이 발생한 이후 성장했으나, 모든 염습지에서 측면후퇴 현상이 진행되는 것은 아니었다. 염습지 성장이 비효율적이라거나 영속성이 부족하다는 주장을 뒷받침할 만한 근거도 찾을 수 없었다. 오히려 해안제방의 자연붕괴와 해수유통에 따라 발달한 염습지는 비간척지역의 염습지보다 오히려 침식 속도가 느린 것으로 나타났다. 염습지의 소실 면적을 비교해 보면 비간척지역의 염습지 두 곳은 1840년부터 1969년 동안 각각 연평균 2.57ha, 0.9ha씩 침식된 반면 해수유통으로 형성된 염습지 두 곳은 동일한 기간 동안 각각 0.25ha, 0.02ha만큼 침식되었다(French, 1999). 이와 같은 결과는 해수유통으로 재생된 염습지 내에 습지의 해체와 침식작용에 영향을 미치는 어떤 요인이 존재한다는 것을 시사한다. 이는 아마도 비간척지역의 염습지에서는 침식이 계속 진행되는 반면, 해수유통에 따라 발달한 염습지에서는 침식개시에 필요한 어떤 임계치가 있기 때문이거나 조석 환경 내의 위치에 의해 결정되는 문제일 수도 있다. 이 문제에 대한 해답은 알 수 없지만, 안정성과 침식가능성의 관점에서 해안선조정 이후 형성되는 염습지는 기존 염습지와 다르게 반응할 수 있다. 남아있는 제방의 보호 효과 때문일 수도 있고 보다 복잡한 이유일 수도 있다.

앞 절에서 본 바와 같이 자연적인 해수유통의 사례를 살펴보면 오히려 더 많은 의문이 발생한다. 그러나 자연적인 해수유통 사례의 검토를 통해서 연구 초점에 적합한 지역을 선정할 수 있다. 파감에서 발견되는 증거는 염습지가 매우 효과적으로 생성될 수 있음을 보여준다. 메드웨이의 사례에 따르면, 염습지 침식이 일어날 때에도 새롭게 형성된 염습지의 소실률은 비간척지역의 염습지와 차이를 보일 수 있다. 여기에서 짚고 넘어가야 할 부분은, 염습지 침식을 해안선조정 사업의 실패로 간주해서는 안 된다는 점이다. 만일 하구역에서 순침식이 일어나고 있다면 어느 부분에서든 염습지의 침식은 진행될 것이다. 이것은 다른 요인에 의한 것으로 간주해야 한다. 제방붕괴로 해수유통이 일어났던 에섹스의 사례들을 보면, 해수유통으로 성장한 염습지가 침식되고 있지만 앞으로 100년 동안은 해안재해로부터 배후지를 지킬 수 있다. 이 정도의 시간은 해안제방의 설계수명을 뛰어넘는 것이다.

## 5. 해안선조정의 영향

파랑저감과 서식지 확보라는 관점에서 이상적 조건을 만족하고 있기 때문에, 해안선조정이 해안보호 잠재력을 지니고 있다. 그러나 자연시스템의 동역학을 제대로 이해하지 못했거나 사업을 부실하게 계획했을 경우에는 심각한 문제를 불러올 가능성이 있다.

뚜렷한 영향은 육지를 간석지로 돌려준다는 것이다. 이것은 육상 서식지의 손실을 초래한다. 하지만 이미 살펴본 바와 같이 해안선조정을 통해 간석지로 환원되는 지역은 보통 농경지이다. 가치 있는 자연서식지에 해안선조정이 적용되지 않을 것이다. 해안선조정사업에서 고려해야 하는 요소 가운데 지역의 역사 즉, 과거의 염습지 존재 여부를 살펴보고 결정해야 한다는 조건에 부적합하기 때문이다.

몇 가지 예외적인 사례가 희귀종이 살고 있는 몇몇 목초지에 적용될 수 있을지 모른다. 이와 같은 경우에는 해안제방을 이용하여 기존 서식지를 보호하는 것과 담수 서식지를 새로운 조간대 서식지로 대체하는 것을 놓고 이들의 보전가치를 서로 비교하고 평가해야 한다. 북 노포크의 클레이 초본습지가 이런 사례에 해당하며(Klein and Bateman, 1998), 해안관리 계획에 따라 해안선조정을 적용할 지역이다. 클레이 초본습지는 역주(礫洲: a shingle ridge)로 막혀있는 만입부에 위치한 담수성 자연보전지역으로 영국뿐만 아니라 국제적으로 유명한 물새들의 주요 산란장이다. 이 지역은 그 자체로 중요한 자연적 가치를 지니고 있는 것으로 간주되고 있다. 해수유통을 통해 조간대 환경으로 변하게 될 경우 현재 지니고 있는 자연적인 가치는 훼손될 것이다. 이 문제와 클레이 초본습지의 미래는 현재의 담수호를 유지해야 한다는 지역 주민과 담수호를 장래의 해수면상승에 대비한 해안보전수단으로 바라보는 해안관리당국 사이에서 격렬한 논쟁거리가 되고 있다. 이 사례에서 한 가지 중요한 쟁점은, 현재의 서식지가 해체의 조짐을 보이는 역주(礫洲)에 의해 보호되고 있기 때문에 육지 쪽으로 역주를 옮길 필요가 있다는 것이다.

이미 정리한 바 있는, 해안선 재조정의 성공적인 수행에 필요한 현장요건과 관련된 세부 목록에 따르면 어떤 지역에서는 해안선조정이 적합하지만 다른 지역에서는 적합한 방법이 아니다. 따라서 환경적인 적합성에 관한 한 해안선조정도 다른 종류의 호안과 유사한 관점에서 고려되어야 한다. 몇몇 실무자들이 주장하는 바와 같이 하구역 침식을 막을 수 있는 보편적인 해법은 존재하지는 않는다. 앞 절에서 인용된 한계와 문제점들을 고려하면, 해안선조정 사업은 다음과 같은 지역에서 성과를 나타낼 수 있다.

1) 염습지 식생이 자랄 수 있는 고도보다 높은 지역이나 원하는 식생종이 살기에 적합한 고도를 갖추고 있는 지역
2) 인근에 식생의 씨앗을 공급하고 서식동물들이 넘어올 수 있는 염습지가 존재하는 지역
3) 수문 조건이 굴식을 방지하고 퇴적이 발생할 수 있는 수준의 정수 환경(停水環境)을 조성할 수 있는 지역. 환언하면 해수유통을 위한 개구가 적절한 크기이고, 과거 갯골망이 존재하며, 파랑으로부터 적절히 보호받는 지역
4) 수문, 퇴적환경, 생태환경에 대해 상세한 연구가 이루어진 지역

이와 같은 요건들은 해안선조정 지역의 선정에 중요하다.

마지막으로 다른 해안보호 전략과 마찬가지로 해안선조정 사업이 해안선의 다른 부분과 하구역 퇴적물수지에 미치는 영향을 살펴보는 것이 중요하다. 해안선조정이 하구역에서 널리 적용되고 있는 방법이라는 점을 고려할 때 해안선조정 작업이 하구역의 지형형성작용에 영향을 미칠 수 있기 때문이다. 하구역에 공급되는 퇴적물의 양은 해안선조정 사업의 여부와 관계없이 일정할 것이다. 따라서 해안선조정을 적용한 지역에서 퇴적이 늘어나면 다른 지역에 그만큼 퇴적물이 쌓이지 못한다. 이것은 새로운 침식을 야기시키거나 혹은 수로의 변화를 초래할 수 있다. 그러나 어떠한 해안보호 방식이든 이와 같은 우려는 보편적인 것이다.

해안선조정 사업은 많은 쟁점을 제기하고 있다. 이러한 쟁점들은 사업의 성과, 인접 환경에 대한 부정적인 영향의 방지라는 측면에서 매우 중요한 의미를 지닌다. 하구역 보호를 위해 해안선조정 기법을 적용하는 사례가

일반화되고 있다. 그러나 해안선조정 기법이 초래할 수 있는 부작용과 해안선재조정 기법을 사용할 때 발생하는 지형형성작용의 변화에 대해서는 아직 충분한 이해가 뒤따르지 못하고 있다. 수문과 조석에 관한 지식이 커다란 진보를 겪어왔으나 여전히 해결해야 할 문제들이 많다. 해안선조정으로 변화가 초래되기 전에 각각의 하구역에서 어떤 작용들이 진행되고 있는지를 이해하는 것이 중요함에도 불구하고 이와 같은 여건 때문에, 필요한 모든 정보를 확보하지 못한 채 해안관리를 수행해야 하는 경우가 빈번하다. 이러한 경우, 관리사업은 하구역에 대한 과학적인 이해를 높이고 차후의 사업에 중요한 자료를 제공하는 일종의 실험인 셈이다.

## 6. 해안선조정의 경제성

호안전략을 논의하고 계획할 때는 일반적으로 비용편익 분석을 적용한다. 영국의 블랙워터 하구역에서 진행된 해안제방 보강 사업 중 하나는 지역주민들로부터 커다란 비난을 받은 사례가 있다. 해안제방을 보강하는 데 드는 비용이 4백만 파운드인 데 반해 해안제방에 의해 보호를 받는 배후 토지의 가치는 단지 4십만 파운드에 불과했기 때문이다. 비용편익 분석의 결과만 놓고 보자면 해안제방보강에 투자할 이유가 빈약하다. 해안선조정 사업의 타당성도 이와 유사한 기준에 따라 평가되어야 한다. 해안선조정 과정에서 공사가 필요한 경우, 특히 내륙에 새로운 제방을 축조해야 하는 경우라면 여기에 대한 비용을 고려해야 한다. 마찬가지로 사업 대상지의 고도가 너무 낮아서 성토작업이 필요하다면 사업비용은 증가한다. 그러나 새롭게 조성되는 서식지의 가치, 즉 야생조수보호구로서의 가치와 호안기능으로서의 가치가 이와 같은 비용을 보상한다. 미국에서 수행된 연구에 따르면, 해안습지는 서식지나 해안보호 효과 등의 서비스와 기능을 고려할 때 헥타르당 18,500~26,000파운드 정도의 가치를 지니는 것으로 추산된다(Brooke, 1992, 9장을 참조할 것). 그러나 여기서 고려해야 할 것은 이와 같은 서식지를 마련하는 데 드는 비용이다. 미공병단에 따르면(Brooke, 1992), 해안선조정을 통해 습지를 조성하는 데 드는 비용은 3,200파운드에서 44,500파운드 정도에 이른다. 이와 같이 비용의 편차가 큰 것은 각 지역마다 서로 다른 조건과 상황 때문이다. 영국의 노디 아일랜드에서 진행된 해안선조정 사업에는 22,000파운드가 들었다. 이는 주로 사업지역의 내륙 경계에 새로운 제방을 건설하는 데 필요한 비용이었다. 이 비용은 원래의 제방을 보수하는 데 들어갈 비용 66,000파운드와는 크게 대비되는 수치이다(Hutchings, 1994). 또한 규모의 경제와 면적/경계 비율로 말미암아 작은 규모의 사업이 보다 큰 규모의 사업이 비용 효율적이다. 같은 맥락에서 지역에 따라 비용 효율성이 다르다. 서식지 조성이라는 측면이 부각되는 경우에도 해안선조정과 같은 유형의 호안정책이 정당성을 인정받기도 한다. 미국이나 캐나다에서는 서식지 조성이라는 명분은 많은 기금을 모을 수 있는 동인이 된다(Brooke, 1991). 대표적인 경우가 캐나다 세인트로렌스 강의 사례로 서식지 조성 사업으로 2백 4십만 파운드의 정부기금을 얻을 수 있었다.

경제적 논리에서 해안선조정 사업을 반대하는 사례도 점증하고 있다. 앞서 언급한 북 노포크 해안 클레이 습지의 경우, 담수호 보전지구를 찾는 방문객들로부터 거두는 수입을 근거로 담수호를 염호로 전환시키는 해안선조정 사업에 반대하고 있다. 클라인(1998)은 매년 10만 명이 방문한다는 가정하에 연간 수입을 480,000파운드로 추정했다. 이에 비해 매년 호안시설을 유지하는 데 드는 비용은 20,000~30,000파운드로 계산하였다. 이와 같은 수치가 결정적인 것처럼 보이지만, 여기에는 해수면상승으로 증가되는 호안유지비용은 고려되지 않았고, 방문객으로부터 거두는 예상수입도 단지 추정일 뿐이다. 특히 방문객으로부터 얻는 수입의 최저 추정치가 40,000파운드라는 점을 고려할 때 이와 같은 지적은 적절한 것으로 판단된다.

경제적 관점에서 좀 더 깊이 있는 검토가 필요한 쟁점이 있다. 이 책에서 논의된 대부분의 해안보호 방안에서 고려된 전략은 '정해진 해안선을 유지'

하거나 '바다 쪽으로 전진'하는 방법을 선택하는 것이었다. 그 결과 토지의 손실을 적극적으로 권장하는 방법은 고려되지 않았다. 토지손실을 적극적으로 권장하는 방법(해안선조정)이 있다면, 토지소유권이나 투자된 자본이나 시설 등의 보상문제가 해결되어야 한다. 영국은 농부들에게 농지의 손실을 보상해준 몇 가지 사례가 있었으나 아직까지 기반시설이나 건물이 위치한 시역에 해안선조정이 시도된 바는 없었다(영국에서는 자연적인 폭풍에 의한 제방붕괴로 침수된 지역에 대해 호안사업당국은 재정적 의무를 갖지 않으며 호안구조물의 보수에도 책임이 없다). 미국의 경우는, 연방정부나 주정부, 혹은 지방정부가 침식으로 안정성이 위협받는 해안지역의 토지를 주도적으로 수용하고 있다. 미국에서는 환경영향저감 계획을 권장하기 때문에 상황이 더욱 복잡해진다. 어항이나 항만의 확장 등과 같이 습지간척이 필요한 개발의 경우, 개발로 손실되는 습지를 보상할 새로운 습지를 확보해야 한다(Brooke, 1992).[2)]

## 7. 해안선조정과 해수면상승

앞에서 밀물이 들어오면서 혹은 갯골망을 통해 퇴적물을 염습지로 운반하는 기작을 살펴보았다. 해수면상승이 가속화되면 범람빈도는 증가하고 하구역 시스템 내에 충분한 퇴적물이 있는 경우 퇴적도 증가할 것이다. 이와 같은 작용에 의해 염습지 고도는 해수면상승과 같은 속도 혹은 해수면상승보다 빠른 속도로 성장할 것이다(여기서는 조석주기에 따라 일어나는 단기적 해수면 변화를 가리키지 않는다). 염습지의 수직성장은 주로 퇴적물 공급량에 의해 결정되나 이와 함께 조류, 파랑, 식생 등의 영향도 받는다(Reed, 1995).

염습지가 해수면상승에 반응하는 거동은, 이러한 변수들 사이의 상호작용, 특히 지하수위의 위치에 따라 토양의 유기요소와 무기(광물)요소들 간의 상호

2) 예컨대, 습지은행(wetland bank)이 환경영향저감계획으로 이용된다 —역자주.

작용에 달려있다(Reed, 1995). 알렌은 각 요소의 상대적 중요도를 평가할 수 있는 일련의 모형을 만들었다(Allen, 1997). 각 요소별 관계는 간단하게 다음과 같이 표현된다.

$$\Delta E = \Delta S_{\min} + \Delta S_{org} - \Delta M$$

여기에서 $\Delta E$는 염습지 고도의 변화, $\Delta S_{\min}$는 염습지에 유입되는 무기퇴적물(광물기원 퇴적물)의 두께, $\Delta S_{org}$는 염습지에 유입되는 유기퇴적물의 두께, $\Delta M$는 상대적인 해수면 변동량을 의미한다.

시간에 대해 적분하면 앞으로 다가올 해수면상승 시나리오에 대한 염습지의 반응을 추정할 수 있다(Allen, 1997). 이와 함께 프렌치는 비록 대상 염습지가 세번 하구역이 아니라 북 노포크 해안이었지만 해수면상승이 염습지에 미칠 수 있는 영향을 밝혔다(French, 1993). 이 연구에서는 다양한 해수면상승 시나리오가 염습지의 수직성장에 미칠 영향이 분석되었다. 이 중 하나는 해수면이 상승하다가 안정된다는 시나리오였다. 이때 염습지의 수직성장은 염습지의 고도가 최고천문조위(highest astronomical tides: HAT)에 도달할 때까지 계속되어 안정 국면에 접어드는 것으로 나타났다. 반면 보다 빠르고 지속적인 해수면상승이 일어난다고 가정하는 시나리오에서는 염습지의 성장이 해수면상승을 따라가지 못하고 결국 '침수되는' 결과를 초래하는 것으로 나타났다(2장). 침수가 발생하는 시점은 염습지의 지표고도가 최고천문조위보다 2m 낮을 때 발생하였다. 이 연구에 따르면, 적절한 퇴적물의 공급을 가정할 때, 연간 4mm의 속도로 해수면상승이 일어나면 염습지의 수직성장이 동시에 진행되지만 15mm/년의 속도로 상승하면 염습지의 침수가 일어난다. 염습지의 수직성장과 해수면상승을 연관시켜 볼 때, 염습지의 침수가 일어나려면 해수면상승이 매우 빠른 속도로 진행되어야 한다. 해수면상승이 일어나는 환경에서 측면침식(습지단애의 후퇴)이 염습지의 손실에 큰 영향을 미친다는 프렌치의 지적은 이를 뒷받침하고 있다.

위에서 설명하고 있는 염습지의 해수면상승에 대한 상세한 반응이 중요하고 여러 연구의 공통주제를 이루고 있기는 하지만, 이 책의 관점에서 정작 중요한 것은 염습지가 해수면상승에 대해 보이는 일반적인 반응, 특히 염습지가 점증하는 수심을 '따라잡는' 능력이다. 지금까지 염습지가 파랑감쇄과정에서 얼마나 중요한 역할을 담당하는지 살펴보았다. 특히 식생의 역할을 살펴보았다. 해수년이 상승함에 따라 범람특성과 지하수위가 달라진다. 염습지 표면이 수직으로 성장할 수 없다면 이와 같은 변화로 인해 토양이 물로 포화되는 기간이 길어지며 지하수위가 높아져서 식생의 천이를 역전시키는 결과를 유발한다. 이러한 변화는 파랑감쇄효과를 저하시키고 퇴적과정을 촉진시키는 능력을 떨어뜨린다. 이것은 염습지의 해안보호 기능이 심각하게 저하된다는 것을 의미한다.

여러 염습지에서 해수가 범람할 때 수심이 증가함에 따라 퇴적률도 증가하는 것으로 나타나고 있다. 세번 하구역에서 수행된 연구에 따르면, 범람이 발생할 때 서로 다른 수심에서 상이한 퇴적률이 나타난다. 수심이 깊은 곳으로부터, 하부, 중부, 그리고 상부 염습지라고 하면, 하부 염습지는 12.1mm/년, 중부 염습지는 6.4mm/a, 상부 염습지는 2.3mm/a의 퇴적률을 보였다(그림 10.4). 비록 이 수치가 해수면상승에 직접 관련이 있는 것은 아니지만 확률적 추리를 위한 (추계)모형으로 사용될 수 있다. 즉, 동일한 시간에 동일한 시스템 내에 위치하는 경우 염습지 표면에서 범람 시의 수심 증가는 퇴적률 증가로 이어진다. 따라서 시간의 경과와 함께 해수면상승으로 수심이 증가하면, 염습지에서는 이에 조응하기 위해 보다 빠른 퇴적이 일어나게 될 것이다. 셔와 체만(Shaw & Ceman, 1999)도 이와 같은 생각을 지지한다. 이들은 해수면 변동에 따라 염습지 표면의 퇴적률이 빨라지거나 느려질 수 있음을 보여주었다. 캐나다 노바 스코시아 지방에서 수행된 이들의 연구에 따르면, 퇴적이 빠르게 일어난 기간이 퇴적이 느리게 일어난 기간 사이에 산재되어 있다. 이것은 국지적인 지반침하와 전 세계적인 해수면 변동이 중첩된 상황을 반영하고 있다.

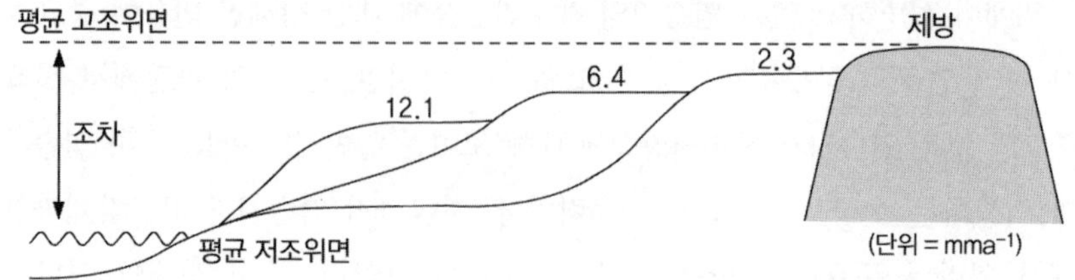


그림 10.4. 염습지의 고도와 퇴적률

장기간에 걸쳐 염습지가 해수면상승과 같은 속도로 성장할 수 있다는 것은 확인된 사실이다. 프렌치가 논의한 것처럼 극단적인 조건이 나타나지 않는다면 다양한 해수면상승 시나리오에서도 염습지가 유지될 것이다. 염습지가 해수면상승을 따라 성장하는 것이 식생의 생존에 중요한 한편, 수심의 증가는 파랑에너지의 증가와 연결되어 있다는 점을 고려해야 한다. 수심의 증가에 따라, 하구역의 염습지에서도 측면후퇴가 발생할 만큼 파랑에너지가 증가할 수 있다. 이와 같은 작용들이 염습지의 손실에 더 큰 영향을 미칠 것이다. 이러한 이유에서 파랑에너지를 저감시킬 수 있는 개펄 간석지가 염습지 전면에 위치한다면 도움을 얻을 것이다. 만일 염습지가 빠른 속도로 측면후퇴, 즉 침식을 받는다면, 수직성장을 통해 해수면상승과 보조를 맞출 수 없을 것이다. 염습지의 측면후퇴는 염습지에서 발생하는 일련의 변화들과 관련이 있다. 첫째, 내륙으로 이동하는 염습지 단애(marsh cliff)가 형성된다. 둘째, 수리환경의 변화에 따라 두부후퇴(headwater retreat)가 일어나는 한편 갯골의 폭이 넓어지고 수심이 깊어진다.

염습지의 후퇴는 해수면의 상승에 대한 보편적인 반응이다. 그러나 시스템 내에 퇴적물이 풍부하다면(이는 퇴적물의 세류충진 등을 통해 인위적으로 관리될 수 있는 부분이다), 해수면상승이 진행되는 동안 염습지의 바다 쪽 경계에 퇴적이 일어날 수 있다. 이러한 경우 염습지의 경계는 안정적으로 유지될 수 있고, 내륙에 호안시설이 설치되어 있지 않다면 상부 염습지 식생이 내륙으로 이동하여 염습지의 폭이 증가할 수도 있다.

해수면상승 환경에서 염습지 생존은 두 가지 조건에서 가능하다. 첫째, 해수면상승에 조응하는 수직적 성장을 통해 침수 위험을 완화시킬 수 있다. 둘째, 바다 쪽 경계를 유지할 만큼 충분한 퇴적물을 공급받을 수 있거나 염습지 전면에 파랑의 공격을 막아줄 수 있는 적절한 규모의 조간대 개펄을 유지하면서 내륙으로 이동할 수 있다.

## 8. 정리

해안선조정은, 배후지의 토지이용 혹은 개발로 말미암아 방해받지 않는 지역에서 해수면상승의 영향을 보완하고 자연작용이 지속되도록 유도한다는 측면에서 타당성을 지니고 있다. 어떤 해안관리당국도 이와 같은 논리에 대해 반대의견을 제시하지는 않을 것이다. 그러나 많은 경우에 해안선조정 사업이 봉착하는 현실적 여건이 문제라고 할 수 있다. 해안선조정은 해안제방의 일부를 허무는 단순한 문제가 아니다. 이 장에서 해안선조정의 성과에 영향을 줄 수 있는 복잡한 환경 변수, 즉 하구역의 크기와 형태, 파랑에 노출된 정도, 조황에서부터 간척지의 토지이용, 간척지에 투자(투입)된 것 등을 살펴보았다. 이러한 사례연구의 목록은 표 10.2에 정리되어 있다.

해안선조정에서 핵심적인 문제 가운데 하나는 현실과는 달리 이 방법이 단순명료한 대책으로 보인다는 것이다. 아직 해명되지 않은 과학적인 쟁점들을 차치하고라도, 육지를 바다에 내어준다는 것은 사회경제적 측면에서 어려운 문제이다. 일반 공중의 시각에서 볼 때 이것은 바다에 '항복'하는 것이다. 그러나 사실은 과거에 바다로부터 간척했던 토지를 다시 바다에 반환하는 것에 불과하다.

해안선조정은 호안대책에서 가장 복잡한 것 가운데 하나이다. 파악하기 힘든 변수들이 관련되어 있기 때문만도 아니다. 해안선조정의 논리를 이해할 수 있고 지난 세기 동안 바다가 간척지를 침수시켜 염습지로 되돌려 놓은 사례를 통해서 문제의 본질을 탐구할 수 있다. 밝혀지지 않은 것은 제방이 붕괴된 이후 현재까지 어떤 작용이 일어났는지, 제방이 터지기 이전의 조건은 어떠했는지 등이다. 그러므로 영국 남부 파감 항의 사례(사진 10.2)에서 알 수 있듯이 해안선조정 방법이 효과가 있다는 사실은 인정하지만, 그 적용을 위한 이상적인 조건을 재현하는 것은 어렵다. 바로 이 부분에 많은 연구가 필요하다. 이것은 해안선조정 기법 자체와 관련이 있을 뿐 아니라 하구역의 동역학에 대한 기초 연구와도 관련이 있다.

해안선 재조정이 상대적으로 '새로운' 방법이라는 점이 또한 문제를 야기시킨다. 최근까지 해안관리당국의 해안선조정에 대한 이해는 '유희수준'에 머물러 있을 뿐이다. 이 말은 비난이 아니다. 다만 많은 사람들이 충분한 지식을 갖추지 못한 상태에서 일하며, 또한 일을 통해 배우고 있다는 점을 지적하는 것이다. 해수면이 상승하고 있는 상황에서 바다가 육지로 침입하는 것을 허용해야만 한다면 그 과정에서 염습지가 가능한 한 자연상태와 유사해져야 할 것이다. 소규모의 고립된 해안선조정 사업으로는 이와 같은 목적을 이룰 수 없으며, 하구역을 본래 '자연적인' 형태로 되돌려 놓기 위해서 대규모 해안선조정 사업이 필요하다.

해안선조정으로 인한 편익을 요약하면

- 조간대의 폭이 넓어져서 파랑을 감쇄시키는 능력이 증가한다.
- 서식지의 보전가치가 높아진다.
- 해수면상승 대책을 개선한다.
- 하구역의 '자연성'을 제고한다.

해안선조정이 초래할 수 있는 문제점을 요약하면

- 조량을 변화시킬 수 있는 위험을 안고 있다.
- 수문특성과 퇴적물 이동에 대한 불확실성을 지닌다.
- 신기술이다(아직 검증이 불충분하다).

- 보상관련 쟁점들이 복잡하다.

언제 사용하는 것이 좋은가?

- 염습지의 평행후퇴가 일어나는 지역에서 간석지의 폭을 넓히고자 할 때
- 식물이나 동물들의 서식지를 확장하고자 할 때
- 하구역의 기능을 향상시키고자 할 때

# 제4부 환경변화와 해안보호

제11장 호안기법의 재검토

제12장 미래의 호안대책

지금까지 침식으로부터 해안을 보호하기 위해 동원되는 다양한 기법을 살펴보았다. 적용되는 기법에 따라 침식저감 방향과 해안에 미치는 영향이 다르다. 여기에서는 어떤 기법을 선택할 것인가 하는 과정에 대해서 자세히 다루지는 않겠으나, 다음과 같이 몇 가지 법칙으로 정리할 수 있다.

- 호안에 대한 수요가 증가할 가능성이 있는 침식해안 인근의 배후지는 개발하지 않는다.
- 자연 프로세스에 미치는 영향을 줄이기 위해서는 가능한 한 해안을 친환경적으로 관리한다.
- 항상 퇴적물의 출처, 저장, 이동(유출) 등의 해안프로세스를 파악하려는 노력을 기울여야 한다.

이러한 법칙은 장래의 해안관리에도 유용할 것이다. 그러나 개발의 필요성 때문에 경성호안구조물을 세워야 하고 이 때문에 해안프로세스를 간섭할 수밖에 없는 경우도 있다. 어쩌면 경성호안에 대한 압력이 증가할지도 모른다. 그 이유 가운데 하나는 해안계획의 기초단위와 해수면이 변하고 있기 때문에 현재 해안에서 일어나고 있는 프로세스의 양태가 상당 부분 변동하고 있다는 것이다. 또한, 백여 년, 또는 십여 년 전에 침식이 일어나던 해안에 오늘날은 퇴적이 일어나듯이 해안프로세스는 시간의 경과와 함께 자연적으로 변하는 것이기 때문이다.

마지막으로, 언젠가는 인위적 호안활동을 중지하고 해안침식을 다른 방법으로 접근해야 할 것이라는 인식이 있어야 한다. 해수면이 지속적으로 상승한다고 할 때, 과연 경성호안 외에 다른 방안으로 해안을 관리할 수 있겠는가도 심각하게 고민해야 한다. 대안 가운데 보험 원가나 계획법규를 강화하여 개발이 부적합한 해안을 보전하는 대안을 생각할 수 있다.

제11장

# 호안기법의 재검토

## 1. 도입

제2부와 제3부에서 논의한 여러 가지 호안기법은 대체로 두 가지 경향으로 정리된다. 첫 번째는 해안선 고정, 또는 모든 해안선을 지켜야 한다는 정책에서 가능한 한 해안프로세스의 온전성을 유지하는 연성호안접근으로 확실히 옮아가고 있다는 것이나. 두 번째는 해안문제를 해결하기 위한 호안은 — 경성과 연성을 불문하고 — 또 다른 문제를 일으킨다는 것과 해수면상승을 고려할 때 해결책이 없어 보인다는 우려이다.

현실적으로 과거의 개발유산과 이와 연관된 침식문제는 피할 수 없고, 배후지의 고가 시설을 보호해야 하는 경우가 있다. 연성호안은, 다소 문제가 있더라도 전통적인 접근에 비하여 악영향을 저감시킨 것으로서 다양한 기법들이 개발되어 왔다. 해안관리에서 다음 사항을 유념해야 한다.

1) 호안이 필요한 해안도 있고, 방치전략이 적당한 해안도 있다.
2) 호안 기법에 따라 육지와 바다 간 상호작용 정도가 상이하다. 즉 완전 차단에서부터 제한적이지만 상호작용이 일어나는 정도에 이르기까지

다양하다.

3) 개발을 수용할 수 있는 해안도 있지만, 대다수는 개발에 부적절하다.

4) 아직도 개발을 해서는 곤란한 해안에서 개발이 일어나는 경우가 많다.

특히 3)과 4)의 경우, 해안관리당국은 매우 곤란한 입장에 빠지고 만다. 뒤처리나 하게 되고, 비판은 비판대로 받는다. 이 때문에 다음 사항이 고려되어야 한다.

- 해안개발은 계획단계부터 허가를 받도록 한다. 이는 위험부담률이 높은 해안을 관리하는 방안 가운데 하나다.
- 해안개발과정에 보험가입을 의무화한다. 부적절한 개발에 실비용 보험가입을 부과하여 개발을 억제하거나 피해보상을 위한 자원을 확보할 수 있다.

이와 같은 주제에 깊이 들어가기 전에 앞에서 토의한 내용 사이의 공통점을 확인하는 것이 필요하다. 이를 통하여 해안에 적용할 수 있는 새로운 지침을 마련할 수 있다.

## 2. 호안기법의 공통적인 문제점

어떤 호안기법을 사용하더라도 늘 나타나는 문제가 있다. 첫 번째로 호안사업이 환경에 미치는 영향 가운데 자주 거론되는 것이 퇴적물 공급 교란이다. 즉, 퇴적장소가 바뀐다는 것이다. 이 문제는 퇴적물의 확보, 퇴적물수지, 그리고 해빈의 퇴적물수지에 관련되어 있다. 따라서 퇴적을 활성화시키려는 호안계획은 다른 지점의 퇴적물수지에 영향을 줄 수 있기 때문에 또 다른 문제를 야기한다. 연성기법이나 전체적 관리가 내세우는 주장에도 불구하고, 해안의 문제는 결코 전체적으로 해결할 수는 없다. 다만 국지적, 또는 지역적 규모에서 문제를 풀 수 있을 뿐이다. 이에 대한 개선책으로 퇴적물수지 모형, 즉 퇴적물 유입·유실을 기초로 하는 접근을 이용하여 해안 일부를 호안정책에서 해제하여 퇴적물 공급을 증가시키는 전체적 관리를 도모할 수 있다. 호안계획에서는 반드시 퇴적물수지상의 손실과 이를 보정하는 방안이 고려되어야 한다. 예를 들면, 돌제는 연안퇴적물 이동을 차단하여 퇴적물을 가둘 수 있고, 그 양만큼 수지상의 손실이 일어난다. 이 부분의 퇴적물 출처를 확인한다면 이를 보정할 수 있는 출처도 생각해 낼 수 있다. 안전한 지점에서의 침식을 증가시켜 퇴적물 유입을 증가시키거나 양빈과 같은 형태의 퇴적물 유입도 좋은 방안이다. 이러한 계산을 계획과정에 고려한다면, 환경적 악영향의 범주에서 논의되어 온 부차적인 문제를 크게 제거할 수 있다. 한편, 이러한 퇴적물 손실량의 정확한 예측에 필요한 정보가 부족하기 때문에 현실적으로 어려움이 많다. 이러한 어려움도 연성호안정책의 발전으로 경감되고 있다.

모든 호안형태에 나타나는 두 번째 문제는 자연 프로세스의 교란이다. 호안이 야기하는 교란을 분명하게 정의하기 위해서 다음과 같은 근본적인 질문을 던질 필요가 있다.

질문　해안에서 왜 호안활동이 필요한가?

답　해안이 침식되고 개발성과가 위협을 받기 때문이다.

그렇다면, 이 해안의 자연 프로세스에서는 침식과정이 탁월하다는 것이고 호안시설은 곧 침식탁월이라는 기본적 파라메타를 변화시키는 것이다. 이것은 해빈의 고도를 낮추거나 호안의 측면부로 퇴적물을 이동시킨다. 침식을 받는 지점에 퇴적이 일어나도록 프로세스를 바꾸어주는 것이 바람직하지만, 더 깊이 생각해 볼 필요가 있다. 반드시 짚고 넘어가야 할 부분은 현재 해안프로세스에 관한 지식이 충분하지 못하다는 것이고, 이점은 호안공사 이후의 프로세스에 관해서도 마찬가지다. 대부분의 해안에서 인간의 간섭행위가 초래하는 영향을 바르게 이해하지 못하고 있다.

호안활동이란 결국 인간이 충분히 이해하지 못하는 자연현상을 교란시키고, 이 교란은 다시 해결하기 어려운 반작용을 초래한다. 호안사업은 새로운 생물의 서식지를 만들기도 한다. 염습지, 개펄, 사구, 해빈 등은 연성호안기법의 일부로 조성되고 있다. 그러나 이러한 인위적 환경은 자연환경과 다른 행태를 보인다.

- 인위적 해빈은 폭풍상태에서 자연 해빈과 다르게 작용한다.
- 인공사구는 침식 역치가 다르고 이동성의 정도도 다르다.
- 인공 개펄의 수분함량은 자연상태의 개펄보다 높으며, 전단저항력이나 내서생물에서도 차이를 보인다.
- 인공염습지는 지상생체량뿐만 아니라 지중생체량에서 자연상의 염습지와 다르다.

인위적 해안환경은 자연상태와 같을 수 없으며, 또한 해안프로세스에 대한 반응도 다를 수밖에 없다. 인위적 해안환경은 인위적으로 토사를 쌓고 경사를 처리했기 때문에 장기간 퇴적작용이 일어난 자연상태의 퇴적상에서 확인되는 입자의 쌓임새나 분급이 결여되어 있다. 해안공학분야에서도 이러한 문제점을 인식하기 시작했으나, 이러한 수준에서 연성호안이 시행되고 있다. 물론, 연성호안의 개선방안이 계속 연구되고 있다.

문제점에도 불구하고 필요한 부분에서는 호안사업이 시행되어야 한다. 그러나 과거로부터의 교훈을 살려서 호안이 부적절한 해안에서는 사업을 중지하여 미래의 고통을 저감시켜야 한다. 이러한 관점에서 두 가지 측면을 생각해 볼 수 있다.

1) 이미 개발이 이루어진 해안에 적용할 수 있는 대책
2) 이러한 문제의 예방

## 3. 개발 해안의 대안: 단계적 후퇴가 필요한 위치

이미 개발된 해안에서는 사회하부구조의 손실과 사회경제적 기능에 미치는 영향을 고려할 때, '방치정책(do nothing)'은 적절하지 못하다. 같은 이유로 해안선조정(managed realignment)도 문제가 있다. 완충공간의 설정(setback)이 복잡하고 현재의 호안선이 배후지 부자의 한계선이기 때문이다. 그러나 이는 단기적 현상일 뿐이다. 해안의 건조물을 50년에서 100년 수명의 잠정적 현상이라고 본다면, 호안정책에서 더 이상 문제가 되지 않는 시점이 올 것이다. 즉, 개발지를 공한지로 전환시켜 바다에 돌려주는 기작을 마련할 수 있다.

건조물의 수명연한이 다가오면 재개발을 허용해서는 안 된다. 적절한 시점에 해안선 인접지를 개발구역에서 제외시켜 해안선후퇴를 대비하도록 해야 한다. 플레처(Fletcher, 1992)는 미국의 시나리오를 이용하여 연방수준에서 취할 수 있는 해안관리의 세 가지 접근을 주장하였다. 그 가운데 하나는, "침식위험지의 재개발 시행과정을 개선하라……"는 것이다.

기본적으로 호안관리의 의사결정과정에 이해관계자 집단을 더 많이 포함시키라는 주장이다. 계획당국이나 개발자는 노는 땅을, 특히 이미 개발이 이루이진 토지 주변의 공한지를 개발가능지로 본다. 그러나 이러한 토지를 현재의 상태로 유지하면 해안선후퇴에 대비할 수 있다. 이 부분에 관한 논쟁은 결국 경제적 문제이다. 위험지역의 개발을 규정하는 법규가 개발보다는 계획에 더 적합하도록 개선해야 한다. 실제로 이러한 과정은, 개발지를 축소하여 셋백을 설치하기 때문에 해안선조정이라기보다는 단계적 해안선후퇴라고 볼 수 있다.

이와 같은 과정을 개발지역의 해안관리라고 볼 수 있다. 그러나 여러 지역에서 해안선조정이 시급하지만 개발지역의 특성 때문에 부적절한 상황이 지속되고 있다. 이러한 해안은 문제로 남아있고, 이러한 상태를 유지하기 위해서는 대규모의 인공구조물이 필요하다. 재개발이 적절한 경우에도 재개발이 장차 더 큰 규모의 호안시설을 필요로 하지 않는다는 것을 확인할 수 있어야 하며, 이것은 계획당국의 몫이다.

## 4. 미개발 해안: 계획과 보험

계획가나 개발업자들이 해안침식 문제를 알고 있음에도 불구하고, 현재 해안의 가장 큰 문제 가운데 하나는 개발이 계속 이루어지고 있다는 것이다. 문제는, 개발업자나 계획가에게 개발의 책임은 있지만 호안의 책임은 없으며, 더욱이 개발로 말미암아 해안문제가 발생되어도 해안개발업자에게 부과되는 재정적 불이익은 없다는 것이다. 미개발 해안에는 호안시설을 확장하지 않는 것이 미래에 유익하다. 이러한 목표를 달성할 수 있는 가장 단순한 수단은 지역계획을 해안관리에 통합시키는 것이다. 즉, 해안관리부서는 침식지역과 잠재적 위험지역을 찾아내고, 계획지구에서 이 지역들을 배제시킨다. 그러나 이처럼 손쉬운 방안이 채택되지 못하고 있다.

불성실한 개발업자들은 문제가 발생하면 당국이 호안시설을 할 수밖에 없을 것이라는 계산속에서 이미 취약해진 해안에 계속 건물을 짓는다. 이러한 작태를 방지하기 위한 두 가지 방안을 생각할 수 있다.

### 1) 해안선 분류에서 침식지구의 설정

제5장에서 침식지구(E-zone)와 셋백 라인을 거론한 바 있다. 플레처(1992)는 이와 관련된 미국 연방법을 소개하고, 침식지구와 셋백 라인을 설정하여 해안의 안정성에 따라 상이한 개발을 유도하는 방안을 논의하고 있다. 이 논의의 핵심을 요약하면, 미래의 해안선 위치를 예측하여 해안선에 가까이 입지한 토지의 수명을 정하고, 그 수명보다 짧은 수명의 개발(건물)만을 허용한다는 것이다. 침식률이 높은 곳에는 임시 구조물은 허용하되 사회간접자본은 설치하지 않는다. 수명이 약 50년으로 예측되는 토지에는 철거시점을

명시하여 임시 구조물을 허용한다. 이러한 방안에서는, 해안의 침식에도 불구하고 호안대책은 없다는 점을 주지시키고 개발을 허용한다. 이 정책은 대형 트레일러 단지나 방갈로와 같은 임시구조물에 적합하며, 관광업에 특히 매력적이다. 물론, 몇 가지 조건이 갖추어져야 한다. 예컨대, 야영지가 너절하고 지나치게 커져서 경관을 해치는 등의 부작용은 없어야 한다.

미국에서는 해안을 가지고 있는 주의 3분의 2가 해안개발에 셋백 라인을 설정하고, 다른 주에서는 고위험지역의 개발을 제한하는 전략을 택하고 있다(National Research Council, 1990). 물론 침식문제가 없는 주에서는 이러한 대책을 적용하지 않기 때문에, 주마다 재해관리 정책의 기준은 다르다. 많은 경우에 일 년에 1피트(약 0.31 m/a)의 침식률이 나타나면 침식지구를 공식화하지만, 주에 따라서는 재산상에 미치는 영향을 고려하여 침식해안에서의 개발을 심각하게 제한한다. 이러한 정책은 주도적이고도 적극적인 접근이며, 호안비용의 증가에 대한 최선의 안전장치라고 할 만하다.

이러한 접근이 재산권 위협을 감소시키는 데 유용하다는 것이 경험을 통해서 나타나고 있다. 이전의 건축물은 여전히 위험에 노출되어 있는 반면, 이 정책의 시행으로 새로운 건조물이 안전한 지역에 위치하는 등 좋은 관리수단을 확보하게 되었다. 이 관리체제에도 지역에 따라 몇몇 개선요구가 대두되고 있다.

- 대형 건조물에는 더 큰 셋백 거리가 필요하다.
- 대부분의 위험지역에서 이동건물의 설계가 개선되어야 한다.
- 여러 가지 호안대책의 관점에서도 건축제한이 유효하도록 침식률을 재평가해야 한다.

장기적 관점에서 볼 때, 셋백 라인의 위치는 산출에 이용한 모형이나 자료에 따라 다르기 때문에 유용성을 높이기 위해서는 갱신(更新)이 매우 중요하다. 미국에서는 2년(펜실바니아 주와 인디애나 주), 5년(노스캐롤라이나 주), 10년

(미시간 주와 텍사스 주), 10년에서 12년(플로리다 주) 등 다양한 모니터링 주기에 따라 침식률 예측을 감시하고 있다(NERC, 1990).

### 2) 주택보험의 실비용화

부적절한 해안토지의 개발을 억제할 수 있는 좀 더 직접적인 대책은 보험비용을 높여서 개발 자체가 비현실적이 되도록 유도하는 것이다. 여러 국가에서 해안지역의 고위험개발과 관련된 보험위험률 증가를 고객, 즉 거주자에게 떠안기고 있다. 미국의 국가수해보험계획(NFIP)는 이 문제의 책임을 지역정치인이나 계획당국에 돌리고 있다. 이법의 부록 D에 따르면, 지역사회가 미래의 손실요소를 제한하는 노력을 다할 때에만 가능한 보상범위가 확보된다. 이것은 취약지에 건물을 짓지 못한다는 의미는 아니다. 건물을 짓기 위해서는 범람의 저감을 위한 기준을 준수해야 한다(NRC, 1990). 이 법안의 수정조항에는 침식으로 야기되는 손실의 문제를 포함하고 있다. 업톤-존스(Upton-Jones) 수정조항은 침식 해안선의 보호가 아니라 해안선으로부터의 셋백을 권장하고 있다. 544조는 위험에 노출된 재산의 해체나 이전에 관한 보상을 규정하고 있다(해체에는 재산가액의 110%, 이전에는 40%). 이것은 고비용의 호안대책에 대한 좋은 대안이며, 비용편익 분석의 관점에서는 방치정책이 가지고 있는 장점의 일부를 말해주고 있다. 영국의 홀더니스 해안에서 흥미있는 예를 찾을 수 있다. 위험지역의 주민들에게는 두 부분으로 구성된 보험증권이 발부된다. 하나는 재산의 크기나 형태에 따라 부과되는 정상적인 비용이다. 다른 하나는 침식지역이나 범람지역의 위치에서 비롯되는 위험 때문에 부과되는 비용으로, 위험지역으로부터의 거리에 비례하여 감소된다.

이 법제는 두 가지 방식으로 위험지역의 해안을 관리한다. 첫 번째는 주민들에게 주거지를 옮길 수 있는 기회를 줌으로써, 해안침식의 추가적 비용을 억제한다. 이 책의 맥락에서는 방치전략을 가리킨다. 두 번째는 보험비용의 증액부분을 주민에게 넘기는 것이다. 위험지역에 재산이 놓여있는 문제를 극복할 수는 없지만, 고비용 보험으로 말미암아 더 이상의 개발을 억제할 수 있다.

이러한 방법은 기개발지역이나 개발 중에 있는 지역에서 호안문제를 경감시키는 길을 열어 놓고 있다. 침식해안은 고위험지역의 특징이며, 이러한 지역의 보험료는 증가하고 있다. 국가가 이러한 기조를 정책에 반영하고, 보험회사가 고위험지역의 보험료를 증가시키면, 그러한 지역의 재산에 대한 구매 욕구는 떨어지고 개발업자들은 전략을 수정할 것이다.

## 5. 정리

이 장에서는 해안문제 해결에 적용할 수 있는 몇 가지 사회경제적 접근을 살펴보았다. 하나의 방안은 주민들에게 안전한 내륙으로 주택을 이전하도록 설득하여 연성호안기법을 적용하는 것이다. 두 번째는 부적절한 지역의 개발을 억제하는 간접적 방안이다. 그러나 이러한 측면에서 개발법규가 아직 제대로 준비되지 못한 상태이다. 위험지역에서 토지나 주택을 판매하지 못하도록 규제한다면, 개발도 없을 것이다.

이러한 방안들에는 아직 원론만 있을 뿐이고, 상세한 내용이 채워지지 않았다. 미국에서는 이러한 발상이 많이 채택되고 있으나, 법정으로 다툼이 번지는 경우에는 실효성에 의문이 발생할 것이다. NRC(1990)의 보고서는 이러한 문제점을 상세하게 다루고 있다. 여러 가지 문제에도 불구하고 이러한 방안은 개선의 여지가 많으며, 앞에서 거론한 경성호안기법과 연성호안기법의 적용에 이 방안을 연결시킨다면 실효성을 높일 수 있다.

제12장

# 미래의 호안대책

## 1. 도입

지금까지 논의해 온 문제들을 미래에는 어떻게 해결해야 할 것인가에 대한 전망이 필요하다. 지난 이삼십 년 동안 호안에 관한 인식이 크게 달라졌다. 그 가운데 가장 괄목할 만한 것은 연성호안의 발전으로 적용가능 지역에서 널리 채택되고 있다.[1] 이 기법이 수십 년간 적용되면서 그 성과를 판단할 수 있는 증거들이 충분히 수집되었고, 이는 다시 이 기법의 개선(설계향상)으로 이어지고 있다. 동시에 연성기법도 연쇄적인 환경영향을 유발한다는 것이 밝혀지고 있다.

1) 연성을 가리키는 soft를 softer라고 쓰는 경우가 있다. 더 연성적인 즉, 자연상의 해안프로세스와 보다 더 조응(照應)하는 기법이란 뜻을 강조하기 위한 표현이다. 몇 년 전 안면도 사구지대의 해안제방과 침식이 사회적 문제로 대두되었을 때의 일이다. 그 가운데 장곡리 해안사구의 배후지는 간척농지이며 주거지는 수백 미터 떨어진 곳에 구릉지로 보호되어 있다. 이러한 정황을 이 책에서 소개되는 세계적인 추세에서 판단할 때, 지금까지 시행해 온 고비용의 해안제방보다는 연성호안이나 방치(do nothing)정책이 오히려 적당하다. 태안군 당국은 여러 가지 어려움에도 불구하고, 전향적 정책을 선택하였다—역자주.

연구와 개발이 연성기법에만 기울여지고 있는 것은 아니다. 해안제방이나 돌제와 같은 경성기법도 설계상의 변화를 보이고 있다. 돌제에서는 전통적으로 사용해 왔던 목재나 콘크리트, 금속보다는 거력(巨礫: boulder)을 사용하고 있으며, 제방은 수직제보다는 경사를 주고 경사면을 불규칙하게 설계하여 파랑에너지를 분산시키는 설계를 택하고 있다. 이러한 접근이 공사지점의 환경을 잘 반영한다면, 환경적 악영향을 현저히 저감시킬 수 있을 것이다. 한편으로는 전통적 호안기법을 친환경적 설계로 유도하고, 다른 한편에서 새로운 연성기법을 통하여 해안프로세스와 조화를 이루도록 한다. 경성호안의 새로운 설계와 연성호안기법의 적용이 증가하고 성과에 관한 자료가 축적됨에 따라 이러한 방향의 기술이 해안 환경에 미치는 영향에 대한 이해의 폭도 넓어지고 있다.

이러한 자료축적은 해안모형 분야의 연구에도 큰 도움을 준다. 제1장에서 거론한 다양한 해안모형과 모형을 통한 해안관리기술은 자료의 축적에 힘입어 예측능력이 향상될 것이다. 이미 모형을 이용하여 해안선 이동을 예측하고, 이를 바탕으로 침식지구와 셋백 라인을 설정하고 있다. 해안모형의 실효성과 정확성이 향상된다면, 방치정책과 같은 대안이 적용될 수 있는 지역이 늘어나고 이에 따라 해안관리비용도 크게 절감될 것이다.

지난 이십여 년간에 이룬 가장 큰 성과는 해안계획과 해안관리를 하나의 전체적 체제로 통합한 일이다.[2)] 연안역 관리(Coastal Zone Management: CZM)는 연안의 토지이용(landuse)과 수역이용(wateruse), 호안대책, 자연프로세스 등 해안이용에 관련된 모든 측면을 포용하기 위해 개발된 체제다. 연안역 관리제

2) 해안관리에 힘을 쏟아온 미국과 유럽의 여러 나라, 오스트레일리아 등지에서는 자연적 프로세스를 존중하는 관리와 지구계획을 효율화하기 위해서 연안역 관리의 큰 체제를 구축했고, 이를 통해서 큰 성과를 거두고 있다. 최근에는 주민 등 이해관계집단을 포용하는 참여적 관리, 지방 거버넌스의 체제를 적극 활용하고 있다. 우리의 실정에서는 자연 프로세스라는 원칙보다는 행정구역, 관할구역이 더 존중되고 있다. 분명한 것은 자연법칙과 인간이 충돌했을 때, 부서지는 것은 인간이다. 원칙은 변하지 않기 때문이다 —역자주.

도를 통하여 개발업자, 관리당국, 계획당국 등의 갈등을 극복하고 부적절한 개발의 예방에 노력이 기울여지고 있다.

이상에서 거론한 것들은 모두 호안계획당국과 관리당국이 노력하고 있는 지향선상에 있다. 이 밖에도 단기적 관점에서 살펴야 할 중요한 문제들이 있다. 첫째는 해수면상승으로, 연성기법과 경성기법의 적용은 해수면상승 현상을 어떤 문제로 이행시킬 것인가란 문제다. 둘째는 공중(公衆)의 인식이다. 범람이나 침식을 막기 위한 호안시설은 우선 본래의 호안목적을 만족시켜야 하지만, 그 지역의 주민이 안전을 피부로 느끼게 해주어야 한다. 양빈이 파랑에너지를 약화시켜 배후지를 보호하는 기능을 충분히 갖추고 있지만, 과학기술에 대한 이해가 충분하지 못한 주민들은 거대한 콘크리트 제방 뒤에서 더 큰 안전감을 갖는다. 가시적으로 안전해 보이고, 물리적으로 강고하기 때문이다. 결국, 물리적이고 가시적 구조는 좀 더 안전감을 주고, 연성기법은 환경적 악영향이 상대적으로 적다는 즉, 연성기법과 경성기법의 본원적 논쟁으로 귀결된다.

## 2. 해수면상승과 경성-연성호안 논쟁

호안기법의 기능상 핵심은 설치 지점에서 나타나는 해안시스템과의 상호작용에 있다. 해수면이 상승하면, 고조위는 더 높아지고 파한은 더 깊어지며 해안선에 도달하는 파랑에너지는 증가한다. 파랑이 해안제방을 넘어가는 월파도 증가하고 해안범람이 더 빈발할 것이다. 해수면상승 위에 해안의 자연적 프로세스의 변화가 중첩되면, 해안선 변화는 쉽게 일어날 수 있다. 특히 폭풍이 내습하면 상당히 짧은 기간에도 변화가 현저하게 진행될 수 있다. 그 결과 어느 지점에서는 침식이, 다른 지점에서는 퇴적이 심화될 수 있다. 연성기법은 이러한 변화에 적응할 수 있지만, 경성기법은 그렇지 못하기 때문에 경성호안대책에 심각한 문제가 발생할 것이다. 해수면상승이 일어나면, 변화하는 해안선에 대한 대책도 중요하고 이와 더불어 살아가야 하는 주민의 적응도 필요하다.

해수면상승과 함께 현재의 해안프로세스를 감당하는 능력은 해안지형단위(costal morphological unit)[3]가 환경변화 요소에 어떻게 대응하느냐에 달려있다. 브룬의 법칙에 따라 육지 쪽으로 이전하는 방안도 좋은 예다. 경성호안이 아직까지 가장 흔하게 발견되는 형태이지만, 해안선을 그 자리에 고정시키기 때문에 해수면상승의 관점에서는 가장 바람직하지 못한 수단이다. 앞에서 논의한 것처럼 해안제방은 배후지를 침식시켜 해안선을 육지로 이동시키는 해수면상승의 영향을 차단하기는 하나 동시에 파랑반사를 일으켜 해빈의 굴식을 일으킨다. 한편, 돌제는 해안선에 수직방향으로 진행하는 해류를 막지 못하지만 여전히 연안류를 교란시킨다. 문제는 해수면상승과 파한의 증가로 해류의 변화가 일어나고, 이는 다시 연안류의 변화를 일으키는데, 이 변화를 돌제가 다시 교란시켜 복잡한 문제를 일으키는 데에 있다. 돌제의 하류지역에서는 퇴적물이 고갈되어 해수면상승에 적절한 대응을 어렵게 만든다. 문제점을 파악하더라도, 또 해수면상승이 그 문제를 어떻게 악화시킬 것인가를 이해하고 있더라도 속수무책이다. 배후지에 고가의 재산이 있다면 이를 보호하기 위해서 해안제방이 필요할 것이고, 그렇다면 해빈이 육지 쪽으로 이동할 수 없게 되어 해빈소실이 일어날 것이다. 같은 맥락에서 돌제가 해빈의 소실을 막아주지만, 그 하류지역의 해빈은 소실된다.

이러한 문제는 도처에서 발생해 왔다. 표 12.1은 해수면상승과 호안구조물을 연관시킨 다양한 사례연구를 보여주고 있다. 배후지 고가재산의 보호에

---

3) coastal morphological unit란 우리에게는 다소 생소한 개념이다. 서구 특히, 미국의 몇몇 주와 영국에서는 해안관리 구역을 해안지형 프로세스에 따라 구분하고 있다. 예컨대, 해안프로세스가 유사하거나, 침식과 운반, 퇴적의 순환이 연결되는 범역을 관리단위로 설정한다면, 프로세스를 고려한 관리가 가능하여, 비용과 편익에서 유리하다. 행정구역에 얽매이면 관리시행 자체가 복잡해지고 중복투자가 일어날 수밖에 없다. 최근 이러한 문제를 접근하는 기법으로 지리정보시스템이 활용되고 있다 — 역자주.

표 12.1. 다양한 지역의 해수면상승 추정치

| 국가 | 위치 | 상승률 (mm/년) | 기간 | 자료 |
|---|---|---|---|---|
| 아르헨티나 | 부에노스 아이레스 | 1.5 | 1905-1988 | Douglas (1997) |
| | 쿠에쿠엥 | 0.8 | 1918-1982 | Dennis et al. (1995b) |
| 방글라데시 | 벵갈 만 | 3.3 | 2000-2100 | Castro-Ortiz (1994) |
| 캐나다 | 할리팩스, 노바 스코셔 | 3.03 | 1896-1995 | Shaw et al. (1998) |
| | 퀘벡 | 0.75 | 1940-1989 | Shaw et al. (1998) |
| 중국 | 전국 | 1.2 | 1900-2000 | Wang (1989) |
| | 강소성 북부 | 5.0 | 2050년까지 | Chen (1997) |
| | 주강 삼각주 | 8.0 | 2050년까지 | Chen (1997) |
| | 양츠강 삼각주 | 9.0 | 2050년까지 | Chen (1997) |
| | 황하 삼각주 | 6.0 | 2050년까지 | Chen (1997) |
| 덴마크 | 에스비에르그 | 0.82-1.38 | 1901-1969 | Shennan and Woodworth (1992) |
| 이집트 | 나일 삼각주 | 5.0 | 현재 | Day et al. (1995) |
| 프랑스 | 브레스 | 1.4 | 1880-1991 | Douglas (1997) |
| | 에브로 삼각주 | 1.0-5.0 | 현재 | Day et al. (1995) |
| | 마르세유 | 1.2 | 1885-1991 | Douglas (1997) |
| | 론 삼각주 | 1.0-5.0 | 현재 | Day et al. (1995) |
| | 론 삼각주 | 2.1 | 1905년 이후 | Suanez and Provansal (1996) |
| 이태리 | 베네치아 석호 | 8.0 | 현재 | Day et al. (1995) |
| 네덜란드 | 북해 연안 | 2.0 | 1900-1985 | den Elzen and Rotmans (1992) |
| | 북해 연안 | 1.5-2.0 | 20세기 | van Malde (1991) |
| | 북해 연안 | 0.73-2.53 | 1901-1987 | Shennan and Woodworth (1992) |
| 뉴질랜드 | 오클랜드 | 1.3 | 1904-1989 | Douglas (1997) |
| | 웰링턴 | 1.7 | 1901-1988 | Douglas (1997) |
| 노르웨이 | 베르겐 | 0.74-1.18 | 1928-1986 | Shennan and Woodworth (1992) |
| | 스타방게르 | 0-0.42 | 1928-1986 | Shennan and Woodworth (1992) |
| 세네갈 | 다카르 하버 | 1.4 | 1943-1965 | Dennis et al. (1995a) |
| 영 국 | 애버딘 | 0.54-0.98 | 1901-1988 | Shennan and Woodworth (1992) |
| | 어본머스 | 0.25-1.07 | 1925-1980 | Shennan and Woodworth (1992) |
| | 도버 | 1.6-3.0 | 1961-1987 | Shennan and Woodworth (1992) |
| | 이스트 앵글리안 | 3.75-6.25 | 1990-2030 | Clayton (1989b) |
| | 포스 하구역 | 4.3 | 1990-2012 | Shennan (1993) |
| | 로스토프트 | 0.45-1.81 | 1956-1988 | Shennan and Woodworth (1992) |
| | 머시 하구역 | 5.3 | 1990-2050 | Shennan (1993) |
| | 뉴린 | 1.7 | 1915-1991 | Douglas (1997) |
| | 포츠머스 | 5.0 | 1962-1987 | Woodworth (1987) |
| | 솔런트 | 4.0-5.0 | 1896-1996 | Cundy and Croudace (1996) |
| | 템즈 하구역 | 6.8 | 1990-2050 | Shennan (1993) |
| | 워시 | 6.3 | 1990-2050 | Shennan (1993) |
| 미 국 | 체사피크 만 | 2.7 | 1700년 이후 | Lisle (1986) |
| | 멕시코 만 | 2.0-2.5 | 1938-1993 | Warren and Niering (1993) |
| | 키 웨스트 | 2.2 | 1913-1991 | Douglas (1997) |
| | 미시시피 삼각주 | 10.0 | 현재 | Day et al. (1995) |
| | 노스 캐롤라이나 | 1.9 | 1940년대-1980년대 | Hackney and Cleary (1987) |
| | 샌 디에고 | 2.1 | 1906-1991 | Douglas (1997) |
| | 샌 프란시스코 | 1.5 | 1880-1991 | Douglas (1997) |

연성기법이 적절하지 않은 경우가 많다. 이때에 관리자는 경성호안에 주력할 수밖에 없다.

해수면상승문제 해결에서 호안선을 육지 쪽으로 옮기는 대안은 좋은 방안으로 평가된다. 자연적으로 일어나는 것과 같기 때문이다. 하구역이나 미개발 해안지역에서 쉽게 채택할 수 있는 대안으로 해안선조정에서 인공염습지를 조성하거나, 사구가 육지 방향으로 이동하도록 허용하거나, 해식애가 침식되도록 방치하는 것 등을 포함하고 있다. 그러나 이 대안의 선택 여부는 배후지의 재산가치와 경성호안에 필요한 비용에 달려있다. 고가의 재산뿐만 아니라, 안보의 문제도 그렇다. 예컨대 핵발전소가 침식지역에 위치해 있을 때, 호안 비용의 경중에 관계없이 최소한 200년 이상 경성호안 기법이 동원될 수밖에 없다. 이때 200년이란 방사능 수준이 핵심지역의 토양에서 안전기준 이하로 떨어지는 데 소요되는 기간이다.

앞에서 거론한 해수면상승에 대한 해안선의 반응에서 얻는 논리의 요점은, 해안선이 자연스럽게 반응하도록 허용하는 호안기법의 선택이라고 할 수 있다. 해수면상승이라는 환경조건 아래서 해안선이 자연스럽게 반응하는 것이 육지 쪽으로 이동하는 것이라면(역으로 해수면이 하강하면 바다 쪽으로 이동), 이 문제를 가장 쉽게 관리하는 방안은 해안선이 그렇게 되도록 허용하는 것이다. 해안선조정은 염습지가 육지 쪽으로 이동하도록 허용하고, 방치적 접근은 침식이 간섭받지 않고 진행되고 사구이동으로 모래가 육지 쪽으로 이동하도록 용인하는 것이다. 이러한 방안은 듣기에는 그저 단순하지만, 앞에서 반복적으로 언급한 것처럼 배후지에 고가의 재산이 묶여있는 경우는 매우 복잡하다. 연성호안기법이 해수면상승에 적절한 방안이지만, 재산권 보호라는 현실적 문제로 채택이 불가능한 지역도 많다.

이러한 맥락에서 미래를 대비한 해안개발제도를 마련해야 한다. 이것은 다음에 논의할 연안역 관리를 성공적으로 수행하기 위해서도 필요하다. 그러나 이미 고밀도개발이 이루어져 문제가 발생하고 있는 지역에는 별다른 도움이 되지 않는다. 단계적 후퇴나 침식지구(E-지구)의 지정 등과 같이 시간이 필요한 대안을 택한다고 하더라도, 어느 시점까지는 고비용의 경성호안을 유지할 수밖에 없다.

## 3. 경성호안과 연성호안에 대한 공중인식

이 책의 일관된 공통점으로서 호안기법의 채택은 특정지점의 환경에 그 기법이 적합한가에 달려있고, 기법에 따라 차이는 있지만 환경에 미치는 연쇄적 영향은 반드시 수반된다는 것이다. 지금까지 깊이 있게 다루지 못한 중요한 측면은 기법에 따른 공중의 반응이다. 해안주민에게는 주거환경의 보호방법, 보호정도의 적절성이 큰 관심거리가 아닐 수 없다. 이때 적절성의 의미가 그 실효성보다는 감성적 인식의 문제를 가리키는 경우가 많다. 침식이나 범람을 겪게 되면, 해안지역사회는 재발방지를 위한 가시적 대책을 요구하기 때문이다.

공중이 갖는 이해의 다른 측면은 이보다 일반적이다. 호안구조물의 구축에 공공예산이 사용된다면 예산사용의 방식에 대한 공중의 반응이 있게 마련이다. 공중의 반응은 대체로 세 가지로 압축된다. 첫째는 계획이나 시설의 유효성에 관한 것이다. 새로운 해안제방이 축조된 후에 불어 닥친 폭풍이나 해일을 잘 저지했는가라는 질문이다. 둘째는 계획의 적절성에 관한 것이다. 예를 들면, 해안선조정을 바다에 땅을 넘겨주는 소극적인 방안으로 간주하는 사람들이 있다.[4] 세 번째는 안전하다고 인식되는가에 관한 것이다. 세 가지 모두

4) 자원을 소극적 가치(negative value)와 적극적 가치(positive value)로 분류할 수 있다. 산업용지와 같이 적극적 이용으로 이윤을 창출할 수 있는 자원을 적극적 가치로 본다. 반면에, 급준한 산사면(山斜面)이나 습지(濕地)와 같이 그 자체가 공기정화, 지하수 충진, 오폐수 정화와 생물서식지를 제공하는 생태적 자원이지만, 주택지나 산업용지로 이용하면 오히려 사태나 홍수범람으로 피해가 커서 편익을 초과하는 자원을 소극적 가치라고 할 수 있다. 그러나 저자가 사용하고 있는 negative는 일반 대중이 단순하게 인식하는 부정적 의미로 해석된다 — 역자주.

인간의 인식에 관한 문제로 개인의 성품에 따라 넓은 차이를 보인다. 이 부분에 관한 연구는 충분하지 않지만, 해안관리당국은 이 문제를 잘 이해하고 있어야 하고, 지역사회 구성원의 협의와 합의 도출에 역점을 두어야 한다. 참여민주주의의 대두와 함께 세계 도처에서 연구자들의 관심을 끌고 있는 영역이다.

#### 1) 계획의 실효성에 대한 공중인식

개개인의 호안계획과 시행결과의 판단은 종국적으로 개인의 관심사항이나 이익의 여부에 달려있다. 해안기술자의 입장에서 양빈의 성과는 최소 5년 이상 해빈의 고도가 기준치 이상으로 유지되었거나 폭풍기간 동안에 배후지가 보호되었는가, 즉 수해의 관점에서 판단된다. 반면에, 관광당국자에게는 탐방자의 수가 중요하다. 수해보다는 그곳에 와서 돈을 쓰는 관광객 수가 주요 관심사다. 그 곳에 토지나 건물을 소유하고 있는 사람에게는 재산가치가 유지되고 있는가, 즉 해빈의 폭이 충분히 유지되어 재산상의 위협이 없다면 호안계획은 성공적인 것으로 인식된다(Canfield, 1993).

양빈의 가장 큰 문제는 시공 후 첫해에 크게 발생하는 퇴적물의 손실이다. 이러한 현상은 지역주민에게 사업의 실패로 인식된다. 그러나 이것은 인위적 퇴적물 투입이 자연환경조건에 적응하는 조정국면이라고 보아야 한다. 유사한 예로 큰 폭풍이 불면, 해빈의 퇴적물이 손실되는 것처럼 보이지만 시간이 지나면 회복과정을 겪게 된다. 이는 폭풍에 대한 해빈지형의 조절양식이다. 공중의 인식이나 해빈의 퇴적물 손실은 해빈의 단기적 현상에 대한 반응이다. 해빈은 침식과 퇴적의 단기적 현상을 넘어서서 중장기에 걸쳐 일어나는 주기적 해안작용을 가지고 있다. 공중은 해안에서 일어나는 자연현상에 대해 깊은 이해가 결여된 채 그때마다 일어나는 현상에 따라 평가를 내린다. 이것이 해안계획에 주민홍보와 상담이 수반되어야 하는 이유이다.

그 밖의 호안계획의 진행에서도 주민의 반응은 이와 유사하다. 해안선조정에 따른 염습지나 사구식피 조성이 잘 이루어지지 않았을 때, 폭풍으로 해안제방이 파괴되었을 때, 이안제와 같은 구조물이 퇴적물을 모으지 못할 때가 그러하다. 어느 시점에서의 가시적 현상만으로는 사업 이후 호안의 성패를 진단할 수 있는 근거가 되기에 부족하다. 예컨대, 파랑에너지를 저감시키는 호안계획의 경우, 해안학자가 적정한 장비와 체계적 측정을 통해서 성패를 판단할 수 있는 것이지, 가끔 살펴보는 정도의 관찰을 근거로 판단되는 것은 아니다. 해안관리에서 임시변통은 없으며, 연성호안기법도 마찬가지다. 지금까지의 경험에 따르면 해결방안은 늘 또 다른 문제를 초래하며, 새로 발생하는 문제의 해결방안도 필요하다. 이것은 해안관리에 있어서 자연적 현상이지, 호안계획의 실패라고 볼 수 없다.

### 2) 호안계획의 적절성에 대한 공중의 반응

시간이 지날수록 연성호안을 선호하는 경향에 대해서 여러 가지 평가가 있다. 이것은 어떤 해안의 문제라도 경성에서 연성호안에 이르는 여러 가지 대안이 있고, 각각의 기법마다 장점이 있고 또 경우에 따라 적절한 기법이 있다는 것을 의미한다. 이러한 논리와 설명이 의사결정과정에서 중요하게 고려되어야 한다는 것이 과학자들에게는 통하지만, 지역사회의 구성원들은 이를 다르게 받아들이기도 한다. 공중의 다수는 해안선이 그 자리에 유지되어야 한다는 강한 신념을 가지고 있기 때문에, 해안선조정이나 방치정책은 그들의 관심을 끌지 못한다.

경성호안과 연성호안 사이의 선택도 같은 문제다. 공중에게는 염습지나 인공사구를 조성하는 일이란 생태적 고려일 뿐, 호안대책으로 받아들여지지 않는다. 나아가서 토지자원을 사장시키는 소극적 대안으로 간주한다. 물론 이러한 주장은 과학적 지지를 받지 못하지만, 해안관리당국이나 호안관리당국의 대민홍보부서는 심각하게 고려해야 한다.

대민홍보 문제는 해안선의 미래에 매우 중요하다. 경성호안을 선전하는 사람들은 지역주민들에게 경성기법이 안전하며 실효성이 크다고 부추긴다. 일단 이러한 인식이 자리 잡고 나면, 교정이 매우 어렵고 해안의 문제가 점점 늘어난다. 버비와 넬슨(Burby & Nelson, 1991)에 따르면, 경성호안의 채택으로 안전감이 확산된 지역에서는 개발압력이 증가한다. 경성호안이 적절한 호안기법이라고 인식시킬 뿐만 아니라, 실제로는 해안의 침식과 범람 위험이 증가했음에도 불구하고 해안의 안전성이 높아졌다는 오해를 일으켜 해안개발을 부추긴다.

### 3) 안전에 관한 공중의 인식

경성호안의 문제는 해안의 주민들에게 실제와는 다른 안전감을 준다는 것이다. 사람들이 커다란 콘크리트 제방 뒤라면 안전할 것이라고 느낀다(사진 12.1). 그러나 건전한 해빈이나 염습지는 파랑에너지를 저감시켜 그 자체가 적절한 호안수단이며, 다만 폭풍파랑을 걱정한다면 이에 대비하여 작은 구조물이 필요할 뿐이다. 해빈이나 습지가 호안구조물이라는 인상을 주지 않는다는 데에 문제가 있다. 사진 12.2에 나타난 집을 생각해 보자. 영국 남서부 콘월의 리자드 반도의 케낙 샌즈라는 곳에 자리 잡은 이 집은, 일단 폭풍이라도 일어나면 곧 바다에 쓸려 들어갈 위험이 있는 것으로 보인다. 그러나 저자가 1984년 처음 보았을 때와 동일한 지형을 유지하고 있다. 해빈 뒤 급사면(단애)의 경사나 위치도 여전하다. 무엇이 해안침식을 방지하고 주택을 안전하게 보호하고 있는가? 급사면 앞에 전개되어 있는 두 단의 해빈이다. 곧, 고조위의 폭넓은 해빈과 또다시 낮은 고도의 폭넓은 해빈이 급사면을 보호하고 있다.

비실제적 안전감[5)]은 해안개발과 연관된 문제를 일으키는 원인이다. 해안

---

5) perceived safety, 석축이나 커다란 콘크리트 제방이 주는 안전감으로, 실제로는 이러한 구조물이 해안환경 자체를 훼손한다는 경험적 사실을 공중이 인식하지 못하고 있다 —역자주.

사진 12.1. 전망이 있는 집

경성호안이 보다 안전할 것이라는 인식으로 인해 해안을 바라보는 전망의 일부가 훼손되었다. 이 주택가는 사리 때의 해수면보다 아래에 위치한다. 영국 랭카셔 지방 파일드 해안의 비스펌 소재(위치는 상자글 3.1을 참조할 것.)

사진 12.2. 전망이 있는 집

해식애 전면에 넓은 해빈이 파랑에너지를 감쇄시키므로 해식애 위에 위치한 주택에는 특별한 호안구조물이 필요하지 않다. 영국 콘웰 지방 리자드 반도의 케낙 샌즈 소재.

제방이 설치된 해안이 안전하다고 느끼고, 이 때문에 그곳에 거주하고 개발을 일으킨다. 그러나 실제로는 안전하지 못하기 때문에 새로운 개발을 보호하기 위해 호안시설을 더 쌓는 악순환을 겪게 된다. 왜 이러한 곳이 안전하다고 지각하는가? 버비와 넬슨(1991)에 따르면, 폭풍으로 손실을 입었던 경험의 유무와 관련이 있다. 손실의 경험이 없는 사람들은 "우리에게는 그런 일이 없을 것이다"라는 이상하고도 강한 신념을 어느 정도 가지고 있다.[6] 이러한 맥락에서 주민들에게 위험에 관한 교육이 절실하다.

위와 같은 세 가지 범주의 공중 이해는 모두 하나의 중요한 요소를 가지고 있다. 그것은 "효율적이다, 또는 안전하다"고 믿는 '인식의 문제'로서 계획과정에서 다루기가 까다롭지만 호안계획의 성공을 위해서는 매우 중요한 요소다. 대중이 이러한 신념을 가지고 있는 한, 그들이 안전하다고 믿는 경성호안을 요구하고, 경성호안의 배후지가 안전하기 때문에 개발을 지속해야 한다는 주장을 계속할 것이다. 악순환의 고리에 진입하게 된다. 해안관리에서 어려운 점은 연성기법을 이용한 대안을 개발하는 것뿐만 아니라, 대중에게 그들이 잘 이해하고 있지 못하는 연성호안을 설명하고 설득하는 일이다. 일단 설득에 성공하면, 연성기법을 널리 채택하여 부적절한 개발수위를 크게 낮출 수 있다.

## 4. 호안의 지향점

지금까지 호안의 여러 가지 측면과 주요 문제를 살펴보았다. 다양한 호안기법과 자연환경의 상호작용, 인공환경에서의 자연성 확보 등 많은 문제들이

---

6) 미국 아틀란틱 시티 해변의 경험에 의하면, 이러한 신뢰할 수 없는 신념을 가진 사람들이 범람지역에 투자를 감행한다. 그것도 폭풍이나 해일 피해 직후에 그렇다. 이러한 사람들이 폭풍으로 재산상의 피해를 입고 떠나면, 비정상적 신념을 가진 다른 신입자들이 그 자리를 채우는 경향을 보인다—역자주.

미해결 상태로 남아있다. 이러한 문제들은 기술의 발달과 더불어 계속 제기되고 있다. 기법이란 이전의 경험을 바탕으로 적용되며, 이러한 맥락에서 해안선조정이 대표적이라고 할 수 있다.

호안계획 분야에서 가장 위대한 발전은 해안에 관련된 다양한 측면을 하나의 체계로 통합한 것이다. 해안프로세스, 토지이용, 개발, 자연보존, 주민 등이 상호 작용하여 현재의 해안선을 형성하고 있다. 이러한 측면을 포용하여 만들어낸 연안역관리체제는 여러 가지 문제의 해결에 실마리를 제공한다. 부적절한 개발을 막고, 어느 해안선에서는 침식이 일어나도록 허용하고, 이미 고밀도 개발이 이루어진 해안에서는 적절한 호안정책이 시행될 수 있는 여지를 마련하는 수단이다. 즉, 연안역관리체제는 해안관리에 생태적 접근을 포함시키고 있다. 인간의 활동이나 개발행위에는 반드시 환경적 고려가 수반하도록 규정하고 있다. 침식과 퇴적, 생물서식지의 조성과 안정화와 같은 환경의 기본적 요소가 해안프로세스에서 유지되도록 한다. 토지이용 사이의 경쟁(조정)을 관리하는 일이나, 어로 활동, 사냥과 항해 등 적용 범위를 꾸준히 넓혀 왔다.

연안역 관리기조 가운데 가장 중요한 원칙은 해안을 하나의 단위로 간주하는 것이다. 이것은 해안전체에 대한 고려를 결여한 채, 환경적 민감도를 갖추지 못한 해안구조물을 가지고 임시방편적이고 부분적 대책을 적용함으로 말미암아 초래된 세계 도처의 해안 문제를 경험하면서 얻어진 통찰력이다. 즉, 해안은 광범위한 영역에 걸쳐 일어나는 프로세스를 가지고 있는 복잡한 체계이며, 호안대책이 영향을 미치는 영역 전체에 걸친 해안프로세스를 관리하는 것이 중요하다. 경성호안의 주요 문제는 호안구조물이 설치된 지역을 퇴적물 공급원으로부터 고립시키고 이로 말미암아 또 다른 호안시설의 필요를 만들어낸다는 것이다.

과거의 경험을 살린다면, 제대로 된 연안역관리체제는 해안문제를 교정할 수 있는 수단이라는 것을 알 수 있다. 기존의 호안시설 가운데 상당수는 이미 낡았고 영국의 경우, 관광지역의 호안구조물은 대부분 백년을 경과하였다. 대다수가 해안범람이나 손실을 겪었고, 해수면상승과 같은 변화로 해안의 조건도 축조 당시와는 차이가 나기 때문에 호안시설 자체의 유용성이 희박해지고 있으며, 시설수명도 다해가고 있다. 호안시설을 교체할 적당한 시점에서 구조물의 사용가능성과 유용성을 재평가해야 한다. 문제의 지역에 호안시설이 여전히 필요한가? 연성호안으로 효율성이 높아질 가능성이 있는가? 해안의 퇴적물 이동을 자유롭게 한다면, 생물서식처의 조성으로 해안이 보호받을 수 있을까? 해안선을 하나의 전체적 시스템으로 간주한다면, 이러한 질문을 통하여 해식애의 후퇴 허용이나 해안선조정과 같은 관리전략을 채택할 수 있다.

이러한 전략은 해수면상승 환경에서도 유리하다. 퇴적물이동이 자연프로세스에 따라 일어나면 퇴적물수지가 건전하고 좀 더 자연성을 갖춘 해안이 발달하기 때문이다. 이것은 해안이 바람과 파랑, 해수면변동에 잘 적응하는 것을 의미한다. 사려 깊은 연안역관리 계획이 이루어지면, 이러한 관리가 가능하다. 연성호안의 적용이 가능한 지역을 찾아내어 이를 시행하면, 퇴적물이 자유롭게 이동하여 경성호안이 필요한 지역의 퇴적물 침식을 보정시켜 경성호안의 주요 부작용을 저감시킬 수 있다. 제방이나 돌제에 의존하고 있는 관광지역에서 호안을 유지하는 것도 연안역관리에 중요하다. 해안관리는 모든 측면을 살펴야 한다. 새로운 호안대책이 필요하다면, 현재의 해안선을 유지할 것인지, 아니면 해진 또는 해퇴를 채택할 것인가에 관한 논의를 펼쳐야 한다.

해안 작용에 대한 이해와 해안작용에 미치는 인간활동의 영향에 대한 지식이 축적되면서 전체적 접근에 조응하는 해안관리 형식이 필요하다는 방향으로 의견수렴이 일어나고 있다. 해안을 '전체로서의 하나'로 바라볼 때, 분별 있는 관리전략이 도출될 수 있다. 이러한 전략은 해안선의 자연적 프로세스뿐만아니라 인간의 간섭까지 포함한 상호작용을 고려하는 것이기 때문에 해안보호 계획과 관리에서 커다란 진보를 내딛는 것이다.

### 1) 연안역관리의 개념

세계적으로 해안은 여러 가지 목적으로 이용되고 있기 때문에 해안관리의 관점에서 보면 관리기구나 이해관계집단의 폭이 넓다. 이해관계집단만 하더라도 내셔널 헤리티지 그룹에서 환경보전단체, 요트협회와 같은 스포츠나 여가활동 단체에 이르는 다양한 단체가 있다. 이 때문에 해안의 관리와 이용에 관한 이들 사이의 의견은 빈번한 충돌을 일으킨다. 길고 넓은 해안에서부터 만(灣)이나 염하구와 같은 작은 단위의 관리도 고려되어야 한다. 작은 단위의 해안에서 일어나는 활동이 다른 지역의 프로세스에 영향을 주기 때문에 전체를 다루는 연안역관리체제와 함께 작은 단위의 관리가 필요하다. 지역이나 국가차원의 관리전략 아래서, 소단위의 국지적 계획들이 큰 차원의 계획에 연결되어야 한다. 즉, 연안역관리계획에 따라 국지적 계획들을 모아 국가의 해안보호전략을 구성해야 한다.

연안역관리란 다양한 형태의 훼손과 변화로부터 해안선을 보호하는 과정이다(French, 1997; Beatley et al., 1994; Clayton, 1993; Goldberg, 1994; ICE, 1989; Kay and Alder, 1999; OECD, 1993; Penning-Roswell et al., 1992). 해안의 보전과 지속가능한 이용을 성취하기 위한 자원분배전략을 도출하고 시행하는 동적 프로세스라고 정의되는 연안역관리에 대해서 여러 측면의 설명이 시도되어 왔다.

### 2) 연안역관리 방법론

호안기법이 해안에 미치는 파생적 영향은 기법에 따라 다양하다. 호안구조물에만 의존하면 문제가 점점 커져서 해안의 유용성과 안정성을 해치게 된다. 세계 여러 나라는 호안구조물에서 발생하는 문제를 해결하기 위해 전향적 대책을 추진하고 있다. 해안관리에 전체적 접근의 공공정책, 세부적으로는 연성호안기법을 채택하고 있다. 국경에 걸쳐서 일어나고 있는 퇴적물의 공급과 수지문제, 오염과 관광의 문제로 촉발되는 국제적 갈등에도 연안역관리체제가 적용되고 있다. 전체적 관점의 해안보호계획이 국제적으로 채택되어야 하며, 이를 위해서는 정보체계의 개선과 국제표준의 제정이 필요하다(Barston, 1994). 한편, 영국 홀더니스 해안 출처의 퇴적물이 북해 연안의 국가들에게 갖는 의미를 생각하면, 문제가 심각하다. 국제적 차원으로 다루어진다면, 해안관리당국들이나 그 밖의 전문가들은 연안역관리체제의 전반적 진행과정에서 통제력을 잃게 되고, 정치인들이 추진력과 협상력을 장악하게 될 것이다. 그러하더라도, 중요한 문제이기 때문에 지속적인 개선노력이 필요하다. 이미 북해지역이나 지중해지역에서는 국제기구가 발족했다. 이들에게 연안역관리체제의 감독책임을 부여하고, 의사결정에 필요한 힘과 권위가 주어져야 한다. 1992년 리우 데 자네이루의 지구정상회담 이후 아젠다21의 공표는 이러한 움직임의 성과라고 볼 수 있다. 아젠다21의 17장은 해양과 해안선을 다루고 있으며, 연안역관리체제에 대한 가장 강력한 국제적 천명일 것이다. 아젠다21은 해안국가들이 그들의 권한 아래 통합적 연안역관리의 주도권을 행사하고 해안지역과 해양환경의 지속가능한 개발에 힘쓰도록 위임하고 있다. 다음과 같은 공동의 목적 아래 각 조인국은 각각에 필요한 해안관리 측면을 강조하도록 규정하고 있다(French, 1997).

1) 다양한 해안이용 사이의 조화와 균형을 도모하기 위해 정책과 의사결정 과정을 통합한다.
2) 주요 사업이 미치는 영향을 사전에 평가하고 체계적으로 관찰하는 것을 포함한 개발의 예방적 접근을 시도한다.
3) 해안지역 이용으로 비롯되는 가치변화를 측정하는 기술을 개발하고, 그 적용을 권장한다. 여기에는 오염, 침식에 따른 가치손상, 자연자원의 손실과 서식지 훼손 등 비용 환산이 어려운 것과 배후지의 개발로 얻어지는 가치 증가가 포함된다.
4) 이해관계집단과의 연락을 위해서, 적절한 정보에 대한 접근방안을 마련

하고 관리계획의 개발에 관련된 계획과정과 의사결정과정에의 참여와 의견교환이 일어날 수 있는 기회를 마련한다.

이상에서 각 해안국이 상세한 해안관리계획을 개발하기 위한 지침과 유인책이 적절하게 정비되어 있는 것을 알 수 있다. 부분에 맞추어져 있고 파편화되어 있던 전통적인 해안관리에서 벗어나 해안지역 전체를 하나로 접근하는 방향을 택해야 한다는 일반협정도 채택되었다. 관리체계의 상위 수준에서는 이러한 조건이 형성되었지만, 아직도 해결해야 할 문제가 산적해 있다. 현장에서 누가 무엇을 할 것인가? 누가 계획을 입안하는가? 누가 계획을 집행하는가? 누가 재원을 조달하는가? 이러한 문제는 해안관리개념을 실행체제와 정책으로 전환시킬 다음 세대의 해안관리당국에게 중요한 문제로 다가올 것이다.

## 5. 정리

이 장에서는 호안활동의 미래에 관하여 전망하였다. 이전의 각 장에서는 특정한 호안기법에 관련된 문제들을 살펴보았는데, 각각의 기법에 대한 지식도 중요하지만, 상이한 기법들을 폭넓은 해안계획에 통합시켜 각 부분에 적절히 적용하고 해안 전체의 보호라는 목적을 달성하는 것이 중요하다. 예컨대, 해안에 비해 배후지의 지가가 높은 해안지역은 전통적 의미의 보호를 적용하고, 다른 곳은 침식을 허용한다. 이러한 적용은 해안프로세스를 존중하는 해안관리전략으로 해안 전체에 적용할 수 있다.

인위적 간섭과 해안관리과정에서 주민의 인식도 중요한 고려사항이다. 특히 주민이 느끼는 호안의 적절성, 안전도는 해안관리과정에서 극복해야 할 문제이기도 하다. 이 분야는 비교적 새로운 연구대상이며, 계획당국과 관리당국이 호안계획을 토론하는 청문회를 개최할 때에 중요한 요소로 부각된다. 특히, 기존의 호안을 조정하거나 침식을 허용하여 호안선을 육지 쪽으로 옮기는 결정을 내려야 할 때 심각하다. 많은 사례에서 이러한 결정이 타당하다는 증거를 찾을 수 있지만, 공중의 대부분은 그 이유를 이해하지 못한다. 이것은 사회교육문제이며, 미래의 과제라고 할 수 있다. 주민들이 너무 오랫동안 경성호안에 익숙해져 왔다. 그러나 시간이 변하고 기법이 변해가면서 오랫동안 지녀온 생각이나 느낌과는 다른 새로운 접근방법에 익숙해지고 있다. 새로운 방법이 기능을 발휘하고 효과적이라는 평가가 쌓이게 되면, 이들 기법의 선택도 늘어갈 것이다. 해안관리자들이 의사결정과정에서 논리적 근거를 차분히 설명해 나가는 것도 큰 도움이 될 것이다. 익숙하다고 해서, 또는 안전한 느낌이 든다고 해서 20년 수명의 해안제방 배후에 70년 수명의 건물을 짓고, 다시 해안제방을 쌓는 악순환을 차단시켜야 한다.

이 주제가 지향하는 바를 여러 각도에서 깊이 생각해 보는 것이 좋을 것이다. 여러 호안기법이 노출하고 있는 문제들을 탐구하고 있는 기관들이 많다. 최근 몇 년 동안에는 호안기법의 방법론과 설계분야가 크게 향상되었고, 이러한 경향은 앞으로도 계속될 것이다. 또 다른 발전으로 연안역 관리를 해안관리의 훌륭한 집행수단으로 인식하게 되었다. 그러나 여러 나라에서 아직도 재원과 관리주체를 확보하지 못하고 있다.

해안문제 가운데 여전히 해답을 찾지 못한 문제가 많다. 해안관리를 위해서는 광범위한 지식이 동원되어야 한다. 해안지형학, 공학, 생태학뿐만 아니라 사회과학과 환경과학이 제공하는 다양한 배경지식의 기반 위에서 해안관리 분야가 제대로 발전할 수 있기 때문이다.

# 참고문헌

Adam P. (1990) *Saltmarsh Ecology*, Cambridge Studies in Ecology, Cambridge University Press, Cambridge.

Adamus P.R. (1988) 'Criteria for created or restored wetlands', in Hook D.D. *et al.*(eds) *The Ecology and Management of Wetlands, Vol. 2: Management, use, and value of wetlands,* Croom Helm, London: 369-72.

Adriaanse L.A. and Coosen J. (1991) 'Beach and dune nourishment and environmental aspects', *Coastal Engineering*, 16: 129-46.

Adriani M.J. and Terwindt J.M.J. (1974) 'Sand stabilisation and dune building', *Rijkswaterstraat Communication* No. 19, The Rijkswaterstraat, Netherlands.

Ahrens J.P. (1976) *Wave attenuation by artificial seaweed*, Misc. papers no. MR76-9, Coastal Engineering Research Centre, USACE Fort Belvoir, Virginia.

Ahrens J.P. and Bender T. (1992) 'Evaluating the performance of sea walls', in Institution of Civil Engineers (eds) *Coastal Structures and Breakwaters*, Thomas Telford Press, London: 13-24.

Aldridge J.N. (1997) 'Hydrodynamic model predictions of tidal symmetry and observed sediment transport paths in Morecambe Bay', *Estuarine, Coastal and Shelf Science*, 44: 39-56.

Alizai S.A.K. and McManus J. (1980) 'The significance of reed beds on siltation in the Tay estuary', *Proceedings of the Royal Society of Edingburgh*, 78: 1-13.

Allen J.R.L. (1981) 'Beach erosion as a function of variation in the sediment budget', Sandy Hook, New Jersey, USA, *Earth Surface Processes and Landforms*, 6: 139-50.

_____ (1986) 'A short history of salt march reclamation at Slimbridge Warth and neighbouring areas, Gloucestershire', *Transactions of the Bristol & Gloucestershire Archaeological Society*, 104: 139-55.

_____ (1990) 'The Severn Estuary in south-west Britain: its retreat under marine transgression and fine sediment regime', *Sedimentary Geology*, 66: 13-28.

_____ (1993) 'Palaeowind: geological criteria for direction and strength', *Philosophical Transactions of the Royal Society of London*, B 341: 235-42.

_____ (1997) 'Simulation models of salt marsh morphodynamics: some implications for high intertidal sediment couplets related to sea level change', Sedimentary Geology 113:

211-223.

Allen J.R.L. and Fulford M.G. (1990) 'Romano-British and later reclamations on the Severn salt marshes in the Elmore area, Gloucestershire', *Transactions of the Bristol & Gloucestershire Archaeological Society*, 108: 17-32.

Allison M.A., Nittrouer C.A., Faria L.E.C. and Mendes A.C. (1996) 'Sources and sinks of sediment to the Amazon margin: the Amapa coast', *Geo-Marine Letters*, 16(1): 36-40.

Allsop N.W.H. (1997) Contribution to 'Coastnet' internet discussion group on 'Tyres as sea defences'.

Al-Obaid E. and Al-Sarawi M. (1995) 'Artificial beaches along the Kuwait water front, Kuwait', *Coastal Change* '95, Bordeaux: 603-9.

Alverino Dias and Neal W.J. (1992) 'Sea cliff retreat in Southern Portugal: profiles, processes and problems', *Journal of Coastal Research*, 8: 641-65.

American Society of Civil Engineers (1982) *Failure of breakwater at Port Sines*, Portugal, ASCE, New York.

Anglin C.D., MacIntosh K.J., Baird W.F. and Warren D.J. (1987) 'The design of pocket beaches using a physical model', in Kraus N.C. (ed.) *Coastal Sediments* '87, Proceedings of a speciality conference on advances in understanding of coastal sediment processes, New Orleans, Louisiana, 12-14 May 1987: 1105-16.

Anthony E.J. (1994) 'Natural and artificial shores of the French Riviera: an analysis of their interrelationship', *Journal of Coastal Research*, 10(1): 48-58.

Anthony E.J. and Cohen O. (1995) 'Nourishment solutions to the problem of beach erosion in France: the case of the French Riviera', in Healy M.G. and Doody J.P. (eds.) *Directions in European Coastal Management*, Samara Publishing, Cardigan: 199-206.

Arens B. (1996) 'Fore dunes and sand dykes in the Netherlands', *Coastline*, 1996(1): 33-5.

Armon J.W. (1979) 'Landward sediment transfers in a transgressive barrier island system', Canada, in Leatherman S.P. (ed.) *Barrier Islands: From the Gulf of St. Lawrence to the Gulf of Mexico*, Academic Press, New York.

Arthurton R. (1998) Resource, evaluation and net benefit, in Hooke J. (ed.) *Coastal Defence and Earth Science conservation*, The Geological Society, London.

Baba M. and Thomas K.V. (1987) 'Performance of a seawall with a frontal beach', in Kraus N.C. (ed.) *Coastal Sediments* '87, Proceedings of a speciality conference on advances in understanding of coastal sediment processes, New Orleans, Louisiana, 12-14 May 1987: 1051-61.

Baca B.J. and Lankford T.E. (1988) *Myrtle Beach nourishment project: biological monitoring*, Unpublished report, City of Myrtle Beach.

Bagley L.M. and Whitson D.H. (1982) 'Putting the beach back at Oceanside', *Shore and*

*Beach*, 50(4): 24-32.

Bagnold R.A. (1940) 'Beach formation by waves: some model experiments in a wave tank', *Journal of the Institute of Civil Engineers*, 15: 27-54.

_____ (1954) *The Physics of Wind-blown Sand and Desert Dunes*, Methuen, London.

Band W.T. (1979) 'Beach management for recreation in Scotland', in Guilcher A. (ed.) *Les côtes atlantiques de l'Europe, évolution, aménegement, protection*, Brest, France: 261-68.

Banks K. (1997) Contribution to 'Coastnet' internet discussion group on 'Tyres as sea defences'.

Barber P.C. (1984) 'Philosophy of coastline control - bay formation', unpublished paper presented at Cranfield, 1984, CEEMAID Services Ltd., Feltham.

Barcellos C., de Lacerda L.D. and Ceradini S. (1997) 'Sediment origin and budget in Septiba Bay (Brazil) - an approach based on multi-elemental analysis', *Environmental Geology*, 32(3): 203-9.

Barston R.P. (1994) 'International dimensions in coastal zone management', Ocean and coastal Management, 23: 93-116.

Bartberger C.E. (1976) 'Sediment sources and sedimentation rates, Chincoleague Bay, Maryland and Virginia', *Journal of Sedimentary Petrology*, 46(2): 326-36.

Basco D.R., Bellomo D.A., Hazelton J.M. and Jones B.N. (1997) 'The influence of seawalls on subaerial beach volumes with receding shorelines', *Coastal Engineering*, 30: 203-33.

Basinski T. (1994) 'Protection of Hel Peninsular', in Rotinicki K. (ed.) *Changes of the Polish Coastal Zone*, Quaternary Research Institute, Adam Mickiewicz University, Poznan: 53-6.

Baye P. (1990) 'Ecological history of an artificial foredune ridge of a north-eastern barrier spit', in Davidson-Arnott R.G.D. (ed.) *Proceedings of the coastal symposium on coastal sand dunes*, National Research Council of Canada, Ottawa: 389-403.

Beatley T., Bower D.J. and Schwab A.K. (1994) *An introduction to coastal zone managements*, Island Press, Washington DC.

Berg D.W. and Duane D.B. (1968) 'Effect of particle size and distribution on stability of artificially filled beach, Presque Isle Peninsular, Pennsylvania', *Proceedings of the 11th Conference on Great Lakes research*, 1968: 161-78.

Berenguer J.M. and Enriquez J. (1988) 'Design of pocket beaches: the Spanish case', *Proceedings 21st International Conference on coastal engineering*, Malaga/Costa del Sol, Spain.

Bird E.C.F. (1985) *Coastline Changes: a global review*, Wiley, Chichester.

_____ (1990) 'Artificial beach nourishment on the share of Port Philip Bay, Australia', *Journal of Coastal Research*, SI 6: 55-68.

_____ (1993) *Submerging Coasts: the effects of rising sea level on coastal environments*, Wiley,

Chichester.

_____ (1996) *Beach Management*, Wiley, Chichester.

Birkemeier W.A. (1980) *The effect of structures and lake level on bluff and shore erosion in Berrigen County, Michigan* 1970-74. Misc. Report 80-2. Coastal Engineering Research Centre. USACE. 74p.

Blackpool Borough Council (1993) *Blackpool Shoreline Strategy Plan* (3 volumes), Unpublished report, Blackpool Borough Council.

Bocamazo L. (1991) 'Sea Bight to Manasques, New Jersey beach erosion coastal projects', *Shore and Beach,* 59: 37-42.

Boesch D.F., Josselyn M.N., Mehta A.J., Morris J.T., Nuttle W.K., Simenstad C.A. and Swift D.J.P. (1994), 'Scientific Assessment of coastal wetland loss, restoration and management in Louisiana', *Journal of Coastal Research*, Special Issue 20.

Boorman L.A. (1976) *Dune Management: a progress report*, unpublished report, Institute of Terrestrial Ecology, Cambridge.

_____ (1989) 'The grazing of British sand dune vegetation', *Proceedings of the Royal Society of Edinburgh. Section B-Biological Sciences*, 96: 75-88.

Boorman L.A. and Fuller R.M. (1977) 'Studies on the impact of paths on the dune vegetation at Winterton, Norfolk, England', *Biological Conservation* 12: 203-16.

Boorman L.A., Garbutt A. and Barratt D. (1998) 'The role of vegetation in determining patterns of the accretion of salt marsh sediment', in Black K.S., Paterson D.M. and Cramp A. (eds) *Sedimentary processes in the intertidal zone*, Geological Society Special Publications, 139: 389-99, Geological Society, London.

Boorman L.A., Goss-Custard J.D. and McGrorty S. (1989) 'Climate change, rising sea level and the British coast', Institute of Terrestrial Ecology, Natural Environment Research Council. HMSO, London.

Boorman L.A. and Hazelden J. (1995) 'Saltmarsh creation and management for coastal defence', in Healy M.G. and Doody J.P. (eds) *Directions in European Coastal Management*, Samara Publishing, Wales: 175-83.

Bourman R.P. (1990) 'Artificial beach progradation by quarry waste disposal at Rapid Bay, South Australia', *Journal of Coastal Research*, SI 6: 69-76.

Bowen A. J. and Inman D.L. (1966) 'Budget of littoral sands at Point Arguello, California', *CERC Technical Memo No. 19*, US Army, Fort Belvoir, USA: 1-41.

Brampton A.H. (1992) 'Beaches - the natural way to coastal defence', in Barrett M.G. (ed.) *Coastal planning and management,* Institute of Civil Engineers, London.

_____ (1998) 'Cliff conservation and protection: methods and practices to resolve conflicts', in Hooke J.M. (ed.) *Coastal defence and earth science conservation*, Geological Society of London: 21-31.

Brashears R.L. and Dartnell J.S. (1967) 'Development of the artificial seaweed concept', *Shore and Beach*, 35(2): 35-41.

Bray M.J., Carter D.J. and Hooke J.M. (1992) *Sea Level Rise and Global Warming: scenarios, physical impacts and policies*, Report to SCOPAC, Geography Department, Portsmouth University.

_____ (1995) 'Littoral cell definition and budgets for central southern England', *Journal of Coastal Research*, 11(2): 381-400.

Bray M.J. and Hooke J.M. (1997) 'Prediction of soft-cliff retreat with accelerating sea level rise', *Journal of Coastal Research*, 13(2): 453-67.

_____ (1998a) 'Geomorphology and management of sites in Poole and Christchurch Bays', in Hooke J.M. (ed.) *Coastal Defence and Earth Science Conservation,* Geological Society of Landon: 233-66.

_____ (1998b) 'Spatial perspectives in coastal defence and conservation strategies', in Hooke J.M. (ed.) *Coastal Defence and Earth Science Conservation,* Geological Society of London: 115-32.

Bray M.J., Hooke J.M. and Carter D. (1997) 'Planning for sea level rise on the south coast of England: advising the decision makers', *Transactions of the Institute of British Geographers,* NS 22: 13 -20.

Bressolier-Bousquet C. (1991) 'Geomorphological effects of land reclamation in the 18th century at the mouth of the Leyre River, Arcachon Bay, France', *Journal of Coastal Research*, 7(1): 113-26.

Brickle C.I., Murphy B.J. and Pethick J.S. (1998) *Coastal Data Pack*, unpublished report, East Riding of Yorkshire Council.

Brooke J.S. (1991) 'Retreat, the best form of defence?', *Heritage Coast*, 6 (Dec): 4.

_____ (1992) 'Coastal defence: The retreat option', *Journal of the Institute of Water and Environmental Management*, 6: 151-57.

Brooks A. (1979) *Coastlands*, British Trust for Conservation Volunteers, London.

Broome S.W. (1972) 'Stabilising dredge spoil by creating new salt marshes with *Spartina alterniflora*', *Proceedings of the 15th Annual Meeting of the Soil Science Society of North Carolina*, 15: 136-47.

_____ (1990) 'Creation and restoration of tidal wetlands of the south-eastern United States', in Kusler J.A. and Kentula M.E. (eds) *Wetland Creation and Restoration: the status of the science*, Island Press, Washington: 37-72.

Brown S.L. (1998) 'Sedimentation on a Humber saltmarsh', in Black K.S., Paterson D.M.

and Cramp A. (eds) *Sedimentary Processes in the Intertidal Zone,* Geological Society Special Publications 139: 69-83, Geological Society, London.

Bruun P. (1952) 'Measures against erosion at groins and jetties', *Proceedings of the third international conference on coastal engineering*, Cambridge, MA, USA.

_____ (1962) 'Sea level rise as a cause of shore erosion', *Journal of Waterways and Harbours Division ASCE*, 88: 117-30.

_____ (1983) 'Beach scraping - is it damaging to beach stability?', *Coastal Engineering,* 7(2): 167-73.

_____ (1985) *Design and Construction of Mounds for Breakwaters and Coastal Protection, Developments in Geotechnical Engineering* 37, Elsevier, New York.

Bull C.F.J., Davis A.M. and Jones R. (1998) 'The influence of fish-tail groynes (or breakwaters) on the characteristics of the adjacent beach at Llandudno, north Wales', *Journal of Coastal Research*, 14(1): 93-105.

Burby R.J. and Nelson A.C. (1991) 'Local government and public adaptation to sea level rise', *Journal of Urban Planning and Development*, 117(4): 140-53.

Burd F. (1995) *Managed Retreat: A Practical Guide*, English Nature, Peterborough.

Camfield F.E. (1993) 'Different views of beach fill performance', *Shore and Beach*, 61(4): 4-8.

Cammen L.M. (1976a) 'Macro- invertebrate colonisation of *Spartina* marshes artificially established on dredge spoil', *Estuarine and Coastal Marine Science*, 4: 357-72.

_____ (1976b) 'Abundance and production of macro-invertebrates from naturally and artificially established salt marshes in North Carolina', *American Midland Naturalist*, 96: 487-93.

Campbell T.J. and Spadoni R.H. (1987) 'Beach restoration: an effective way to combat erosion at the south-east coast of Florida', *Shore and Beach,* 50: 11-12.

Carter R.W.G. (1980) 'Human activities and geomorphic processes: the example of recreation pressure on the Northern Ireland coast', *Zeitscrift für Geomophologie Supple., bd.* 34: 155-64.

_____ (1988) *Coastal Environments: an introduction to the physical, ecological and cultural systems of coastlines,* Academic Press, London.

Carter R.W.G., Nordstrom K,F, and Psuty N.P. (1990) 'The study of coastal dunes', in Nordstrom K.F., Psuty N.P. and Carter R.W.G. (eds) *Coastal Dunes: form and process*, Wiley, Chichester: 1-16.

Carter R.W.G. and Stone G.W. (1989) 'Mechanisms associated with the erosion of sand dune cliffs, Magilligan, northern Ireland', *Earth Surface Processes and Landforms*, 14(1): 1-10.

Castro-Ortiz C.A. (1994) 'Sea level rise and its impact on Bangladesh', *Ocean & Coastal*

*Management,* 23: 249-70.

Chandler J.H. and Brunsden D. (1995) 'Steady state behaviour of the Black Ven mudslide complex: The application of archival analytical photogrammetry to studies of landform change', *Earth Science Processes and Landforms,* 20: 255-75.

Chappell J., Elliot I.G., Bradshaw M.P. and Lonsdale E. (1979) 'Experimental control of beach face dynamics by water table pumping', *Engineering Geology,* 14: 29-41.

Chapman D.M. (1981) 'Coastal erosion and the sediment budget, with special reference to the Gold Coast, Australia', *Coastal Engineering,* 4(3): 207-27.

Charlier R.H. and de Meyer C.P. (1989) 'Coastal defence and beach renovation', *Ocean and Shoreline Management,* 12: 525-43.

_____ (1995a) 'New developments in coastal protection along the Belgian coast', *Journal of Coastal Research,* 11(4): 1287-93.

_____ (1995b) 'Beach nourishment as efficient coastal protection', *Environmental Management and Health,* 6: 26-34.

_____ (2000) 'Ask nature to protect and build-up beaches', *Journal of Coastal Research,* 16(2): 385-90.

Chasten M.A., Rosati J.D., McCormick J.W. and Randall R.E. (1993) *Engineering Design and Guidance for Detached Breakwaters as Shoreline Stabilisation Structures,* CERC technical report CERC-93-19. USACE.

Chen J. (1997) 'The impact of sea level rise on China's coastal areas and its disaster hazard evaluation', *Journal of Coastal Research,* 13(3): 925-30.

Child M. (1996) 'Soft engineering - a firm future?', *Proceedings of the Institution of Civil Engineers: Civil Engineering,* 114(3): 145-6.

Chill J., Butcher C. and Dyson W. (1989) 'Beach nourishment with fine sediment at Carlsbad, California', in American Society of Civil Engineers (ed.) *Coastal Zone '89 ASCE,* New York: 2092-103.

Christiansen C. and Miller P.F. (1983) '*Spartina* in Mariager Fjord, Denmark: The effect on sediment parameters', *Earth Surface Processes and Landforms,* 8: 55-62.

Chung C.H. (1993) 'Thirty years of ecological engineering with *Spartina* plantations in China', *Ecological Engineering,* 2: 261-89.

Cipriani L.E., Dreoni A.M. and Pranzini E. (1992) 'Nearshore morphological and sedimentological evolution induced by beach restoration: a case study', *Bollettino di Oceanologica Teorica ed Applicata,* 10: 279-95.

Clark A.R. and Guest S. (1991) 'The Whitby cliff stabilisation and coast protection scheme', in Chandler R.J. (ed.) *Slope Stability Engineering,* Proceedings of International Conference on Slope Stability, Isle of Wight, 15-18 April 1991, Thomas Telford Press, London,

Ch. 62: 283-90.

Clayton K.M. (1980) 'Coastal protection along the East Anglian coast', *Zeitscrift für Geomorphologie Supp*, 34: 163-72.

_____ (1989a) 'Sediment input from the Norfolk Cliffs, Eastern England - a century of coast protection and its effect', *Journal of Coastal Research,* 5(3) : 433-42.

_____ (1989b) 'The implications of climatic change', in Institution of Civil Engineers (ed.) *Coastal Management*, Thomas Telford Press, London: 165-76.

_____ (1993) *Coastal processes and coastal management,* Countryside Commission, London.

Clayton T.D. (1989c) 'Artificial beach nourishment on the Pacific shore: a brief overview', *Proceedings of Coastal Zone '89*: 2033-45.

Clements M. (1994) 'The Scarborough experience - Holbeck landslide, 3/4 June 1993', *Proceedings of the Institute of Civil Engineers: Municipal Engineers*, 103 (June): 63-70.

_____ (1998) 'Design conditions for coastal works - practical experience of coastal risk assessment. *Proceedings of the Institute of Civil Engineers: Municipal Engineers*, 127 (June): 49-55.

Cooper N.J. (1998) 'Assessment and prediction of Poole Bay (UK) sand replenishment schemes: application of data to Führböter and Verhagen models', *Journal of Coastal Research*, 14(1): 353-9.

Cooper N.J., King D.M. and Hooke J.M. (1996) 'Collaborative research studies at Elmer Beach, West Sussex, UK', in Taussik J. and Mitchell (eds) *Partnerships in Coastal Engineering*, Samara Press, Cardigan, 369-76.

Cooper W.S. (1958) 'Coastal sand dunes of Oregon and Washington', *Geological Society of America Bulletin*, 72.

Correia F., Dias J.A., Bosk T. and Ferraira O. (1996) 'The retreat of the eastern Quarteira cliffed coast (Portugal), and its possible causes', in Jones P.S., Healy M.G. and Williams A.T. (eds.) *Studies in European Coastal Management*, Samara Publishing, Cardigan.

Cortright R. (1987) 'Fore-dune management on a developed shoreline: Nedonna Beach, Oregon', in American Society of Civil Engineers (ed.) *Coastal Zone '87*, New York: 1343-56.

Cozens-Hardy B. (1924) 'Cley-next-the-Sea and its marshes', *Transactions of the Norfolk & Norwich Naturalists' Society*, 12: 354-73.

Cruz-Colin M.E, and Cupul-Magana L.A. (1997) 'Erosion and sediment supply of sea cliffs of Todos Santos Bay, Baja California, from 1970 to 1991', *Ciencias Marinas*, 23(3): 303-15.

Cundy A.B. and Croudace I.W. (1996) 'Sediment accretion and recent sea level rise in the Solent, Southern England: Inferences from radiometric and geochemical studies',

*Estuarine, Coastal and Shelf Science*, 43: 449-67.

Cunningham R.T. (1966) 'Evaluation of Bahaman oolitic aragonite sand for Florida beach replenishment', *Shore and Beach,* 34: 18-21.

Dahl B.E., Fall B.A. and Otteni L.C. (1975) 'Vegetation for creation and stabilisation of fore dunes, Texas coast', in Cronin L.E. (ed.) *Estuarine Research, Vol. II Geology and Engineering,* Academic Press: 457-70.

Dally R.G. and Fox J.E. (1979) 'Soil - landscape relationships of the tidal marshlands of Maryland', *Journal of the Soil Science Society of America*, 43: 534-541.

Dally W.R. and Pope J. (1986) *Detached breakwaters for shore protection,* Report CERC-86-1, US Army Engineer Waterways Experiment Station, Vicksberg, MS.

Darmody R.G. and Foss J.E. (1979) 'Soil-landscape relationships of the tidal marshlands of Maryland', *Journal of the Soil Science Society of America,* 43: 534-41.

Davidson-Arnott R.G.D. and Keier H.I. (1982) 'Shore protection in the town of Stoney Creek, southwest Lake Ontario 1936-79. Historical changes and durability of structures', *Journal of Great Lakes Research,* 8: 635-47.

Davis J.E. and Landin M.C. (1998) *Geotextile tube structures for wetlands restoration and protection: an overview of information from the national Workshop on geotextile tube applications,* The CERCular, July 1998, US Army Corps of Engineers.

Davis R.A. (1996) *Coasts*, Prentice Hall, Englewood Cliffs, NJ.

Davis R.A., Fitzgerald M.V. and Terry J. (1999) 'Turtle nesting on adjacent nourished beaches with different construction styles: Pinellas Country, Florida', *Journal of Coastal Research*, 15(1) : 111-20.

Davison A.T., Nicholls R.J. and Leatherman S.P. (1992) 'Beach nourishment as a coastal management tool: an annotated bibliography on the developments associated with artificial nourishment of beaches', *Journal of Coastal Research,* 8(4): 984-1022.

Daws G. and Elson R.J. (1990) 'Cliff stabilisation works, East Cliff, Dover', in Burland J.B., Mortimore: R.N., Roberts L.D., Jones D.L. and Corbett B.O. (eds) *Chalk*, Proceedings of International Chalk Symposium, Brighton 4-7 September 1990, Thomas Telford Press, London, Ch. 81: 521-6.

Day J.W., Pont D., Hensel P.F. and Ibañez C. (1995) 'Impacts of sea level rise on deltas in the Gulf of Mexico and the Mediterranean: The importance of pulsing events to sustainability', *Estuaries,* 18(4): 636-47.

de Jonge V.N., Essink K. and Boddeke R. (1993) 'The Dutch Wadden Sea: a changed ecosystem', *Hydrobiologia,* 265: 45-71.

de Lange W.P. and Healy T.R. (1990) 'Renourishment of a flood-tidal delta adjacent beach',

Taurange Harbour, New Zealand, *Journal of Coastal Research*, 6(3): 627-40.

de Laune R.D., Pezeshki S.R., Pardue J.H., Whitcomb J.H. and Patrick W.H. (1990) 'Some influences of sediment accretion to a deteriorating salt marsh in the Mississippi river deltaic plain: A pilot study', *Journal of Coastal Research,* 6(1): 181-8.

de Meyer C.P. (1989) 'Case studies in coastal protection: Zeebrugge (Belgium) and Bali (Indonesia)', *Ocean and Shoreline Management,* 12: 517-24.

de Mulder E.F.J., van Bruchem A.J., Claessen F.A.M., Hannink G., Hulsbergen J.G. and Satijn H.M.C. (1994) 'Environmental impact assessment on land reclamation projects in the Netherlands: A case history', *Engineering Geology,* 37: 15-23.

de Ruig J.H.M. (1998) 'Seaward coastal defence: limitations and possibilities', *Journal of Coastal Conservation*, 4: 71-8.

de Ruig J.H.M. and Louisse C.J. (1991) 'Sand budget trends along the Holland coast', *Journal of Coastal Research*, 7(4): 1013-26.

Dean J.L. and Pope J. (1987) 'The Redington shores breakwater project: initial response', in Kraus N.C. (ed.) *Coastal Sediments '87,* Proceedings of a speciality conference on advances in understanding of coastal sediment processes, New Orleans, Louisiana, 12-14 May 1987: 1369-84.

Dean R.G. (1983) 'Principles of beach nourishment', in Komar P.D. (ed.) C.R.C. *Handbook of Coastal Processes and Erosion*, Boca Raton, Florida, CRC Press: 217-32.

_____ (1991) 'Equilibrium beach profiles: characteristics and applications', *Journal of Coastal Research*, 7(1): 53-84.

Dean R.G., Chen R. and Browder A.E. (1997) 'Full scale monitoring study of a submerged breakwater, Palm Beach, Florida, USA', *Coastal Engineering*, 29: 291-315.

Den Elzen M.G.J. and Rotmans J. (1992) 'The socio-economic impact of sea level rise on the Netherlands: a study of possible scenarios', *Climatic Change*, 20: 169-95.

Dennis B., Conway, B.W., McCann D.M. and Grainger P. (1975) 'Investigation of a coastal landslip at Charmouth, Dorset', *Quarterly Journal of Engineering Geology,* 8: 119-40.

Dennis K.C., Niang-Diop, Nicholls R.J. (1995a) 'Sea level rise and Senegal: potential impacts and consequences', *Journal of Coastal Research*, SI 14: 243-61.

Dennis K.C., Schnack E.J., Mouzo F.H. and Orona C.R. (1995b) 'Sea level rise and Argentina: potential impacts and consequences', *Journal of Coastal Research*, SI 14: 205-23.

Dette H.H. and Gartner J. (1987) 'Time history of a seawall on the Isle of Sjlt', in Kraus N.C. (ed.) *Coastal Sediments '87,* Proceedings of a speciality conference on advances in understanding of coastal sediment processes. New Orleans, Louisiana, 12-14 May 1987: 1006-22.

Dixon A.M., Leggett D.J. and Weight R.C. (1998) 'Habitat creation opportunities for landward coastal realignment: Essex case studies', *Journal of the Institute of Water and Environmental Management,* 12: 107-12.

Dixon K. and Pilkey O.H. (1991) 'Summary of beach replenishment on the US Gulf of Mexico shoreline', *Journal of Coastal Research* 7 : 249-56.

DoE (1996) *Landslide investigation and management in great Britain: a guide for planners and developers,* Department of the Environment, HMSO, London.

Dolan R. and Godfrey P. (1973) 'Effects of Hurricane Ginger on the barrier islands of North Carolina', *Geological Society of America Bulletin*, 84: 1329-34.

Dolotov Y.S. (1992) 'Possible types of coastal evolution associated with the expected rise of the world's sea level caused by the greenhouse effect', *Journal of Coastal Research*, 8(3): 719-26.

Domurat G.W. (1987) 'Beach nourishment - A working solution', *Shore and Beach*, 55(3-4): 92-5.

Douglas B.C. (1997) 'Global sea level rise: a redetermination', *Surveys in Geophysics*, 18: 279-92.

Douglas S.L. (1987) 'Coastal responses to jetties at Murrel's Inlet, South Carolina', *Shore and Beach*, 55(2): 21-32.

Douglas S.L. and Weggel J.R. (1987) 'Performance of a perched beach - Slaughter Beach, Delaware', in Kraus N.C. (ed.) *Coastal Sediments'87,* Proceedings of a speciality conference on advances in understanding of coastal sediment processes, New Orleans, Louisiana, 12-14 May 1987: 1385-98.

Duncan J.R. (1964) 'The effects of water table and tide cycle on swash-backwash sediment distribution and beach profile development', *Marine Geology*, 2(3): 186-97.

Dunstan W.M., McIntire G.L. and Windom H.L. (1975) '*Spartina* revegetation on dredge spoil in SE marshes', *Journal of the Waterways Harbours and Coastal Engineering Division*, 101(WW3): 269-76.

Edelman T. (1968) 'Dune erosion during storm conditions', *Proceedings of the 11th Conference on Coastal Engineering*, American Society of Civil Engineers: 719-22.

_____ (1972) 'Dune erosion during storm conditions', *Proceedings of the 13th Conference on Coastal Engineering,* American Society of Civil Engineers: 1305-12.

Eitner V. and Ragutzki G. (1994) 'Effects of artificial beach nourishment on nearshore sediment distribution (Island of Norderney, southern North Sea) *Journal of Coastal Research,* 10(3): 637-50.

El Raey M. (1997) 'Vulnerability assessment of the coastal zone of the Nile delta, to the impacts of sea level rise', *Ocean and Coastal Management,* 37(1): 29-40.

Eleuterius L.N. (1975) 'Submergent vegetation for bottom stabilisation', in Cronin L.E. (ed.)

*Estuarine Research Vol. II: Geology and Engineering*, Academic Press: 439-56.

English Nature (1995) 'Taking the 'soft' option', *English Nature,* 19: 11.

Evangelista S., La Monica G.B. and Landini B. (1992) 'Artificial beach nourishment using fine crushed limestone gravel at Terracina (Latium, Italy)', *Bollettino di Oceanologica Teorica ed Applicata*, 10: 273-78.

Everts C.H. (1973) 'Particle overpassing on flat, granular boundaries', *Journal of Waterway, Harbour and Coastal Division, ASCE* 99: 425-38.

_____ (1983) 'Shoreline changes down-drift of a littoral barrier', in Weggel J.R. (ed.) *Proceedings of 'Coastal Structures '83', ASCE*: 673-89.

_____ (1985) 'Sea level rise effects an shoreline position', *Journal of Waterways, Port, Coastal, and Ocean Engineering*, 111(6): 985-99.

Fanos A.M., Khafagy A.A. and Dean R.G. (1995) 'Protective works on the Nile delta coast', *Journal of Coastal Research,* 11: 516-28.

Fast D.E. and Pagan F.A. (1974) 'Comparative observations on an artificial tire reef and natural patch reefs off south-western Puerto Rico.' *Proceedings of an International conference on artificial Reefs*, March 20-22 1974, Houston, Texas.

Favennec J. (1996) 'Coastal management by the French National Forestry Service in Aquitaine, France', in Jones P.S., Healy M.G. and Williams A.T. (eds.) *Studies in European Coastal Management*, Samara Publishing, Cardigan: 191-6.

Fenster M. and Dolan R. (1993) 'Historical shoreline trends along the outer bank, North Carolina - Processes and responses', *Journal of Coastal Research,* 9(1): 172-88.

_____ (1994) 'Large-scale reversals in shoreline trends along the US Mid Atlantic coast', *Geology*, 22(6): 543-46.

Finkl C.W. (1996) 'What might happen to America's shoreline if artificial beach replenishment is curtailed: a prognosis for south eastern Florida and other sandy regions along regressive coasts', *Journal of Coastal Research,* 12(1): iii-ix.

Fitzhardinge R.C. and Bailey-Brock J.H. (1989) 'Colonisation of artificial reef materials by corals and other sessile organisms', *Bulletin of Marine Science,* 44(2): 567-79.

Fleming C.A. (1992) 'The development of coastal engineering', in Barrett M.G. (ed.) *Coastal planning and management,* Institute of Civil Engineers, London.

Fletcher C.H. (1992) 'Sea level trends and physical consequences: applications to the US shore', *Earth Science Reviews,* 33: 73-109.

Fletcher C.H., Mullane R.A. and Richmond B.M. (1997) 'Beach loss along armoured shorelines on Oahu, Hawaiian Islands', *Journal of Coastal Research* 13(1): 209-15.

Fonseca M.S. and Cahalan J.A. (1992) 'A preliminary evaluation of wave attenuation by four species of sea grass', *Estuarine, Coastal and Shelf Science,* 35: 565-76.

Fonseca M.S., Fisher J.S., Ziema J.C. and Thayer G.W. (1982) 'Influence of the seagrass Zostera marina (L) on current flow', *Estuarine, Coastal and Shelf Science,* 15: 351-64.

Foster G.A., Healy T.R and de Lange W.P. (1996) 'Presaging beach renourishment from a nearshore dredge dump mound, Mt. Maunganui Beach, New Zealand', *Journal of Coastal Research*, 12(2): 395-405.

Fox J. (1997) 'Has the Sidmouth sea defence scheme been successful in maintaining beach levels, restricting sediment movement, and protecting the town from storm action?' Unpublished BSc dissertation, Department of Geography, University of Lancaster.

Fraser R.J. (1993) 'Removing contaminated sediments from the coastal environment: The New Bedford Harbour project example', *Coastal Management,* 21: 155-62.

French J.R (1993) 'Numerical simulation of vertical marsh growth and adjustment to accelerated sea level rise', North Norfolk, UK. *Earth Surface Processes and Landforms*, 18: 63-81.

French J.R., Spencer T., Murray A.L. and Arnold N.S. (1995) 'Geostatistical analysis of sediment deposition in two small tidal wetlands, Norfolk, UK', *Journal of Coastal Research*, 11(2): 308-21.

French P.W. (1991) 'Natural set-back at Pagham Harbour', Unpublished document.

_____ (1996) 'Long-term temporal variability of copper, lead, and zinc in salt marsh sediment of the Severn Estuary, UK', *Mangroves and Saltmarshes,* 1(1): 59-68.

_____ (1997) *Coastal and Estuarine Management*, Routledge Environmental Management Series, Routledge, London.

_____ (1999) 'Managed retreat: a natural analogue from the Medway estuary, UK', *Ocean & Coastal Management*, 42: 49-62.

French P.W. and Livesey J.S. (2000) 'The impacts of fish-tail groynes at Morecambe, north-west England', *Journal of Coastal Research*, 16(3): 724-734.

Führböter A. (1991) 'Eine theoretische betrachtung über Sandvorspülungen mit Wiederholungsintervallen', *Die Küste* 52.

Gagil R.L. and Ede F.J. (1998) 'Application of scientific principles to sand dune stabilisation in New Zealand: Past progress and future needs', *Land Degradation and Development,* 9(2): 131-42.

Galster R.W. and Schwartz M.L. (1990) 'Ediz Hook. A case history of coastal erosion and rehabilitation', *Journal of Coastal Research*, Special Issue, 6: 103-13.

Galvin C.J. (1968) 'Breaker type classification on three laboratory beaches', *Journal of Geophysical Research* 73: 3651-9.

Garbisch E.W., Bostian E.W. and McCallum R.J. (1975a) 'Biotic techniques for shore stabilisation', in Cronin L.E. (ed.) *Estuarine Research, Vol. II: Geology and Engineering*, Academic Press: 405-26.

Garbisch E.W., Woller P.B. and McCallum R.J. (1975b) *Salt march establishment and development,* USACE Technical Memo No. 52, Coastal Engineering Research Centre, Fort Belvoir, Virginia, 110pp.

Gardner J. and Runcie R. (1995) 'Planning and construction of four offshore reefs in north Norfolk', *Proceedings of the 30th MAFF. Conference of River and Coastal Engineers,* Keele University, July, 1995.

Gares P.A. (1990) 'Eolian processes and dune changes at developed and undeveloped sites, Island Beach, New Jersey', in Nordstrom K.F., Psuty N.P. and Carter R.W.G. (eds.) *Coastal Dunes: Form and Process,* Wiley, Chichester: 361-80.

Garford W. (1999) *Planning policy and coastal erosion.* Personal communication with author.

Gaughan M.K. and Komar P.D. (1977) 'Groin length and the generation of edge waves', *Proceedings 15th Coastal Engineering Conference*, American Society of Civil Engineers: 1459-76.

Geelan L.H.W., Cousin E.F.H. and Schoon C.F. (1995) 'Regeneration of dune slacks in the Amsterdam Waterwork dunes', in Healy M.G. and Doody J.P. (eds) *Directions in European Coastal Management*, Samara Publishing Ltd., Cardigan.

Ghiassian H., Gray D.H. and Hryciw R.D. (1997) 'Stabilisation of coastal slopes by anchored geosynthetic systems', *Journal of Geotechnical and Geoenvironmental Engineering*, 123(8): 736-43.

Giardino J.R., Bednarz R.S. and Bryant J.T. (1987) 'Nourishment of San Luis Beach, Texas: an assessment of impact', in American Society of Civil Engineers (ed.) *Coastal Sediments '87,* vol.2 ASCE New York: 1145-57.

Gibb J.G. and Adams J. (1982) 'A sediment budget for the east coast between Oamaru and Banks Peninsula, South Island, New Zealand', *New Zealand Journal of Geology and Geophysics*, 25(3): 335-52.

Gifford C.A. (1978) 'Use of floating tire breakwaters to induce growth of marsh and fore dune plants dong a shoreline', in Cole D.P. (ed.) *Proceedings of the 5th annual conference on restoration of coastal vegetation in Florida,* Hillsborough Community College, Tampa, FL.

Ginsburg R.N. and Lowenstam H.A. (1958) 'The influence of marine bottom communities on the depositional environments of sediments', *Journal of Geology,* 66: 310-18.

Gleason M.C., Elmer D.A., Pien N.C. and Fisher J.S. (1979) 'Effects of stem density upon sediment retention by salt marsh cord grass', *Spartina alterniflora,* Louise, *Estuaries,* 2(4): 271-73.

Goldberg E.D. (1994) *Coastal zone space: Prelude to conflict?* UNESCO, Paris.

Good B. (1993) 'Louisiana's wetlands: combating erosion and revitalising native ecosystems', *Restoration and Management Notes,* 11(2): 125-33.

Goodhead T. and Johnson D. (1996) *Coastal Recreation and Management: the sustainable development of maritime leisure*, E. and F.N. Spon publishing, London.

Goodwin P. and Williams P.B. (1992) 'Restoring coastal wetlands: the Californian experience', *Journal of Institute of Water and Environmental Management,* 6: 709-19.

Grainger P. and Kalaugher P.G. (1987) 'Intermittent surging movements of a coastal landslide', *Earth Surface Processes and Landforms*, 12: 597-603.

Granja H.M. (1995) 'Some examples of inappropriate coastal management practice in north-west Portugal', in Healy M.G. and Doody J.P. (eds) *Directions in European Coastal Management*, Samara Publishing, Wales.

Granja H.M. and de Carvalho G.S. (1995) 'Is the coastline 'protection' of Portugal by hard engineering structures effective?' *Journal of Coastal Research,* 11(4): 1229-41.

Grant U.S. (1948) 'Influence of the water table on beach aggradation and degradation', *Journal of Marine Research*, 7: 655-60.

Gray A.J. and Adam P. (1973) *The reclamation history of Morecambe Bay. Nature in Lancashire* 4: 13-17.

Green D.J. (1992) 'Coast protection works for Arun district Council - Elmer frontage', unpublished manuscript presented to seminar of IWE., September 1992.

Gregory D. (1997) Contribution to 'Coastnet' internet discussion group on 'Tyres as sea defences'.

Griggs G.B. (1990) 'Littoral drift impoundment and beach nourishment in northern Monterey Bay, California' *Journal of Coastal Research,* SI 6: 115-26.

_____ (1995) 'Relocation or reconstruction of threatened coastal structures; a second look', *Shore and Beach*, 63(2): 31-6.

Griggs G.B. and Fulton-Bennett K.W. (1987) 'Failure of coastal protection at Seacliff State beach, Santa Cruz County, California', USA. *Environmental Management,* 11(2): 175-82.

Griggs G.B. and Tait J.F. (1988) 'The effects of coastal protection structures on beaches along northern Monterey Bay, California', *Journal of Coastal Research*, SI 4 93-111.

_____ (1989) 'Observations on the end effects of sea walls', *Shore and Beach*, 57( 1): 25-6.

Griggs G.B., Tait J.F. and Corona W. (1994) 'The interaction of seawalls and beaches: Seven years of monitoring, Monterey Bay, California', *Shore and Beach,* 62(3): 21-8.

Groenendijk A.M. (1986) 'Establishment of a *Spartina anglica* population on a tidal mudflat: a field experiment', *Journal of Environmental Management*, 22: 1-12.

Grove R.S., Sonu C.J. and Dykstra D.H. (1987) Fate of massive sediment injection on a smooth shoreline at San Onofre, California. *Proceedings of Coastal Sediments* '87: 531-38.

Guilcher A. and Hallégouët B. (1991) 'Coastal dunes in Brittany and their management', *Journal of Coastal Research,* 7(2): 517-33.

Gunbak A.R. (1985) 'Damage of Tripoli Harbour north-west breakwater', in Bruun P.(ed.) *Design and construction of mounds for breakwaters and coastal protection*, Developments in Geotechnical Engineering 37. Elsevier, New York: 676-95.

Gunbak A.R. and Ergin A. (1985) 'Damage and repair of Antalaya Harbour breakwater', in Bruun P. (ed.) *Design and construction of mounds for breakwaters and coastal protection*, Developments in Geotechnical Engineering 37. Elsevier, New York: 649-70.

Hackney C.T. and Cleary W.J. (1987) 'Saltmarsh loss in south eastern North Carolina lagoons: Importance of sea level rise and inlet dredging', *Journal of Coastal Research*, 3(1): 93-7.

Hails J.R. (1975) 'Submarine geology, sediment distribution and Quaternary history of Start Bay, Devon', *Journal of the Geological Society of London*, 131: 1-5.

Halcrow Ltd. (1997) 'Fairlight Cove scheme appraisal : performance review volume 1', unpublished report for Rother district Council, Sir William Halcrow, August 1997.

Hall J., Brampton A. and Terry S. (1995) 'The direction of littoral drift in Poole Bay, and the effectiveness of groynes', 30th Conference of MAFF, River and Coastal Engineering, Keele.

Hall M.J. and Pilkey O.H. (1991) 'Effects of hard stabilisation on dry beach width for New Jersey', *Journal of Coastal Research,* 7(3): 771-85.

Hallégouët B. and Guilcher A. (1990) 'Moulin Blanc artificial beach, Brest, western Brittany, France', *Journal of Coastal Research*, SI 6: 17-20.

Hands E.B. and Allison M.C. (1991) 'Mound migration in deeper water and method of categorising active and stable berms', *Proceedings of Coastal Sediments '91,* American Society of Civil Engineers: 1985-99.

Hansom J.D. (1988) *Coasts*, Cambridge University Press, Cambridge.

Hardisky M. (1978) 'Marsh restoration on dredged material, Buttermilk Sound, Georgia', in Cole D.P. (ed.) Proceedings of the 5th Annual Conference of the Restoration and Creation of Wetlands, Hillsborough Community college, Florida: 136-51.

Harris W.B. and Ralph K.J. (1980) 'Coastal engineering problems at Clacton-on-Sea, Essex', *Quarterly Journal of Engineering Geology*, 13: 97-104.

Harvey H.T., Willams P. and Haltiner J. (1983) *Guidelines for enhancement and restoration of diked historic baylands,* unpublished report, San Francisco Bay Conservation Development Commission.

Haynes F.N. and Coulson M.G. (1982) 'The decline of *Spartina* in Langstone Harbour,

Hampshire', *Hampshire Field Club and Archaeological Society,* 38: 5-18.

Healy T.R., Kirk R.M. and de Lange W.P. (1990) 'Beach renourishment in New Zealand', *Journal of Coastal Research,* SI 6: 77-90.

Helmer W., Vellinga P., Litjens G., Goosen H., Ruijgrok E. and Overmars W. (1986) *Growing with the Sea: creating a resilient coastlines,* World Wide Fund for Nature (Netherlands), Zeist, Netherlands.

Herron W.J. (1987) 'Sand replenishment in southern California', *Shore and Beach*, 55(3-4): 87-91.

Hesp P.A. and Thom B.G. (1990) 'Geomorphology and evolution of active transgressive dunefields', in Nordstrom K., Psuty N. and Carter B. (eds) *Coastal Dunes: Form and Process*, Wiley, Chichester.

Hill M.O. and Wallace H.L. (1989) 'Vegetation and environment in afforested sand dunes at Newborough, Anglesey', *Forestry* 62(3): 249-67.

Hillyer T.M., Stakhiv E.Z. and Sudar R.A. (1997) 'An evaluation of the economic performance of the U.S. army corps shore protection programme,' *Journal of Coastal Research* 13(1): 8-22.

Hinrichsen D. (1990) *Our Common Seas: coasts in crisis,* Earthscan, London.

Hjulström F. (1935) 'Studies of the morphological activity of rivers as illustrated by the River Fyris', *Bulletin of the Geological Institute of the University of Uppsala*, 25: 221-527.

Hobbs R.J., Gimingham C.H. and Band W.T. (1983) 'The effects of planting technique on the growth of *Ammophila arenaria* (L)', and *Leymus arenarius* (L). *Journal of Applied Ecology,* 20: 659-72.

Holder C.L. and Burd F.H. (1990) *Overview of salt marsh restoration projects: an interim report,* Contract Surveys No. 83, English Nature, Peterborough.

Holland B. and Coughlan P. (1994) 'The Elmer coastal defence scheme', Proceedings of the 29th MAFF Conference of River and Coastal Engineers, Ministry of Agriculture, Fisheries and Food, London.

Hollis E., Thomas D. and Heard S. (1990) *The Effects of Sea Level Rise on Sites of Conservation Value in Britain and north-west Europe*, University College London and World Wildlife Fund.

Holman R.A. and Bowen A.J. (1982) 'Bars, bumps and holes: models for the generation of complex beach topography', *Journal of Geophysical Research,* 87: 457-68.

Hooke J. (ed.) (1998) *Coastal Defence and Earth Science Conservation*, The Geological Society, London.

Horn D.P. (1997) 'Beach research in the 1990s', *Progress in Physical Geography*, 21(3): 454-70.

Hotta S., Kraus N.C. and Horikawa K. (1987) 'Function of sand fences in controlling wind blown sand', in Kraus N.C. (ed.) *Coastal Sediments'87,* Proceedings of a speciality conference on advances in understanding of coastal sediment processes, New Orleans, Louisiana, 12-14 May 1987: 772-87.

Houston J.A. and Jones C.R. (1987) 'The Sefton coast management scheme: Project and process', *Coastal Management*, 15: 267-97.

Howard J.D., Kaufman W. and Pilkey O.H. (1985) 'Strategy for beach preservation proposed', *Geotimes,* 30 (Dec.): 15-19.

Hsu J.R.C. and Silvester R. (1990) 'Accretion behind single offshore breakwater', *Journal of Waterway, Port, Coastal and Ocean Engineering,* 116(3): 362-80.

Hubbard J.C.E. and Stebbings R.E. (1967) 'Distribution, dates of origin, and acreage of *Spartina townsendii* marshes in Great Britain', *Proceedings of the Botanical Society of the British Isles*, 7: 1-7.

Hurme A.K. (1979) *Proceedings of Coastal Structure'79*, ASCE: 1042-51.

Hutchings C. (1994) 'Back to basics', *Geographical,* 1994(March): 20-21.

Hydraulics Research (1970) *Colliery Waste Dumping on the Durham Coast*, Report No. 521, Hydraulics Research Limited, Wallingford.

_____ (1987) *The effectiveness of saltings*, Report SR 109. Hydraulics Research Limited, Wallingford, April 1987.

_____ (1992) 'Getting to the bottom of seawall scour', *Coastal Defence,* 1: 4 Ministry of Agriculture, Fisheries and Food, London.

Ibe A.C., Awosika L.F., Ibe C.E. and Inegbedion L.E. (1991) 'Monitoring of the 1985-86 beach nourishment project at Bar Beach, Victoria Island, Lagos, Nigeria', *Proceedings Coastal Zone'91*: 534-52.

Illenberger W.K. and Rust I.C. (1988) 'A sand budget for the Alexandria coastal dunefield, South Africa', *Sedimentology,* 35: 513-21.

Ince M. (1990) *The Rising Seas* Earthscan, London.

Inglis C.C. and Kestner J.T. (1958a) 'The long-term effect of training walls, reclamation and dredging on estuaries', *Proceedings of the Institute of Civil Engineers*, 9: 193-216.

_____ (1958b) 'Changes in thc Wash as affected by training walls and reclamation works', *Proceedings of the Institute of Civil Engineers*, 11: 435-66.

Inman D.L. and Dolan R. (1989) 'The outer banks of North Carolina: budget of sediment and inlet dynamics along a migrating barrier system', *Journal of Coastal Research,* 5(2): 193-237.

Inman L.D. and Frautschy J.D. (1966) 'Littoral processes and the development of shorelines', *Proceedings of the ASCE conference on Coastal Engineering,* Santa Barbara, CA: 511-36.

IECS (Institute of Estuarine and Coastal Sciences) (1993) *Sites of historical sea defence failure,*

Phase II interim report, Unpublished Report, IECS, University of Hull.

ICE (Institution of Civil Engineering) (1989) *Coastal management,* Thomas Telford, London.

Jackson G.A. (1984) 'Internal wave attenuation by coastal kelp stands', *Journal of Physical Oceanography,* 14: 1300-06.

Jackson N.L. and Nordstrom K.F. (1998) 'Aeolian transport of sediment on a beach during and after rainfall, Wildwood, NJ, USA', *Geomorphology,* 22: 151-7.

Jagschitz J.A. and Wakefield R.C. (1971) 'How to build and save beaches and dunes: preserving the shoreline with fencing and beach grass', Bulletin 408, Rhode Island Agricultural Experimental Station, University of Rhode Island, USA.

Janin L.F. (1987) 'Simulation of sand accumulation around fences', in Kraus N.C.(ed.) *Coastal Sediments* '87, Proceedings of a speciality conference on advances in understanding of coastal sediment processes. New Orleans, Louisiana. 12-14 May 1987: 87-97.

Jennings S., Orford J.D., Canti M., Devoy R.J.N. and Straker V. (1998) 'The role of relative sea level rise and changing sediment supply on Holocene gravel barrier development: the example of Porlock, Somerset, UK', *The Holocene* 8(2): 165-81.

Jensen A. and Mallinson J. (1993) 'Notes on site visit to coastal defence rock islands on the beach at Elmer, 9th March 1993, with comments on techniques for biological enhancement', unpublished Report, Department of Oceanography, University of Southampton.

Job D. (1993) 'Coastal management: Start Bay, Devon', *Geography Review*, 1993 (Nov.): 13-17.

Jokiel P.L., Hunter C.L., Taguchi S. and Watarai L. (1993) 'Ecological impact of a fresh water 'reef-kill' in Kanehoe Bay, Oahu, Hawaii', *Coral Reefs,* 12: 177-84.

Jones J.R., Cameron B. and Fisher J.J. (1993) Analysis of cliff retreat and shoreline erosion: Thompson Island, Massachusetts, USA, *Journal of Coastal Research*, 9(1): 87-96.

Jones P.S. (1996) Kenfig National Nature research: a profile of a British west coast dune system, in Jones P.S, Healy M.G. and Williams A.T. (eds.) *Studies in European Coastal Management*, Samara Publishing, Cardigan: 255-67.

Jordan P. and Slaymaker O. (1991) 'Holocene sediment production in Lillooet River basin, British Columbia: a sediment budget approach', *Geographia Physique et Quaternaire,* 45(1): 45-57.

Kȁdomatsu T., Uda T. and Fujiwara K. (1991) 'Beach nourishment and field observations of beach changes on the Toban coast facing Seto Inland Sea', *Marine Pollution Bulletin*, 23: 155-9.

Kana T.W. (1995) 'A mesoscale sediment budget for Long Island, New York', *Marine Geology*, 126(1-4): 87-110.

Kay R. and Alder J. (1999) *Coastal planning and management*, E & FN Spon, London.

Kelletat D. (1992) 'Coastal erosion and protection measures at the German North Sea coast', *Journal of Coastal Research*, 8(3): 699-711.

Kellman M. and Kading M. (1992) 'Facilitation of tree seedling establishment in a sand dune succession', *Journal of Vegetation Science*, 3(5): 679-88.

Kerckaert P. *et al.* (1985) 'Artificial beach nourishment on the Belgian coast,' *Journal of Waterways, Ports, Coastal and Oceans Division* (ASCE), 112(5): 560-71.

Kiknadze A.G., Sakvarelidze V.V., Peshkov V.M. and Russo G.E. (1990) 'Beach forming process management of the Georgian Black Sea coast', *Journal of Coastal Research*, Special Issue 6: 33-44.

Kimura H. (1957) 'On the sand fence for beach stabilisation work" *Journal of the Japan Forestry Conservation Association,* 1(11): 1-5.

King D.M. (1996) 'Sediment transport studies at Elmer, West Sussex, 16th October/l7th November: preliminary results and analysis', unpublished Report, Department of Civil Engineering, University of Brighton.

King D.M., Cooper N.J., Morfett J.C. and Pope D.J. (2000) 'Application of offshore breakwaters to the UK: a case study at Elmer Beach', *Journal of Coastal Research,* 16(1): 172-87.

King S.E. and Lester J.N. (1995) 'The value of saltmarsh as a sea defence', *Marine Pollution Bulletin*, 30(3): 180-9.

Klein R.J.T. and Bateman I.J. (1998) 'The recreational value of Cley marshes nature reserve: an argument against managed retreat?', *Journal of the Institute of Water and Environmental Management*, 12: 280-5.

Knutson P.L. (1988) 'Role of coastal marshes in energy dissipation and shore protection', in Hook D.D. et al. (eds) *The ecology and management of wetlands,* Vol. 1: Ecology of wetlands. Croom Helm, London: 161-75.

Knutson P.L., Allen H.H. and Webb J.W. (1990) *Guidelines for vegetative erosioin control on wave-impacted coastal dredged material sites,* Unpublished Report, US Army Corps of Engineers.

Knutson P.L., Brochu R.A., Seelig W.N. and Inskeep M. (1982) 'Wave damping in *Spartina alterniflora* marshes', *Wetlands,* 2: 87-104.

Knutson P.L., Ford J.C. and Inskeep M. (1981) 'National sowing of planted salt marsh (vegetation stabilisation and wave stress)', *Wetlands*, 1: 129-57.

Kochel R.C. and Dolan R. (1986) 'The role of overwash on a mid-Atlantic coast barrier island', *Journal of Geology*, 94(6): 902-6.

Koike K. (1990) 'Artificial beach construction on the shores of Tokyo Bay, Japan', *Journal of Coastal Research,* SI 6: 45-54.

Komar P.D. (1983) Coastal erosion in response to construction of jetties and breakwaters, in *Handbook of Coastal Protection and Erosion* CRC Press. Bocas Raton: 191-204.

_____ (1998) *Beach Processes and Sedimentation,* 2nd ed, Prentice Hall, Englewood Cliffs, New Jersey.

Komar P.D. and McDougal W.G. (1988) 'Coastal erosion and engineering structures: The Oregon experience', *Journal of Coastal Research*, SI 4: 77-92.

Kowalski T. (1974) 'Scrap tire floating breakwaters', *1974 Floating Breakwaters Conference Proceedings,* April 23-25 1974. Newport, Rhode Island: 233-46.

Kraus N.C. (1988) 'The effects of sea walls on the beach: an extended literature review', *Journal of Coastal Research,* SI 4: 1-29.

Kriebel D.L. (1986) 'Verification study of a dune erosion model', *Shore and Beach,* 54: 13-21.

_____ (1987) 'Beach recovery following hurricane Elena', *Coastal Sediments '87* American Society of Civil Engineers: 990-1005.

_____ (1990) 'Advances in numerical modelling of dune erosion', *Proceedings of the 22nd Coastal Engineering Conference*, American Society of Civil Engineers: 2304-17.

Kriebel D.L. and Dean R.G. (1985) 'Numerical simulation of time-dependent beach and dune erosion', *Coastal Engineering,* 9: 221-45.

Kuhn G.G. and Shepard F.P. (1984) *Sea cliffs, beaches and coastal valleys of San Diego County,* University of California Press, Berkeley.

Kumbein W.C. and Slack H.A. (1956) 'The relative efficiency of beach sampling methods', *Technological Memo No. 90*, Beach Erosion Board, USA.

Kunz H. (1987) 'History of a sea wall revetments on the Isle of Nordeney', in Kraus N.C. (ed.) *Coastal Sediments '87,* Proceedings of a speciality conference on advances in understanding of coastal sediment processes, New Orleans, Louisiana, 12-14 May 1987: 974-89.

Lancaster N. and Baas A. (1998) 'Influence of vegetation cover on sand transport by wind: field studies at Owens Lake, California', *Earth Surface Processes and Landforms,* 23(1): 69-82.

Leafe R. (1992) 'Northey Island - an experimental sea back', *Earth Science Conservation*, 31: 21-2.

Leatherman S.P. (1986) 'Cliff stability along western Chesapeake Bay, Maryland', *Marine Technology Society Journal*, 20(3): 28-36.

Leidersdor C.B., Hollar R.C. and Woodwell G. (1994) 'Human intervention with the beaches of Santa Monica Bay, California', *Shore and Beach,* 62(3): 29-38.

Lelliott R.F.L. (1989) 'Evolution of the Bournemouth defences', in Institution of Civil Engineers (ed. ) *Coastal Management*, Thomas Telford Press, London: 263-77.

Lee E.M. (1998) 'Problems associated with the prediction of cliff recession rates for coastal defence and conservation', in Hooke J.M. (ed.) *Coastal defence and earth science conservation,* Geological Society of London: 46-57.

Lee W.G. and Partridge T.R. (1983) 'Rates of spread of *Spartina anaglica* and sediment accretion in the New River Estuary, Invercargill, New England', *New Zealand Journal of Botany*, 21: 231-6.

Leonard L.A., Clayton T. and Pilkey O. (1990a) 'An analysis of replenished beach design parameters on US east coast barrier islands', *Journal of Coastal Research*, 6(1): 15-36.

Leonard L.A., Dixon K.L. and Pilkey O.H. (1990b) 'A comparison of beach replenishment on the US Atlantic, Pacific, and Gulf Coasts', *Journal of Coastal Research,* SI 6: 127-40.

Lewis R.R. (1990a) 'Creation and restoration of coastal plain wetlands in Florida', in Kusler J.A. & Kentula M.E. (eds) *Wetland creation and restoration: The status of the science*, Island Press, Washington: 73-101.

_____ (1990b) 'Creation and restoration of coastal wetlands in Puerto Rico and the US Virgin Islands', in Kusler J.A. and Kentula M.E. (eds) *Wetland creation and restoration: The status of the science,* Island Press, Washington: 103-23.

Li L., Barry D.A. and Pattiaratchi C.B. (1996) 'Modelling coastal ground water response to beach dewatering', *Journal of Waterway, Port, Coastal, and Ocean Engineering*, 122(6): 273-80.

Lin J.C. (1996) 'Coastal modification due to human influence in south-western Taiwan', *Quaternary Science Reviews*, 15(8-9): 895-900.

Lisle L.D. (1986) 'United States sea level changes', in Sigbjarnarson (ed.) Proceedings of the Iceland Coastal and River Symposium, Reykjavik, Iceland, 1986: 277-286.

Louisse C.J. and van der Meulen F. (1991) 'Future coastal defence in the Netherlands: Strategies for protection and sustainable development', *Journal of Coastal Research*, 7: 1027-41.

LRDC International (1993) 'Saving the saltings - a strategy', LRDC International, Haselmere.

LSUCWR (1979) *Floating tire breakwaters (FTB'S)* 'Louisiana State University for Wetland Resources report LSU-TL-79-001, Natural Sea Grant College Program, Rhode Island.

Ly C.K. (1980) 'The role of the Akosombo Dam in the Volta river in causing erosion in central and eastern Ghana (west Africa)', *Marine Geology,* 37: 323-32.

McCave I.N. (1970) 'Deposition of fine-grained suspended sediments from tidal currents', *Journal of Geophysical Research*, 75: 4151-9.

MacDonald J. (1954) 'Tree planting on coastal sand dunes in Great Britain,' *Advancement of Science*, 11: 33-7.

MacDonald R.W., Solomon S.M., Cranston R.E., Welch H.E., Yunker M.B. and Gobeil C.

(1998) 'A sediment and organic carbon budget for the Canadian Beaufort shelf', *Marine Geology* 144(4): 255-73.

McDougal W.G., Sturtevant M.A. and Komar P.D. (1987) 'Laboratory and field investigation of shoreline stabilization structures on adjacent properties', *Coastal Sediments* '87, American Society of Civil Engineers: 961-73.

McFarland S., Whitcombe L. and Collins M. (1994) 'Recent shingle beach renourishment schemes in the UK', 'Some preliminary observations', *Ocean and Coastal Management,* 25: 143-9.

McGown A., Roberts A.G, and Woodrow L.K.R. (1987) 'Long-term pore pressure variation within coastal cliffs of North Kent, UK', Proceedings of the 9th European conference SMFE Dublin, 455-680.

_____ (1988) 'Geotechnical and planning aspects of coastal landslides in the UK', in Bonnard C. (ed.) *Landslides, Volume 2*, Balkema, Rotterdam: 1201-6.

McInnes R.G. (1998) 'Practical experience in reconciling conservation and coastal defence strategies on the Isle of Wight', in Hooke J.M. (ed.) *Coastal Defence and Earth Science Conservation,* Geological Society of London: 67-86.

McLachlan A. (1990) 'The exchange of materials between dune and beach systems', in Nordstrom K., Psuty N. and Carter B. (eds) *Coastal Dunes: form and processes*, Wiley, Chichester.

McLusky D.S. (1989) *The estuarine ecosystem*, 2nd ed, Blackie, Glasgow.

McNinch J.E. and Wells J.T. (1992) 'Effectiveness of beach scraping as a method of erosion control, *Shore and Beach*, 60(1): 13-20.

Maddrell R.J. (1996) 'Managed coastal retreat, reducing the flood risks and protection costs, Dungeness nuclear power station, UK', *Coastal Engineering* 28: 1-15.

Madge B. (1983) In *Shoreline protection*, Thomas Telford, London 115-17.

MAFF (1993) 'Predicting long-term coastal morphology', *Flood and Coastal Defence*, 4 (Nov): 1.

_____ (1994) 'Full scale managed set back experiment starts', *Flood and Coastal Defence*, 5 (Apr): 4.

_____ (1995a) 'Studying the effects of control structures on shingle beaches', *Flood and Coastal Defence*, 7 (July): 6-7.

_____ (1995b) 'Artificial reefs and lobsters', *Flood and Coastal Defence*, 6 (Feb): 7

_____ (1995c) 'Managed set back experimental site', *Flood and Coastal Defence*, 6 (Feb): 3-4.

_____ (1995d) 'Tollesbury breach experiment', *Flood and Coastal Defence*, 8 (Nov): 1-2.

_____ (1995e) 'Managed set back experimental site', *Flood and Coastal Defence*, 6 (Feb): 3-4.

_____ (1996) 'Design of submerged offshore breakwaters', *Flood and Coastal Defence,* 9 (June): 4.

_____ (1997) 'Managed set back monitoring at Tollesbury', *Flood and Coastal Defence*, 10 (June): 7.

MAFF, Welsh Office, Association of District Councils, English Nature and NRA (1995) *Shoreline Management Plans: a guide for coastal authorities*, MAFF, London, May 1995.

Magoon O.T. (1976) 'Offshore breakwaters at Winthrop Beach, Massachusetts, *Shore and Beach,* 44(3): 34.

Magoon O.T., Calvarese V. and Clarke D. (1984), in Institution of Civil Engineering (eds) *Breakwaters, Design and Construction*, Thomas Telford, London.

Mailly D., N' Diaye P., Margolis H.A. and Pineau M. (1994) 'Stabilisation of shifting dunes and afforestation along the northern coast of Senegal, using the Filao(*Casuarina equisetifolia*)', *Forestry Chronicle,* 70(3): 282-90.

Marcus W.A., Nielsen C.C. and Cornwell J.C. (1993) 'Sediment budget-based estimates of trace metal inputs to a Chesapeake estuary', *Environmental Geology*, 22(1): 1-9.

Marino M.J. (1992) 'Implications of climatic change on the Ebro Delta', in Jeftic L., Milliman J.D. and Sestini G. (eds) *Climatic change and the Mediterranean*, Edward Arnold, London: 304-27.

Marsh G.A. and Turbeville D.B. (1981) 'The environmental impact of beach nourishment: Two studies in southeastern Florida', *Shore and Beach*, 49(3): 40-4.

Marsh W.M. (1990) 'Nourishment of perched sand dunes and the issue of erosion control in the Great Lakes', *Environmental Geology and Water Sciences*, 16(2): 155-64.

Marti J.L.J., Hernândez C.G. and Montero G.G. (1995) 'Researches and measures for beach preservation: The case of Varadero Beach, Cuba', *Proceedings of the International Conference: Coastal Change '95,* Bordomer - IOC, Bordeaux, 1995: 233-41.

Martin F.L., Losada M.A. and Medina R. (1999) 'Wave loads on a rubble mound breakwater crown walls,' *Coastal Engineering*, 37(2): 149-74.

Mason S.J. and Hansom J.B. (1988) 'Cliff erosion and its contribution to a sediment budget for part of the Holderness Coast, England', *Shore and Beach*, 56(4): 30-8.

May V. (1977) 'Earth cliffs', in Barnes R.S.K. (ed.) *The Coastline*, Wiley, London: 215-35.

_____ (1990) 'Replenishment of resort beaches at Bournemouth and Christchurch, England', *Journal of Coastal Research* SI 6: 11-15.

Meadows P.S., Meadows A., West F.J.C., Shand P.S. and Shaikh M.A. (1998) 'Mussels and mussel beds (*Mytilus edulis*) as stabilisers of sedimentary environments in the intertidal zone', in Black K.S., Paterson D.M. and Cramp A. (eds) *Sedimentary processes in the intertidal zone*, Geological Society Special Publications, 139: 331-47. Geological Society, London.

Metcalfe R.E. (1977) *The management of the Camber sand dunes, Sussex*, unpublished Report,

County Planning Department, Lewes, East Sussex County Council.

Mikkelson S.C. (1977) 'The effects of groins on beach erosion and channel stability at the Limfjord Barriers, Denmark', *Proceedings of Coastal Sediments* '77, American Society of Civil Engineers: 17-32.

Milton S.L., Achulman A.A. and Lutz P.L. (1997) 'The effect of beach nourishment with aragonite versus silicate sand on beach temperature and Loggerhead Sea Turtle nesting success', *Journal of Coastal Research,* 13(3): 904-15.

Misak R.F. and Draz M.Y. (1997) 'Sand drift control of selected coastal and desert dunes in Egypt: Case studies', *Journal of Arid Environments*, 35(1): 17-28.

Moeller I., Spencer T. and French J.R (1996) 'Wind wave attenuation over salt marsh surfaces: Preliminary results from Norfolk, England', *Journal of Coastal Research*, 12(4): 1009-16.

Møller J.T. (1990) 'Artificial beach nourishment on the Danish North Sea coast', *Journal of Coastal Research*, 6: 1-9.

Moody S. (1997) 'The effects of offshore breakwaters upon beach sediment accretion the Elmer frontage, West Sussex', unpublished BSc dissertation, Geography Department, Lancaster University.

Morton R.A. (1988) 'Interactions of storms, seawalls and beaches of the Texas coast', *Journal of Coastal Research*, SI 4: 113-34.

Munk W.H. and Taylor M.A. (1947) 'Refraction of ocean waves: a process linking underwater topography to beach erosion', *Journal of Geology*, 55: 1-26.

Muus B.J. (1967) *The Fauna of Danish Estuaries and Lagoons,* Copenhagen.

Myrick R.M. and Leopold L.M. (1963) *Hydraulic geometry of a small tidal estuary*, Professional paper No. 422-B. US Geological Survey.

Nagashima L.D., Moma J. and Dean J.L. (1987) 'Initial response of a segmented breakwater system', in Kraus N.C. (ed.) *Coastal Sediments* '*87,* Proceedings of a speciality conference on advances in understanding of coastal sediment processes, New Orleans, Louisiana, 12-14 May 1987: 1399-414.

National Research Council (1990) *Managing Coastal Erosion*, National Academy Press, USA.

Nelson S.M., Mueller G. and Hemphill D.C. (1994) 'Identification of tyre leachate toxicants and a risk assessment of water quality effects', *Bulletin of Environmental Contamination and Toxicology,* 52: 574-81.

Netto S.A. and Lana P.C. (1997) 'Influence of *Spartina alterniflora* on superficial sediment characteristics of tidal flats in Paranaguá Bay (south-eastern Brazil)', *Estuarine, Coastal and Shelf Science*, 44: 641-8.

Neumann A.C. and MacIntyre I. (1985) 'Reef response to a sea level rise: Keep up, catch-up, or give-up', *Proceedings of the 5th International Coral Reef congress*, Tahiti, 1985, 3: 105-10.

Newcombe C., Morris J.H., Knutson P.L. and Gorbics C.S. (1979) *Bank erosion control with vegetation,* San Francisco Bay, California, USACE Miscellaneous Report 79-2, Coastal Engineering Research Centre, Fort Belvoir, VA.

Newling C.J. and Landin M.C. (1985) 'Monitoring of habitat development at upland and wetland dredged material disposal sites 1974-1982', US. Army Engineer Waterways experimental station Technical Report D-85-5, Vicksburg, Mississippi.

Newman D.E. (1976) 'Beach replenishment: sea defences and a review or artificial beach replenishment', *Proceedings of the Institution of Civil Engineers,* 1(60): 445-60.

Nicholls R.J. (1998) 'Assessing erosion of sandy beaches due to sea level rise', in Maund J.G. and Eddleston M. (eds) *Geohazards in Engineering Geology*, Engineering Geology Special Publications, 15: 71-6, Geological Society, London.

Nicholls R.J., Leatherman S.P., Dennis K.C. and Volonte C.R. (1995) 'Impacts and responses to sea-level rise: qualitative and quantitative assessments, *Journal of Coastal Research*, SI 14: 26-43.

Nir Y. (1986) 'Offshore artificial structures and their influence on the Israel and Sinai Mediterranean beaches,' *Proceedings 18th International Conference on Coastal Engineering,* ASCE: 1837-56.

Noble R.M. (1978) 'Coastal structures: effects on shorelines', *Proceedings 17th International Conference on Coastal Engineering,* ASCE, Sydney Australia: 2069-85.

Nordstrom K.F. (1987) 'Dune grading along the Oregon coast, USA: a changing environmental policy', *Applied Geography* 8 : 101-16.

Nordstrom K.F. and Allen J.R. (1980) 'Geomorphologically compatible solutions to beach erosion', *Zeitschrift für Geomorphologie*, S34: 142-54.

Nordstrom K.F., Allen J.R., Sherman D.J. and Psuty N.P. (1979) 'Management considerations for beach management at Sandy hook, New Jersey', *Coastal Engineering*, 2: 215-36.

Nordstrom K.F. and Psuty N.P. (1980) 'Dune district management: a framework for shorefront protection and land use control', *Coastal Zone Management Journal*, 7(1) 1-23.

Nordstrom K.F., Psuty N.P. and Carter B. (1990) *Coastal Dunes: form and process*, Wiley, Chichester.

North Holland Water Supply Company (1992) 'The North Holland Dune Reserve', *Coastline* 1992 (1-2): 17-32.

NRA (National Rivers Authority) (1991) 'Happisburgh to Winterton sea defences', *NRA Information Leaflet*, NRA Anglian Region, Peterborough.

NRA (undated) *Preserving shingle sea defences*, Information Sheet, National Rivers Authority,

Southern Region, Worthing, Sussex.

OECD (1993) *Coastal Zone Management: integrated policies*, Organisation for Economic Co-operation and Development, Paris.

Oertel G. (1974) 'Review of the sedimentological role of dunes in shoreline stability', *Bulletin of Georgia Academy of Science*, 32: 48-56.

Open University (1989) *Waves, Tides and Shallow Water Processes*, Open University Press, Milton Keynes.

Orford J.D. (1988) 'Alternative interpretation of man-induced shoreline changes in Rosslare Bay, south-east Ireland', *Transactions of the Institute of British Geographers*, 13: 65-78.

Orford J.D. and Carter R.W.G. (1985) 'Storm generated rock armour on a sandgravel ridge barrier system, south-eastern Ireland', *Sedimentary Geology*, 42(1-2): 65-82.

Ovington J.D. (1951) 'The afforestation of Tentsmuir sands', *Journal of Ecology*, 39: 363-75.

Owens J.S. and Case G.O. (1908) *Coast Erosion and Foreshore Protection,* St, Brides Press, London.

Packwood A.R. (1983) 'The influence of beach porosity on wave uprush and backwash', *Coastal Engineering,* 7(1) : 29-40.

Page R.R., Davinha S.G. and Agnew A.D.Q. (1985) 'The reaction of some sand dune plant species to experimentally imposed environmental change: a reductionist approach', *Vegetatio,* 61(1-3): 105-14.

Parker R. (1980) *Men of Dunwich*, Paladin Books, London.

Partridge T.R. (1992) 'Vegetation recovery following sand mining on coastal dunes at Kaitorete Spit, Canterbury, New Zealand', *Biological Conservation*, 61(1): 59-71.

Paskoff R. and Petiot R. (1990) 'Coastal progradation as a by-product of human activity: an example from Chañaral Bay, Atacama Desert, Chile', *Journal of Coastal Research*, Special Issue 6: 91-102.

Pearce F. (1992) 'Time to sound the retreat for sea defences', *New Scientist,* 136(1843): 54.

_____ (1993) 'When the tide comes in ...', *New Sciencist*, 137(1854): 22-6.

Penning-Rowsell E.C., Green C.H., Thompson P.M., Coker A.M., Tunstall S.M., Richards C. and Parker D.J. (1992) *The Economics of Coastal Management: a manual of benefit assessment techniques*, Belhaven Press, London.

Perry G. and D'Miel R. (1995) 'Urbanisation and sand dunes in Israel: direct and indirect effects', *Israel Journal of Zoology,* 41(1): 33-41.

Pethick J. (1984) *An Introduction to Coastal Geomorphology*, Edward Arnold, London.

_____ (1992) 'Natural Change', in Barrett M.G. (ed.) *Coastal Zone Planning and Management*, Institute of Civil Engineers, Thomas Telford, London: 49-63.

_____ (1993) *Sediment deposition under salt marsh vegetation,* Unpublished Report, Institute of

Estuarine and Coastal Studies, University of Hull, May, 1993.

Pethick J. and Burd F. (1993) *Coastal Defence and the Environment: a guide to good practice*, MAFF, London.

Pethick J. and Reed D. (1987) 'Coastal protection in an area of salt marsh erosion', in Kraus N.C. (ed.) *Coastal Sediments* '87, Proceedings of a speciality conference on advances in understanding of coastal sediment processes, New Orleans, Louisiana, 12-14 May 1987: 1094-104.

Pierce J.W. (1969) 'Sediment budget along a barrier island chain. *Sedimentary Geology* 3: 5-16.

Pilkey O.H. (1990) 'A time to look back at beach replenishments,' *Journal of Coastal Research*, 6(1): iii-vii.

Pilkey O.H. and Clayton T.D. (1987) 'Beach replenishment: the national solution?', *Proceedings of Coastal Zone* '87, New York: 1408-19.

Pilkey O.H. and Wright H.L. (1988) 'Sea walls versus beaches', *Journal of Coastal Research*, SI 4: 41-64.

Pirazzoli P.A. (1991) 'Possible defences against a sea level rise in the Venice area, Italy', *Journal of Coastal Research*, 7: 231-48 .

Pitts J. (1983) 'Geomorphological observations as aids to the design of coastal protection works on a part of the Dee estuary', *Quarterly Journal of Engineering Geology,* 16: 291-300.

Plant N.G. and Griggs G.B. (1992) 'Interactions between nearshore processes and beach morphology near a seawall', *Journal of Coastal Research,* 8(1): 183-200.

Pope J. and Rowen D.D. (1983) 'Breakwaters for beach protection at Lorain, Ohio', *Proceedings of Coastal Structures* '83, American Society for Civil Engineers: 753-68.

Prestage M. (1991) 'The lost towns of Humberside', *Geology Today*, Jan-Feb 1991 : 6.

Price W.A., Tomlinson K.W. and Hunt J.N. (1968) 'The effect of artificial seaweed in promoting the build-up of beaches', Proceedings of conference on Coastal Engineering, ASCE, New York, 36: 570-8.

Pringle A.W. (1995) 'Erosion of a cyclic salt marsh in Morecambe Bay north-west England', *Earth Surface Processes and Landforms*, 20: 387-405.

Psuty N.P. (1993) 'Foredune morphology and sediment budget, Perdito Key, Florida, USA', IN Pye K. (ed.) *The dynamics and environmental Context of aeolian sedimentary systems*, Geological Society Special Publication No. 72, Geological Society, London.

Psuty N.P. and Moreira M.E.S.A. (1990) 'Nourishment of a cliffed coastline, Praia de Rocha. The Algarve, Portugal, *Journal of Coastal Research*, SI 6: 21-32.

Psuty N.P. and Moreira M.E.S.A. (1992) 'Characteristics and longevity of beach nourishment at Praia de Rocha, Portugal, *Journal of Coastal Research*, 8(3): 660-76.

Pullen E.J. and Naqvi S.M. (1983) 'Biological impacts on beach replenishment and borrowing', *Shore and Beach*, 5l(2): 27-31.

Pye K. (1990) 'Physical and human influences on coastal dune development between the Ribble and Mersey estuaries, north-west England', in Nordstrom K.F., Psuty N.P. and Carter R.W.G. (eds) *Coastal Dunes: form and process*, Wiley: Chichester: 339-59.

Pye K. and Bowman G.M. (1984) 'The Holocene marine transgression as a forcing function in episodic dune activity on the eastern Australian coast', in Thorn B.G. (ed.) *Coastal Geomorphology in Australia,* Academic Press, Sydney.

Pye K. and French P.W. (1993a) *Erosion and Accretion Processes an British Saltmarshes, Volume 5: management of saltmarshes in the context of flood defence and coastal protection*. Report to MAFF, Cambridge Environmental Research Consultants Report No. ES23.

_____ (1993b) *Targets for coastal habitat re-creation*, English Nature Science Series No. 13, English Nature, Peterborough.

Rakha K.A. and Kamphuis J.W. (1997) 'A morphology for an eroding beach backed by a sea wall', *Coastal Engineering,* 30: 53-75.

Ranwell D.S. and Boar R. (1986) *Coastal Dune Management Guide*. Institute of Terrestrial Ecology, NERC, Huntingdon.

Reckendorf F., Leach D., Baum R. and Carlson J. (1985) 'Stabilisation of sand dunes in Oregon', *Agricultural History,* 59(2): 260-48.

Reed D.J. (1995) 'The response of coastal marshes to sea level rise: survival or submergence?', *Earth Surface Processes and Landforms,* 20: 39-48.

Reilly F.J. and Bellis V.J. (1983) *The ecological importance of beach nourishment with dredged materials on the intertidal zone at Bogue Banks, North Carolina*, Miscellaneous Paper 83-3, USACE, Fort B□voir, Virginia.

Riby J. (1998) 'Design conditions for coastal works: practical experience of coastal risk assessments', *Proceedings of the Institute of Civil Engineers: Municipal Engineering,* 127 (June): 49-55.

Riddle K.J. and Young S.W. (1992) 'The management and creation of beaches for coastal defence', *Journal of the Institute of Water and Environmental Management*, 6: 588-97.

Rijkwaterstaat (1979) *'Zandwinning in de Waddenzee, resulttaten van een biologischecologisch onderzoek',* Directie Friesland, Werkgroep II, Leeuwarden. (Referenced in Adriaanse & Coosen 1991).

Roberts A.G. and van Overeem J. (1993) 'Rebuilding of sea defences, Central Parade, Herne Bay, Kent', *Proceedings of the Institution of Civil Engineers: Municipal Engineers,* 98: 31-9.

Roberts T.H. (1989) 'Habitat value of man-made coastal marshes, Florida', in Webb F.J.

(ed.) Proceedings of the 16th annual conference on wetlands restoration and creation, Hillsborough Community College, Florida.

Robinson A.H.W. (1980) 'Erosion and accretion along parts of the Suffolk coast of East Anglia, England', *Marine Geology*, 37: 133-46.

Rogers S.M. (1987) 'Artificial sea weed for erosion control,' *Shore and Beach*, 55(1): 19-29.

Rotnick K. (1994) *Changes of the Polish Coastal Zone*, Quaternary Research Institute, Adam Mickiewicz University, Poznan.

Rouch F. and Bellessort B. (1990) 'Man-made beaches more than 20 years on', *Proceedings of the 22nd Coastal Engineering Conference*: 2394-401.

Royal Commission on Coast Erosion (1907) *First report into coast erosion and the reclamation of tidal lands in the UK*, HMSO ,London.

Rutin J. (1992) 'Geomorphic activity of rabbits on a coastal sand dune, Deblink dunes, the Netherlands', *Earth Surface Processes and Landforms,* 17(1): 85-94.

Sacco J.N., Booker S.L. and Seneca E.D. (1988) 'Comparison of the macrofaunal communities of a human-initiated salt marsh at two and fifteen years of age', Published abstract, Benthic Ecology Meeting, Portland, Maine, 1988.

Sayre W.O. and Komar P.D. (1988) 'The Jump-Off Joe landslide at Newport, Oregon: history of erosion, development and destruction', *Shore and Beach,* 56: 15-22.

Schwartz M.G., Juanes J., Foyo J. and Garcia G. (1991) 'Artificial nourishment at Varadero Beach, Cuba', in American Society of Civil Engineers (ed.) *Coastal Sediments'91*, ASCE, New York: 2081-8.

Schwartz R.K. and Musialawski F.R. (1977) 'Nearshore disposal: onshore sediment transport', *Proceedings of Coastal Sediments'77:* 85-101.

Scott-Anderson R., Borns H.W., Smith D.C. and Race C. (1992) 'Implications of rapid sediment accumulation in a small New England salt marsh', *Canadian Journal of Earth Science*, 29: 2013-17.

Seiji M., Uda T. and Tanaka S. (1987) 'Statistical study of the effect and stability of detached breakwaters', *Coastal Engineering in Japan*, 30(1): 131-41.

Seneca E.D. (1974) 'Stabilisation of coastal dredge spoil with *Spartina alterniflora*', in Reimold R.J. and Queen W.H. (eds) *Ecology of halophytes*, Academic Press, New York: 525-9.

Seneca E.D., Woodhouse W.W. and Broome S.W. (1975) 'Salt water marsh creation', in Cronin L.E. (ed.) *Estuarine Research Vol. II*: *Geology & Engineering*, Academic Press.

Sexton W.J. and Moslow T.F. (1981) 'Effects of Hurricane David, 1979, on the beaches of Seabrook Island, Southern Carolina', *Northeastern Geology,* 3(3-4): 297-305.

Shaw J. and Ceman J. (1999) 'Salt marsh aggradation in response to late Holocene sea level rise at Amherst Point, Nova Scotia, Canada', *The Holocene,* 9(4): 439-51.

Shaw J., Taylor R.B., Solomon S., Christian H.A. and Forbes D.L. (1998) 'Potential impacts of global sea-level rise an Canadian coasts,' *The Canadian Geographer*, 42(4): 365-79.

Shepard M.J. (1987) 'Holocene alluviation and transgressive dune activity in the lower Mawnawatu Valley, New Zealand', *New Zealand Journal of Geology and Geophysics*, 39: 175-87.

Shennan I. (1993) 'Sea level changes and the threat of coastal inundation', *The Geographical Journal,* 159(2): 148-56.

Shennan I. and Woodworth P.L. (1992) 'A comparison of late Holocene and twentieth century sea level trends &am the UK and North Sea region', *Geophysical Journal International*, 109: 96-105.

Shepard F.P. and Wanless H.R (1971) *Our Changing Coastlines,* McGraw Hill, New York.

Shi Z., Pethick J.S. and Pye K. (1995) 'Flow structure in and above the various heights of a saltmarsh canopy, A laboratory flume study,' *Journal of Coastal Research*, 11(4): 1204-9.

Shisler J.K. (1990) 'Creation and restoration of coastal wetlands of the northeastern United States', in Kusler J.A. & Kentula M.E. (eds) *Wetland creation and restoration: The status of the science,* Island Press, Washington: 143-70.

Shisler J.K. and Charette D.J. (1984) *Evaluation of artificial salt marshes in New Jersey,* New Jersey Agriculture Experiment Station, Publication No, p-40502-01-84.

Shuisky Y.D. (1994) 'An experience of studying artificial ground terraces as a means of coast protection', *Ocean and Coastal Management*, 22: 127-39.

Shuisky Y.D. and Schwartz M.L. (1979) 'Natural laws in the development of artificial sandy beaches', *Shore and Beach*, 47: 33-6.

Simeonova G.A. (1992) 'Coastal protection against erosion along the Bulgarian Black Sea', *Journal of Coastal Research*, 8(3): 745-51.

Silvester R. (1974) *Coastal Engineering*, Elsevier Science, Amsterdam.

_____ (1979) 'What direction coastal engineering?', *Coastal Engineering,* 2(4): 327-49.

Snyder R.M. (1978) 'Revegetation on erosion prone estuarine beaches', in Cole D.P. (ed.) *Proceedings of the Fifth Annual Conference on Restoration of Coastal Vegetation in Florida,* Hillsborough Community College, Tampa, Florida.

Sonu C.J. and Warwar J.F. (1987) 'Evolution of the sediment budget in the lee of a detached breakwater', in Kraus N.C. (ed.) *Coastal Sediments* '87, Proceedings of a speciality conference on advances in understanding of coastal sediment processes. New Orleans, Louisiana, 12-14 May 1987: 1361-8.

Spătaru A.N. (1990) 'Breakwaters for the protection of Romanian beaches', *Coastal Engineering*,

14: 129-46.

Stanley D.J. and Warne A.G. (1983) 'Nile Delta: recent geological evolution and human impact', *Science*, 260: 628-34.

Stapor F.W. (1971) 'Sediment budgets on a compartmented low to moderate energy coast in north-west Florida', *Marine Geology*, 10: M1-M7.

Stauble D.K and Hoel J. (1986) *Guidelines for beach restoration projects. Part 3: Engineering,* Report No. 77, Florida Sea Grant Institute, Gainsville, Florida.

Stevens T. (1995) *Coastal protection works*. Fairlight Cove. (Personal communication).

Stoddart D.R. (1990) 'Coral reefs and islands and predicted sea level rise', *Progress in Physical Geography*, 14(4): 147-71.

Stone G.W. and Stapor F.W. (1996) 'A nearshore sediment transport model for the north east Gulf of Mexico coast, USA', *Journal of Coastal Research* 12(3): 786-93.

Suanez S. and Provansal M. (1996) 'Morphosedimentary behaviour of the deltaic fringe in comparison to the relative sea level rise on the Rhone delta', *Quaternary Science Reviews,* 15: 811-18.

Suffolk Coastal District Council (1999) 'Planning Policy and Coastal Erosion', *Personal communication*.

Sunamura T. (1983) 'Processes of sea cliff and platform erosion', in Komar P.D.(ed.) *CRC Handbook of coastal processes and erosion,* CRC Press, Baton Rough, Florida: 233-65.

_____ (1991) 'Processes of cliff erosion', in *Geomorphology of Rocky Coasts*, Wiley, Chichester, 75-116.

Tainter S.P. (1982) *Bluff slumping and stability: a consumers guide*, Report MICHU-SG-82-902, Michigan Sea Grant Publications Office, University of Michigan, USA.

Tait J.F. and Griggs G.B. (1990) 'Beach response to the presence of a seawall', *Shore and Beach,* 58(2): 11-28.

Tanimoto K. and Goda Y. (1992) 'Historical development of breakwater structures in the world', in Institution of Civil Engineers (ed.) *Coastal Structures and Breakwaters*, Thomas Telford, London.

Taylor P.M. and Parker J.G. (1993) (eds) *The Coast of North Wales and North-west England: An Environmental Appraisal,* Hamilton Oil, London.

Terchunian A.V. (1988) 'Permitting coastal armouring structures: Can seawalls and beaches co-exist?', *Journal of Coastal Research*, SI 4: 65-75.

_____ (1990) 'Performance of beachface dewatering: the Stabeach system at Sailfish Point (Stuart) Florida', *Proceedings of the National Conference on Beach Preservation Technology.* Florida shore and beach preservation association, Florida, 1990: 185-201.

Thom B.G., Bowman G.M. and Roy P.S. (1981) 'Late quaternary evolution of coastal sand barriers, Port Stephens-Myall Lakes area, Central New South Wales, Australia, *Quaternary Research*, 15: 345-64.

Thyme F. (1990) 'Beach nourishment on the west coast of Jutland', *Journal of Coastal Research,* Special Issue 6: 201-9.

Titus J.G. (1986) 'Greenhouse effect, sea level rise, and coastal zone management. *Coastal Zone Management Journal* 14(3): 147-71.

_____ (1990) 'Greenhouse effect, sea level rise and barrier islands: case study of Long Beach Island, New Jersey', *Coastal Management,* 18: 65-97.

_____ (1991) 'Greenhouse effect and coastal wetland policy: how Americans could abandon an area the size of Massachusetts at minimum cost', *Environmental Management*, 15(1): 39-58.

Toft A.R and Townend I.H. (1991) *Salting as a sea defence*, NRA, R&D Note 29, National Rivers Authority, Bristol.

Townend I.H. and Fleming C.A. (1991) 'Beach nourishment and socio-economic aspects' *Coastal Engineering*, 16: 115-27.

Toyoshima O. (1972) 'Coastal engineering for the practising engineer: Erosion', *Gemba no tame no kaigan kogaku*, Japan (Translation).

Trent S.A., Sellery K. and Gordinier T. (1983) 'The re-vegetation potential of California coastal sand dunes using containerised native plant species', *Hortscience*, 18(4): 622.

Turner I.L. and Leatherman S.P. (1997) 'Beach dewatering as a 'soft' engineering solution to coastal erosion: A historical and critical review', *Journal of coastal Research*, 13(4): 1050-63.

Turner N. (1994) 'Recycling of capital dredging arisings: the Bournemouth experience', in SCOPAC (eds) *Proceedings of conference on Inshore dredging for beach replenishment,* SCOPAC, 28th October 1994, Lymington, Hampshire.

Turner N. (1999) Beach nourishment at Bournemouth, (*Personal communication*), 9th September 1999.

Underwood G.J.C. (1997) 'Microalgal colonisation in a saltmarsh restoration scheme', *Estuarine, Coastal and Shelf Science*, 44: 471-81.

USACE (1984) *Shoreline Protection Manual*, 4th Edn., US Army Corps of Engineers, Washington DC.

_____ (1986) *Designing breakwaters and jetties*, US Army Corps of Engineers, Report EM 1110-2-2904, Washington DC.

_____ (1991) *Sand bypassing system selection*, US Army Corps of Engineers, Report EM 1110-2-1616, Washington DC.

_____ (1992) *Coastal groynes and nearshore breakwaters*, US. Army Corps of Engineers, Report EM 1110-2-1617, Washington DC.

van Aarde R.J., Ferreira S.M., Kritzinger J.J., van Dyk P.J., Vogt M. and Wassenaar T.D. (1996) "An evaluation of habitat rehabilitation on coastal dune forests in northern Kwa-Zulu Natal, South Africa', *Restoration Ecology,* 4(4): 334-45.

van Aarde R.J., Smit A.M. and Claassens A.S. (1998) 'Soil characteristics of rehabilitating and unmined coastal dunes at Richard's Bay, Kwa-Zulu Natal, South Africa', *Restoration Ecology*, 6(1): 102-10.

van Dijk H.W.J. (1989) 'Ecological impact of drinking water production in Dutch coastal dunes', in Meulen F, van der Jungerius P.D. and Visser J. (eds) *Perspectives in Coastal Dune Management*, SBP publishers, The Hague: 182-183.

van Dolah R.F., Knott D.M. and Calder D.R (1984) *Ecological Effects of Rubble Weir Jetty Construction at Murrell's Inlet, South Carolina,* CERC, US Army Technical Report EL 84-4, Vicksberg, Missouri.

van Malde J. (1991) 'Relative rise of mean sea level in the Netherlands in recent times', in Tooley M.J. and Jelgersma S. (eds) *Impacts of Sea Level Rise on European Coastal Lowlands,* Blackwell, Oxford.

van Oorschot J.H. and van Raalte G.H. (1991) 'Beach nourishment: execution methods and developments in technology', *Coastal Engineering,* 16: 23-42.

van Rijn L.C. (1997) 'Sediment transport and budget of the central coastal zone of Holland', *Coastal Engineering,* 32(1): 61-90.

van de Graaff J., Niemeyer H.D. and van Overeem J. (1991) 'Beach nourishment, philosophy and coastal protection policy', *Coastal Engineering*, 16: 3-22.

van der Linden M. (1985) 'Golfdempende constructies, evaluatie van drijvende golfdempende constructies in het grevelingenmear, Report to TU-Delft, The Netherlands.

van der Maarel E. (1979) 'Environmental management of coastal dunes in the Netherlands', in Jefferies R.L. and Davy A.J. (eds) *Ecological Processes in Coastal Environments,* Blackwell Scientic, London: 543-70.

van der Meulen F. and Salman A.H.P.M. (1996) 'Management of Mediterranean coastal dunes', *Ocean and Coastal Management*, 30(2-3): 177-95.

Vera-Cruz D. (1972) 'Artificial nourishment of Copacabana Beach', *Proceedings of the 13th Coastal Engineering Conference*, American Society of Civil Engineers, 1451-63.

Verhagen H.J. (1990) 'Coastal protection and dune management in the Netherlands', *Journal of Coastal Research,* 6: 169-79.

—— (1992) 'Model for artificial beach nourishment', *Proceedings of the 23rd International*

*Conference on Coastal Engineering,* ICCE, Venice, 1992: 2474-85.

_____ (1996) 'Analysis of beach nourishment schemes', *Journal of Coastal Research,* 12(1): 179-85.

Viles H. and Spencer T. (1995) *Coastal Problems; geomorphology, ecology and society at the coast*, Edward Arnold, London.

Vincent C.E. (1979) 'Longshore sand transport rates: a simple model for the East Anglian coastline', *Coastal Engineering,* 3: 113-36.

Viner-Brady N.E.V. (1955) 'Folkestone Warren landslips: investigations 1948-1954', *Proceedings of the Institution of Civil Engineers, Railway Paper*, 57: 429-41.

Walker H.J. and Mossa J. (1986) 'Human modification of the shoreline of Japan', *Physical Geography,* 7: 116-39.

Walker J.R. (1987) 'Santa Barbara breakwater: an update', *Shore and Beach*, 55(3-4): 56-60.

Walker J.R., Clark D. and Pope J. (1981) 'A detached breakwater system for beach protection', *Proceedings 17th International Conference on Coastal Engineering,* Sydney, Australia: 1968-87.

Walton T.L. and Purpura J.S. (1977) 'Beach nourishment along the south-eastern Atlantic and Gulf coasts', *Shore and Beach*, 45: 10-18.

Walton T.L. and Sensabaugh W. (1978) 'Seawall design on sandy beaches', University of Florida Sea Grant Report No. 29, University of Florida, USA.

Wang X. (1989) 'Trend of sea level toward rise become apparent', *People's Daily,* Overseas Edition 29/3/89.

Warner M.F. and Barley A.D. (1997) 'Cliff stabilisation by soil nailing, Bouley Bay, Jersey, CI', in Davies M.C.R. and Schlosser F. (eds.) *Ground Improvement Geosystems*, Proceedings of 3rd International Conference on Ground Improvement Geosystems, Institution of Civil Engineers, London, 3-5 January 1997, Ch. 62: 468-76.

Warren R.S. and Niering W.A. (1993) 'Vegetation change on a north east tidal marsh: Interaction of sea level rise and marsh accretion', *Ecology*, 74(1): 96-103.

Watson I. and Finkl C.W. (1990) 'State of the art in storm surge protection', *Journal of Coastal Research*, 6: 739-64.

Watts P. (1998) 'Cliff recession: Friend or Foe?', The Naze Cliffs, Essex, Unpublished BSc dissertation, Department of Geography, Lancaster University.

Webb J.W. and Dodd J.D. (1976) 'Vegetation establishment and shoreline stabilisation: Galveston Bay, Texas', *US Army Corps of Engineers Technical Paper No. 76-13,* Coastal Engineering Research Centre, Forth Belvoir, VA.

_____ (1978) 'Shoreline plant establishment and use of a wave-stilling device', *US. Army Corps of Engineers Misc. Report No. 78-1*, Coastal Engineering Research Centre, Forth

Belvoir, VA.

Weggel J.R. (1988) 'Seawalls: the need for research, dimensional considerations, and a suggested classification', *Journal of Coastal Research*, SI 4: 29-39.

Weggel J.R. and Sorenson R.M. (1991) 'Performance of the 1986 Atlanta City, New Jersey beach nourishment project', *Shore and Beach*, 59: 29-36.

Whatmough J.A. (1995) 'Grazing on sand dunes: the re-introduction of the rabbit *Oryctolagus cuniculus L.* to Murlough NNR, Co. Down', *Biological Journal of the Linnean Society*, 56(SA): 29-43.

Whitcombe L.J. (1996) 'Behaviour of an artificially replenished shingle beach at Hayling Island, UK', *Quarterly Journal of Engineering Geology*, 29: 265-71.

Wiegel R.L. (1964) *Oceanographic engineering*, Prentice Hall, Englewood Cliffs, New Jersey.

Wiegel R.L. (1993) 'Artificial beach construction with sand/gravel made by crushing rock', *Shore and Beach*, 61(4): 28-9.

Wigley T.M.L. and Raper S.C.B. (1990) 'Future changes in global mean temperature and thermal expansion-related sea level rise', in Warrick R.A. and Wigley T.M.L. (eds) *Climate and Sea Level Change: observations, projections, and implications,* Cambridge University Press, Cambridge.

Williams A.T. and Davies P. (1980) 'Man as a geological agent: the sea cliffs of Llantwit Major, Wales, UK', *Zeitschrift für Geomorphologie*, Supplementband 34: 129-41.

Willimington R.H. (1983) 'The nourishment of Bournemouth beaches 1974-1975', in Institution of Civil Engineers (ed.) *Shoreline Protection,* Thomas Telford Press, London: 157-62.

Wilson R.L. and Smith A.K.C. (1983) 'The construction of a trial embankment on the foreshore at Llandulas', Institution of Civil Engineers (eds) *Shoreline protection*, Thomas Telford Press, London: 223-33.

Wong P.P. (1981) 'Beach evolution between headland breakwaters', *Shore and Beach*, 49(3): 3-12.

Wood A. (1978) 'Coast erosion at Aberystwyth: the geological and human factors involved', *Geological Journal*, 13: 61-72.

Wood W.L. (1988) 'Effects of seawalls on profile adjustment along Great Lakes coastlines', *Journal of Coastal Research*, SI 4: 135-46.

Woodhouse W.W., Seneca E.D. and Broome S.W. (1974) 'Propogation of *Spartina alterniflora* for substrate stabilisation and salt marsh development,' USACE technical memo 46, Coastal Engineering Research Centre, Fort Belvoir, VA.

_____ (1976a) 'Ten years of development of man-initiated coastal barrier dunes in North

Carolina', *Bulletin of the North Carolina Department of Agriculture,* No. 453.

_____ (1976b) 'Propagation and use of *Spartina alterniflora* for shoreline erosion abatement', USACE Report TR76-2, Coastal Engineering Research Centre, Fort Belvoir, VA.

Woodward R. (1988) *To what extent can natural retreat sites in Essex be used as an analogue for managed retreat?* Unpublished BSc dissertation, Department of Geography, Lancaster University.

Woodworth P.L. (1987) 'Trends in UK mean sea level', *Marine Geology,* 11: 57-87.

Work P.A. and Rogers W.E. (1997) 'Wave transformation for beach nourishment projects', *Coastal Engineering*, 32: 1- 18.

Worth H.R (1909) 'Hallsands and Start Bay, Part 2', *Report and Transactions of the Devonshire Association for the Advancement of Science*, 41: 301-8.

Wrigley A. (1991) *Morecambe Coastal Defences,* unpublished report to the Institute of Water and Environmental Management, North-west and north Wales Branch.

Yang S.L. (1998) 'The role of *Scirpus* marsh in attenuation of hydrodynamics and retention of fine sediment in the Yangtze Estuary, *Estuarine, Coastal and Shelf Science,* 47: 227-33.

Zedler J.B. (1984) *Salt march restoration: A guidebook for southern California,* Report No. 7-CSGCP-009, California Sea grant Institute, USA.

Zenkovich V.P. and Schwartz M.L. (1987) 'Protecting the Black Sea - Georgian SSR gravel coast', *Journal of Coastal Research*, 3: 201-9.

Zwamborn J.A., Fromme G.A.W. and Fitzpatrick J.B. (1970) 'Underwater mound for protection of Durban's beaches', *Proceedings of the 12th Coastal Engineering Conference*, American Society of Civil Engineers: 975-94.

**(ㅇ)**

**(기타)**

## 지은이

**피터 W. 프렌치(French)**

런던대학교(로열 홀로웨이) 지리학과 자연지리학 조교수

왕립지리학회 연구원

해안작용과 해안관리에 연구관심을 두고 있다.

주요 연구분야 : 강하구 오염 축적 및 재생, 해안선조정, 해안침식 관리, 해안보호계획에서의 공공 인식과 과학적 커뮤니케이션

## 옮긴이

**유근배**

서울대학교 지리학과 졸업

서울대학교 대학원 지리학과 졸업

미국 University of Georgia 대학원 지리학과 졸업(Ph. D)

현 서울대학교 지리학과 교수

자연지리학을 가르치며 해안지형과 해안관리에 연구관심을 가지고 있다.

한울아카데미 920

# 해안보호



지은이 | 피터 W. 프렌치
옮긴이 | 유근배
펴낸이 | 김종수
펴낸곳 | 도서출판 한울

편집책임 | 안광은

초판 1쇄 인쇄 | 2007년 2월 15일
초판 1쇄 발행 | 2007년 2월 22일

주소 | 413-832 파주시 교하읍 문발리 507-2(본사)
121-801 서울시 마포구 공덕동 105-90 서울빌딩 3층(서울 사무소)
전화 | 영업 02-326-0095, 편집 02-336-6183
팩스 | 02-333-7543
홈페이지 | www.hanulbooks.co.kr
등록 | 1980년 3월 13일, 제406-2003-051호

Printed in Korea.
ISBN 978-89-460-3665-9 93980 (양장)
ISBN 978-89-460-3666-6 93980 (학생판)

* 책값은 겉표지에 있습니다.
* 이 도서는 강의를 위한 학생판 교재를 따로 준비하였습니다.
  강의 교재로 사용하실 때에는 본사로 연락해 주십시오.